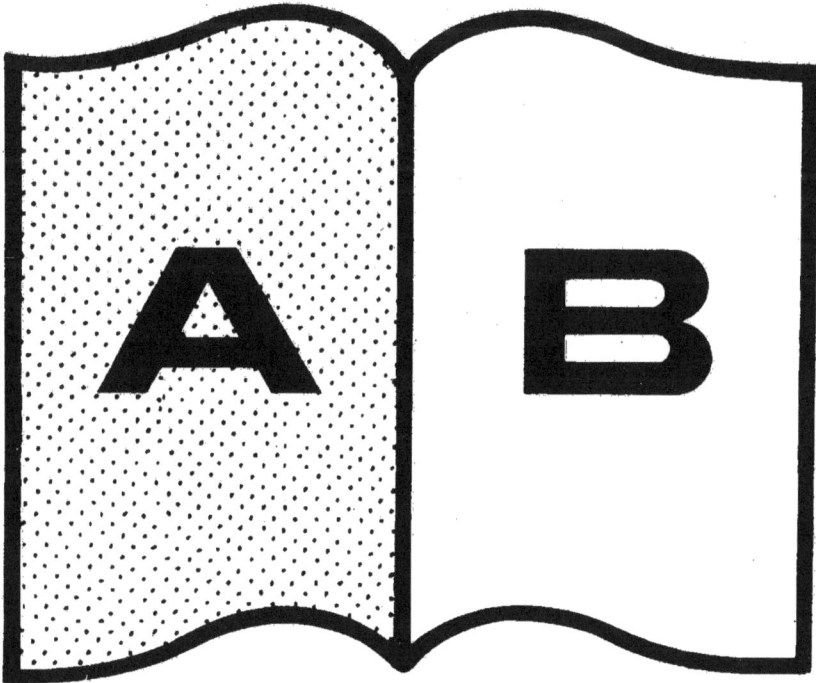

Contraste insuffisant

NF Z 43-120-14

V

16993

RECUEIL

POLYTECHNIQUE

DES

PONTS ET CHAUSSÉES,

Canaux de navigation, Ports Maritimes, dessèchemens des Marais,
Agriculture, Manufactures, Arts mécaniques,

ET

DES CONSTRUCTIONS CIVILES DE FRANCE EN GÉNÉRAL.

DÉDIÉ

Aux Ingénieurs, Cultivateurs, Architectes, Directeurs de manufactures,
et à tous les Amis des Arts et du Commerce.

Si la force des armes est le premier soutien de l'Etat,
L'agriculture, le commerce et la navigation, sont les bases de sa prospérité.
Hist. du Canal du Midi, par ANDRÉOSSY.

TOME PREMIER.

A PARIS,

Chez GOEURY, Libraire de l'Ecole des Ponts et Chaussées, quai des Augustins,
N°. 47.

PREMIER CAHIER.

AVERTISSEMENT.

L'utilité de ce Recueil ne se borne pas à en faire simplement un *dépôt-central* de plans et de projets exécutés ou à exécuter. Les vues de celui qui en a conçu l'idée, se sont principalement portées vers le bien qui en résultera pour une infinité de personnes. En publiant les ouvrages, on verra qu'on s'est attaché à en faire connaître les auteurs, afin que ce soit pour eux une puissante recommandation, s'ils sont dans le cas de solliciter leur avancement.

Signaler les talens, c'est d'abord les faire jouir d'une partie de la considération qui leur est due ; c'est indiquer aux hommes en place qui ont besoin de sujets capables, ceux d'entr'eux qu'ils doivent occuper avec confiance ; et c'est épargner aux gens instruits l'importunité des sollicitations, et souvent l'inutilité des démarches, ou d'une correspondance, s'ils se trouvent éloignés, pour obtenir une préférence à laquelle ils ont des droits : ainsi le mérite, quelque part qu'il s'annonce, ne craindra plus de rester sans récompense.

D'ailleurs, le choix qu'on a fait des ouvrages se conciliera, sans doute, l'approbation des Amateurs des sciences et des arts : c'est sur-tout pour eux et pour les élèves, qu'on s'est étudié à en rendre la collection aussi instructive qu'intéressante ; afin que chacun, dans sa partie, trouve les documens qui lui sont nécessaires, ou les lectures qui lui plaisent davantage.

Rien n'a été épargné au sujet des gravures, pour faciliter l'intelligence du texte : la clarté et la précision du style y contribuent aussi de leur côté. L'ordre des matières indiquées au titre principal de la collection, a été suivi ; mais sans s'interdire la faculté de le changer, selon les occurrences : ainsi on a commencé par ce qui concerne les Ponts et Chaussées, la Navigation intérieure ou extérieure, l'Architecture civile, etc. : toujours avec le désir, s'il se présente quelque nouveau moyen d'ajouter à l'intérêt et à l'utilité de cet ouvrage, de le saisir avec empressement, et de faire tous les sacrifices qu'il exigera.

Au moment où nous avons commencé cet ouvrage, le Gouvernement formant un nouveau Code civil, nous avons cru devoir disposer l'ordre des matières de ce Recueil, de manière à placer dans l'un de nos cahiers les tableaux des Bureaux d'Administration qui seront fixés par le Gouvernement, ayant rapport aux diverses parties que nous avons entrepris de traiter, nous réservant, par ce moyen, le tems de recueillir tous les renseignemens et les détails relatifs à cet objet, pour en présenter à nos lecteurs un tableau précis et exact.

Nous avons également disposé cet ouvrage de manière à pouvoir contenir un second tableau synoptique et général, qui présente d'un même coup-d'œil les noms des Ingénieurs, Architectes, et ceux des amis des arts et du commerce, dont le génie bienfaisant aura su indiquer quelques moyens de contribuer au bien général, soit en proposant des projets utiles, soit en facilitant l'exécution de ceux qui auront déjà été proposés. Nous classerons en tête tous ceux qui ont bien voulu nous transmettre leur assentiment sur notre entreprise; les avis sages qu'ils y ont déjà joints, leur en acquièrent les titres de FONDATEURS et de COLLABORATEURS.

Dédier ce Recueil aux Ingénieurs, Architectes, Mécaniciens, Manufacturiers, et aux Amis des Arts et du Commerce, c'est assurément ne leur offrir que ce qui leur appartient, puisqu'il est destiné à présenter les détails de leurs opérations, et à devenir le dépôt central de leurs lumières : cette considération, et l'espoir de le voir bientôt enrichi du fruit de leurs méditations savantes, ont pu seuls engager les citoyens M. B. A. H., L. B. et Compagnie, dans leur entreprise; et ils s'estimeront assez récompensés de trouver dans leur ouvrage un moyen de donner, à chacun des Membres auxquels il est dédié, les éloges et les encouragemens qu'ils méritent.

OBSERVATION.

Le retard forcé des premiers cahiers de cet ouvrage, nous oblige de donner quelques éclaircissemens à nos lecteurs.

Nous avons reçu d'un grand nombre d'Ingénieurs, Architectes, et autres personnes amies des arts, beaucoup d'observations et avis très-intéressans sur notre plan. Nous nous sommes occupés d'en profiter; et comme ce travail nous a conduits à refondre quelques parties, à en abréger ou supprimer même entièrement quelques autres; comme d'un autre côté des personnes qui paraissent avoir eu quelques vues sur le même objet, quoique ne les ayant pas encore suffisamment mûries et méditées, nous ont fait craindre de voir notre entreprise croisée au moment de son exécution, nous nous sommes trouvés par là, comme on voit, dans une réunion de circonstances qui ont pris sur notre tems beaucoup plus que nous ne l'avons pu prévoir; mais nous croyons, en en prévenant nos souscripteurs, pouvoir les assurer qu'ils n'éprouveront dorénavant aucun retard. Nous espérons d'ailleurs qu'ils en seront dédommagés par le concours des travaux des hommes célèbres, instruits dans cette partie, qui ont bien voulu se ranger au nombre des Collaborateurs et Fondateurs de cet ouvrage, qui tous en ont senti l'utilité générale depuis long-tems. Il peut être possible aussi que plusieurs amateurs et gens de l'art auxquels nous avons adressé le plan général de notre entreprise, ne l'aient pas reçu. Nous invitons donc nos lecteurs à communiquer cet avis aux personnes qu'il pourrait intéresser.

Nota. Le premier volume sera composé des cahiers de l'an XI et de l'an XII, tels qu'ils ont été annoncés au plan général.

COUP-D'ŒIL HISTORIQUE
SUR LES PONTS ET CHAUSSÉES.
ÉTAT ACTUEL DE CETTE ADMINISTRATION.

Avant de mettre sous les yeux de nos lecteurs, quelques-uns des projets utiles auxquels notre ouvrage est exclusivement consacré, on nous pardonnera, sans doute, de nous arrêter un moment sur l'administration dont il doit désormais publier les travaux ; et pour donner une juste idée des bases solides sur lesquelles elle repose aujourd'hui, nous allons en suivre les progrès dès sa naissance : si l'on y reconnaît les difficultés qui entravent presque toujours les sages établissemens, on y appréciera facilement les heureux résultats qui les accompagnent.

En remontant aux époques où l'on commença à concevoir, en France, l'utilité des *Ponts et Chaussées*, on ne la trouve bien sentie, que vers le tems où Sully en démontra l'heureuse influence sur la navigation et le commerce intérieurs. Ce fut sous l'administration de ce sage ministre, qu'on commença à établir des règles de police, et à destiner des fonds dans les états des finances, pour la réparation des *Ponts et Chaussées ;* avant lui, les baillis qui, depuis l'origine des fiefs, s'étaient érigés en protecteurs des chemins publics, les entretenaient ou les négligeaient à leur gré ; et sans aucune sollicitude pour la prospérité de l'État, leurs soins les plus vigilans ne s'étendaient pas au-delà des réparations du sol naturel de la voie publique, lorsqu'elle était dégradée, et ils se bornaient à la faire restituer par les propriétaires des héritages, qui étaient dans l'habitude de l'usurper. Sully, pénétré de l'indispensable nécessité d'une circulation facile, dans une contrée aussi fertile que la France, en fit sentir tous les avantages au Gouvernement, qui créa pour lui la charge de *grand Voyer ;* c'est à cette époque qu'il dirigea, avec sagesse et économie, la réparation des grands chemins et des ponts ; l'on trouve même encore en différens lieux, des restes de chaussées dont la tradition populaire lui fait honneur. Mais le zèle de cet homme entreprenant n'eut pas tout l'effet qu'il s'en était promis, ce règne fut trop court pour rendre solide et durable l'établissement qu'il avait formé.

L'horison politique, sous Louis XIII, avait été si orageux, et le ministre qui dominait était tellement appliqué à la guerre, qu'en appréciant tout le prix du commerce, il ne put presque rien faire en sa faveur ; et il se livrait exclusivement au jeu des grands ressorts de la politique.

Le commencement du règne suivant fut encore plus agité : les dissentions intérieures et les guerres civiles qui éclataient sans cesse, étaient autant de fléaux ajoutés aux guerres étrangères, pour accabler l'État, et quelqu'eussent été alors les intentions du cardinal Mazarin, il n'eût pu trouver le loisir de porter un regard attentif sur les Ponts et Chaussées.

Mais l'État ne devait prendre une nouvelle forme, par le rétablissement de l'ordre, que sous la main savante du grand Colbert : en effet, il institua des lois pour la justice, la police et les finances ; il s'occupa sur-tout du commerce. C'est au règne de Louis XIV, si célèbre par l'émulation et les succès des talens en tous genres , qu'il était réservé de voir exécuter la première communication des deux mers, ce fameux *Canal de Languedoc*, le plus grand monument de la navigation intérieure de la France , qui suffirait pour immortaliser la magnificence de ce prince , et l'administration de Colbert ; mais on oublia de régler l'administration des Chemins , qui se détérioraient de plus en plus : il semble cependant que ce grand ministre aurait dû sentir , mieux qu'un autre , tous les avantages que retirerait , de la réparation des chemins, ce commerce dont il était le salutaire restaurateur. Il est vrai que de son tems les sciences étaient encore au berceau : les Mathématiques, en général, n'avaient point été assez cultivées , pour élever un nombre suffisant de sujets , capables de former un corps d'Ingénieurs; l'Architecture publique était encore informe et grossière , et le pont de Moulins , bâti par le célèbre *Mansard* , nous en fournit un exemple : il n'avait pas mesuré l'ouverture des arches au volume d'eau qu'elles devaient contenir dans le tems des crues , et son édifice , bientôt renversé , servit de leçon à l'ignorance téméraire. Quoi qu'il en soit, Colbert ne porta pas , sur la direction des chemins, cette main bienfaisante à qui tant d'autres entreprises ont dû leur exécution.

Après lui , les chemins furent condamnés à l'abandon , et restèrent dans ce déplorable état jusqu'au ministre *Desmarets* , qui prit à cœur de les tirer de l'oubli ; secouru de l'infatigable activité d'un magistrat éclairé , M. de Bercy, auquel il en confia le détail : cette direction se serait sans doute illustrée sans les guerres cruelles qui agitaient la France, et qui contrariaient ses vues réparatrices. On sait qu'il débuta par des entreprises vastes et éclatantes; c'est lui qui conçut le projet de la route d'*Orléans*, (1) dont il fit tirer les alignemens aux abords de la Capitale : il entreprit de relever des ponts; mais ce qui doit surtout ajouter à sa gloire , c'est l'institution qu'il créa pour la première fois , d'un *Corps de génie.*

Sous la régence du duc d'Orléans, époque à laquelle toutes les administrations subirent des changemens , il entrait dans les intérêts du conseil qu'il établit, de suivre les traces que Desmarets avait frayées, et de s'avancer même au-delà : il devait d'autant plus s'attacher à l'entretien des Ponts et Chaussées, que c'était un moyen de donner du lustre à ses autres opérations, en favorisant le commerce, dont il s'était déclaré hautement le protecteur. Ce conseil était d'ailleurs dirigé par un de ces génies vifs, à la sagacité desquels rien n'échappe , et capable plus que tous , d'achever les grandes entreprises dont il avait sous les yeux les premiers essais. Aussi fit-il concevoir les plus hautes idées de ses desseins , par les sommes immenses qu'il fit destiner à leur exécution ; mais deux obstacles insurmontables vinrent traverser ses projets : le premier, et le plus puissant, fut l'incapacité d'un grand nombre d'Ingénieurs, et l'autre naquit de la révocation des Conseils.

(1) Cette route impraticable en 1727, a été entièrement remise à neuf, en pavés carrés ; ce travail non interrompu , a duré onze ans , et a été exécuté sur un seul marché.
A cette époque , il n'y avait aux environs de Paris, que des parties de routes pavées en grès; mais le Gouvernement, sentant la nécessité de rendre praticables tous les chemins qui environnaient la Capitale, passa un bail général, avec deux Entrepreneurs, pour leur en confier l'entier rétablissement. Jamais Entrepreneur ne fut chargé d'un travail si considérable , et nous nous proposons d'insérer, dans un de nos cahiers suivans, les clauses détaillées de ce bail, pour mettre nos lecteurs à portée de juger de son importance, et des travaux comme des conditions des prix et des marchés de ce tems,

C'est à cette époque que, le système des billets de banque ayant été adopté, les formes du Gouvernement changèrent pour l'administration des finances, et que celle des Ponts et Chaussées fut mise en direction. Cette nouvelle institution sembla procurer un nouvel essor aux entreprises : on ouvrit plusieurs routes; et parmi les travaux remarquables, on construisit le *pont de Blois*, très-digne d'illustrer cette époque. Si les efforts du Gouvernement avaient alors secondé cette administration, elle n'eût pas, sans doute, laissé à ses successeurs la gloire d'achever de si louables travaux ; mais l'abondance et le discrédit du papier-monnaie, avaient détruit la confiance, et produit une énorme cherté sur les matériaux et la main-d'œuvre. On devait des sommes considérables aux Entrepreneurs ; le service n'était plus que précaire, et des inconvéniens en résultèrent bientôt : les Fournisseurs et les ouvriers, mal payés, se sauvaient sur le prix et la légèreté de l'ouvrage ; enfin, le désordre régnait au plus haut point dans cette Administration.

Telle était, en 1726, la situation des Ponts et Chaussées, lorsque le frère du cardinal Dubois entreprit de les liquider, et s'efforça de réprimer tous les abus qui s'y étaient introduits. Il parvint à cette liquidation par l'économie, ressource la plus efficace que puisse mettre en œuvre l'esprit humain, en de semblables opérations : l'exactitude à satisfaire au courant, procura une diminution sensible sur les prix, et tout en travaillant à cette liquidation, on ne laissait pas de fonder la théorie et la pratique du travail sur les meilleurs principes. On formait une Ecole d'élèves d'Architecture, d'où l'on tira un nombre suffisant de Chefs et de sous-ordres, pour la conduite des ateliers. Il est déjà facile de reconnaître, dans ce court apperçu, que les plus belles institutions doivent leurs succès à de faibles commencemens, et que les progrès en sont toujours rapides, quand leurs principes, loin d'être destructeurs de l'humanité, ne peuvent aboutir qu'à la rendre plus riche et plus heureuse.

Le Département des Ponts et Chaussées fut réuni aux finances en 1735 ; mais comme les usages et l'ordre de l'Administration ne changèrent point, non plus que les membres qui la dirigeaient, on ne saurait faire de cet évènement une nouvelle époque ; on avait entrepris depuis 1723, date de cette nouvelle institution, des travaux qui se continuaient heureusement, et qui sont tout à-la-fois aujourd'hui solides et magnifiques. Ce sont des témoignages que l'on doit au mérite des inventeurs, dont la mémoire ne doit point s'effacer de l'esprit des hommes, et moins encore de celui d'un Gouvernement juste, qui les récompense par tout ce qu'il y a de plus propre à exciter l'émulation.

Nous arrivons enfin à la dernière époque, la plus brillante, et dont l'éclat et le mérite se sont depuis constamment soutenus ; c'est celle où l'Administration des Ponts et Chaussées fut confiée, en 1747, aux soins des célèbres Trudaine et Perronet ; alors les sciences et les arts prirent, dans cette école, un nouvel essor ; on s'y livra à des travaux immenses, et ce Corps d'Ingénieurs qui avait pris naissance sous de fragiles auspices, s'accrut rapidement à l'aide des lumières qu'il avait acquises. Mais c'est sur-tout de nos jours que cette Administration réunit tout ce qu'il faut pour réussir : l'instruction y est ouverte à tous les aspirans qui ont des attestations de bonne conduite. L'examen et le discernement y assurent la préférence au plus digne. La probité y est regardée comme la première vertu ; le savoir y est exigé comme la seconde ; et il faut que l'amour du travail les étaye toutes deux. Il y a peu de Corps où la subordination soit plus sagement distribuée par la distinction des grades et des fonctions; il y en a peu où la discipline soit mieux gardée : on conçoit qu'en partant de si bons principes, on ne pouvait manquer de pousser très-loin la perfection des Ponts et Chaussées, que de nos jours on a déjà portée à un point auquel aucun empire n'est jamais parvenu en si peu de tems. C'est sous les auspices et les soins paternels des citoyens *Prony*, Directeur, et *Lesage*, Inspecteur, que l'Ecole des Ponts et Chaussées marche continuellement vers le but de son institution.

Nous souhaitons que cet ouvrage puisse offrir quelques vues sages, et nos efforts personnels, à cet égard, sont déjà secondés de l'empressement d'un grand nombre d'Ingénieurs des Départemens, qui se proposent de nous communiquer les résultats de leurs méditations et de leurs travaux. Nous avons également cherché à intéresser, au succès de notre entreprise, les avis des Architectes, Entrepreneurs et Constructeurs en général ; leur expérience acquise par de longs et pénibles travaux, doit être d'une autorité irrévocable : on en trouvera des preuves dans un de nos prochains cahiers, où nous donnerons une notice historique des progrès de l'Architecture ; c'est en remontant à l'origine des arts, que l'on peut se faire de justes idées du degré de perfection qu'ils ont acquis. Nous nous attacherons aussi, avec scrupule, aux ouvertures salutaires des Cultivateurs et des Directeurs de manufactures ; cette classe honorable de citoyens est la plus à portée d'indiquer les moyens économiques, qui sont la base essentielle de toute entreprise. Enfin, nous n'aurions pu choisir un moment plus favorable pour publier les moyens d'amélioration, proposés par l'administration des Ponts et Chaussées, et exécutés par tous les citoyens des professions honorables dont nous venons de parler : la construction de plusieurs ponts du premier et du second ordre, les deux extrémités de la République unies par des communications praticables en tout tems : tels sont les heureux résultats de leurs travaux, qui doivent faire l'admiration de la postérité.

Puisse notre ouvrage devenir un nouveau moyen d'émulation, offert à tous les Ingénieurs, Architectes, Entrepreneurs et Constructeurs, qui chacun en particulier, diront un jour avec Horace : *Exegi monumentum œre perennius.*

RECUEIL
POLYTECHNIQUE
DES
PONTS ET CHAUSSÉES,
ET
DES CONSTRUCTIONS CIVILES DE FRANCE EN GÉNÉRAL.

TABLEAU DES BUREAUX
De l'Administration des Ponts et Chaussées.

En rapportant l'ancienne organisation de cette Administration, nous avons pensé faire plaisir à nos lecteurs :

En 1724, les Ponts et Chaussées faisaient partie de l'administration des bâtimens du roi, ne formant qu'un seul et même bureau administré par un Sur-Intendant, et trois Intendans ordonnateurs, ayant sous eux plusieurs Architectes, Inspecteurs et Contrôleurs des bâtimens du roi, etc.

Et il y avait particulièrement pour les Ponts et Chaussées deux Trésoriers généraux, un Inspecteur général, un Ier. Ingénieur (M. Gabriel), et trois Inspecteurs.

En 1728, il y eut de plus deux Inspecteurs et quatre Commissaires pour la généralité de Paris. En 1735 l'Administration des Ponts et Chaussées fut composée d'un Directeur général, de deux Trésoriers généraux, d'un Inspecteur général, d'un Ier. Ingénieur, quatre Inspecteurs et trois Commissaires du Conseil.

Elle a été composée depuis, savoir : en 1750, sous le ministre Trudaine et l'Ingénieur Perronet, d'un Directeur général, un Conseiller d'Etat chargé des détails de cette partie ; d'un Ier. Ingénieur de France, Architecte du Roi ; un Ier. Commis des finances ; cinq Inspecteurs, dont l'un était Perronet, directeur du bureau des Plans et des élèves ; trois Trésoriers généraux ; quatre Contrôleurs généraux ; trois Commissaires du Conseil ; et enfin plusieurs autres Officiers particulièrement chargés des turcies et levées, et pavé de Paris.

En l'an 7e. de la République française, cette partie fut réunie à la 3e. division du Ministre de l'Intérieur, et le Directoire avait réduit son administration à un Chef de bureau, et neuf Inspecteurs généraux.

Depuis la constitution de l'an 8, sous le consulat de Bonaparte, d'après la nouvelle organisation de l'Etat, les bureaux de cette administration ont été composés suivant le tableau qui suit :

B

TABLEAU GÉNÉRAL

Des Bureaux de l'Administration des Ponts et Chaussées de France, an XI de la République française.

C. CHAPTAL, MINISTRE DE L'INTÉRIEUR.

C. CRETET, *Conseiller d'Etat*, rue de Grenelle, faubourg St.-Germain, n°. 370.

C. COURTIN, *Secrétaire en chef.*

PREMIÈRE DIVISION. C. CADET-CHAMBINE fils, *Chef.*

1er. *Bureau.* C. BOUDET, *Chef;* Nord et Midi.

2me. *Bureau.* C. CAIROLE, *Chef;* Nord et Ouest.

3me. *Bureau.* C. CHEVALIER, *Chef;* Est et Midi.

C. ARNAUD, *Chef* ⎫ des travaux de canaux, navigation des ri-
C. POTERLET, le je., *sous-Chef* ⎬ vières, usines, moulins et quais, ports ma-
⎭ ritimes de commerce.

C. VIAL, *Chef* des Inspecteurs généraux, des Ingénieurs et de l'Ecole des Ponts et Chaussées.

C. MOROY, *Chef* ⎫ de la comptabilité de la dépense des Ponts et Chaus-
C. POTERLET aîné, *Chef* ⎬ sées et de la navigation intérieure.

DEUXIÈME DIVISION. C. BAUNIER, *Chef.*

1er. *Bureau.* C. LACALISSERIE, *Chef;* taxe de navigation intérieure, fleuves, rivières et canaux, personnel de la régie, fermes, contentieux; taxe des ports, affermage des bacs et bateaux de passage.

2me. *Bureau.* C. RAVINET, *Chef;* taxe et entretien des routes, emplacement des barrières, règlemens locaux, franchises et modérations, fermes, contentieux et liquidation des années 6, 7, 8 et 9.

3me. *Bureau.* C. BADENIER, *Chef;* comptabilité de la recette des taxes, des routes et de la navigation intérieure.

4me. *Bureau.* C. DABADIE, *Chef;* tenue des livres en parties doubles, pour recettes et dépenses, et pour l'arriéré.

5me. *Bureau.* C. LEMOINE, *Chef;* approvisionnement, en *combustibles,* pour la ville de Paris et navigation relative.

C. MAGIN, *Commissaire général,* rue Notre-Dame-des-Champs.

MEMBRES DU CONSEIL DES PONTS ET CHAUSSÉES.

C. CADET-CHAMBINE père, rue de Grenelle, vis-à-vis la fontaine.

C. CESSART, rue St.-Honoré, vis-à-vis celle St.-Florentin.

C. GARDEUR-LEBRUN, rue Poissonnière, vis-à-vis la petite rue St.-Roch.

C. GAUTHEY, rue de Vaugirard, vis-à-vis les ci-dev. Carmes.

C. BESNARD, rue des Sts.-Pères, faubourg St.-Germain, n°. 140.

C. LE FEBURE, faubourg St.-Honoré, n°. 36.

C. LAMANDÉ, rue de Belle-Chasse, n°. 221.

C. ROLLAND, rue Neuve du Luxembourg, n°. 157.

C. LECREULX, rue St.-Honoré.

C. BECQUET-BEAUPRÉ, Ingénieur en chef, secrétaire de l'assemblée et du conseil, et directeur du Dépôt des Plans, rue de Savoie. (Ce dernier vient de remplacer le C. *Dumoustier,* Ingénieur en chef du département de la Seine).

ÉCOLE DES PONTS ET CHAUSSÉES.

Cette Ecole fondée en l'an 1747, par les soins des célèbres *Trudaine* et *Perronet*, réunit sous l'autorité du Ministre de l'Intérieur le dépôt des plans et modèles relatifs aux travaux des routes, canaux et ports maritimes; les élèves sont au nombre de cinquante; ils sont tirés de l'Ecole polytechnique, et conservent le traitement qu'ils y avaient.

L'instruction qui leur est donnée, consiste principalement dans l'application des principes de physique et de mathématiques, à l'art de projeter et de construire les ouvrages relatifs aux routes, aux canaux, aux ports maritimes et aux édifices qui en dépendent; dans les moyens d'exécution et de pratique; dans les formes établies pour la rédaction des devis et détails estimatifs des ouvrages à exécuter, et l'ordre à tenir dans la comptabilité.

C. Prony, *Directeur.* C. Le Sage, *Inspecteur.*
CC. Eyzeman, Mandar, Bruyère, *Professeurs.*

CONSEIL DES TRAVAUX MARITIMES.

CC. Sganzin, Fergeau, Cachin, *Ingénieurs en chefs des Ponts et Chaussées, Directeurs des travaux maritimes.*

N. B. Les circonstances n'ont pas permis de se procurer l'état complet de cette administration; mais on ne négligera pas de le donner par la suite.

EXTRAIT

DU RAPPORT DU MINISTRE DE L'INTÉRIEUR AU GOUVERNEMENT,

Sur les Ponts et Chaussées, en date du 27 ventose an XI.

Le Ministre, après avoir établi que le mauvais état des principales routes de première classe et la modicité des fonds, n'avaient permis de s'occuper en l'an IX et X, que de 62 routes, demande pour l'an XI un fonds de 30,020,768 fr. 20 c., pour être employé sur 27 routes de première classe et 159 de secondes, qui toutes sont des routes de communication les plus pratiquées par les voyageurs et le commerce.

« Les 159 routes, dit-il, ne recevront pas à beaucoup près, les travaux nécessaires pour être mises en état; c'est une tâche qui ne pourra être complettée que dans le cours de plusieurs années. Les améliorations qu'elles recevront en l'an XI, annonceront la volonté et la sollicitude du Gouvernement, et feront attendre avec moins d'impatience leur réparation complète. »

« Dans le choix de ces routes nombreuses à réparer, on s'est attaché à déterminer l'utilité d'un grand nombre de communications jadis commencées et depuis abandonnées. Les départemens du centre de la République, ceux surtout situés dans les montagnes, souffrent du long oubli dans lequel on les a laissés: ils étaient, il y a cinquante ans, sans communications; quelques routes y ont été pratiquées depuis; beaucoup d'autres sont restées en projets, et lorsqu'on examine la carte des routes de France, on reconnaît avec surprise les grandes portions du territoire qui semblent avoir été exhérédées, ce qui explique comment l'agriculture y languit et comment l'industrie n'y a jamais pénétré. La situation fâcheuse des nombreux départemens privés de routes, a excité toute l'attention

de l'administration, et ils recevront, dès cette année, des preuves de sa sollicitude. »

« Je citerai quelques-unes des routes qui vont donner une nouvelle vie aux
lieux qu'elles traversent.

Route de Paris à Abbeville, par Beauvais ; elle raccourcit de six à sept lieues
la distance entre Paris et Calais.

Continuation de la route de Dunkerque à Calais.

Lacune entre Gand et Anvers.

Route neuve entre Maestreicht et Tongres.

Quelques chaussées neuves dans la Belgique.

Lacune entre Liége et Aix-la-Chapelle.

Route neuve entre Liége et Coblentz, réunissant plus directement les bords du
Rhin à la Belgique : cette route sera pratiquée au travers des montagnes de *l'Effelt*,
et ouvrira un pays où il n'exista jamais de communications.

Route neuve entre Coblentz et Mayence, pratiquée sur la rive gauche du Rhin :
cette route complètera la ligne entre Bâle et Nimègue.

Route neuve et directe entre Mayence et Metz.

Routes ébauchées entre Troyes et Nantes ; entre Château-Roux et Paris, par
Bourges ; entre Bourges et Moulins ; entre Bourges et Clermont ; entre Lyon et
Bordeaux, par Clermont ; entre Paris et Perpignan, par Clermont ; entre Périgueux et Agen, par Bergerac ; entre Grenoble et Gap ; entre Chartres et Tours,
par Vendôme, etc.

Routes neuves entre Chollet et les Sables d'Olonne ; entre Chollet et Nantes ;
entre Rennes et Pontivy ; entre Rouen et Beauvais.

Lacunes entre Paris et Dieppe, par Gournai ; entre Rouen et Abbeville ; entre
Rouen et Amiens, etc.

Route neuve entre le Pont-St.-Esprit et Briançon, par Gap.

Les quatre routes neuves dans les Alpes, par le Simplon, le Mont-Cenis, le
Mont-Genèvre et la Montagne de Gênes.

Route directe entre Paris et Genève, par Gex.

Route sur le bord du lac du Léman, par St.-Gingoulphe.

Route au travers de l'Isle de Corse.

Route dans l'Isle d'Elbe, entre Porto-Longone et Porto-Ferrajo.

Je ne rappelle ici qu'une partie des routes qui en l'an XI recevront des travaux
d'ouverture de continuation ou d'achèvement. »

« La tâche entreprise pour cette année est d'une vaste étendue ; le temps et les
sacrifices du Gouvernement achèveront ces travaux, et les premiers succès encou-
rageront de nouvelles tentatives, jusqu'à ce que chaque portion du sol de la République ait reçu le bienfait des communications qui seront reconnues indispensables. »

ARRÊTÉ DU GOUVERNEMENT.

Le Gouvernement de la République, sur le rapport du Ministre
de l'Intérieur, arrête :

Art. I. Que les recettes des Ponts et Chaussées sont fixées pour l'an XI,
à 30,020,768 fr. 80 c., savoir :

Fonds ordinaires, produit de la taxe d'entretien, . . . 15,020,768 fr. 20 c.
Fonds extraordinaires, accordés par arrêté du 2 fruc-
tidor an X, ... 15,000,000 fr.

Art. II. Que les dépenses des Ponts et Chaussées sont fixées pour l'an XI,
à 30,020,768 fr. 20 c.

Art. III. Cette somme de 30,020,768 fr. 20 c., sera employée conformément à l'état de répartition présenté par le Ministre de l'Intérieur, lequel est approuvé.

ÉTAT DE RÉPARTITION DES FONDS POUR L'EXERCICE DE L'AN XI.

Ces fonds à répartir consistent :

1°. En produit de la taxe d'entretien, qui sera abandonné à chaque département sous la distraction d'un dixième, mis en réserve pour les frais d'administration générale; de recouvrement, pour les non-valeurs, pour un fonds destiné aux cas imprévus, et pour l'établissement des ponts à bascule.

2°. En fonds de dix millions pour les routes, accordés par l'arrêté des Consuls, du 2 fructidor an X, qui seront distribués en totalité.

3°. En fonds de deux millions pour les grands ponts, accordés par le même arrêté, sur lesquels il sera fait une réserve de 167,500 francs pour les cas imprévus de chûte de ponts.

4°. En fonds de trois millions pour quatre routes à ouvrir dans les Alpes, accordés par le même arrêté, sur lesquels il sera fait une réserve de 50,327 fr. pour les cas imprévus.

DÉPARTEMENS.	SOMMES.	DÉPARTEMENS.	SOMMES.	DÉPARTEMENS.	SOMMES.
Ain.	131,090 fr.	Hérault	280,549 38 c.	Ourthe	180,266 10 c.
Aisne.	325,410 10 c.	Ille-et-Vilaine.	402,101 50	Pas-de-Calais.	280,488 50
Allier.	184,187 12	Indre	110,770 95	Pô	954,000
Alpes (basses)	120,044 50	Indre et Loire.	380,000	Puy-de-Dôme.	225,801 50
Alpes (hautes)	343,634 90	Izère	293,343 80	Pyrénées (basses).	156,335
Alpes maritimes	525,000	Jemmappes	309,690	Pyrénées (hautes)	118,331
Ardèche.	138,317 50	Jura.	220,692 97	Pyrénées (orient.)	180,600
Ardennes.	130,318 50	Landes	207,392 20	Rhin (bas).	471,005 50
Arriége	189,584 50	Léman	518,291 50	Rhin (haut).	244,636 25
Aube.	248,300	Liamone.	130,000	Rhin-et-Moselle.	90,367 20
Aude.	223,754 60	Loir et Cher.	221,300	Rhône.	208,063 95
Aveyron.	209,958 50	Loire	306,988 30	Roër.	162,004 85
Bouches duRhône.	411,566 50	Loire (haute)	136,220	Sambre et Meuse.	232,929
Calvados.	392,632 66	Loire-inférieure	373,065	Saône (haute).	129,607
Cantal.	184,885	Loiret	306,905	Saône et Loire.	329,147 50
Charente.	197,734	Lot	184,878	Sarre.	144,204 23
Charente-infér.	187,614	Lot et Garonne	120,190 75	Sarthe	244,842 80
Cher.	229,020	Lozère	168,322 45	Seine (départem.)	327,535 20
Corrèze.	142,495 90	Lys	187,932 40	Id. pavé et boulov.	524,326
Côte-d'Or.	494,157	Maine et Loire.	223,917 50	Seine-inférieure.	408,200 40
Côtes du Nord.	369,158 40	Manche.	231,633 7	Seine et Marne	479,901 17
Creuze.	106,202 46	Marengo.	105,900	Seine et Oise.	783,438 30
Doire (la)	59,400	Marne.	301,809 87	Sésia (la)	81,900
Dordogne.	148,000	Marne (haute)	205,304 10	Sèvres (deux)	107,558
Doubs	159,803 10	Mayenne.	198,154 50	Stura (la)	95,900
Drôme.	373,890	Meurthe.	350,302 50	Somme	320,980 50
Dyle.	284,000	Meuse.	184,206 85	Tanaro	54,900
Escaut	113,999 13	Meuse-inférieure.	147,263 91	Tarn.	225,049 37
Eure.	375,600	Mont-Blanc	241,351 25	Var.	281,900
Eure et Loir	193,089 50	Mont-Tonnerre	176,327	Vaucluse.	358,762 21
Finistère.	270,490 10	Morbihan.	286,738 7	Vendée	240,834 40
Forêts	168,334 42	Moselle.	210,917 20	Vienne	119,900
Gard.	265,187 30	Nèthes (deux)	101,828 90	Vienne (haute)	160,750
Garonne (haute).	240,870	Nièvre	215,030	Vosges	160,801 11
Gers.	110,303 15	Nord.	469,027 20	Yonne	363,008 90
Gironde.	182,966 75	Oise.	458,887 90	Simplon.	800,000
Golo.	70,000	Orne.	241,000		

DÉSIGNATION DES PONTS;

Aux travaux desquels est appliquée, pour l'an 11, la somme de 1,832,500 fr.

DÉPARTEMENS.	INDICATION DES OUVRAGES A FAIRE.	SOMMES.
Alpes maritimes.	Pont sur le Var.	50,000
Arriège.	Pont de Tarascon, route de Foix à Mont-Libre.	10,000
	Deux Ponts, route de Mirepoix à Lincoux.	20,000
Aveyron.	Pont de S.-Afrique, route de Bordeaux à Nice.	15,000
Cantal.	Pont de l'Aneau, route de S.-Flour à Rhodèz.	19,000
	Pont de l'Escure, route d'Aurillac à Figeac.	10,000
Cher.	Pont sur la Loire, à la Charité.	50,000
Côte-d'Or.	Pont aux Chèvres, à Dijon, route de Paris à Châlons.	25,000
	Pont d'Auxone, route de Paris à Genève.	25,000
Côtes-du-Nord...	Pont de S.-Barthélemi, route de Paris à Brest.	30,000
	Pont de Belle-Isle en terre, même route.	30,000
Drôme.	Pont sur le Roubion à Montélimart, route de Paris à Marseille.	50,000
	Pont sur l'Isère, même route.	100,000
Eure.	Pont d'Ingouville à réparer.	20,000
	Idem, pour le Pont de l'Arche.	20,000
Garonne (haute).	Pont sur la Mouillonne, route de Paris à Foix, par Toulon.	12,000
	Pont de Menssion, route d'Alby à Bagnères par Toulouse.	15,000
	Pont de Montrejean, même route.	8,000
Hérault.	Pont de Gignac, route de Montpellier à Lodève.	40,000
Ille et Vilaine.	Pont de Nançon, route de Paris à Rennes par Fougères.	20,000
Indre et Loire.	Pont de Tours.	150,000
Isère.	Pont d'Auberive, route de Paris à Marseille.	40,000
	Pont du Saut du Rhône.	20,000
Landes.	Pont d'Aire, route de Bordeaux à Tarbes et Bagnères.	20,000
	Pont de S.-Sever, route de Mont-de-Marsan en Espagne.	20,000
Loir et Cher.	Pont de Blois.	30,000
Loire.	Pont de S.-Rambert, route de S.-Étienne à Montbrison.	10,000
	Pont de Roanne, route de Paris à Lyon.	143,500
Loire (haute).	Pont de Villebrioude, route de Paris à Beaucaire.	30,000
	Pont de Saint-Barthélemi, même route.	10,000
Loire-inférieure.	Pont de Nantes, sur la Loire et sur la Sèvre.	100,000
	Pont de Grès et de la Fourcherie, route de Paris à Nantes.	20,000
	Pont de la Planche-Bureau, même route.	20,000
Maine et Loire.	Pont de Cé.	40,000
	Pont d'Angers.	15,000
	Pont de Baugé.	10,000
Manche.	Pont de Soules, route de Cherbourg à Brest.	15,000
Marne (haute).	Pont de Joinville.	20,000
Mayenne.	Pont de Plessis-Parnay, route de Tours à Rennes.	8,000
	Pont d'Onette, route de Caen à Angers.	13,000

DÉPARTEMENS.	INDICATION DES OUVRAGES A FAIRE.	SOMMES.
Pyrénées (basses)	Pont de Cosne, route de Paris à Lyon. . .	15,000
Pyrénées (hautes)	Pont de Sauveterre.	20,000
	Pont de la Hielladère, route de Paris à Barrèges.	18,000
Rhin (bas). . .	Pont sur le Rhin, entre Strasbourg et Khel. .	50,000
Saône et Loire. .	Pont de Châlons-sur-Saône	40,000
Seine.	Ponts de Paris, réparations.	30,000
Seine et Marne...	Pont de Nemours, route de Paris à Lyon. . .	100,000
Tarn.	Pont de Saix, route de Lavaur à Castres. . .	20,000
	Pont de Lavaur, route de Toulouse à Alby. .	10,000
Var.	Pont de l'Escaillon	10,000
Vaucluse. . .	Pont de la Palud, route de Lyon à Marseille. .	15,000
	Pont sur la Durance, même route	150,000
Voges.	Pont de Saint-Diez	30,000
Yonne.	Pont de S.-Florentin, route de Châlons à Château-Roux.	25,000

SUITE du Rapport du Ministre de l'Intérieur au Gouvernement, en date du 27 ventose, sur les travaux de navigation à exécuter en l'an XI.

Les dépenses de la navigation intérieure, a dit le Ministre, sont divisées en quatre chapitres, savoir :

1°. Dépenses d'ouverture et construction de canaux de navigation;
2°. Dépenses de dessèchement;
3°. Dépenses extraordinaires de quais et autres constructions le long des fleuves et rivières ;
4°. Dépenses de réparations du lit et des bords des fleuves et rivières.

La répartition des fonds de l'an XI, est faite entre ces quatre sections, de la manière suivante.

CHAPITRE PREMIER. — CANAUX.

Canal de St.-Quentin.

Les travaux de ce canal, suspendus pendant très-long-tems par les difficultés qui se sont élevées pour en régler la direction, sont actuellement en activité. Les marchés sont faits; un assez grand nombre d'ouvriers engagés dans plusieurs départemens, se rendent sur les ateliers ; et l'on peut espérer que ces travaux éprouveront dans le cours de cette campagne, le *maximum* de l'activité.

Vous avez affecté à ce canal 2,000,000 fr.

Canal d'Arles.

Vous avez destiné 500,000 fr. aux travaux de ce canal : ils sont commencés. La tranchée au travers de la montagne de Foz est entamée; on s'occupe à rechercher le lit de l'ancien canal que l'on suppose avoir existé sur les bords de la plaine de la *Crau*, et avoir été construit par les Romains ; toutes les recherches ont été infructueuses jusqu'à présent; la fosse de Marius ne se retrouve plus, et on doit s'attendre à n'éprouver aucun secours de ces monumens dont l'histoire annonçait l'existence.

Canal du Midi.

L'arrêté du Directoire consacre à de grandes améliorations les produits du canal du Midi. Elles s'exécutent avec constance et succès. La nouvelle direction du canal sur Carcassonne ; la construction du pont-acquéduc du *Fréquel*, le recreusement de la *robine de Narbonne* jusqu'au port de la *Novelle*, beaucoup d'autres travaux éprouvent des progrès marquans, et le plus grand monument de navigation intérieure se complette successivement.

On s'est même occupé de préparer la continuation du canal entre *Toulouse* et *Moissac* ; non qu'il existe encore aucuns moyens d'exécution, mais il sera bon de trouver un plan tout fait à l'époque où ces moyens surviendront.

Les travaux du canal du Midi s'exécutant avec ses produits, ne sont fixés que pour,.. mémoire.

Grand Canal de Bourgogne.

Cette vaste entreprise entraînera une dépense considérable. Les fonds ne permettent pas encore de la reprendre ; mais la partie de ce canal entre Dijon et St.-Jean-de-Lône, exécutée pour les trois quarts, appelle l'attention. Il est important de la terminer ; elle exige une dépense de 6 à 700,000 fr. ; on y destine pour cette année, sur les deux millions affectés aux dépenses de la navigation, 200,000 fr.

Nota. Lorsque cette portion du canal sera terminée, il sera très-utile de reprendre les travaux entre *Tonnerre* et l'*Yonne*, de manière à terminer d'abord les deux extrémités du canal, dont on profitera jusqu'à ce qu'elles aient pû être réunies.

Canal du Rhin au Rhône.

Ce canal destiné à joindre le nord au midi de l'Europe, exigera bientôt l'application de fonds étendus. Le projet dans les départemens du Haut et Bas-Rhin n'est pas encore terminé. On destine aux travaux de ce canal, pour l'an XI, 130,000 fr. sur les fonds de deux millions accordés pour la navigation intérieure. Cette somme sera dépensée sur les points de Dôle et de Besançon.

Nota. Les projets du canal, entre *Charleroy* et *Bruxelles*, seront terminés dans quelques mois ; il est probable qu'une association se chargera de le faire exécuter.

On exécutera dans cette campagne les projets de jonction entre l'*Escaut* et la *Meuse*, et entre la *Meuse* et le *Rhin*.

Les projets de plusieurs canaux moins importans occupent aussi l'administration.

CHAPITRE II.—Dessèchemens.

Vous avez destiné pour l'an XI, 300,000 fr. aux dessèchemens des marais de *Rochefort* ; les travaux sont ouverts ; on s'occupera sur-tout cette année de l'assainissement de la ville et d'arrêter le système des autres travaux.

CHAPITRE III.—Construction de Quais.

Une somme de 200,000 fr. est destinée aux travaux du quai Bonaparte, à Paris ; il pourra être terminé dans le cours de l'an XII.

Fin du premier Cahier du Tome premier.

IIe. CAHIER.

IIme. CAHIER DE L'AN XI

DU RECUEIL POLYTECHNIQUE DES PONTS ET CHAUSSÉES,

E T

DES CONSTRUCTIONS CIVILES DE FRANCE.

Suite du rapport du Ministre de l'Intérieur.

CHAPITRE IV. — NAVIGATION DES FLEUVES ET RIVIÈRES.

339,000 fr. sont accordés pour solder les 500,000 fr. accordés par la loi du 29 floréal an X, comme secours pour la réparation des *polders de l'Escaut* et pour d'autres travaux.

500,000 fr. pour commencer les travaux de navigation sur le *Blavet*, entre Hennebon et Pontivy.

150,000 fr. pour les *épis* du Rhin.

68,000 fr. pour la *Somme inférieure*, y compris une écluse à construire à Péquiguy.

Le surplus est divisé entre les fleuves et rivières qui exigent les travaux les plus urgens, à acquitter les frais de cette partie d'administration, et à former un fond en réserve de 300,000 fr. pour les cas imprévus.

La loi du 30 floréal an X a établi sur les fleuves et rivières un droit d'*octroi de navigation*, et a chargé le Gouvernement de l'organiser : dix mois se sont écoulés déjà ; ils ont été employés à recueillir tous les renseignemens nécessaires pour établir cet octroi, dont la forme, les règles et les produits sont aussi variables que les espèces de navigation sur les fleuves et rivières.

L'organisation aura lieu par *Bassins* : celle du bassin de la Seine est prête, et va être soumise au Gouvernement.

Les produits que l'on pourra obtenir de l'octroi, pendant l'an XI, seront employés indépendamment des fonds du trésor public.

ARRÊTÉ DU GOUVERNEMENT.

LE GOUVERNEMENT DE LA RÉPUBLIQUE, sur le rapport du Ministre de l'Intérieur, arrête :

ART. I. Les recettes destinées aux travaux de la navigation intérieure de la République, sont fixées pour l'an XI à la somme de cinq millions, non compris les produits de l'octroi de navigation intérieure établi par la loi du 30 floréal an X, qui pourront être perçus dans le cours de cet exercice.

II. Les dépenses de la navigation sont fixées, pour l'an XI, à pareille somme de cinq millions, non compris aussi l'emploi des produits de l'octroi de navigation.

III. Cette somme de cinq millions sera employée conformément à l'état de répartition présenté par le Ministre de l'Intérieur, lequel est approuvé.

C

ÉTAT DE RÉPARTITION *de la somme de cinq millions accordés par le Gouvernement, pour les dépenses des canaux, dessèchemens, quais, et de la navigation intérieure, pendant l'an XI.*

CHAPITRE I..	CANAUX.	2,500,000 fr.
CHAPITRE II..	DESSÈCHEMENS.	300,000
CHAPITRE III.	CONSTRUCTION DE QUAIS.	200,000
CHAPITRE IV.	NAVIGATION INTÉRIEURE.	2,000,000

DÉPARTEMENS.	DÉSIGNATION DE LA NAVIGATION INTÉRIEURE.	SOMMES.
Ain.	Port de Balme.	2,000
Aube.	Quais de Nogent; balisage.	8,000
Calvados.	Quais de Caen.	45,000
Charente.	Écluses.	60,000
Charente infér....	Écluses.	20,000
Cher.	Levées de la Loire.	30,000
Côte-d'Or.	Grand Canal de Bourgogne.	200,000
Doubs.	Canal du Rhône au Rhin.	30,000
Drôme.	Quais de Valence, et Digues de la Durance.	30,000
Escaut.	Polders et Canaux.	335,000
Eure.	Quai de Pose, rivière d'Iton.	20,000
Garonne (haute).	La Garonne.	15,000
Hérault.	Les Étangs.	10,000
Ille et Vilaine.	Écluses.	20,000
Indre et Loire.	Levées de la Loire.	30,000
Isère.	Digues.	8,000
Jura.	Canal du Rhin au Rhône.	100,000
Loir et Cher.	Levées de la Loire.	30,000
Loiret.	Levées de la Loire.	30,000
Lot.	Écluses.	20,000
Lot et Garonne.	Épis sur la Garonne.	10,000
Lys.	Canaux et Rivières.	30,000
Maine et Loire.	Écluses et Levées.	20,000
Manche.	Projet de Canal de la Vire.	10,000
Marne.	Navigation.	10,000
Mayenne.	Écluses.	20,000
Meurthe.	Navigation.	5,000
Meuse.	Navigation.	4,000
Mont-Blanc.	Digues du Rhône.	10,000
Morbihan.	Navigation du Blavet.	300,000
Moselle.	Navigation.	10,000
Nethes (deux).	Collet de la tête de Flandre.	25,000
Nord.	Rivières et Canaux.	25,000
Ourthe.	Navigation.	10,000
Pas de Calais	Rivières et Canaux.	25,000
Rhin (bas).	Digues et Épis.	100,000
Rhin (haut).	Digues et Épis.	50,000
Rhône.	Levée pérache, etc.	15,000

DÉPARTEMENS.	DÉSIGNATION DE LA NAVIGATION INTÉRIEURE.	SOMMES.
Sambre et Meuse	Navigation, projet d'améliorer la Sambre.	10,000
Saône et Loire. .	Navigation et Levées.	10,000
Sarthe.. . . .	Ecluses.	20,000
Somme. . . .	Ecluses de Péquigny, Chemins de hallage entre Amiens et Abbeville; Canal de la Somme.	68,000
Tarn.	Pas navigaux de l'Isle de Rabaston. .	20,000
Vaucluse.. . .	Digues de la Durance.	20,000
Vendée. . . .	Isle de Noirmoutier, Canal de Luçon.	10,000
Yonne.. . . .	Rivière d'Yonne.	30,000
Charges. . . .		60,000
Réserves. . . .		30,000

EXTRAIT *du rapport du Ministre de l'Intérieur au Gouvernement, en date du 27 Ventose, sur les dépenses à faire en l'an XI, aux Ports Maritimes de Commerce.*

Les fonds destinés aux Ports maritimes pour l'exercice de l'an XI, a dit le Ministre, ont été fixés, par votre Arrêté du 2 Fructidor an X, à la somme de 2,000,000 fr. outre les produits du *demi droit de tonnage*, établi par la Loi du 14 Floréal de la même année.

Je fais quelques remarques sur les Ports auxquels il est nécessaire d'appliquer des fonds étendus.

Anvers. Réparation et construction des quais sur l'Escaut, et écluse de chasse: Ce Port est loin de posséder des établissemens maritimes qui puissent justifier son antique splendeur; Anvers manque de quais et de bassins. Les anciens canaux d'échouage ne peuvent recevoir qu'un petit nombre de bâtimens d'un foible tonnage. Il faut presque tout créer à Anvers, pour en faire un Port où la navigation et le commerce trouvent étendue, sûreté et commodité.

Des projets sont préparés pour améliorer les quais et ouvrir un port d'échouage, à la suite duquel serait placé un bassin capable d'admettre les grands navires qui ne peuvent supporter l'échouage. Cette dernière partie des projets n'est pas encore arrêtée; mais comme on peut, dès cette campagne, commencer les travaux des quais, on accorde à cette classe de travaux 100,000 fr.

Ostende : ce port fut, dans la pénultième guerre, le point de réunion d'une grande partie du commerce de la France et de la Belgique. Le gouvernement Autrichien fit de grands efforts pour rendre ce port sûr et commode; mais les établissemens presque improvisés furent exécutés en bois; la plupart tombent en ruine : cependant le commerce actuel d'Ostende a une activité remarquable, surtout par le grand cabotage et la pêche d'Islande de Dogger-Bank.

Indépendamment des jettées du port et des bassins, une digue puissante qui défend la ville, exige de grandes réparations : on s'en est occupé en l'an X ; les travaux seront continués en l'an XI, et déjà la ville est en sûreté.

La somme destinée à tous ces travaux, indépendamment du droit de tonnage et d'un droit de bassin à établir, est de 70,000 fr.

Dunkerque : ce port est dans une situation satisfaisante; elle s'améliorera chaque année. On lui destine 61,000 fr.

Calais. Les longues et dispendieuses jettées de ce port, construites en bois, exigent de grandes réparations : on s'en est occupé en l'an X ; il faudra les continuer avec persévérance. On destine pour l'an XI, 70,000 fr.

Saint-Valery-sur-Somme : ce port, d'un abord difficile, sera amélioré et le commerce de la Somme très-encouragé, lorsque le canal de St.-Valery à Abbeville sera terminé par une écluse à son embouchure. On se propose de le commencer cette année, et d'y appliquer 66,000 fr.

Dieppe : ce port doit sa conservation aux chasses qui entretiennent son *chenal.* Une écluse de chasse très-considérable fut construite il y a vingt ans. Le défaut d'entretien et le mauvais gouvernement des chasses pendant la révolution, ont causé des dommages considérables à ce monument : on se flatte de pouvoir les réparer. Les travaux ont été commencés en l'an X ; ils seront continués avec activité en l'an XI. On destine à ce port 133,563 fr.

Le Havre : L'importance de ce port est bien connue. L'exécution d'un vaste plan pour en augmenter l'étendue et les commodités, est commencée depuis plusieurs années ; il reste un bassin à terminer, une écluse et un autre bassin à construire. Les travaux ont été mis en activité en l'an X ; ils feront des progrès en l'an XI : il leur est destiné 500,000 fr.

Honfleur : ce port est encombré, il faut le dévaser ; reconstruire une écluse, réparer la jettée. Les travaux sont commencés : on y applique en l'an XI 187,000 fr.

La Rochelle : ce port est délabré. On s'occupe d'abord de mettre le bassin en état de service. Il recevra en l'an XI, 100,000 fr.

St.-Jean-de-Luz : des sommes considérables ont été dépensées sans succès pour couvrir sa rade par deux jettées. La violence des vagues sur ce point ne permet pas de nouvelles tentatives. On se borne à assurer le port, et on destine pour l'an XI 40,000 fr.

Cette : ce port demande de grands travaux : il lui est accordé 69,000 fr.

Nice : les môles de ce port exigent des travaux urgens et étendus ; ils seront commencés en l'an XI, et on y dépensera 150,000 fr.

Autres ports ; une somme de 452,500 fr. est distribuée entre tous les autres ports de la République, dans les proportions relatives aux besoins urgens et aux frais d'administration.

Une somme de 100,937 fr. est mise en réserve pour les cas imprévus.

Le port de Marseille, qui a d'immenses besoins, ne paraît point dans la répartition ; cependant les travaux de dévasement sont commencés, et toutes les mesures sont prises pour les pousser avec activité. Les dépenses seront acquittées sur les produits d'un ancien octroi sur les huiles, dont la perception s'est continuée.

Le commerce, au moyen des travaux qui ont été entrepris pour l'amélioration des ports de commerce, et qu'on continue avec activité, ne tardera point à se ressentir des efforts faits pour sa prospérité. Le produit du demi-droit de tonnage concourra encore au succès de ses vues dans cette partie. Les produits de ce droit, qui ont été évalués pour la généralité des ports de 6 à 800,000 fr., ne seront connus qu'à la fin de l'année : ils éprouveront de grandes variations dans chaque port.

ARRÊTÉ DU GOUVERNEMENT.

LE GOUVERNEMENT DE LA RÉPUBLIQUE, sur le rapport du Ministre de l'Intérieur, arrête :

ART. I. Les recettes destinées aux travaux d'entretien et réparations des ports maritimes de commerce, sont fixées pour l'an XI à deux millions, non compris les produits du demi-droit de tonnage.

II. Les dépenses des ports maritimes de commerce sont fixées pour l'an XI, à deux millions, non compris l'emploi des produits du demi-droit de tonnage.

III. Cette somme de deux millions sera employée conformément à l'état de répartition présenté par le Ministre de l'Intérieur, lequel est approuvé.

ÉTAT DE RÉPARTITION *des deux millions accordés pour l'an XI, pour les travaux maritimes de commerce.*

DÉPARTEMENS.	NOMS DES PORTS.	SOMMES.
	Direction du Nord.	
Nethes (deux).	Anvers....	100,000 fr.
	L'Ecluse.	5,000
Lys.	Ostende ; il sera établi un droit de bassin, dont le produit sera employé aux réparations.	70,000
	Nieuport ; on a compris le pont sur le chenal.	18,000
	Dunkerque.	61,000
Nord.	Gravelines ; le Préfet sera invité à organiser les watrengues pour l'entretien des digues.	16,000
Pas de Calais..	Calais.	70,000
Somme.	Saint-Vallery sur Somme ; les écluses de tête du canal seront faites sur les fonds des travaux maritimes.	66,000
	Le Tréport.	19,100
Seine inférieure..	Dieppe ; non compris 50,437 fr. restant à consommer sur 70,437 fr., fonds des cent. additonnels.	133,563
	Saint-Vallery en Caux	30,000
	Fécamp..	30,000
	Le Havre.	500,000
Eure.	Quillebœuf.	6,000
	Honfleur.	87,000
Calvados.	Port-en-Bessin ; pour un épi.	10,000
	Isigny.	10,000
La Manche.	Granville.	12,000
Ille et Vilaine.	Port Malo ; Saint-Servan ; sauf à repartir entre les deux ports.	10,000
	Legué et Saint-Brieux.	6,000
	Binic.	6,000
Côtes du Nord...	Portrieu ; môle.	6,000
	Paimpol.	3,000
	Rivière de Tréguier ; balises.	8,000
	Port et Rivière de Lannion.	3,000
	Morlaix.	6,000
	Isle -de-Batz.	300
Finistère.	Roscoff.	600
	Le Conquêt.	300
	Landernau.	5,000
	Port-Launay.	600

DÉPARTEMENS.	NOMS DES PORTS.	SOMMES.
Suite du Finist..	Douarmenez.	2,900 fr.
	Audierne.	500
	Pont-l'Abbé.	300
	Quimper.	10,000
	Concarneau.	600
	Quimperlé.	1,000

Direction de l'Ouest.

DÉPARTEMENS.	NOMS DES PORTS.	SOMMES.
Morbihan..	Lorient.	6,000
	Auray.	1,300
	Vannes..	4,000
	Port Aliguen (Quiberon).	50,000
	Le Palais ; isle de Belle–Isle.	15,000
Loire-inférieure..	Le Croisic.	2,000
	Nantes.	2,000
	Paimbœuf ; entretien balises.	5,000
Vendée.	Saint–Gilles.	6,000
	Les Sables-d'Olonne.	30,000
Charente-infér.	La Rochelle.	100,000
	Saint-Martin, Isle-de-Rhé.	22,000
Basses–Pyrénées.	Saint-Jean de Luz.	40,000

Direction du Sud.

DÉPARTEMENS.	NOMS DES PORTS.	SOMMES.
Hérault.	Agde ; non compris 16,000 fr. non consommés en l'an X.	5,000
	Cette.	69,000
Bouc.-du-Rhône.	Port de Bouc. Les Martigues.	4,000
	Cassis	4,000
	La Ciota ; non compris 7,549 fr. non consommés en l'an X.	5,000
	Arles.	7,000
Alpes maritimes.	Nice.	150,000
Golo.	Bastia. Isle-Rousse.	50,000

TRAVAUX DE LA XXVIIe. DIVISION MILITAIRE.

Le Général Menou , par une circulaire adressée aux Préfets des départemens de la 27e. Division Militaire , vient d'annoncer que des sommes considérables étaient destinées cette année à la réparation des anciens chemins et à la confection de nouveaux ; que les montagnes les plus élevées qui séparent la 27e. Division des autres parties de la France , allaient être rendues non-seulement praticables , mais très-faciles pour les voyageurs , pour les spéculations du commerce ; que les voitures de toutes espèces pourraient franchir le Mont-Cenis , le Mont-Genèvre , le

Simplon; que des canaux de navigation et d'irrigation allaient s'ouvrir dans plusieurs parties; que les relations allaient devenir faciles avec quelques ports de la
Méditerranée; enfin, que le Premier Consul, toujours grand, toujours magna-
nime, avait projetté l'établissement de plusieurs manufactures; qu'il voulait que
l'exploitation des mines prît un grand accroissement; que l'agriculture s'améliorât;
que l'éducation des bêtes à laine acquît ce degré de perfection dont est susceptible
ce beau pays qu'arrose le *Pô*.

TAXE DU DROIT DE PASSAGE AU PONT-ST.-ESPRIT-LÈS-BAYONNE.

Le Gouvernement, par la loi du 14 floréal an X, ayant autorisé pendant la
durée de dix années l'établissement des ponts dont la construction serait entreprise
par des particuliers, nous croyons devoir donner place ici à ce tarif, qui peut
servir de régulateur aux Compagnies qui pourraient entreprendre de pareils
ouvrages.

ART. I. Pour une personne à pied, chargée ou non chargée, 2 c. $\frac{1}{2}$
Pour chaque personne portant cruche, ... 1 $\frac{1}{4}$
Par carosse, y compris chevaux et conducteurs, . . . 2 fr.
Par charriot à quatre roues, y compris charge et conducteur, 2
Par charrette à deux roues et à chevaux, y compris chev. et cond. 1 50
Par charriot vide, ... 1
Par charriot vide, à chevaux, à deux roues, . . . 75
Par chaise à deux roues, y compris chevaux et conducteur, . 1 50
Par charrette à bœufs, chargée, ... 60
Par charrette à bœufs, vide, ... 40
Par cheval, y compris le conducteur, ... 20
Par bœuf ou vache, y compris le conducteur, ... 20
Par chaque veau, y compris le conducteur, ... 10
Par chaque bête asine, y compris la charge et le conducteur, 10
Par cochon, y compris le conducteur, ... 10
Par mouton, chèvre ou brebis, y compris le conducteur, . 1 $\frac{1}{4}$
Par chaise à porteur, ... 40

II. Seront admis à l'abonnement à raison de *trente centimes par mois*, les
ouvriers attachés aux ateliers de la marine nationale et aux fortifications, et ceux
travaillant aux chantiers de la marine marchande.

III. Ne seront sujets à la taxe les militaires voyageant avec feuille de route;
ceux faisant partie de la garnison de la ville de Bayonne ou de la citadelle, et les
fonctionnaires publics, qui ne sont pas assujettis à l'acquit de la taxe d'entretien
des routes.

IV. Les voitures particulières des habitans de Bayonne, n'allant qu'à leurs
maisons de campagne de l'arrondissement du St.-Esprit, ne paieront que *deux
francs* pour l'allée et la venue dans le même jour.

LOI du 14 Floréal an XI, relative au curage des Canaux et Rivières non navigables, et à l'entretien des Digues qui y correspondent.

EXTRAIT de l'Exposé de ses motifs, présentés au Corps-Législatif par REGNAULT, *Conseiller d'État.*

L'ORATEUR DU GOUVERNEMENT a fait envisager dans son discours, qu'il n'était pas moins important de s'occuper des rivières non navigables, et de la conservation de ces nombreux ruisseaux qui alimentent nos grands fleuves, que des canaux et des rivières navigables. Il est nécessaire d'empêcher que l'intérêt particulier abuse des eaux qui fécondent les campagnes, soit en changeant leur cours, soit en rétrécissant leur lit, ou en dégradant leurs rives.

Il faut aussi porter une surveillance attentive sur des eaux redoutables; celles des torrens, que les montagnes lancent sur les plaines et contre les cités. Il faut conserver la force des digues protectrices qui fortifient leurs bords.

Près des terres qui furent jadis des marais fangeux, et qui sont devenues des pleines fertiles, il faut entretenir les canaux de dessèchement qui les ont rendues à l'agriculture.

Des réglemens non contestés, des usages consacrés par le tems, avaient pourvu à tous les besoins; mais depuis le changement de législation et la destruction de la féodalité, les uns ne sont plus applicables, et les autres sont tombés en désuétude.

De là, la dégradation des ouvrages d'art qui conservent et défendent de l'envahissement des torrens, des mers et des eaux stagnantes, de vastes parties du territoire Français.

Le Gouvernement, après avoir conseillé aux Propriétaires la vigilance et des travaux réparateurs, au nom de leur intérêt particulier, doit pouvoir commander cette vigilance et ces travaux au nom de l'intérêt général.

Des lois tutélaires assurent la durée et le respect de tous les genres de propriété; et pour prix de cette protection, elles ne demandent à ceux qui en jouissent que de les conserver, et de les garantir de toutes les causes de dégradation et de destruction.

Ainsi, lorsque des statuts locaux, lorsque des coutumes équitables auront consacré des formes, des moyens justes et utiles pour effectuer les travaux; lorsque aucune innovation n'aura rendu des changemens nécessaires, l'Administration procédera suivant les erremens anciens.

Des modifications seront proposées au Gouvernement, quand les circonstances nouvelles prescriront de nouvelles mesures; mais on prendra toujours pour base de la part de chacun, dans le travail ou la dépense, une juste évaluation de son intérêt.

Si le propriétaire croit avoir à se plaindre, il pourra réclamer contre la fixation de cette contribution locale, de la même manière et avec les mêmes formes que contre la fixation des contributions générales; c'est-à-dire devant les Conseils de Préfectures, avec le recours au Conseil d'État.

LE CORPS LÉGISLATIF, reconnaissant la validité de ces motifs, décrète ce qui suit:

AU NOM DU PEUPLE FRANÇAIS.

BONAPARTE, premier Consul, proclame Loi de la République le décret suivant,

suivant, rendu par le Corps législatif le 14 floréal an XI, conformément à la proposition faite par le Gouvernement le 8 floréal, communiquée au Tribunat le lendemain.

DÉCRET.

ARTICLE PREMIER.

Il sera pourvu au curage des canaux et rivières non navigables, et à l'entretien des digues et ouvrages d'art qui y correspondent, de la manière prescrite par les anciens réglemens, ou d'après les usages locaux.

II. Lorsque l'application des réglemens ou l'exécution du mode consacré par l'usage éprouvera des difficultés, ou lorsque des changemens survenus exigeront des dispositions nouvelles, il y sera pourvu par le Gouvernement dans un réglement d'administration publique, rendu sur la proposition du Préfet du département, de manière que la quotité de la contribution de chaque imposé soit toujours relative au degré d'intérêt qu'il aura aux travaux qui doivent s'effectuer.

III. Les rôles de répartition des sommes nécessaires au paiement des travaux d'entretien, réparation ou reconstruction, seront dressés sous la surveillance du Préfet, rendus exécutoires par lui; et le recouvrement s'opérera de la même manière que celui des contributions publiques.

IV. Toutes les contestations relatives au recouvrement de ces rôles, aux réclamations des individus imposés et à la confection des travaux, seront portées devant le Conseil de préfecture, sauf le recours au Gouvernement, qui décidera en Conseil d'état.

Collationné à l'original, par nous président et secrétaires du Corps législatif. A Paris, le 14 floréal an XI de la République Française. *Signé*, VIENOT-VAUBLAN, *président ;* CC. TERRASSON, BORIE, MALLEIN, BLAREAU, *secrétaires.*

SOIT la présente loi revêtue du sceau de l'État, insérée au Bulletin des lois, inscrite dans les registres des autorités judiciaires et administratives, et le Grand-juge, ministre de la justice, chargé d'en surveiller la publication. A Saint-Cloud, le 24 floréal an XI de la République.

Signé BONAPARTE, *premier Consul.* Contre-signé, *le secrétaire d'Etat*, HUGUES-B. MARET. Et scellé du sceau de l'État.

Vu *le Grand-juge, ministre de la justice,* signé REGNIER.

EXPOSÉ *des motifs de la loi concernant l'ouverture d'un canal de navigation entre les villes de Charleroy et de Bruxelles ; par* MIOT *, Conseiller d'Etat.*

CITOYENS LÉGISLATEURS,

Chargé par le Gouvernement de la République de mettre sous vos yeux un projet de loi tendant à autoriser l'ouverture d'un nouveau canal, je n'aurai point à m'étendre en général sur l'importance de ces grandes entreprises. Personne de vous n'a besoin de longs développemens pour être convaincu des avantages qu'elles assurent à l'agriculture, au commerce, à l'industrie, et de la gloire qu'elles donnent aux nations. Monumens respectables de l'industrie humaine, les canaux

D

de navigation sont les plus belles conquêtes sur la nature; et l'art qui les crée, qui les dirige , qui applanit les monts qu'ils ont à franchir , qui , par une sage économie , partage , distribue les eaux destinées à les alimenter , est une des plus heureuses applications des sciences physiques et mathématiques.

Mais si le Gouvernement doit encourager et provoquer ces travaux , s'il doit faire naître sur tous les points de la France une utile émulation pour ce genre d'entreprises, et nous exciter à rivaliser ou imiter des peuples voisins qui ont multiplié chez eux avec tant de succès ces moyens de richesses et de fécondité, il doit aussi ne jamais permettre à l'imagination de s'égarer dans ces sortes de conceptions, et ne proposer à la sanction des Législateurs que des plans déjà mûrs par l'observation et la connaissance des ressources que présentent les localités , dont l'exécution n'a rien de chimérique , et n'offrir , s'il est possible , que des certitudes à l'emploi des capitaux qu'il veut attirer vers ces nouvelles spéculations.

Je m'occuperai donc, citoyens Législateurs, dans l'exposé des motifs du projet de loi que je vous apporte , uniquement du soin de démontrer que l'entreprise qu'il a pour objet d'autoriser, est possible et utile.

L'ouverture d'un canal entre Bruxelles et Charleroy, pour réunir la Sambre à l'Escaut, n'est point une idée nouvelle. Le Gouvernement autrichien s'en était occupé , il y a environ un siècle , et regardait ce canal comme un des ouvrages les plus utiles que l'on pût entreprendre et exécuter.

Mais aucune tentative sérieuse n'avait encore été faite , et l'on n'a même retrouvé dans les archives du pays, ni plans, ni mémoires qui pussent servir de guide.

Le projet qui a été soumis au Gouvernement, et qu'il a adopté, est donc un travail entièrement neuf , exécuté d'après ses ordres. Vous jugerez, par l'analyse que je vais en faire, du soin que l'on a apporté à sa confection.

La distance entre les deux villes de Bruxelles et de Charleroy est d'environ 48 mille mètres par la route ordinaire ; mais la direction du canal devant se porter sur les vallons arrosés par les rivières du Piéton , de la Samme et de la Senne , son développement devait être nécessairement beaucoup plus considérable , et , suivant le plan auquel on s'est arrêté, il est de 78,250 mètres.

De cette distance , 18,250 sont , depuis Charleroy , tracés le long du vallon occupé par la rivière du Piéton, qui se jette dans la Sambre, et le canal dans cette longueur sera alimenté par cette rivière , ainsi que par les rigoles latérales qui amèneront les eaux des ruisseaux et des sources voisines.

La pente de cette partie du canal est de 24 mètres, et sera retenue par douze écluses de deux mètres de chûte chacune.

Du côté de Bruxelles , le canal , dans une longueur de 50,500 mètres, suivra les vallons arrosés par les rivières de la Samme et de la Senne , qui se jettent à l'opposite du Piéton dans le grand canal de Bruxelles, et de là dans l'Escaut ; la pente du canal dans cette longueur est de 105 mètres 58 centimètres , et elle sera retenue par 44 écluses, ayant les 12 premières deux mètres de chûte , et les trente-deux autres 55 centimètres.

Ainsi le canal , dans une longueur de 68,750 sur 78,500, suit deux vallons opposés, dont les eaux se portent du côté du midi dans la Sambre, et du côté du nord dans l'Escaut ; mais la réunion de ces deux parties ne peut se faire qu'en franchissant un seuil intermédiaire formé par une chaîne de montagnes qui sépare les deux versans.

La direction à donner au canal pour surmonter cet obstacle et établir le point de partage des eaux, est la partie la plus importante du travail, et elle est traitée avec le plus grand soin.

Quatre directions différentes ont été examinées avec détail, et la comparaison exacte des dépenses et des difficultés que chacune d'elles entraînait, a seule déterminé le choix qui a été fait.

On s'est donc arrêté à celle de ces quatre directions qui présente, à la vérité, la nécessité d'un développement plus considérable, mais qui rencontre le sommet le plus étroit et le moins élevé de la montagne, et qui par conséquent entraîne le moins de déblais.

Le devis de la dépense à faire pour chacune de ces directions a même été fait, et il prouve que la première qui a été adoptée serait de . . 1,300,000 fr.

La seconde de 2,500,000

La troisième de 3,900,000

La quatrième, qui est à la vérité la plus courte de toutes, de 5,100,000

Et qu'ainsi le rapport de ces dépenses entre elles est comme les nombres 13, 25, 39 et 51 ; résultat qui prouve tout l'avantage économique de l'adoption de la première direction.

Ce même avantage se trouve, et dans des proportions beaucoup plus fortes encore, si au lieu de faire un déblai pour tracer un canal à ciel ouvert, on se déterminait à creuser un canal souterrain, puisque dans la première direction ce canal souterrain serait de . . . . 400 mètres.

Dans la deuxième, de 1,400

Dans la troisième, de 2,000

Et dans la quatrième, de 2,800

Tout se réunissait donc pour faire adopter la première direction : mais après s'y être arrêté, il fallait se convaincre de la possibilité d'alimenter et d'entretenir la tranchée du point de partage, qui sera de plus de 8000 mètres de longueur ; et c'est pour acquérir cette conviction, que le jaugeage des rivières et des ruisseaux environnans dont les eaux peuvent y être amenées par des rigoles latérales, a été fait en détail.

Il résulte de cette opération, qui a eu lieu pendant les mois de thermidor et vendémiaire derniers, après une assez longue sécheresse, que l'on peut compter sur un produit moyen de 1936 pouces d'eau (1), qui fournissent en 24 heures 37,000 mètres cubes d'eau suffisant à la dépense de 108 écluses supposées de 33 mètres de longueur sur 5 mètres 19 centimètres de largeur et deux de profondeur, et par conséquent au passage de cinquante-quatre bateaux par jour au point du partage.

Enfin, en comparant la surface des terrains qui verseraient au bassin de partage du canal de Charleroy, avec celle des terrains qui versent aux bassins des

---

(1) Un pouce d'eau est, dans la plus stricte acception, la quantité d'eau qui s'écoule d'un réservoir dans un espace de tems donné, par une ouverture d'un pouce de diamètre, en supposant le réservoir toujours maintenu à la même hauteur.

Dans la pratique, un pouce d'eau est à peu près égal à un produit de 67 muids et demi par 24 heures. Un mètre cube contient trois muids et demi d'eau ; par conséquent un pouce d'eau, évalué en mesure cubique, est égal à 185 septièmes, ou 19 mètres, 285 millimètres, évaluation qui donne un résultat à peu près égal à celui porté dans ce rapport.

autres grands canaux de la France, on trouve qu'elle est moyenne avec celle des canaux d'Orléans, de Languedoc et du Centre (1).

Ainsi le succès du projet paraît assuré : les nivellemens, les travaux préparatoires, quoiqu'il en reste encore à faire pour déterminer invariablement la direction du canal, sont déjà assez précis pour ne laisser aucun doute sur la possibilité de l'entreprise ; l'on peut donc calculer les avantages que l'on doit retirer de son exécution, sans crainte d'être trompé dans l'espérance de les voir réalisés.

Je vais examiner en détail ces avantages.

Le canal projeté traverse un pays riche en mines de houille, qui s'exploitent dans les environs de Charleroy ; plusieurs fosses mêmes sont ouvertes sur la direction du canal projeté.

Les houilles des minières abondantes, situées dans les bois de Marimont ; celles de Bellecourt et de Hudincy, se rendront par terre jusqu'à Seneff, où elles s'embarqueront sur le canal, pour être transportées à Bruxelles, et de là dans tous les départemens environnans, et en Hollande.

Mais, quelqu'important que soit ce premier résultat de l'entreprise, je dois, citoyens Législateurs, fixer particulièrement votre attention sur celui dont les conséquences sont beaucoup plus frappantes, et dont les avantages sont en quelque sorte incalculables ; enfin, sur celui qui naîtra de la possibilité de transporter à Anvers, en moins de huit jours de navigation, tous les charbons de terre extraits de ces minières. Expédié d'Anvers, où il sera parvenu à si peu de frais, pour les ports de la France, ce combustible s'y vendra à un prix égal et inférieur peut-être à celui des charbons tirés de l'Angleterre, qui ne doit également la faculté de nous les apporter à si bon compte, qu'à la construction de canaux, que l'industrie privée et la plus brillante de toutes les spéculations a fait ouvrir pour porter à Manchester et à Liverpool les produits de ses mines les plus abondantes.

Le canal projeté offrira de plus un débouché commode et facile aux pierres de taille des carrières d'Aquesnes, de Felin, des Écaussines et de Clabeck, aux marbres exploités sur les bords de la Sambre, au-dessous de Maubeuge, aux pavés de la carrière de Quemasde, enfin aux briques, aux carreaux de terre cuite qui pourront se fabriquer sur ses bords, produits recherchés et demandés par les Hollandais.

Les bois de construction des forêts des Ardennes et du département du Nord prendront la même route pour aller approvisionner le port d'Anvers.

Les manufactures de clouterie établies dans les environs de Charleroy, et qui travaillent soit pour le service de la marine, soit pour le commerce de nos colonies, prendraient, ainsi que les verreries qui existent déjà dans le voisinage de cette ville, un accroissement et une activité nouvelle.

On peut ajouter encore à tous ces avantages commerciaux, ceux qui résulteraient du canal pour l'agriculture, par la facilité du débouché ouvert aux denrées qui iraient se consommer à Bruxelles, et celle du retour des engrais que les cultivateurs tireraient de cette grande ville.

Enfin, sous le point de vue militaire, un canal qui ouvre une communication entre la Sambre, la Meuse et l'Escaut, est d'une importance extrême, et le deviendrait encore plus si, dans la suite des opérations qui restent à faire, on recon—

(1) La surface du terrain, versant au canal de Carleroy, est de . 151 millions de mètres carrés.
Au canal d'Orléans, de . . . . 145 *idem*.
Au canal de Languedoc, de . . . . 166 *idem*.
Au canal du Centre, de . . . . 180 *idem*.

naissait la possibilité de conduire, du point de partage des eaux, une branche du canal à Mons.

Quant à la dépense qu'entraînerait l'entreprise, elle s'élève, suivant les calculs détaillés, à 6,500,000 fr.; mais on a l'espérance fondée, que l'on rassemblera facilement les capitaux nécessaires pour y subvenir. Déjà des offres importantes ont été faites, déjà quelques capitalistes se sont présentés; et lorsque vous aurez, citoyens Législateurs, revêtu de votre sanction le projet de loi qui vous est soumis; lorsque vous aurez ainsi reconnu et garanti la possibilité et la sûreté de l'entreprise, il y a tout lieu de croire que le nombre des concurrens s'augmentera promptement, et que les propriétaires des houillères, des manufactures et des carrières dont il accroîtra la richesse, s'empresseront d'y placer des fonds qui seront employés avec un double avantage pour eux dans une sensible spéculation.

J'espère, citoyens Législateurs, vous avoir suffisamment prouvé, par les détails dans lesquels je suis entré, l'utilité et la possibilité de l'entreprise.

Quant au mode d'exécution, le projet de loi dont je vais vous donner lecture autorise le Gouvernement à saisir l'époque qu'il jugera la plus convenable pour commencer les travaux, à traiter avec les associations ou les compagnies qui pourront se présenter, et à régler les clauses du traité et du tarif, sous la condition que l'un et l'autre seront soumis au Corps législatif pendant le cours de la session qui suivra leur acceptation; enfin il assure des indemnités aux propriétaires des terrains et des usines que la direction du canal peut priver de leurs propriétés.

Toutes ces dispositions garantissent, comme vous le pouvez juger facilement, les principes de notre législation, et le Gouvernement pense qu'elles doivent mériter et justifier la sanction qu'il vous demande pour le projet.

Loi relative à l'ouverture d'un Canal de navigation entre les villes de Charleroy et de Bruxelles.

Du 14 Floréal an XI.

AU NOM DU PEUPLE FRANÇAIS.

BONAPARTE, premier Consul, proclame loi de la République le décret suivant, rendu par le Corps législatif le 14 floréal an XI, conformément à la proposition faite par le Gouvernement le 8 floréal, communiquée au Tribunat le lendemain.

DÉCRET.

ARTICLE PREMIER.

Il sera ouvert, à l'époque que le Gouvernement déterminera, un canal de navigation entre les villes de Charleroy et de Bruxelles.

II. Les propriétaires des terrains et usines pris par ce canal, seront indemnisés d'après les estimations faites conformément aux lois.

III. Le Gouvernement pourra traiter, s'il le juge convenable, pour la construction de ce canal, avec l'association qui viendrait se présenter; il réglera les conditions du traité et des tarifs, lesquels seront soumis au Corps législatif pendant le cours de la session suivante.

Collationné à l'original, par nous président et secrétaires du Corps législatif.

A Paris, le 14 floréal an XI de la République Française. *Signé* VIENOT-VAUBLAN , *président ;* CG. TERRASSON , BORIE , MALLEIN , BLAREAU , *secrétaires.*

SOIT la présente loi revêtue du sceau de l'État, insérée an Bulletin des lois, inscrite dans les registres des autorités judiciaires et administratives, et le Grand-juge, ministre de la justice, chargé d'en surveiller la publication. A Saint-Cloud, le 24 floréal an XI de la République.

Signé BONAPARTE, *premier Consul.* Contre-signé , *le secrétaire d'état,* HUGUES-B. MARET. Et scellé du sceau de l'État.

Vu , *le Grand-juge, ministre de la justice,* signé REGNIER.

Extrait du Mémoire de M. DE LA MILLIÈRE , *ci-devant Intendant des Ponts et Chaussées, imprimé en* 1790.

« Je crois (écrivait - il en 1770), qu'il faudrait ne penser à employer les
» troupes que comme on le fait en ce moment ; c'est-à-dire, à des travaux de
» ports de mer, pour lesquels il est nécessaire de rassembler un grand nombre
» de travailleurs qui soient toujours prêts au besoin, et que leur inaction, dans
» les momens trop fréquens de discontinuation forcée des ouvrages, ne rende pas
» à charge à l'État, ou n'oblige pas à se séparer pour chercher du travail ailleurs.
» On doit , suivant moi, continuer à les employer également, et comme cela a
» déjà lieu très-fréquemment, aux épuisemens pour les fondations des ports,
» attendu que ce genre d'ouvrage exige une précipitation et en même tems une
» suite auxquels les travaux de la campagne ne peuvent manquer de nuire , vû
» que les uns et les autres se trouvent en grande activité dans la même saison. On
» est forcé, pour ces différens ouvrages, de ne pas regarder à la plus grande
» dépense ; et si cette dernière considération ne semblait pas capable d'arrêter ,
» on pourrait enfin employer encore les troupes aux navigations , ainsi qu'aux
» desséchemens ; et quant aux routes , on les ferait travailler seulement aux grands
» ouvrages en déblais et remblais , car ces travaux laissent la possibilité de les tenir
» rassemblés, méritent d'ailleurs ordinairement, vû la durée de l'entreprise, qu'on
» leur fasse à portée un établissement fixe , s'il ne s'y en trouve déjà ; et enfin, en
» tems de guerre , ces travaux peuvent sans inconvénient être suspendus ou con-
» tinués par des ouvriers du pays.
» Hors ces cas d'exceptions , je pense fermement qu'il faut renoncer au projet
» d'appliquer les troupes aux travaux publics ; ce que je viens d'exposer sur cet
» objet, n'est d'ailleurs que l'extrait d'un Mémoire très-bien fait, intitulé : *Des*
Chemins , et des moyens les moins onéreux au Peuple et à l'État, de les
construire et de les entretenir. «Ce Mémoire , qui a concouru pour un prix
» proposé par l'Académie de Châlons-sur-Marne , et qui a été imprimé en 1781,
» n'obtint cependant pas la permission , nécessaire alors , pour être distribué ,
» parce que je fus consulté à cet égard ; et que trop peu instruit encore de tout
» ce qui concernait un département qui venait de m'être confié, et obligé de m'en
» rapporter à des lumières étrangères, *j'adoptai le conseil qui me fut donné ,*
» *d'empêcher cet Ouvrage de paraître. Je m'estime heureux de trouver une*
» *occasion de reconnaître bien publiquement cette faute ;* j'ai déjà eu celle de

» l'avouer, il y a quelques années, à M. de *Pommereuil*, Officier d'artillerie ;
» qui a fait cet estimable ouvrage, dans lequel on est étonné de trouver réunies
» autant de connaissances, dont la plupart auraient dû être étrangères à son auteur,
» en indiquant ce Mémoire, avec les éloges qu'il mérite certainement, et en invi-
» tant à le lire (1).

CANAL d'Ourcq-de-Mareuil, ou de Lysy, à Paris.

Avant d'entrer dans le détail général du plan de ce canal, que l'on trouvera dans l'un de nos premiers cahiers, nous avons pensé devoir donner ici un extrait du projet fait par le cit. GAUTHEY, Inspecteur-général des Ponts et Chaussées, membre du Conseil de cette Administration, concernant la dérivation, jusqu'à Paris, des rivières d'*Ourcq*, *Therouenne et Beuvronne*, d'une part ; et des rivières d'*Essonne*, *Juine*, *Orge*, *Yvette*, et *Bièvre*, de l'autre.

Le cit. GAUTHEY, après avoir rappellé les diverses opérations qu'il a faites à ce sujet avec le cit. PRONY, en vertu de la mission qui leur a été donnée par ordre du Gouvernement, pour l'examen de ces différens projets de dérivation des rivières, que nous venons de citer, afin d'aviser aux moyens nécessaires pour en conduire les eaux à un point déterminé de hauteur, à Paris. CONCLUT :

1°. A ce que le canal de dérivation de l'Ourcq, puisse conduire à Paris, auprès de la barrière St.-Martin, en tout tems, une quantité d'eau au moins égale à toute celle que cette rivière fournit en été, et que ce canal puisse porter les bateaux qui passent actuellement sur la rivière d'Ourcq.

2°. Que l'on établisse le point d'arrivée à 77 pieds métriques au-dessus des plus basses eaux de la Seine, prise au pont de la Tournelle, et le point de départ au-dessus de la retenue de Crouï ; et que l'assemblée des Ponts et Chaussées prononce s'il est préférable de suivre une pente uniforme, dans toute la longueur du canal, de 5 pouces par 100 toises, à une pente moindre avant la tranchée, et plus forte après.

3°. Que l'Assemblée décide aussi s'il ne serait pas plus avantageux de faire le canal suffisamment large, pour donner le passage à deux bateaux, que de ne lui donner que la largeur nécessaire pour le passage d'un seul.

4°. Que l'on établisse un port, en forme de bassin, vis-à-vis la rotonde de St-Martin, et un canal large au-delà, avec des plates-formes, pour y déposer les bois que l'on transportera sur le canal.

5°. Que la décharge des eaux du réservoir forme, à l'entour de Paris, un cours d'eau, pour y former différens établissemens d'usines et manufactures.

6°. Que l'on fasse faire les plans, nivellemens et jauges du canal à faire, pour procurer à la partie méridionale de Paris, les mêmes avantages que l'Ourcq procurera à la partie septentrionale, en faisant venir au-dessus du faubourg St.-Jacques

(1) Ce Mémoire est imprimé au mot *Chemin*, dans la nouvelle Encyclopédie, tome I, deuxième partie de l'Economie politique et diplomatique.
Nous avons rappelé cet article comme un témoignage puissant de l'utilité de la publication de tous les projets qui peuvent être présentés en pareil cas : c'est ce même motif qui a fait concevoir le plan général du *Recueil Polytechnique des Ponts et Chaussées*, etc.

les eaux de *l'Essonne*, de *la Juine*, de *l'Orge*, de *l'Yvette*, par un canal pareil à celui de l'Ourcq; et celle de la *Bièvre*, par un canal séparé.

Lu au Comité des Ponts et Chaussées, en frimaire an 11. *Signé*, GAUTHEY.

Le C. GAUTHEY ajoute ensuite en *Post-scriptum.*

« Pendant que l'on travaillait à finir les opérations nécessaires pour faire le » devis de ce projet, le C. *Solage* proposa de faire exécuter le canal de l'Ourcq » aux frais d'une compagnie et à certaines conditions, et ayant annoncé que le » Gouvernement avait aquiescé à sa demande, il envoya au Ministre son projet » et ses plans, qui me furent renvoyés pour les faire vérifier. Je remarquai d'abord » que son nivellement n'était pas conforme à celui que nous avions fait faire; » il fallut le vérifier contradictoirement, et l'on trouva qu'il y avait une erreur de » plus de 20 pieds sur la hauteur totale; mais comme ce projet était néanmoins » possible en faisant la prise d'eau beaucoup plus haut qu'il ne l'avait indiquée, » et en y changeant plusieurs choses, je crus que ma mission était finie, et » je ne donnai pas le mémoire que j'avais fait à ce sujet.

» Je fus ensuite plusieurs mois en tournée, et à mon retour, j'appris que les » conditions du C. Solage n'avaient pas été acceptées, et qu'il y avait une loi » du 29 floréal an X, et un arrêté des Consuls, qui ordonnaient que les travaux » seraient exécutés pour les Ingénieurs des Ponts et Chaussées, d'après les plans » et devis joints, que l'on avait nommé l'Ingénieur G. pour conduire les travaux, » dont la direction, d'après l'instruction approuvée par le Ministre, devait être » soumise aux règles générales de l'administration des Ponts et Chaussées.

» L'Ingénieur Bruyère remit à cet Ingénieur les plans et mémoires qui avaient » été faits à ce sujet, et lui montra, même sur les lieux, les différens projets » qu'il avait tentés, et celui qui devait être suivi.

» Mais l'Ingénieur G. ne trouva pas ces projets à son gré, parce qu'ils for- » maient des lignes courbes qui alongeaient le canal de quelques toises. Il imagina » de tracer de grandes lignes droites, et avant d'avoir soumis son projet à l'Ad- » ministration des Ponts et Chaussées, il fit mettre dans toute leur étendue, un » très-grand nombre d'ouvriers pour les faire exécuter.

» Il ne pensait probablement pas qu'un canal doit être tracé de manière que » les déblais soient à peu près égaux aux remblais, et que le niveau de l'eau » s'éloigne peu du niveau du terrein en suivant ses différentes inflexions. Il n'ima- » ginait assurément pas qu'en suivant des lignes droites, on risquait de faire des » déblais, des remblais considérables, tout-à-fait inutiles, et même nuisibles, » qui sont tels que si on s'enfonce seulement de 3 mètres au-dessous du terrein » naturel, comme l'est une grande partie des travaux exécutés, la dépense est » deux fois plus grande.

(*La suite au IIIme. Cahier*).

Fin du second Cahier du Tome premier.

IIIe. CAHIER.

IIIme. CAHIER DE L'AN XI

DU RECUEIL POLYTECHNIQUE DES PONTS ET CHAUSSÉES,

E T

DES CONSTRUCTIONS CIVILES DE FRANCE.

Suite du projet du cit. GAUTHEY, *sur le Canal d'Ourcq-de-Mareuil, etc.*

« Lorsque tout fut entrepris et avancé, il apporta enfin à l'assemblée des
» Ponts et Chaussées, le plan de ces lignes pour le faire approuver. L'assemblée
» nomma des commissaires pour examiner l'ouvrage, et lui en faire un rapport.
» Ces commissaires conclurent dans ce rapport, que l'assemblée se compromet-
» trait fortement si elle ne déclarait pas que les règles de l'art n'avaient pas été
» observées dans le tracé de ce canal ; que si on continuait l'ouvrage tel qu'il
» était commencé, il serait extrêmement incommode, en ce qu'en le parcourant,
» on serait toujours dans des tranchées profondes, et que l'entretien en serait
» fort dispendieux ; et après plusieurs discussions, des réponses, et des répliques,
» ils firent un deuxième rapport, où après avoir fait le calcul de la différence
» de la dépense des deux projets, ils démontrèrent que d'après les prix fixés
» pour les travaux qui s'exécutent, et d'après les plans et profils produits par le
» cit. G. (1) d'une part, et ceux du cit. Bruyère de l'autre, la différence de la
» dépense sur 10 mille toises seulement qui avaient été entreprises, excédait
» de beaucoup plus de 400 mille francs sur 900 mille francs à quoi montait le
» projet qu'on aurait dû exécuter. (2)
» Mais comme on ne pourra jamais s'imaginer qu'un projet de cette espèce,
» qui devait être expressément soumis aux règlemens des Ponts et Chaussées,
» ait été fait malgré l'improbation générale de l'assemblée, consignée dans sa
» délibération du 5 ventose, j'ai cru ne pouvoir me dispenser de faire connaître
» ici que tous les ouvrages exécutés jusqu'à présent, l'ont été contre toutes les
» règles, et qu'en les continuant sur les mêmes principes, l'on engage le gou-
» vernement dans des dépenses énormes qui, loin d'être utiles, sont nuisibles ;
» et que la plupart de celles que l'on a faites jusqu'à présent, au lieu d'avoir
» avancé les travaux, n'ont fait que les retarder, parce qu'elles engagent à en
» faire d'autres tout aussi onéreuses, de sorte que l'on épargnerait une somme
» considérable, et qu'on aurait plutôt fini l'ouvrage, même en abandonnant une
» partie des travaux, et replaçant le canal dans les endroits où il devait l'être. »

(1) Girard qui a fait le voyage d'Egypte.

(2) Il paraît que tous les travaux commencés pour l'exécution de ce canal, doivent subir un
changement par l'Administration chargée de cette partie. On trouvera dans un des cahiers
suivans, les décisions qui auront été prises à ce sujet.

E

APPERÇU GÉNÉRAL
SUR LES CANAUX DE NAVIGATION
ANCIENS ET MODERNES.

Les deux plus grandes sources de richesse et de prospérité des états, l'agriculture et le commerce, sont vivifiées par la navigation intérieure, qui fait circuler rapidement l'abondance du centre d'un empire à ses extrémités, et des extrémités au centre.

Aussi, ceux des peuples anciens qui ont fondé de grands empires, ont-ils institué et perfectionné la navigation intérieure en construisant des canaux. Avant que la Grèce fût civilisée, les Chinois avaient déjà acquis une supériorité marquée sur les autres peuples, par l'ancienneté de leurs travaux de desséchement et de navigation ; déjà, plusieurs siècles avant l'ère chétienne, ces travaux avaient rendu leurs rivières navigables, assuré la communication de ces rivières par des canaux, formé en un mot cette navigation, qui semble ne faire qu'une seule ville de ce vaste empire.

Les Egyptiens avaient multiplié par des canaux innombrables, le seul grand fleuve qui arrose leur sol, monumens détruits en grande partie par des conquérans barbares ; mais dont les ruines honorent plus ce peuple que ses fameuses pyramides, inutiles monumens d'une vaine ostentation. On sait que les anciens rois d'Egypte avaient conçu et entrepris le grand projet qui a été renouvellé sous les empereurs Romains, et repris quelquefois par les princes Ottomans, celui de faire communiquer la mer Rouge avec la Méditerranée, en ouvrant l'Isthme de Suez.

La célèbre Babylone jouit encore de la gloire des superbes aquéducs et canaux élevés par Sémiramis, augmentés par ses successeurs, et détruits avec cet empire. Les plus grands rois de Perse, Cyrus et Xercès, voulurent ajouter à la gloire de leurs conquêtes, celle plus réelle de procurer l'abondance aux peuples, par la navigation intérieure.

La Grèce, maîtresse des nations par le génie des sciences et des arts, creusa des canaux en Thrace et en Béotie, jusqu'à la mer, en ouvrant le sein des montagnes sur une étendue de plusieurs lieues, au rapport de Strabon. Ces canaux, suivant plusieurs auteurs, furent regardés comme une des grandes merveilles du monde.

Le peuple Romain, déjà si célèbre à tant d'autres titres, se signala encore par de grands monumens de navigation intérieure. Dès son origine, il entreprit de perfectionner la navigation du Tibre, et continua de s'en occuper au milieu des progrès de sa puissance. César fit exécuter des ouvrages aussi considérables qu'utiles à l'embouchure et dans le cours de ce fleuve ; ses successeurs en étendirent la navigation, en rendant navigables les rivières qui s'y rendaient. Trajan desséca les marais Pontins, et les remplaça par des campagnes salubres et cultivées, en construisant des canaux de desséchement et de navigation.

En Asie, la communication de l'Euphrate et du Tigre, s'ouvrit presque subitement pour la navigation d'une armée Romaine, commandée par l'Empereur

Sévère. En Afrique, Trajan renouvela les travaux abandonnés des anciens rois d'Egypte, pour la communication du Nil avec la Mer Rouge, et lui réunit ce fleuve par un canal dont on trouve encore des vestiges. L'Europe sur-tout, présente mille monumens d'ouvrages en ce genre, dont l'existence et les ruines même, impriment du respect au nom Romain : en Italie, plusieurs embranchemens du Pô, qui multipliaient ses communications avec la mer; les canaux de *Toscane*, et principalement celui de *Ravenne*, célèbre par le nom d'Auguste, son fondateur, et par son utilité; dans les Gaules, le canal de *Marius*, pour faciliter la communication du Rhône avec la mer; celui de *Drusus*, pour joindre le Rhin à la rivière d'*Issel*, et la rendre navigable jusqu'à l'Océan septentrional. Sous l'empire de Néron, un général Romain avait conçu le projet d'unir la Moselle à la Saône, et par conséquent le Rhône au Rhin : ce qui aurait fait communiquer la Méditerranée avec l'Océan, dans l'intérieur des Gaules.

Au Pérou, l'heureux empire des Incas avait créé, par son propre génie, les ouvrages de communication qui honorent les peuples les plus instruits. Dans le grand nombre des canaux de navigation de cet empire, il y en avait un de cent vingt lieues de long, et de douze pieds de profondeur.

Fixons actuellement nos regards sur la navigation intérieure des peuples modernes : nous reconnaîtrons les progrès qu'elle a fait parmi eux, et l'influence qu'elle a eue sur leur prospérité.

Un peuple fugitif se réfugie dans des lagunes inaccessibles, élève au milieu des eaux une ville superbe, domine sur les mers, attire dans son sein toutes les richesses du monde, et agrandit sa puissance sur terre en y réunissant une partie de l'Italie. Un autre, soustrait à l'invasion de la mer des terrains fangeux, pour les convertir en campagnes abondantes, transforme des pêcheurs indigens en riches négocians, et embrasse toutes les parties de l'univers par son commerce. Ces deux peuples, en épuisant toutes les ressources de l'art pour perfectionner leur navigation intérieure, ont établi des communications plus commodes et plus multipliées que les grands chemins entre les villes, les bourgs et les villages, et ont réuni, par des canaux, les rivières qui les arrosent. A Venise, les canaux forment les rues : en Hollande, les grandes routes sont des canaux. En comparant l'ancienne splendeur de Venise, et la prospérité dont a joui la Hollande, on peut juger jusqu'où peut s'élever un peuple en perfectionnant sa navigation intérieure, qui est le principe du commerce extérieur, qu'elle alimente et vivifie.

L'Angleterre a senti cette vérité, et n'a pas moins veillé, depuis plusieurs années, à perfectionner la navigation intérieure, qu'à favoriser les progrès de son commerce maritime. Après avoir rendu ses rivières navigables, elle a construit des canaux de communication entr'elles, et même entre ses ports principaux. Le monument le plus remarquable qu'elle ait exécuté en ce genre, est le canal de *Bridgewater*, pour l'exploitation des mines de charbon dans la province de Lancastre : il est creusé en partie sous une montagne, soit dans le roc, soit dans la terre, dans une étendue de deux mille cinq cents toises. Les principaux canaux exécutés ou ordonnés en Angleterre, sont ceux de *Mersey* au *Trent*, du *Trent* au *Swern*, le canal d'*Oxford*, et celui de *Liverpool*.

L'Italie, qui a recueilli dans son sein les sciences et les arts, exilés par les barbares, a ressenti la première leur activité bienfaisante, dans les ouvrages que les différens peuples, éclairés avant les autres, ont érigés à la navigation intérieure. Le Milanès a commencé, dans le douzième siècle, des canaux de navigation, qui sont regardés aujourd'hui comme l'ouvrage le plus parfait et le plus célèbre que l'Architecture hydraulique ait produit avant la restauration des sciences et des arts. Le Piémont jouit aussi de plusieurs canaux utiles, quoique moins anciens et moins considérables. Dans les confins de l'Italie, on a proposé la jonction du golfe Adriatique avec le Pont-Euxin, par le Danube.

L'Espagne, long-tems occupée des trésors de l'Amérique, a enfin porté ses regards sur la navigation intérieure : elle a entrepris, depuis une trentaine d'années, de grands canaux d'arrosemens et de navigation.

Plusieurs souverains de l'Allemagne ont employé avec succès l'industrie de leurs peuples, à créer et perfectionner leurs navigations particulières. La communication du lac Baraton avec le Danube, est devenue promptement la première époque d'une navigation intéressante dans le royaume de Hongrie. La Save et le Danube ont reçu, par les soins de Joseph II, la première navigation de commerce qui réunit Vienne avec Constantinople, par la mer Noire ; et cet Empereur avait formé le projet de joindre cette mer avec la mer Adriatique, par la communication du port de Trieste avec le Danube. L'ancien et célèbre projet de Charlemagne, d'unir l'Océan avec le Pont-Euxin, par la jonction du Rhin avec le Danube, a été souvent renouvellé. L'Empereur Charles IV, en 1550, et plus récemment Joseph Ier., avaient également projetté cette communication importante, par la jonction de l'Elbe avec le Danube. Le canal d'*Entreroche*, près d'*Yverdun*, commencé en 1637, dans la République de Berne, et qui pouvait faciliter une grande communication entre le Rhône et le Rhin, est resté imparfait.

La Prusse a ouvert de nouvelles communications entre la Mer d'Allemagne et la Mer Baltique, par des canaux ou des rivières rendues navigables. Dans la partie de la Pologne qui a été, lors du premier démembrement, réunie à la Prusse, le canal de Bromberg, qui facilite les transports par Stetin et Dantzick, jusqu'à la mer, et qui établit une nouvelle communication entre cette partie de la Pologne et l'ancien territoire de la Prusse, a été commencé et fait en trois ans. La Pologne avait conçu plusieurs projets de communication entre la Mer Baltique et la Mer Noire, entre la Vistule et le Borysthène.

La Suède a souvent conçu le projet important d'ouvrir une communication entre la Mer d'Allemagne et la Mer Baltique, indépendante du détroit dangereux du Sund. Des travaux ont été commencés et abandonnés plusieurs fois, par l'extrême difficulté de rendre navigable le fleuve Gotha.

Le Danemarck a aussi apprécié les avantages d'une communication intérieure entre la Mer Baltique et l'Océan. Son gouvernement a fixé ses vues sur le canal d'*Holstein*, qui doit unir les ports de la côte occidentale avec ceux de la côte orientale, avec Lubeck, Dantzick et la Russie, et éviter une longue et dangereuse navigation.

La Russie, qui correspond par sa grande étendue à plusieurs parties du monde, et à quatre mers différentes, la Mer Baltique, la Mer Blanche, la Mer Caspienne et la Mer Noire, a conçu et exécuté, en grande partie, de vastes projets de navigation intérieure. Le Czar, Pierre Arceil, a embrassé dans son plan six grands canaux, dont le premier, qui est le canal *Ladoga*, commencé en 1718, a jeté les fondemens de la communication de la Mer Caspienne avec la Baltique, par le grand lac Ladoga, qui s'unit par ce canal avec Pétersbourg. Le second, qui est le canal du *Volga*, achève cette grande communication en formant une navigation de six cents lieues, par le fleuve Volga, jusqu'à la Mer Caspienne. Il voulait étendre cette navigation jusqu'au *Don* ou *Tanaïs*, pour réunir Pétersbourg avec la Mer Noire, l'Archipel et la Méditerranée. Il avait commencé en 1707 cette importante jonction, que semble faciliter la proximité du Don et du Volga. Catherine II en a repris l'exécution en 1766, et s'est occcupée sans relâche à faire ouvrir des canaux et à rendre des rivières navigables.

Il nous reste à examiner la navigation intérieure de la France, les canaux qui ont été faits, et les projets les plus importans qui ont été présentés. Cet objet étant plus intéressant pour nos lecteurs, doit être traité avec plus d'étendue : ce qui nous oblige d'en renvoyer la publication à l'un de nos prochains cahiers.

Paris, 19 Prairial, an XI.

Aux Entrepreneurs du Recueil Polytechnique des Ponts et Chaussées, Canaux de navigation, etc.

Je vous fais passer, conformément à votre plan, un petit apperçu sur les canaux. Si je trouve quelques momens dont je puisse disposer, je pourrai vous transmettre quelque chose sur les Ponts et Chaussées, ainsi que sur les grandes routes et sur l'Agriculture.

Je vous salue, L E C L E R E.

Des Canaux de navigation et d'arrosement, considérés en général.

C'est une vérité aujourd'hui universellement reconnue, que les canaux, surtout ceux qui réunissent le double avantage de servir tout-à-la-fois à la navigation et à l'arrosement, sont au pays où ils se trouvent, ce que sont les veines au corps humain ; de même que celles-ci distribuent dans toute l'économie animale les sucs nourriciers, qui entretiennent la santé et la vie ; ainsi les canaux, après avoir fait naître l'abondance sur leurs rives fortunées, en y versant l'eau nécessaire à la germination et à l'accroissement des diverses plantes, servent encore au transport de leurs différens produits, par-tout où le besoin les fait désirer. En effet, qu'un pays soit naturellement fertile ; que les plus belles moissons couvrent ses campagnes, la vigne, ses côteaux ; que ses entrailles recèlent les métaux les plus précieux ; s'il manque de canaux ou de routes pour l'exportation au dehors de ce que, sa consommation prélevée, il lui restera de superflu, il ne sera alors, guères plus avancé sur le chemin de l'aisance et du bonheur, que celui qui ne recueille que le pur nécessaire. Le tableau actuel de l'Europe fournit plusieurs exemples de ce que j'avance ici : mais sans chercher à les multiplier, je ne citerai que les états du Pape et du Roi de Naples, et particulièrement la Sicile. Cette isle appelée autrefois le grenier du peuple Romain, n'a point changé de nature : elle produit toujours du bled, des fruits, des légumes, du vin en abondance et de qualité supérieure, presque dans tous les quartiers où l'on veut la cultiver : cependant, avec tout cela, les Siciliens sont peut-être le peuple le plus misérable de l'Europe. Quelle en est la raison ? C'est d'une part, que leur industrie est à chaque instant entravée par les vexations du fisc ; et de l'autre, que leurs denrées manquent de débouchés : nulle route commode ; nulle rivière navigable ; nul canal artificiel, conduisant du centre à la circonférence, et aux divers points d'embarcations, où d'ailleurs le commerce du bled n'est pas libre pour les particuliers.

Parmi les moyens de prospérité d'un pays, il faut donc mettre au premier rang les canaux, et principalement ceux qui servent à la double fin de la navigation et de l'arrosement. Ces canaux, sous le dernier rapport, font qu'un sol naturellement productif, le devient encore davantage, et rendent tel, celui qui sans cela ne produirait rien, ou ne produirait que très-peu de chose : sous le second, nulle voie ne leur est comparable pour l'exploitation des denrées de l'intérieur d'un pays à l'extérieur, ou dans d'autres régions d'un même pays, ni pour l'importation des marchandises, venant du dehors sur les divers points de l'intérieur, qui se trouvent à portée de ses rives.

Maintenant, pour nous renfermer dans ce qui regarde le territoire Français, comme l'entreprise et l'exécution d'un projet tel que celui dont il est question ici, supposent des connaissances et des moyens que n'ont ordinairement pas des siècles de ténèbres, il n'est pas surprenant qu'avant Henri IV et Sully, aucun roi de France, excepté Charlemagne, encore digne de faire exception en ceci à son siècle, n'en ait même conçu l'idée. Toutefois les guerres civiles et étrangères, la pénurie des finances, effet naturel de leur administration constamment mauvaise, mille autres obstacles, nés du malheur des tems, empêchèrent les prédécesseurs de l'immortel ministre de Henri IV de rien tenter en ce genre, si même quelqu'un d'eux en a jamais conçu l'idée, ce qui est fort douteux. Une entreprise encore plus grande, et qui fut heureusement mise à fin, était réservée au siècle de Louis XIV ; je veux parler du canal du Midi, pour la jonction de la Méditerranée à l'Océan. Depuis, comme l'utilité de pareilles entreprises n'était plus révoquée en doute par tout homme en pouvoir, pour peu qu'il ne fût pas entièrement dépourvu de sens commun, on fit niveler des terreins, on dressa des plans, on fit même ouvrir des canaux de navigation, d'arrosement et de dessèchement, de divers côtés, et dans différentes directions. Mais il est réservé au tems présent, et à Bonaparte, d'achever le canal qui doit faire communiquer l'Escaut avec l'Oise et la Seine ; peut-être aussi l'honneur lui est-il réservé de faire achever le canal de Bourgogne ; de faire communiquer le Rhin avec la Marne et la Meuse ; et cette dernière rivière avec l'Escaut, à Anvers. Combien d'autres projets de ce genre sont dignes d'attirer l'attention de celui qui, comme un autre Annibal, après avoir franchi les sommets les plus escarpés des Alpes, et être tombé, ainsi que lui, comme un foudre, avec une armée invincible sur les plaines de l'Italie, a surpassé le héros Carthaginois, en faisant exécuter des routes commodes et praticables à toutes sortes de voitures, à travers les précipices que présentent le Simplon, les monts Cénis et Genèvre. C'est là que la nature vaincue a dû céder devant la volonté du grand Consul.

Mais si aucun pays autre que la France ne présente, à raison de la direction de ses rivières dans tous les sens, plus de facilité pour établir un système de navigation intérieure et universel en même tems, comme le plus utile qu'il soit possible de concevoir, il ne s'ensuit pas moins que la perspective de ce qui reste à faire pour atteindre un pareil but, est effrayant pour une imagination ordinaire, et semblerait demander la vie de plusieurs grands hommes, qui suivraient sans interruption l'exécution de ce sublime projet : car il ne s'agit pas seulement d'ouvrir et de creuser de nouveaux canaux qui facilitent la circulation en tout sens, de la circonférence au centre, et du centre à la circonférence, de tous les riches produits du sol Français; il faut encore débarrasser le lit de la plupart de nos rivières et courans d'eau naturels des rochers, des cataractes, des obstacles trop multipliés qui obstruent encore en plusieurs endroits, le cours même de quelques-uns de nos grands fleuves, ou de nos grandes rivières, tels que le Rhône et la Dordogne. Il faut donner à quelques-unes de nouvelles issues, en réunir ailleurs plusieurs ensemble, afin d'obtenir un volume d'eau suffisant pour la navigation ; car j'estime que partout où l'on peut former un canal qui ait habituellement une masse d'eau courante, d'un mètre et demi de profondeur sur six à huit mètres de largeur, il est très-possible d'établir une navigation, ne fut-ce qu'avec des bateaux plats qui porteraient toujours, quelques petits qu'on les suppose, un poids plus fort que plusieurs grandes charettes.

J'imagine qu'après l'exécution des canaux majeurs que nous avons ci-dessus indiqués, qui ont pour objet de faire communiquer les parties les plus opposées de la France les unes avec les autres, il faudrait commencer par les canaux qui ont en partie pour objet, le desséchement de quelques plages inondées ; car dans tout ce que l'on se propose, il convient, avant tout, d'avoir en vue la conservation des hommes, d'autant plus que tous les travaux de la vie humaine doivent se rapporter à ce but.

Après ceux-ci, on doit exécuter de préférence ceux dont la direction se trouverait à portée de quelque grande exploitation, dont les produits exportés dans les autres départemens de la République qui en auraient besoin, dans nos grandes villes de commerce et ports principaux, nous dispenseraient à l'avenir de payer aux étrangers des sommes énormes chaque année pour des matières premières ou d'autres objets de consommation dont la France abonde naturellement, mais dont le défaut de moyens de transport l'a privée de les tirer en totalité de son sein. Le fer et le charbon de terre sont les principaux objets que j'ai ici en vue. Avec des moyens si riches en ce genre, n'est-il pas honteux qu'au lieu de vendre ce que nous pourrions avoir de superflu à cet égard, nous soyons, au contraire, tributaires des autres nations de l'Europe, et surtout de nos éternels ennemis, de plusieurs millions chaque année, tandis que nous pourrions plutôt en tirer un gain définitif par la vente de ce qui excéderait notre consommation.

Relativement aux canaux de desséchement, c'est vers les embouchures du Rhône, de la Charente et de la Sèvre Niortaise, qu'il serait convenable de diriger d'abord ses regards, en creusant un nouveau lit au Rhône à travers la Camargue, dans lequel on dériverait l'eau des divers étangs qui inondent la plus grande partie de cette isle, en exécutant le canal projetté de Niort à la Rochelle, en réunissant par des rigoles toutes les eaux des marais de la basse Saintonge dans la Charente ; on rendrait d'une part un excellent terroir à l'Agriculture, et de l'autre, s'il m'est permis de m'exprimer ainsi, des cantons, dont les vapeurs exhalées des eaux qui y sont forcément stagnantes, sont souvent mortelles, sur-tout dans le tems des grandes chaleurs et au commencement de l'automne, à ceux mêmes qui sont nés dans le pays. *Signé*, LECLERE.

MONUMENT PUBLIC,

Elevé à la place Dauphine, en l'honneur de DESAIX.

CE Monument a été découvert le 25 Prairial an XI. Il a été exécuté d'après les dessins du cit. PERCIER.

Les travaux nécessaires pour y faire arriver l'eau au moyen du bélier hydraulique de M. Mongolfier, n'étant pas encore terminés, le Ministre de l'Intérieur, qui avait déjà fourni le marbre où l'on a gravé les noms des Souscripteurs, a autorisé le C. Bralle, Ingénieur hydraulique du Département, à y faire couler l'eau de la Samaritaine.

Le Comité des Souscripteurs publie qu'il ne saurait donner trop d'éloges au zèle et au désintéressement que les CC. Percier, Architecte, et Forcier, Sculpteur, ont mis à l'exécution de ce monument; ainsi que les CC. Bralle, Ingénieur hydraulique; Aubineau, Inspecteur de la Samaritaine; Beudot, Entrepreneur de la maçonnerie; et Hersan, Marbrier, qui tous se sont empressés de remplir l'intention des Souscripteurs, et de répondre à l'attente du Public. En voici la description:

Ce monument représente la France militaire, couronnant la figure thermale du Général Desaix; sur le devant du piédestal on lit le nom de DESAIX, gravé en lettres d'or; il est entouré d'une couronne de chêne, et au dessous on a placé ses dernières paroles: *Allez dire au premier Consul que je meurs avec le regret de n'avoir pas assez fait pour vivre dans la postérité.*

Les deux fleuves, le Pô et le Nil, témoins des victoires du Général Desaix, sont représentés, avec leurs attributs, sur le bas-relief circulaire; deux Renommées gravent sur des écussons, l'une *Thèbes* et *les Pyramides;* l'autre *Kehl* et *Marengo.* Un riche trophée, composé des dépouilles des divers Peuples où il a conduit les armées triomphantes de la République, est placé derrière le piédestal.

Sur la base, on a gravé les deux inscriptions suivantes:

LANDAU, KEHL, WEISSEMBOURG,
MALTE,
CHEBREIS, EMBABÉ,
LES PYRAMIDES,
SEDIMAN, SAMMANHOUT, KENÉ,
THÈBES,
MARENGO,
FURENT LES TÉMOINS
DE SES TALENS
ET DE SON COURAGE.
LES ENNEMIS L'APPELAIENT
LE JUSTE;
SES SOLDATS, COMME CEUX DE BAYARD,
SANS PEUR ET SANS REPROCHE.
IL VÉCUT,
IL MOURUT
POUR SA PATRIE.

L. CH. ANT. DESAIX,
NÉ A AYAT, DÉPARTEMENT DU PUY-DE-DÔME,
LE 17 AOUT 1768;
MORT A MARENGO,
LE 25 PRAIRIAL AN 8 DE LA RÉPUBLIQUE.
CE MONUMENT LUI FUT ÉLEVÉ
PAR DES AMIS
DE SA GLOIRE ET DE SA VERTU,
SOUS LE CONSULAT DE BONAPARTE,
L'AN X DE LA RÉPUBLIQUE.

Au-dessous de ces inscriptions on a gravé, sur une plinthe en marbre qui entoure la base du monument, tous les noms des Corps de l'Armée d'Egypte, de l'Armée d'Italie, et des personnes de toutes les classes qui ont souscrit pour ce monument. Quatre têtes de lions, en bronze, jettent l'eau dans un bassin circulaire.

NOTICE

NOTICE
SUR LA VIE ET LES OUVRAGES
DE PIERRE ANTOINE DEMOUSTIER,

INGÉNIEUR EN CHEF DU DÉPARTEMENT DE LA SEINE;

Lue à la Cérémonie funèbre de son enterrement, par M. C. LAMANDÉ fils,
Ingénieur des Ponts et Chaussées, à Paris.

MESSIEURS,

LE Corps des Ponts et Chaussées vient de perdre l'Ingénieur en Chef DEMOUSTIER. Plusieurs de nous ont à pleurer un chef estimable et habile; d'autres, un ami rare et un parent vertueux; tous enfin, un Ingénieur également recommandable par ses lumières, son intégrité et ses services. Qu'il me soit permis, comme un de ses collaborateurs, ou plutôt un de ses élèves qui s'honorera toute sa vie d'avoir mérité sa confiance et son attachement, d'ajouter ce dernier tribut aux devoirs que j'aimais à lui rendre, et de mêler, à vos regrets, les larmes de la reconnaissance et de l'amitié.

Le peu de tems qui m'est resté depuis sa mort, et le trouble où ce funeste événement m'a jeté, ne m'ont pas permis de rassembler tous les traits de sa vie qui peuvent concourir à son éloge; mais cet éloge est dans le cœur de tous ceux qui l'ont connu; il est dans les monumens qu'il a laissés, seuls garants du mérite d'un Ingénieur.

Pierre-Antoine DEMOUSTIER, est né le 1er. août 1735, à Lassigny, (département de l'Oise) d'une famille respectable, qui jouit de l'estime et de la considération publique. Il eut le bonheur de faire, dès sa jeunesse, la connaissance de M. Hupeau, premier Ingénieur des Ponts et Chaussées, qui, étant alors chargé de la construction du pont d'Orléans, lui fournit les occasions d'étudier auprès de lui les Mathématiques et le dessin. Ses progrès rapides le mirent en état d'être reçu, le 1er. décembre 1756, à l'école que le célèbre Perronet, qui succéda à M. Hupeau dans la place de premier Ingénieur, avait créée sous les auspices de M. Trudaine. Plusieurs Elèves des Ponts et chaussées furent, à cette époque, envoyés aux armées; DEMOUSTIER fut du nombre, et fit une campagne avec le Maréchal d'Armentières, qui commandait une des ailes en Allemagne. Il y servit avec distinction, et se conduisit de manière à mériter l'estime des Généraux et l'attachement de tous ses camarades.

Ce fut en 1763 qu'il reprit du service dans les Ponts et Chaussées, et sa première campagne fut aux travaux du pont de Moulins, construit par Regemorte : c'est

F

alors qu'il se livra tout entier à l'étude de son art. Continuellement occupé sur l'atelier, il employait les momens de loisir à rassembler les matériaux qui lui ont été si utiles dans la suite. Cette application et ce goût décidé pour l'étude lui attachèrent tellement M. Regemorte, que dans le compte que cet Inspecteur général rendit à M. Trudaine, à la fin de la campagne, il rappella les services de Demoustier.

Perronet, qui, aux connaissances les plus vastes, joignait le mérite rare de bien apprécier les hommes, jugea dès-lors le parti qu'il pourrait tirer de cet Ingénieur, et il l'employa successivement au pont de Mante et à celui de Neuilly. Demoustier quittait un maître habile (Regemorte), pour en retrouver un autre non moins recommandable (Chésy), l'ami et le coopérateur de Perronnet, et mort Directeur de l'école des Ponts et Chaussées.

Dire que Demoustier fut l'ami intime de deux hommes d'un mérite aussi distingué que Perronet et Chésy; qu'ils l'associèrent à leurs travaux, et que jusqu'à la fin de leur carrière, ils conservèrent pour lui la plus haute estime, c'est le plus bel éloge que l'on puisse faire d'un Ingénieur.

Lorsque le pont de Neuilly fut achevé, Perronet fut chargé de faire le projet de celui de Ste.-Maxence. L'Ingénieur Demoustier y fut appelé en 1779, époque à laquelle les piles et les culées étaient fondées : il acheva de les élever et construisit les trois voûtes de chacune de 24 mètres d'ouverture, et tous les ouvrages accessoires. C'est là qu'il fut, pour la première fois, chargé en chef de la direction des travaux, et jouissant d'une confiance entière qu'il justifia complètement; car l'on peut dire que l'exécution de ce pont est aussi pure que le projet en est bien conçu.

Demoustier n'avait pas reçu de la nature une imagination vive, mais une tête froide et propre à la méditation. Son esprit était juste et méthodique. Les observations nombreuses qu'il avait faites sur les travaux, rangées avec ordre dans sa tête, lui servaient à analyser toutes les parties d'un projet avec tant de discernement, qu'il atteignait presque toujours le degré de perfection dont chacune d'elles était susceptible. Il en a sur-tout donné des preuves dans les procédés ingénieux qu'il a imaginés pour le décintrement du pont de Ste-Maxence. (1)

Après l'achèvement de ce pont, il fut chargé de celui de Château-Thierry; et il venait de le terminer, lorsqu'il fut question d'établir un nouveau pont à Paris, entre le palais Bourbon et la place de la Concorde, ci-devant Louis XV. Il fut de suite désigné pour diriger cette importante construction. Perronet pouvait-il ne pas choisir celui à qui il devait une portion de sa gloire, par la manière dont il avait déjà exécuté plusieurs de ses projets.

Cette construction est celle qui a mis le sceau à la réputation de Demoustier,

(1) Le décintrement est une des opérations les plus délicates et les plus difficiles dans la construction des Ponts. Afin que le tassement se fasse peu à peu et sans jarets ni inflections, Perronet a imaginé d'ôter lentement, et dans un certain ordre indiqué dans ses Mémoires, les cales placées au-dessous des couchis : c'est ainsi que le Pont de Neuilly a été décintré; mais il pensa, avec raison, que pour un Pont aussi surbaissé que celui de Sainte-Maxence, il pourrait encore résulter de cette méthode, des différences de tassement dans les voussoirs; en conséquence, il fit placer aux abouts des arbalétiers, des coins que l'on devait chasser peu à peu et successivement. Ce moyen présentait beaucoup de difficultés dans l'exécution, et Demoustier y substitua un autre procédé bien préférable, et qui a toujours été employé depuis avec succès. Il consiste à ruiner lentement, avec un ciseau, le pied des jambes de force, sur lesquelles porte tout le système des ceintres; de manière que ce système descende insensiblement jusqu'à ce qu'il soit tout-à-fait détaché de la voûte.

et qui l'a principalement fait connaître. Il y a employé toutes les ressources de l'art, et l'on ne peut pas reprocher à ce monument le plus léger défaut d'exécution. Jusqu'alors il avait assez fait pour être apprécié par ses collègues, et mis au rang des habiles Ingénieurs ; mais sa modestie avait empêché que cette réputation pût s'étendre au-delà du cercle de ses amis et du corps des Ponts et Chaussées. Comme il se trouvait conduit par les circonstances, sur un plus grand théâtre, l'ouvrage dont la direction lui était confiée a eu quelques critiques, mais beaucoup plus d'admirateurs, qui ont publié les talens qu'il avait manifestés dans cette construction et dans celles qu'il avait précédemment exécutées. Ce concert de louanges, d'autant plus justes qu'elles n'étaient pas sollicitées, l'appellèrent en 1791, à remplir la place d'Ingénieur en chef dans le département de la Seine, qu'il a exercée avec honneur jusqu'à sa mort. Il y a mérité la confiance et l'estime de toutes les Administrations qui se sont succédées, et des Chefs du corps à la gloire duquel il a contribué par ses ouvrages.

Il était réservé à l'homme qui avait donné tant de preuves d'une habileté rare, et d'une expérience consommée dans la construction hydraulique, d'avoir la direction de trois nouveaux ponts que le Gouvernement a décidé devoir être établis à Paris. DEMOUSTIER y avait d'ailleurs des droits incontestables en sa qualité d'Ingénieur en chef du département de la Seine.

Étant chargé des travaux d'un de ces ponts, j'ai eu avec lui des relations très-fréquentes. Il y a trois ans que je sers sous ses ordres. J'ai succédé à un Ingénieur pour lequel il avait beaucoup d'amitié (1) ; j'ai, comme mon prédécesseur, appris chaque jour à l'aimer et à l'estimer davantage. Il m'a honoré de la même confiance et du même attachement dont il m'a donné des preuves jusqu'à l'instant où la mort l'a ravi.

J'ai à regretter, ainsi que tous mes collègues, Ingénieurs du département de la Seine, plutôt un ami qu'un chef. Ils savent comme moi quelle franchise et quelle douceur il mettait dans ses rapports de service avec nous, quelle bonté dans ses reproches, quelle délicatesse dans sa conduite.

La mort d'un neveu, littérateur distingué, membre de l'Institut, et auquel il était tendrement attaché, avait porté atteinte à sa santé, lorsque l'on ouvrit la campagne de l'an dix. La construction des trois ponts commencés en même-tems, celle des quais Desaix et Bonaparte, et tous les détails de la place d'Ingénieur en chef du département de la Seine, formaient un ensemble d'occupations très-pénibles pour un homme d'un âge avancé, et qui venait d'être affecté par un chagrin violent. Cependant, sa constance à remplir ses devoirs dont il fut toujours esclave, lui fit surmonter tous les obstacles. Il faisait chaque jour des tournées sur les travaux, et son courage lui faisait quelquefois entreprendre au-delà de ses forces. Vers la fin de la campagne, au mois de Vendémiaire dernier, il fut atteint de la maladie dont il est mort avant-hier, 7 ventose, après 45 années de service et à la soixante-septième de son âge. Pendant cette longue maladie, il y a eu quelques momens où sa santé semblait renaître, mais il retombait bientôt après dans un état de plus en plus alarmant. Il a conservé jusqu'au dernier moment, la présence d'esprit et le jugement le plus sain, et il a joint aux exemples de vertu qu'il nous avait donnés pendant toute sa vie, celui d'une résignation qui prouvait la pureté de son ame.

(1) LESCOT, mort Ingénieur en chef aux travaux du mont Simplon.

Ayant à célébrer la mémoire d'un Ingénieur, j'ai dû citer les monumens qu'il a laissés après lui ; mais tous ceux qui ont connu DEMOUSTIER savent que ses qualités morales méritent encore plus nos éloges que ses ouvrages. Il avait une famille nombreuse qu'il a toujours aidée de son crédit et de sa fortune. Il regardait ses neveux comme ses enfans, et c'est par attachement pour eux qu'il est resté célibataire.

Il avait des mœurs si douces, un caractère si égal, que plusieurs des employés sous ses ordres, appelés par leurs talens à une position plus avantageuse, ont toujours préféré le bonheur dont ils jouissaient près de lui.

Il était froid et réservé avec ceux qu'il ne connaissait pas ; mais franc, simple et familier dans le commerce de l'amitié ; libre de toute ambition et de tout intérêt ; doué d'un goût naturel pour la vertu, il l'a conservée pure et incorruptible jusqu'à la fin de sa carrière. Il n'a fait que du bien, il est mort sans ennemis, et ses amis ne l'oublieront jamais.

Paris, le 9 ventose an XI. *Signé*, LAMANDÉ.

PONT DE LA CITÉ,

CONSTRUIT en Bois, Pierres, Fer, avec revêtissement de Cuivre rouge, dans les années X et XI de la République.

PRÉCIS explicatif de la construction de ce Pont, pour servir au renvoi du Plan ci-joint.

DANS une ville aussi grande que Paris, et traversée par un fleuve qui y forme plusieurs isles, il faut, pour le débouché de son commerce, des places publiques, des rues, des ponts, pour l'exploitation de toutes les denrées et marchandises qui y abondent de toutes parts. Le Gouvernement en a senti la nécessité, en faisant chaque jour des embellissemens de ce genre dans toutes les principales villes de France, et surtout dans la Capitale, en y apportant la plus grande activité.

La construction du pont de la Cité, exécuté sous le Consulat de BONAPARTE, et sous la direction du cit. Demoustier, Ingénieur en chef des Ponts et Chaussées, est un de ces monumens qui font honneur au siècle qui les voit ériger. Ce pont a remplacé le ci-devant pont Rouge (1). Il est maintenant construit sur la Seine, vis-à-vis l'église Notre-Dame, et la grande rue ci-devant St.-Louis, en l'isle de

(1) Qui existait avant, au même endroit, environ 20 toises ou 40 mètres au-delà, du côté du mur, presque à l'alignement du quai Bourbon, et aboutissait à celui de la rue d'Enfer en la cité, vis-à-vis la place de Grève. Ce pont fut construit pour la première fois, en 1710 : quelques années après, il fut emporté par les eaux, et fut rétabli en 1718, époque à laquelle fut accordé un droit de péage pour 15 ans à son Entrepreneur. En 1790, les Officiers municipaux de la commune de Paris le firent démolir. Depuis, plusieurs plans et projets ont été présentés pour sa construction, et entr'autres un, par le citoyen Migneron, qui a mérité l'attention de la commune de Paris.

la Fraternité , pour la communication des deux isles. La construction de ce pont est absolument neuve et hardie , et d'un genre délicat. Ce pont sera beaucoup plus utile et plus commode que l'ancien , en ce que les voitures peuvent y passer , au lieu que l'autre n'était que pour les gens de pied.

Le nouveau pont de la Cité a été construit suivant les plans et dessins du cit. Gauthey , Inspecteur général des Ponts et Chaussées. La conduite des travaux en a été confiée au cit. Duvivier , Ingénieur des Ponts et Chaussées , ayant en sous-ordre les cit. Lescure et Delsaux , élèves du même Corps. C'est le cit. Gignoux, qui a été l'entrepreneur de la charpente , qui fait l'admiration du public.

TABLEAU explicatif, par renvoi, des lettres et chiffres figurés au Plan gravé ci-joint. — ÉLÉVATION.

A. Niveau des plus basses eaux , qu'on appelle rivière marchande.

B. Ouverture des arches et coupes du pont , ayant chacune 31 mètres, (97 pieds) et 1 mètre 95 centimètres de flèches.

C. Culées et leurs murs au bout du pont , ainsi que la rampe des talus des vieux murs.

Ils sont assis sur des pieux formant pilotis , qui en assurent la solidité. Ces murs sont de pierre de taille. On a fait des arrachemens dans les gros murs , indiqués par la lettre C. , pour recevoir la queue des pierres destinées aux culées : on a même démoli en entier la partie de mur du quai qui se trouvait vis-à-vis les deux bouts du pont, et on a reconstruit ces mêmes parties à neuf , avec un empattement et une épaisseur d'une force supérieure à celle qui existait, ce qui en garantit la solidité.

D. Vue de l'une des arches avant qu'elle n'eût été revêtue ou couverte de ses pal-planches.

Cette vue présente la construction des bois et la force de leur assemblage , au moyen des boulons équerrés et plates-bandes , ainsi que la pose des ferremens , qui sont principalement à chaque montant, appuis et barres de traverse , semblables aux parties indiquées par les lettres K. J. I.

K. Principales pièces de bois de charpente.

Et toutes celles indiquées semblables sont revêtues de plates-bandes en fer , en dedans comme en dehors , depuis le haut jusqu'en bas , à travers lesquelles passent des boulons , d'une extrémité à l'autre , de la largeur du pont , garnies de leurs écroux.

J. Autre pièce de bois de charpente inférieure à celle mentionnée ci-dessus , ainsi que celles pareillement figurées , garnies de plates-bandes , et en fer en dedans comme en dehors , jusqu'en haut de la plinthe , avec boulons à têtes rondes , garnies de leurs écroux.

I. Pièces *idem* , et toutes celles semblables sont également revêtues de plates-bandes et tirans garnis de leurs écroux dans toute leur hauteur et largeur , sauf quelque différence aux ferremens qui sont inférieurs à ceux ci-dessus.

E. et F. Vue de l'autre arche du côté de la Cité , telle qu'on la voit maintenant en sa perfection , garnie de ses pal-planches , dont les unes sont posées en forme de claveaux indiqués par E , et les autres horisontalement , qui sont indiqués par F , pour recouvrir et conserver les bois du pont.

Élévation du bureau du Receveur du droit de passe.

G. La situation de ce bureau est à l'une des extrémités du pont, du côté de l'isle de la Cité, et se fait aisément remarquer par son exhaussement au-dessus du pont.

H. Indique la masse des pieux formant le pilotis sur lequel est construit la pile du milieu en pierres de taille. Le volume de ces pieux se trouve entouré d'un massif de pierres meulières qui en forment la solidité. Avant que de les employer, on a commencé par gratter avec des espèces de dragues à crochets le fond de la rivière, et au moyen d'une autre drague à cuiller, on a retiré, de l'intérieur des pieux et au pourtour, autant de sable et de gravier qu'on a pu en extraire, pour faire place aux matériaux destinés à leur être substitués, qu'on a jettés à pierres perdues, et dont la quantité est montée à près de 200 tombereaux de pierres meulières qui y ont été employées avec un mortier composé de la manière qu'il va être ci-après détaillé.

La 1ère. assise de pierres de cette pile, se trouve au plus profond de la rivière, et est exposée à la rapidité du courant des eaux. La solidité en est assurée par la masse de pieux d'environ 8 mètres, ou 24 pieds 7 pouces de longueur, et dont la plupart sont entrés dans le gravier jusqu'à 6 mètres, ou 18 pieds et demi.

Le mortier qui lie la maçonnerie de ce massif est composé de deux tiers de chaux vive, recouverte de sable de rivière : la préparation s'est faite en arrosant le sable jusqu'à ce que la pierre de chaux fut entièrement dissoute. Alors on remua fortement et vivement les matières pour les employer sur-le-champ ; mais comme la profondeur de l'eau y mettait un obstacle, étant obligé de descendre de 12 à 15 pieds au-dessous de la surface, l'Ingénieur fit construire de grands caissons suspendus à une machine en forme de tour, et après les avoir remplis de la matière préparée, on les descendait avec un cordage jusqu'en bas, où étant parvenu, on les vuidait en tirant une ficelle attachée à un loquet à ressort ; le fond des caissons s'ouvrait, et la matière se trouvait placée au fonds de l'eau avec des pilons, et quand le massif de mortier eut atteint la hauteur qu'on s'était proposée, on recépa les pieux sous l'eau avec une scie mécanique très-ingénieuse, dont nous nous proposons de donner la description dans un de nos 1ers. Cahiers. On a ensuite construit un chassis en grillage garni de ses ferremens montés sur chantier, qu'on lança à l'eau d'une seule pièce. On le chargea jusqu'à ce qu'il s'enfonçât sur la tête des pieux qui forment le pilotis, pour leur servir de couronnement. L'union de ce grillage avec les pieux rend inébranlable la fondation de la pile, et lui donne de la solidité.

Coupe au-dessus du pont.

1. Le dessus des arches est recouvert de lames de cuivre, mais avant de les poser, on l'a revêtu de morceaux de bois refouillés en-dessous selon l'épaisseur des tirans et coupes en-dessus, suivant le cintre des arches. Cette précaution a été jugée nécessaire pour garantir le cuivre et le fer, et les empêcher de se détruire mutuellement.

La longueur du pont est de 70 mètres, ou 36 toises, et sa plus grande largeur de 10 mètres 22 centimètres, ou 31 pieds 6 pouces.

Les principaux montans en bois du parapet sont revêtus, en dedans comme en dehors, de plates-bandes en fer, semblables à celles indiquées par les lettres K, J, I.

Dessus des trottoirs.

2. Depuis la mort du cit. Demoustier, Ingénieur en chef, on avait commencé la construction de ces trottoirs en moëlons de meulières, sur un massif de gravier qui avait été rapporté sur ce pont; on avait aussi posé à sec un rang de briques à plat, disposé à former une arcade dessous; mais cette masse ayant formé une surcharge, a occasionné quelques abaissemens, qui ont fait suspendre et même supprimer cette partie de maçonnerie, mais dont l'évènement n'est point aussi considérable que quelques journaux l'ont annoncé; d'ailleurs, chacun doit savoir que le vuide qui se trouve entre l'extrados d'un pont en bois, et le dessus du plancher, occasionne un bourdonnement quand les voitures passent dessus; pour éviter ce bruit, on avait imaginé de remplir le dessus dudit pont avec du gravier, ainsi que d'autres matériaux non moins lourds. Mais on n'avait point calculé la force des bois, ou la pesanteur des matériaux qu'on a déposés sur le pont au milieu des voûtes et flancs du cintre, qui ont paru faire quelqu'effet; et lorsqu'on s'est apperçu que les cintres des voûtes fatiguaient, on a retiré les matériaux qui étaient sur le pont, et d'après plusieurs repaires que les ouvriers avaient faits, pendant que la plus forte charge y était, ils ont vu que chaque chose rentrait à sa place; il n'y a eu pour tout accident qu'un des boulons du dessous qui a cassé au raz de l'écrou, qu'on a réparé depuis, quoi qu'on ait avancé que la chose était impossible.

Enfin, pour suppléer au remplissage que l'on avait d'abord projetté, on a réparé cet évènement en établissant une nouvelle charpente sur le sol du dessus du pont, qu'on a recouverte d'un plancher sur lequel on a fait la forme de sable pour recevoir le pavé et les bordures en pierres, des trottoirs disposés à être couverts en dalles pour les gens de pied, et sous lequel est pratiquée une galerie servant à donner la facilité de circuler autour de chaque arche, pour examiner les objets qui auraient besoin de réparations.

Le dessus et le dessous du pont sont enduits d'une espèce de gaudron : les arches sont recouvertes en dessus dans toute leur longueur et largeur, de feuilles de cuivre rouge, attachées avec des clous de cuivre fondu.

Les plinthes et les parapets sont également revêtus de cuivre pour leur conservation.

3. Avant-becs de la pile près desquels sont pratiquées deux portes qui communiquent d'une galerie à l'autre.

4. Murs des parapets des quais adjoints.

5. Murs projettés du côté de la Cité.

6. Plan par terre des bureaux du pont.

7. Ce chiffre indique l'espace du talus du mur du quai, depuis le niveau ordinaire des eaux, jusqu'à la hauteur du sol.

OBSERVATIONS.

Comme ce pont n'était pas encore parfaitement achevé lorsque nous avons commencé cet ouvrage, et vu l'empressement de procurer à nos lecteurs le précis de sa construction, nous l'avons donné le plus exact qu'il nous a été possible ; mais s'il survenait quelques changemens qui pussent intéresser nos souscripteurs, ils en trouveront le détail dans l'un de nos premiers cahiers.

P. S. Nous croyons devoir dire ici que ce pont sera bien plus fréquenté, lorsqu'on aura déblayé, 1°. les corps-de-logis provenant de l'ancien Chapitre, qui existent encore maintenant derrière l'église de Notre-Dame, côté du nord ; 2°. la masse des bâtimens ou maisons qui masquent le Marché-neuf et la rue Notre-Dame, vis-à-vis le grand portail de ladite église. Tels sont les deux principaux objets à supprimer pour le dégagement de ce quartier, et pour la facilité de ses communications.

Péage du pont de la Cité, fixé par le Gouvernement.

Pour chaque personne à pied, chargée ou non chargée d'un fardeau... 5 cent.
Pour chaque cavalier et son cheval. 10
Pour chaque cheval ou bête de somme, non compris son conducteur... 5
Pour les ânes. 2
Pour un carosse à deux chevaux. 25
Pour cheval d'augmentation. 5
Pour une chaise ou un cabriolet à un cheval. 15
Pour cheval d'augmentation. 5
Pour une charette ou un chariot, chargé ou non chargé, à un cheval, le conducteur compris. 15
Pour cheval d'augmentation. 5
Pour chaque bœuf ou vache. 5
Pour chaque porc, mouton ou chèvre. 1

Nota. On trouvera dans les Cahiers suivans une notice relative au programme d'un projet de monument à élever à Paris, sur le pont ci-devant de Louis XVI, à la mémoire des hommes célèbres qui ont mérité la reconnaissance nationale par leur habileté dans la partie de l'Administration des Constructions civiles de France. Le plan de ce monument sera mis au concours, ainsi que nous l'avons annoncé. pag. 6 de notre plan général. Nous donnerons également le détail des embellissemens multipliés qui se font de toutes parts dans la Capitale, avec la plus grande activité ; ceux des travaux du Canal de l'Ourcq à Paris, dont nous faisons en ce moment graver le plan ; et autres, dans les Départemens de l'intérieur de la République.

Tous les Cahiers et gravures pour la collection complette de cet ouvrage, se trouvent aux adresses ci-après indiquées : nous avons seulement fait tirer en plus grand nombre le présent Cahier, pour satisfaire aux demandes de plusieurs amateurs qui ont paru le desirer, afin qu'on puisse se le procurer séparément, avec le plan gravé du pont y annoncé.

De l'imprimerie du Recueil Polytechnique, rue du Petit-Pont, n°. 97, où l'on peut se procurer cet ouvrage, ainsi que chez *Desenne*, libraire, palais du Tribunat ; *Girard*, place du Carrousel, au café d'Apollon ; et chez *Gœury*, libraire des Ponts et Chaussées, quai des Augustins, n°. 47, à Paris.

IVe. CAHIER

Plan et Elévation du Pont de la Cité

Construit sur la Seine à Paris sous la Direction du Citoyen Dumoutier Ingénieur en Chef pendant les Campagnes de l'An X. et de l'An XI.

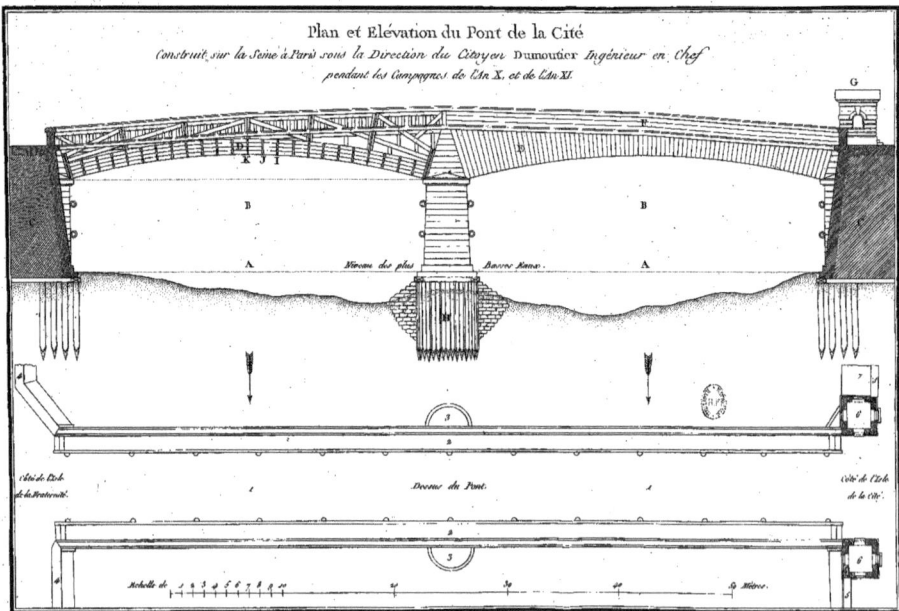

Niveau des plus Basses Eaux.

Côté de l'Isle de la Fraternité.

Côté de l'Isle de la Cité.

Dessous du Pont.

Echelle de   1 2 3 4 5 6 7 8 9 10   20   30   40   50 Mètres.

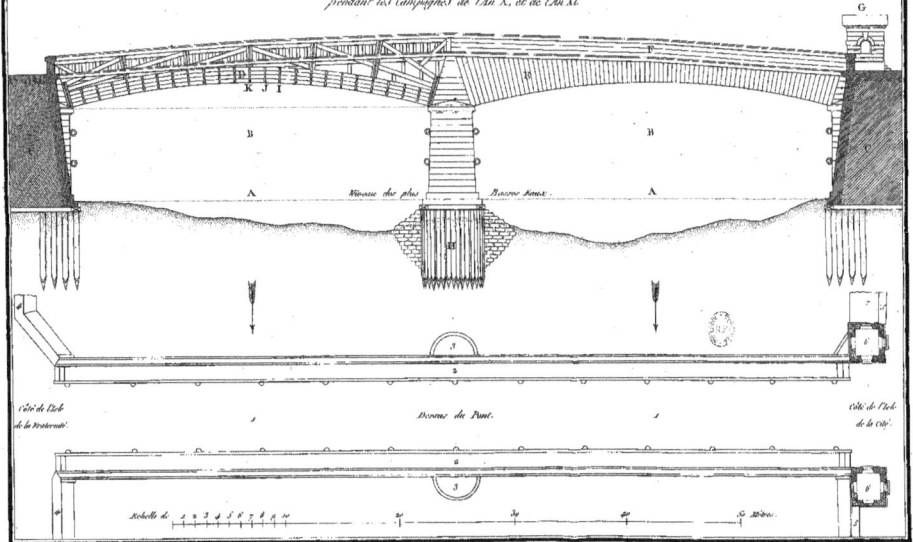

Plan et Elévation du Pont de la Cité

Construit sur la Seine à Paris sous la Direction du Citoyen Dumoutier Ingénieur en Chef pendant les Campagnes de l'An X, et de l'An XI.

Niveau des plus Basses Eaux.

Côté de l'École
de la Fraternité.

Dessous du Pont.

Côté de l'École
de la Cité.

Echelle de 1 2 3 4 5 6 7 8 9 10   20   30   40   50 Mètres

IVme. CAHIER

DU RECUEIL POLYTECHNIQUE DES PONTS ET CHAUSSÉES,

ET

DES CONSTRUCTIONS CIVILES DE FRANCE.

Pour l'an XI et l'an XII.

EMBELLISSEMENS DE LA VILLE DE PARIS,

Dans le courant des années dix et onze.

Les mouvemens qui s'effectuent maintenant par les constructions civiles qui se font de toutes parts dans cette immense Cité, offrent à tous ses habitans et à tous les voyageurs et étrangers, un aspect qui la rend nouvelle, et presque méconnaissable aux personnes qui ne l'ont pas visitée depuis quelque tems. Nous avons pensé faire plaisir à nos lecteurs de leur donner dans ce cahier un état abrégé de tous les changemens et embellissemens qui ont eu lieu depuis quelques années.

De nouvelles places publiques y sont formées, quantité de rues ouvertes, des constructions civiles en tout genre viennent d'y être exécutées. Les anciens monumens publics et particuliers sont restaurés; enfin tout y annonce un mouvement général vers des embellissemens utiles aux arts, au commerce et à la prospérité publique.

CHATEAU DES TUILERIES.

Ce monument vient d'être dégagé d'une quantité de maisons irrégulières qui l'environnaient. On admire, avec surprise, la superbe place du Carrousel, qui a été très-agrandie par la démolition de ces bâtimens; par celle du ci-devant hôtel de Coigny, et de plus de cent autres maisons particulières.

La grille, qui vient d'être posée pour séparer cette place de la cour du château, est surmontée aujourd'hui des quatre chevaux en bronze qui étaient autrefois sur la place St.-Marc, à Venise; que les Français ont fait conduire à Paris comme un trophée de leurs victoires, dans les batailles qui ont eu lieu depuis la révolution. Ces quatre chevaux ont été jadis l'ambition de plusieurs puissances, comme objets rares et précieux; ont été transportés d'un pays à l'autre dans différentes guerres; de Constantinople à Venise, et de Venise à Paris, où ils sont maintenant placés et surmontent la grille dudit Château des Tuileries.

Une nouvelle galerie va être construite entre le jardin des Tuileries et la rue St-Honoré : elle sera formée de portiques spacieux, nobles, et d'une belle architecture en colonnades, depuis la place Louis XV jusqu'à celle du Carrousel, suivant un plan qui vient d'être arrêté. Déjà le public jouit du passage, qui forme une rue nouvelle par la démolition et les déblais de l'ancien manège et autres bâtimens environnans. Trois rues doivent y aboutir; la première vis-à-vis la place Vendôme, au moyen de la démolition que l'on fait de tous les bâtimens qui

G

existaient aux Feuillans, en face de cette place. Après avoir traversé cette enceinte, la place Vendôme elle-même et l'enclos des Capucines, elle ira se terminer aux boulevards de la Chaussée-d'Antin. La seconde, vis-à-vis la rue Neuve de Luxembourg; et la troisième vis-à-vis St-Roch. Ces trois rues aboutissant sur celle du Manège, déjà existante, en feront une des plus belles de Paris : elle correspond à la promenade des Champs-Elysées d'une part, à celle du Palais-Royal de l'autre, et réunira en quelque sorte le jardin des Tuileries à toutes les deux. Ce jardin vient de recevoir en outre de nouveaux embellissemens. Le mur de la terrasse du midi vient d'être prolongé jusqu'aux fossés qui séparent le jardin de la place de la Concorde, ci-devant Louis XV, jusqu'à l'alignement de la rue St.-Florentin et de la grille, qui fait face aux Champs-Elysées : ce qui en complette la régularité. Des statues et des vases en marbre et en bronze viennent d'y être placés en grand nombre, outre ceux qui y étaient déjà. Quantité d'orangers et autres arbustes en caisse y sont également placés, bordant les allées de chaque côté; et autour des massifs de gazon, fermés de barrières, on entretient une bordure de fleurs, qu'on renouvelle avec luxe et prodigalité à chaque saison, et qui y sont soignées avec une recherche qui donne une idée de la plus parfaite jouissance en ce genre. Vis-à-vis le pont ci-devant Royal, on vient de combler le fossé qui séparait le jardin et le palais, du quai : on en a reculé la grille, près laquelle on a construit un trotoir, ce qui donne un élargissement à cette partie; en sorte que le passage en est sensiblement agrandi, pour l'agrément et la commodité du public. Une autre rue se perce maintenant de celle St.-Honoré au boulevard, vis-à-vis celle St.-Florentin.

LE LUXEMBOURG,
Aujourd'hui Palais du Sénat Conservateur.

Ce monument vient d'être tout récemment restauré et remis à neuf, sous la direction du cit. Chalgrin, architecte : on l'a aussi dégagé d'une grande quantité de corps-de-logis difformes qui l'environnaient; on y a pratiqué dans le bas, du côté de l'Odéon, ci-devant salle de la Comédie Française, une nouvelle entrée agréable, ornée d'une fontaine publique, avec une avenue de tilleuls et une chaussée au milieu, terminée par une grille de fer. Le palais avait été comme jeté hors du jardin principal, par un nombre d'autres petits jardins particuliers dont on l'avait environné, pour la satisfaction personnelle de quelques individus, dominans aux différentes phases de la révolution; et plus encore par un bâtiment dispendieux, construit au desir d'un potentat de ces tems désastreux. Cette construction irrégulière, qui rendait le palais manchot, devait former une salle de bains à cette risible majesté; mais ces bains, ces jardins et le potentat lui-même, tout a disparu. Le palais est aujourd'hui dans le jardin public qui en paraît, comme il en fait une dépendance, au lieu qu'il était réellement dans tous ces petits jardins particuliers. Sa splendeur et sa magnificence en sont beaucoup augmentées : il est abordable de toutes parts, au lieu que l'accès du midi était seul libre.

Dans le jardin, tout le terrein a été remanié de fond en comble, et passé même à travers des clayes, pour en séparer les pierres et le gravier de la terre végétale, et distribué sur un nouveau dessin. On y a fait plusieurs magnifiques plantations, tant dans l'ancienne enceinte que dans le terrein des ci-devant Chartreux, qu'on y a réuni en majeure partie, et dans lequel on a formé une vaste pépinière, dont le public jouit de l'agréable vue, qui se prolonge ainsi jusqu'aux boulevards du Mont-Parnasse, et donne à l'air du jardin public, en communication immédiate avec celui de la plaine de Mont-rouge et de la campagne, toute la salubrité possible et desirable.

Une autre entrée est ouverte sur la rue d'Enfer, ornée d'une belle grille, surmontée de deux lions, en face de la plus haute allée latérale, dont on a prolongé l'ancienne direction, par une nouvelle plantation, jusqu'à cette grille ; d'où les voyageurs arrivant par la route d'Orléans à Paris, auront, en passant, le coup-d'œil d'une grande partie du jardin et du palais.

Une avenue, en face du palais, dirigée sur l'Observatoire, joint la route d'Orléans au point d'intersection des boulevards du Mont-Parnasse. Deux nouvelles rues viennent aboutir à ce même point : l'une prolonge la rue d'Enfer, l'élargit et la redresse vis-à-vis l'ancienne entrée des Chartreux, où elle fait un coude ; ensorte qu'elle est actuellement tirée au cordeau depuis la place Saint-Michel jusqu'aux boulevards : l'autre prolonge la rue Madame, et vient aboutir à la rue de la Bourbe. Ces trois rues qui se réunissent au même point, qui est en même tems celui d'intersection de la rue de la Bourbe, du boulevard et de la route d'Orléans, formeront en cet endroit une place, qui sera encore ornée d'une vaste grille, fermant le terrein du Sénat et de la pépinière même, avec un pavillon à chaque extrémité de la grille. Une grille de même étendue séparera la pépinière du jardin public.

Le parterre a également été refait à neuf, d'après un nouveau dessin : toute la terre en a été remaniée. Il est orné d'un bassin quarré, d'eau jaillissante que reçoit un vase de marbre, porté par des génies, d'une belle forme, d'un très-beau dessin et d'une savante exécution. Quatre vases de marbre de la même hauteur ornent les quatre encoignures de ce bassin, et contiennent des fleurs qui sont renouvellées toutes les saisons.

Autour de ce bassin, dont l'enceinte est agrandie par deux massifs de gazon à chaque côté de sa longueur (il est oblong), règne une bordure de fleurs, entretenues avec soin, renouvellées toutes les saisons. Au-dessous de la pièce d'eau est un massif de gazon, fermé de grillages, avec une bordure de fleurs, également renouvellées toutes les saisons. Les allées sont garnies d'orangers et autres arbustes, et décorées de nombreuses statues et vases de marbre ; ensorte que cet ensemble forme un coup-d'œil vraiment magnifique et enchanteur.

PALAIS-ROYAL,

Aujourd'hui Palais du Tribunat.

Ce jardin, qui méritait à peine ce nom il y a quelque tems, va bientôt rivaliser avec celui des Tuileries et du Luxembourg. Le cirque, qui en occupait autrefois une grande partie, et qui avait été bâti par l'ancien duc d'Orléans, par suite de ses spéculations lucratives, fut détruit comme on le sait, en 1799, par un incendie. Ce bâtiment obstruait le jardin, et les riches et magnifiques galeries qui l'environnent. Il était naturel de sacrifier toute entière l'enceinte du jardin aux agré-mens de la promenade. On y a planté plusieurs allées de tilleuls, qui donnent déjà de l'ombrage. Trois massifs de gazon, dont celui du milieu est circulaire, remplacent l'ancien cirque, et sont ornés d'orangers placés au pourtour.

Les arbres sont environnés de treillages, au milieu desquels on voit des fleurs de toutes saisons, non pas à la vérité avec la même profusion qu'on admire aux Tuileries et au Luxembourg ; mais elles sont d'ailleurs, dans ce palais, si communes dans tous les autres genres , qu'on aurait mauvaise grace d'en exiger davantage et de manifester des regrets à ce sujet.

On vient aussi de faire des changemens dans l'intérieur des bâtimens du Tribunat. On y a pratiqué une salle où il doit désormais tenir ses séances ; et , dans les divers passages qui sont au-dessous et qui en forment le rez-de-chaussée , on construit de nouvelles boutiques , qui embelliront encore ce séjour de la richesse et des graces.

QUAI BONAPARTE,

Situé entre le Pont ci-devant Royal et celui de Louis XVI, vis-à-vis le Palais Bourbon , maintenant Palais du Corps Législatif.

Les travaux de ce quai se continuent avec beaucoup d'activité , et il deviendra un des plus beaux de la rivière de Seine. On y travaille en ce moment à une espèce de chariot à roulettes, destiné à parvenir aux déblais des terres avec plus de facilité et d'économie. Ce chariot a été imaginé par le cit. Amavet , et sera d'un grand secours et d'une grande expédition dans ces sortes de travaux , si on parvient à le perfectionner. La direction de ceux du quai Bonaparte , est confiée au cit. Lamandé fils , Ingénieur des Ponts et Chaussées ; et la partie de la construction , au cit. Prévost , qui a suivi les mêmes travaux au pont de Louis XVI, aujourd'hui pont de la Concorde , sous M. Desmoustiers , que la France vient de perdre.

PONT DES ARTS, *en face du Louvre.*

Les huit piles qui doivent porter les cintres des neuf arches de ce pont , sont terminées ; et déjà les principales pièces du cintre en fer , qui font en ce moment l'admiration du public , sont placées sur les neuf arches. La construction de ce pont se continue avec la plus grande activité : nous en donnerons les détails lorsqu'il sera entièrement terminé.

PONT DU JARDIN DES PLANTES.

La construction de ce pont, commencé sur la rivière de Seine, à Paris, ne promet pas toute la solidité et commodité que demande impérieusement sa situation. Les culées qui sont maintenant faites en pierres , assez solidement , ne présentent qu'une largeur insuffisante ; les pieux, qu'on a commencé à battre au mouton , annonçaient le projet de construire les piles au moyen de caissons , ce qui ne saurait faire espérer , dans les fondations , une solidité égale à celle du pont de Louis XVI. Nous observerons cependant qu'on aurait dû considérer cette qualité comme la plus essentielle dans la construction de ce pont , qui doit opposer une masse inébranlable aux premiers chocs des débacles réunies de la Seine et de la Marne. D'un autre côté , sa largeur ne saurait comporter trop d'étendue , en raison de la fréquente communication qu'il présentera au commerce des faubourgs St.-Marceau et St.-Antoine , et aux voitures qui y aboutissent des routes d'Orléans et de Lyon , et qui correspondent aux départemens du Nord. Ce pont sera de plus le passage continuel des voitures chargées de pierres et moëlons , sa situation avoisinant un grand nombre de carrières ; et il devait être , sans contredit , celui de tous les ponts auquel on aurait dû s'attacher à procurer le plus de solidité et de facilité. On en voit la nécessité par les nombreuses réparations qu'entraîne , chaque année , l'entretien du pont de Sèvres , mal construit , comme on peut en juger par l'article suivant.

PONT DE SEVRES.

Ce pont construit en bois, d'une manière difforme et peu solide, sur la rivière de Seine, route de Paris à Versailles, coûte considérablement d'entretien chaque année. Il vient de subir un examen du Corps des Ponts et Chaussées, dont le résultat a été la démolition de deux arches, qu'on vient de rétablir à neuf. Ce travail, actuellement fini, a interrompu pendant six semaines le passage des voitures et même des piétons, obligés de prendre par le pont de St.-Cloud, ou par le village de Vaugirard, tant pour partir de Paris que pour y arriver, par cette direction qui est celle de la Normandie, de la Bretagne, de la Beauce, etc.

S'il est un pont qui demande à être solidement construit, c'est encore celui de Sèvres, l'un des plus passagers qui existent en France ; et sa construction en pierres éviterait, chaque année, une énorme dépense en réparations considérables, pendant lesquelles le passage est toujours fort long-tems interrompu.

SAINT-CLOUD, *près Paris.*

Ce séjour délicieux, qui depuis plusieurs années était demeuré, comme tant d'autres monumens publics, inhabité et se dégradant progressivement, par l'oubli où les mouvemens révolutionnaires l'avaient enseveli, participe enfin en ce moment au mouvement général de restauration donné par un Gouvernement réparateur. Le premier Consul l'ayant choisi pour le lieu de sa résidence ordinaire, il est devenu la promenade la plus agréable des environs de Paris. L'espace qui séparait le parc de la rivière, ne présentait qu'un chemin presque impraticable dans les tems pluvieux, ce qui gênait considérablement les communications entre Sèvres et St.-Cloud. Une chaussée solide vient d'y être construite. Le projet en avait été conçu long-tems avant par un Ingénieur des Ponts et Chaussées ; et plusieurs obstacles ayant arrêté son exécution, il resta dans l'oubli. Mais aujourd'hui reparaissent tous les projets utiles ; et ceux qui sont véritablement tels, sont bientôt réalisés par l'exécution. Cette chaussée est parfaitement ferrée : l'encaissement qu'on y a fait est rempli de gros cailloux et de moëlons très-durs, recouverts d'un gravier d'excellente qualité ; ensorte que ce chemin est devenu praticable pour toutes les voitures, qui n'endommageront plus désormais la belle avenue de St.-Cloud à Sèvres, par laquelle elles étaient obligées de passer.

La route de St.-Cloud joignant celle de Sèvres à Paris, au hameau du Point du Jour, pratiquée en 1786, et portant le nom de route de la Reine, est également facile aujourd'hui ; la chaussée en est dans le meilleur état ; et les arbres qui la bordent, plantés en 1787, l'ombragent déjà. Elle devient, par là, plus agréable chaque jour aux voyageurs ; et les réverbères qui viennent d'y être placés depuis peu, dans toute sa longueur jusqu'à St.-Cloud, y entretiennent une illumination constante qui rend cette route praticable et sûre à toute heure du jour et de la nuit, tant pour le service public des voyageurs, que pour les relations du Gouvernement à la Capitale, et de la Capitale au Gouvernement.

Il serait essentiel, à l'honneur des Français, que le Gouvernement ordonnât aux propriétaires riverains des routes, ponts et chaussées, de replanter des arbres le long de ces routes et chaussées, en remplacement de ceux détruits par les excès d'enthousiasme qu'a causé la révolution. Ces ordres devraient s'étendre aux habitans des villes et villages qui ont abattu et partagé entr'eux les arbres qui ombrageaient les promenades et les places publiques. Peut-être qu'un jour les Ingénieurs et Architectes, de concert avec les Maires de chaque commune, aviseront aux moyens d'effectuer cette restauration, devenue indispensable surtout dans l'intérieur du vaste territoire de la République. Alors les routes et chaussées qui le traversent ne présenteront plus l'aspect de la destruction aux yeux des voyageurs et des étrangers, mais exciteront leur admiration par les riches ombrages dont elles seront bordées, qui seront susceptibles de rapports et d'agrémens dans tous genres.

PLACE VENDOME.

Cette place, une des plus belles, des plus majestueuses et des plus régulières de la Capitale, va devenir encore plus importante par de nouveaux débouchés qu'on lui ouvre, et que demandaient sa position et sa magnificence. Une rue nouvelle s'ouvre, et est même déjà fort avancée, à travers le terrein des ci-devant Feuillans, par la démolition des bâtimens de ce monastère. Elle aboutira sur la place même, en partant du jardin des Tuileries. On sent toute la facilité et tout l'avantage qui en résulteront pour la communication du quartier St.-Honoré avec celui de St.-Germain, par la rue du Bac, qui a grand besoin d'être vivifié, par cette facilité de communication, avec le quartier le plus vivant de cette grande ville. Une autre ouverture non moins intéressante donnera, de cette même place, la vue des boulevards, par une rue qui traversera le terrein des ci-devant Capucines, aboutissant à la Chaussée-d'Antin. Il n'est personne qui ait fréquenté ces quartiers, qui n'ait senti tous les désagrémens des détours multipliés qu'il fallait faire pour cette communication; et, par suite, qui ne voie tout l'avantage qu'on acquerrera par ces rues nouvelles, joint à l'embellissement qu'elles procureront à la place même, au quartier et à la Capitale.
Une troisième ouverture presque déjà terminée, à partir du pavillon Nord des Tuileries à la rue St.-Honoré, formera, en cet endroit, une place qui découvrira le portail et l'église St.-Roch. Il est facile d'imaginer d'avance la beauté du coup-d'œil qui en résultera, en se plaçant au haut du parvis de ce bel édifice, et plongeant de côté et d'autre sur la rue St.-Honoré, où, sans discontinuation, une population immense se meut, se croise et se confond dans un mouvement animé encore et diversifié par le flux et reflux continuel des voitures de toute espèce; puis, portant sa vue au-delà, sur le jardin des Tuileries, sur le Pont-Royal et le quai Bonaparte, où un mouvement aussi varié, aussi continuel et aussi piquant, se fait également appercevoir. Je ne sais si ce théâtre et cette perspective ne seront pas comparables à tout ce que les voyageurs nous peignent de plus beau en ce genre, et si cette fameuse place de St-Marc, à Venise, que tout le monde admire, ne sera pas obligée de le céder à ce coup-d'œil vivant et pittoresque, animé de tout le mouvement, de toute la richesse et de toute la magnificence de cette Cité industrieuse et florissante

HOTEL DE VILLE DE PARIS.

Ce monument, qui était presque abandonné depuis 1792, va enfin reprendre l'éclat qu'il mérite, et auquel son étendue et sa magnificence indiquent qu'il avait été destiné par ses fondateurs.
Un arrêté des Consuls vient d'ordonner la translation des bureaux de la Préfecture du département de la Seine dans cet édifice.

Déjà les travaux y sont dans la plus grande activité. Tous les bâtimens ci-devant appelés le *Saint-Esprit*, sont démolis, et seront remplacés par une construction nouvelle, nécessaire à l'Administration qu'il va recevoir, proportionnée à son importance, et qui embellira ce quartier. Déjà l'Architecte de la Préfecture y a mis un grand nombre d'ouvriers, occupés tant dans l'intérieur de l'hôtel, que sur l'emplacement du Saint-Esprit.

On fait aussi des dispositions pour l'ouverture d'une nouvelle rue, qui, à partir de celle Saint-Avoye, et passant par celle Bar-du-bec, sera conduite en ligne droite jusques sur la place de Grève. Cette place vient de recevoir une nouvelle dénomination ; l'on a scellé dans les encoignures des rues qui y aboutissent, des inscriptions gravées sur des pierres de liais, portant ces mots : PLACE DE L'HÔTEL DE VILLE.

Tout annonce que cet endroit va reprendre une nouvelle vie, et ajouter au luxe des nouveaux embellissemens de cette Capitale. On en trouvera le détail plus étendu dans un de nos prochains Cahiers.

RUE FROMENTEAU, *place du Louvre.*

Cette rue joignant d'un bout la place du Palais du Tribunat, ci-devant Royal, et de l'autre le port Saint-Nicolas, devrait être une des plus passagères et des plus fréquentées de Paris, parce qu'elle est une des plus commodes pour le débouché du commerce de ce quartier, si peuplé, si brillant et si riche. Mais il serait bien à desirer, pour qu'elle eût tous les dégagemens que sollicitent le mouvement, la richesse et la population qui l'environnent, qu'elle fût prolongée en ligne droite jusqu'à la rivière, en ouvrant à l'extrémité un nouveau guichet, sous la galerie du Louvre. Cette opération va peut-être devenir indispensable, par l'exhaussement considérable que nécessite la construction du nouveau pont, vis-à-vis du Palais des Sciences et des Arts ; exhaussement qui élèvera cet endroit presque à la hauteur du jardin de l'Infante, et enterrant, en quelque sorte, le passage du guichet qui existe aujourd'hui à l'extrémité de la rue Fromenteau, donnerait, à partir de ce point, jusqu'au pont nouveau, une montagne fort rude pour les voitures, et fort incommode pour les piétons, et qui serait beaucoup adoucie si, la pente plus prolongée, était conduite jusqu'au guichet nouveau qui serait ouvert à la nouvelle extrémité de cette rue redressée, comme nous l'avons dit, et en construisant au-dessous un égoût jusqu'à la rivière.

On a déjà bien diminué la sinuosité qui existe au bas de cette rue, en faisant disparaître, en cet endroit, quelques maisons peu solides ; mais ces édifices étayaient les bâtimens voisins ; ceux-ci, d'une construction aussi vicieuse, placés sur un terrein en pente du côté de la démolition, en ont vu augmenter leur caducité. Il est facile de le juger à la seule inspection ; car quoiqu'ils aient été restaurés depuis, ils ont déjà de nouvelles lézardes formées jusques dans les plâtres nouvellement employés pour la restauration ; ensorte que ce passage n'a pas toute la sûreté nécessaire à un endroit si fréquenté, et il n'est nulle personne qui n'y passe en ce moment, qu'à l'aspect elle ne soit effrayée.

Le Gouvernement, qui dispose et exécute de toutes parts des améliorations et des embellissemens dans cette immense cité, jettera sûrement un coup-d'œil sur cet endroit, ainsi que sur la place du Muséum, qui demande la même régularité et la même splendeur que celle du Carrousel. Elle est aujourd'hui masquée d'une manière difforme, par un amas de vieilles et irrégulières masures, dont l'élévation n'est que d'un entresol lambrissé. En faisant disparaître cet amas très-peu considérable, il serait facile ensuite de régulariser le nivellement du sol de la rue Frómenteau avec cette place, en attendant qu'on exécute le grand projet de percée depuis et en face la grille neuve des Tuileries, jusqu'au Louvre.

NOTICE d'un monument qu'on propose d'élever sur le ci-devant pont de Louis XVI, aujourd'hui pont de la Concorde, à la mémoire des hommes célèbres qui ont mérité la reconnaissance nationale, par leurs succès dans la direction des Ponts et Chaussées,

CE pont a été construit sous la direction de M. Desmoutiers, ingénieur en chef des Ponts et Chaussées, sur les plans et dessins de M. Perronet. On avait projetté d'élever sur les avant-becs des piles qui ont, à cet effet, quatre pieds d'élévation au-dessus du niveau des trotoirs, et neuf mètres ou 81 pieds environ de superficie, des pyramides semées de fleurs-de-lys, et surmontées de la couronne de France. Les événemens ayant changé ces dispositions, il ne reste que les emplacemens propres à recevoir ces colonnes au nombre de seize ; savoir : quatre de chaque côté, sur chaque pile du pont, quatre aux quatre angles, et quatre sur l'extrémité des parapets qui aboutissent aux quais. Ces quais, aujourd'hui à la veille d'être terminés, sur-tout le quai Bonaparte, auquel on travaille en ce moment avec la plus grande activité, formeront un ensemble de monumens magnifiques, qui ne permettront pas de laisser imparfaite la partie de ce superbe pont, qui doit en compléter les ornemens.

Nous pensons, pour répondre à l'article du programme annoncé page 6, article 7 de notre plan, pour lequel nous réitérons l'offre y mentionnée, de proposer d'élever sur les avant-becs de ce pont, seize obélisques, sur lesquels seraient gravés les noms et services des personnes qui auraient mérité la reconnaissance nationale dans cette partie. Ils seraient surmontés d'une couronne civique, ou autres ornemens indiqués par l'artiste qui remportera le prix au concours. Enfin, laissant aux concurrens et amateurs des arts le soin de perfectionner cette idée par tous autres projets et avis qu'ils jugeont convenables à remplir ces vues, nous nous bornons à proposer d'y placer Sully, Henri IV, Colbert, Riquet, Louis XIV, Richelieu, Desmarets, Turgot, Bélidor, de Parcieux, de Bercy, Trudaine, Peronnet, Desmoutiers ; en attendant qu'il en soit indiqués d'autres, pour compléter les seize.

PORTAIL SAINT-SULPICE,

Faubourg Saint-Germain.

Ce monument, digne de toute l'attention des connaisseurs, vient d'être démasqué par la démolition de la masse des corps-de-logis du ci-devant séminaire de St-Sulpice, qui l'offusquaient. On a vendu et enlevé les matériaux qui en sont provenus. La construction de ce bâtiment était si solide qu'il pouvait encore durer plusieurs siècles.

Depuis long-tems il était question de l'abattre pour former, du local qu'il occupait, la belle place qu'on y voit aujourd'hui. Il fallait des circonstances comme celles survenues en France, depuis douze ans, pour accélérer l'exécution de ce projet, vraiment nécessaire au dégagement et à l'embellissement de ce quartier. ARRÊTÉ

ARRÊTÉ DU GOUVERNEMENT.

Le fleuve de la Seine, et les rivières affluentes à ce fleuve, composeront le premier bassin de la navigation intérieure de la République.

Le bassin de la Seine sera divisé en neuf arrondissemens, ainsi qu'il suit :

Premier arrondissement. Il comprend, 1°. la Seine, depuis le point navigable jusqu'à Montereau : 2°. l'Aube dans toute son étendue : chef-lieu, Troyes.

Deuxième arrondissement. Il comprend, 1°. l'Yonne, depuis le point navigable jusqu'à son confluent avec la Seine. 2°. Les rivières de la Cure et de l'Armancour. Chef-lieu, Auxerre.

Troisième arrondissement. Il comprend, 1°. la Marne, depuis le point navigable jusqu'à la Ferté ; 2°. les rivières de la Saulx et de l'Ornain. Chef-lieu, Chalons.

Quatrième arrondissement. Il comprend, 1°. la Marne, depuis la Ferté jusqu'à Alfort, Charenton ; 2°. le canal de l'Ourcq et la rivière du grand Morin ; 3°. la Seine, depuis Montereau jusqu'à Choisy. Chef-lieu, Melun.

Cinquième arrondissement. La Seine, depuis Choisy jusqu'au Pec. Chef-lieu, Paris.

Sixième arrondissement. La Seine, depuis le Pec jusqu'au Hâvre. Chef-lieu, Rouen.

Septième arrondissement. L'Oise, dans toute son étendue. Chef-lieu, Beauvais.

Huitième arrondissement. L'Aisne, dans toute son étendue. Chef-lieu, Laon.

Neuvième et dernier arrondissement. L'Eure, dans toute son étendue, Chef-lieu, Evreux.

L'octroi de navigation sera régi, sauf les cas où, sur l'avis des Préfets et le rapport du Ministre de l'Intérieur, la mise en ferme, ou régie intéressée, aura été ordonnée à des conditions réglées par le Gouvernement.

Les tarifs, en vertu desquels devra se faire la perception, et les lieux où les bureaux devront être établis, seront déterminés, par des arrêtés spéciaux, pour chaque arrondissement de navigation.

L'Inspecteur général, ou un des Inspecteurs particuliers, établis pour surveiller l'approvisionnement de Paris, assistera, dans les arrondissemens de navigation où ils sont employés, aux conseils qui seront tenus, d'après l'article XVIII de l'arrêté du 8 prairial, pour régler les lieux, la nature et l'étendue des travaux.

Par les dispositions du présent arrêté, et de celui du 8 prairial, il n'est point interdit aux Préfets de Police de prendre d'urgence, et sous l'autorité du Ministre de l'Intérieur, les mesures nécessaires pour assurer l'approvisionnement de Paris.

Paris, le 13 Prairial an XI.

LE GOUVERNEMENT DE LA RÉPUBLIQUE, sur le rapport du Ministre de l'Intérieur, le Conseil-d'Etat entendu, arrête :

ART. Ier. Il est permis à tout citoyen ou individu, de quelque profession qu'il soit ou aurait été, de naviguer librement sur l'Escaut, les rivières y affluentes et les canaux qui y communiquent, en se conformant aux réglemens généraux en vigueur sur la navigation intérieure.

H

II. Tout autre règlement particulier, et notamment ceux relatifs aux corporations de bateliers et chambres d'assurance de Nord-Libre, pour la navigation de la Haisne, sont annullés.

III. Lorsqu'il se présentera à la fois un grand nombre de bateaux chargés ou non chargés, remontant l'Escaut pour passer l'écluse de Nord-libre, le rang, pour être admis à là franchir, sera déterminé uniquement par celui de l'arrivée des bateaux au pied de ladite écluse, et le même ordre sera observé par tout batelier arrivant ou déchargeant au port de Nord-libre, soit dans l'Escaut, soit dans la Haisne.

IV. Le tour de file ne pourra jamais être rompu que pour le transport des munitions de guerre.

V. Les bateliers et autres navigateurs chargeant dans la rivière de Haisne les charbons extraits des minières situées entre Nord-libre et Mons, ne pourront, sous quelque prétexte que ce soit, exiger un prix supérieur à celui du tarif ci-après, dans lequel sont compris les droits établis aux différentes écluses et ponts, et autres frais qui sont à la charge des bateliers, à l'exception des cas prévus.

Les bateaux qui prendront charge à St.-Guislain, paieront 115 fr. 98 cent.; ceux qui prendront charge à Boume, paieront également 145 fr. 12 cent.; et enfin ceux qui prendront charge à Thulin, paieront 186 fr. 84 cent. de moins que les prix réglés par le tarif ci-dessus.

VI. Ces prix sont fixés pour les bateaux qui ont la capacité des nefs actuels, jauge de Haisne; le prix du transport par bateaux d'une moindre capacité, sera fixé dans la même proportion.

Ils sont aussi réglés pour le terme de trois années, à dater du 1er. de ce mois; néanmoins ils continueront à être obligatoires au-delà de ce terme, jusqu'à ce que, sur les réclamations d'une des parties intéressées, il soit établi un nouveau tarif.

VII. En conséquence, il est défendu à tout batelier ou navigateur d'exiger un prix supérieur à celui porté au tarif ci-après; de former aucune coalition entr'eux, tendante à le faire augmenter ou à forcer des marchands ou exploitans ces mines de charbon, à leur accorder un prix plus élevé, sous peine de trois mois d'emprisonnement, ou de punition plus grave en cas de violences, voies de fait et attroupemens, suivant la nature des délits, conformément aux dispositions des articles VII et VIII du titre II de la loi du 22 germinal an XI.

VIII. Tout transport de charbon au-delà de Termonde, sur l'Escaut, dépendra des conventions libres entre les négocians, marchands et bateliers.

IX. Si les bateaux destinés pour Lille devaient passer les rivages de la Basse-Dynse pour se rendre à une autre destination, le prix de ce nouveau transport serait convenu de gré à gré entre les bateliers et les marchands.

X. Dans le cas où les droits qui se perçoivent actuellement sur les différentes navigations, seraient remplacés par la taxe de navigation créée par la loi du 30 floréal an X, avant le renouvellement du présent tarif, les prix seront modifiés dans la proportion de l'augmentation ou de la diminution qui résultera dans les paiemens à faire par les bateliers.

XI. Les Préfets des départemens de Jemmapes et du Nord, détermineront par des arrêtés, qui seront soumis à l'approbation du Ministre de l'Intérieur, le mouvement des eaux et écluses, le nombre de bateaux dont chaque convoi ou rame pourra être composé, et celui qui pourra être admis à-la-fois en rivière, ainsi que tous les autres détails de police locale.

XII. Le Ministre de l'Intérieur est chargé de l'exécution du présent arrêté, qui sera inséré au Bulletin des lois.

Le premier Consul, signé, BONAPARTE.

Par le premier Consul,

Le Secrétaire-d'Etat, signé, H. B. MARET.

TARIF des prix du transport du Charbon de terre.

LIEU DE LA DESTINATION DU CHARBON.	LIEU DU CHARGEMENT de Jemmappes et Caregnon.		OBSERVATIONS.
Par l'Escaut.	fr.	cent.	
Pour Tournay, ...	1309	64	Ce prix sera le même pour Antoing et
Pont Achain, Peck et Warcoing,	1422	22	autres ports au-dessus de Tournay; sauf
Elchin, ...	1459	67	la déduction des francs.
Ecanaf, ...	1487	73	
Boume, ...	1525	20	
Petegem, ...	1571	92	
Aodemarde, au-dessus de l'Ecluse,	1609	45	
Haisne, ...	1628	7	
Gâvre, ...	1665	50	
Veurste, ...	1684	21	
Merlebecq, ...	1721	54	
Gand, ...	1777	77	
Par le canal de Bruges.			
Larabotte, ...	1824	56	
Bruges, ...	1964	90	
Planchendalle, ...	2011	69	
L'Ecluse du Schlick, ...	2058	47	
Par le canal du Sas.			Les frais de l'aller et du retour et ceux
			de l'allège, s'il en est besoin, seront à la
Jusqu'à Zelsas, ...	1852	63	charge des marchands, du pont des Ré-
			colets à Gand.
A Moulestée, ...	1824	56	Les frais de l'allège seulement, s'il en était besoin, seront à la charge du marchand.
Par le Bas-Escaut.			
Jusqu'à Mesle, ...	1871	33	
A Wetteren, ...	1918	14	
Termonde, ...	2011	69	
Par la Lys.			
Jusqu'à Dynse, ...	1824	56	Tous frais, même ceux d'allège, depuis
Vif-Saint-Eloy, ...	1847	3	les petites planches à Gand, seront à la
Courtray, ...	1871	33	charge des marchands.
Par la Scarpe.			S'il fallait alléger, pour remonter le ca-
Douay, ...	1777	77	nal de la Bassée, les frais seraient à la charge du marchand.
Lille et la Bassée, ...	»	»	

DÉTAILS DES TRAVAUX

Annoncés au BAIL GÉNÉRAL de l'entretien et du rétablissement des Routes, Ponts et Chaussées des environs de Paris, passé en 1735, par le Bureau des Finances, aux citoyens MARCREY et JOUET, tous deux Entrepreneurs; et que nous avons promis de donner.

CHAPITRE PREMIER DE CE BAIL.

Route d'Orléans.

ARTICLE PREMIER.

A commencer à la croix d'Arcueil, jusqu'au chemin qui conduit à Bagneux, une chaussée de grais de 568 toises de long, sur 20 pieds de large : ce qui fait en superficie 1893 toises et un tiers.

2. Depuis le susdit chemin de Bagneux, jusqu'à la première maison à droite, arrivant au Bourg-la-Reine, une chaussée de grais de 732 toises de long, sur 20 pieds de large : ce qui fait une superficie de 2440.

3. Descendant au Bourg-la-Reine, jusqu'au milieu de l'avenue de Sceaux, une chaussée de grais de 458 toises de long, sur 4 de large, fait une superficie de 1832.

4. Depuis la susdite avenue jusqu'à la Croix de Berny, une chaussée de grais de 730 toises, sur 18 de large, fait 2190.

5. Depuis la croix de Berny, traversant le village d'Antony, jusques et sur le milieu du pont, une chaussée de grais de 754 toises de long, sur 18 pieds de large, avec 12 toises pour l'élargissement du pont, fait 2274.

6. Depuis le milieu dudit pont jusqu'au chemin de Chartres, une longueur de grais de 584 toises, sur 18 pieds de largeur, faisant avec 8 toises pour une patte d'oie à la sortie du pont.

7. Depuis le susdit chemin jusqu'à celui de Chilly, une longueur de grais de 1481 toises, sur 18 pieds de largeur, fait 4443.

8. Depuis le chemin de Chilly jusqu'à la porte de Lonjumeau, une chaussée de grais de 900 toises de long, sur 18 de large, fait 2721.

9. La traverse de Lonjumeau, d'une porte à l'autre, contient 469 toises et demie de long, dont 398 toises, sur 3 toises 4 pieds un pouce réduite, et les 71 toises et demie dernières, sur 18 pieds, faisant ensemble 1685 toises un douzième.

10. Depuis la porte de Lonjumeau jusqu'à l'orme dudit nom, une chaussée de grais de 423 toises de long, sur 18 pieds, fait 1269.

11. Depuis le susdit orme jusqu'à l'arche de la croix St.-Jacques, une longueur de grais de 917 toises, sur 18 pieds, avec 16 toises pour l'élargissement du ponceau, fait 2767.

12. Depuis la susdite arche jusques et passé de 96 toises l'avenue de Villebousin, ce qui fait le bout du nouvel alignement; une chaussée de grais de 710 toises de long, sur 18 pieds de large, fait 2130.

13. Depuis le bout du nouvel alignement jusqu'à la porte de Linas, une chaussée de grais de 1362 toises de long, dont 1090 toises sur 18 pieds de large; 272 sur 15 pieds, et 342 toises superficielles, y compris la superficie de deux ponceaux, au surplus de la largeur de la chaussée, fait ensemble 4292 toises.

14. Traversant Linas, et joignant une pièce de 18 pieds de large au-delà de l'hermitage du même nom, une chaussée de grais de 524 toises de long, sur 18 de large, fait 1572.

15. Passé l'hermitage jusqu'au coin des murs du parc de Chanteloup, une chaussée de grais de 1239 toises et demie, dont 252 toises sur 18 pieds; 527 toises sur 15 pieds; 193 toises et demie sur 18 pieds; 97 toises sur 15 pieds; 236 toises sur 18 pieds, et 134 toises sur 15 pieds, faisant 3439 toises et demie.

16. Depuis le coin des murs du parc jusqu'à la porte de Chartres, une pièce de pavé de grais de 910 toises et demie de long, sur 15 pieds de large; fait 2276 toises un quart.

17. Dans Chartres, d'une porte à l'autre, une chaussée de pavé de grais de 339 de long, sur 3 toises, 3 pieds, 8 pouces de largeur réduite, fait 1440 toises cinq sixièmes.

18. Depuis la sortie de Chartres jusqu'au pied du revers de la montagne dudit nom, une longueur de 12 toises, sur 18 pieds, fait, avec 44 toises pour les pattes d'oies aux deux côtés, la quantité de 80.

19. De la montagne de Chartres, une chaussée à deux revers de 307 toises de longueur, sur 4 toises et demie de largeur, faisant avec 36 toises pour les deux cassis qui sont à droite et à gauche des susdits revers, 1417 toises et demie.

20. Depuis le haut des revers de la montagne de Chartres jusqu'au pied de la montagne de Torfou, une chaussée de grais de 2351 toises de long, sur 18 pieds, faisant avec 11 premières toises qui ont été élargies de 4 pieds et demi de chaque côté, 7069 toises et demie.

21. La montagne contient dans la longueur de ses revers, 566 toises de longueur, sur cinq toises de largeur : ce qui fait en pavé de grais la quantité de 2830.

22. Pour quatre revers dans la montagne, une superficie en pavé de grais de 72 toises.

23. Dans le haut de la montagne de Torfou jusqu'au milieu du ponceau de Beaune, une longueur de pavé de grais de 1088 toises, sur 18 pieds, faisant avec 19 toises de superficie pour l'élargissement du ponceau, 3303.

24. Depuis le milieu du susdit pont jusqu'au haut de la montagne et passé la justice de Cocatrix, une pièce de pavé de grais de 228 toises de long, sur 18 pieds de large, fait 684.

25. Dans la montagne de Cocatrix, une pièce de pavé de grais de 559 toises de longueur, sur 15 pieds de largeur, fait 1397 toises et demie.

26. Depuis le bas de la montagne et de la susdite pièce jusqu'à la porte d'Etrichy, une chaussée de grais de 642 toises et demie de long, dont 282 toises sur 18 pieds, et 360 toises et demie sur 15 pieds, faisant ensemble 1747 toises et demie.

27. Dans Etrichy, d'une porte à l'autre, une chaussée de grais de 213 toises de long, sur 3 toises, 3 pieds, 4 pouces de large réduite, faisant 757 toises et demie.

28. Depuis la porte d'Etrichy jusqu'au chemin de gravelle, une chaussée de grais de 260 toises de long, sur 15 pieds de large, fait 650.

29. Depuis le chemin de gravelle jusqu'à l'avenue du château de Jeure, une

chaussée de grais de 1043 toises et demie de longueur, dont 425 toises et demie, sur 15 pieds; 48 toises sur 3 toises; 516 toises sur 13 pieds, et 54 toises sur 18 pieds : le tout faisant 2659 toises trois quarts.

30. Depuis la susdite avenue, passant le long des murs de St.-Lazare de la croix de Versailles, et finissant à la pointe qui sépare les deux chemins qui entrent dans Etampes, une chaussée de grais de 1870 de long, dont 1353 toises et demie, sur 15 pieds; 71 toises sur trois toises; 75 toises et demie sur 15 pieds; 52 toises sur 18 pieds, et 338 toises sur 15 pieds, faisant ensemble 4726 toises et demie.

31. Depuis la susdite pointe à gauche jusqu'à la porte de la Couronne, une chaussée de grais de 215 toises de long, dont 30 toises sur 20 pieds, et 185 toises sur 18 pieds, faisant 655.

32. Reprenant la susdite pointe à droite et joignant la porte St.-Jacques, une chaussée de grais de 239 toises de long, sur 15 pieds de large, faisant avec 14 toises pour l'élargissement du pont, et 6 toises pour un cassis vis-à-vis du cimetière, 617 toises et demie.

TOTAL, 69092 toises 1 pied 6 pouces.

CHAPIRRE II.

Route de Chartres.

33. Depuis la jonction du pavé du grand chemin d'Etampes jusqu'à l'entrée du village de Massy, aboutissant au coin du mur du sieur Belot, une chaussée de pavé de grais de 982 toises de long, sur 15 pieds, fait 2456 toises et demie.

34. Traversant ledit village et finissant au bout du mur du sieur Cochin, une chaussée de grais de 438 toises et demie de long, sur 15 pieds de large, fait 1096 toises et demie.

35. Reprendre à la fin du susdit mur et finissant à l'entrée de Palaiseau, une chaussée de grais de 1035 toises et demie de long, dont 928 toises et demie sur 15 pieds, 32 toises sur 12 pieds, et 75 toises sur 15 pieds, fait 2572 toises trois quarts.

36. Depuis l'entrée de Palaiseau jusqu'à la maison de la veuve Prieure, qui est à l'autre extrémité du village, une chaussée de grais de 594 toises de long, dont 326 toises et demie sur 12 pieds, 112 toises sur 3 toises réduites, 106 toises sur 12 pieds, et 50 toises sur 15 pieds, fait 1326 toises.

37. Depuis la maison de la veuve Prieure jusqu'à l'entrée du pont de Fougcherolles, une chaussée de grais de 892 toises de long; 790 toises de long, sur 12 pieds, et 102 toises sur 15 pieds, fait, y compris 12 toises pour la patte d'oie à gauche de l'entrée du pont, 1847 toises.

38. La longueur du pont de Fougcherolles est de 68 toises sur 15 pieds, et produit 170.

39. Depuis le bout du susdit pont jusqu'à l'entrée du village d'Orçay, une chaussée de grais de 1200 pieds de long, dont 389 toises et demie sur 15 pieds, et 810 toises et demie sur 12 pieds, fait 2594 toises trois quarts.

40. Descendant dans Orçay et le passant de 60 toises, une chaussée de grais de 309 toises de long, dont 95 toises sur 15 pieds, et 213 toises sur 12 pieds, 666.

41. Depuis la fin de la susdite chaussée et finissant sur le milieu du pont de Bure, une chaussée de grais de 789 toises de longueur, dont 31 toises sur 15 pieds, 48 toises et demie sur 12 pieds, 230 toises sur 15 pieds, et 479 toises et demie sur 12 pieds, fait 1708 toises et demie. (La suite au Vme. Cahier.)

CANAL DE L'OURCQ.

L'Ingénieur en chef de ce canal vient de faire paraître un mémoire justificatif, avec une esquisse des plans de ses travaux. On trouvera dans le cahier suivant, le détail de ce mémoire et le plan général dudit canal, que nous avons annoncé, et le détail des travaux qui y sont maintenant en activité.

OBSERVATION.

Les Entrepreneurs du Recueil Polytechnique préviennent leurs Souscripteurs, que des Facteurs de postes, auxquels plusieurs d'entr'eux ont remis le montant de leur souscription, à l'effet d'être adressée au citoyen Baratin, ont abusé de leur confiance en se permettant de retenir pardevers eux une partie, même jusqu'au 15 p. 100 de ce qui leur avait été confié. Quelques-uns de ces Facteurs se sont même permis de couper la lettre d'avis, qui avoit été jointe à la somme, en y additionnant des dire au coupon, qui restent entièrement étrangers aux vues de nos Souscripteurs. Nous croyons devoir en aviser ceux qui n'ont pas encore réalisé le prix de leur souscription, et qui sont inscrits sur nos registres sous les numéros suivans, qu'ils trouveront sur l'adresse des Cahiers que nous leur envoyons; savoir :

32, 33, 38, 43, 44, 46, 49; 51 et suivans; jusques et compris le 61; 65, 68, 71, 73, 74; 76, jusques et compris le 80; 82, 83, 85, 91 et suivans; jusques et compris le 96; 98 et suivans, jusques et compris le 104; 110 et suivans, jusques et compris le 116; 125, 127, 130 et suivans, jusques et compris le 133; 138, 141 et suivans, jusques et compris le 146.

Nous les invions d'adresser, au plutôt, le montant de leur souscription au cit. Baratin, quai des Augustins, n°. 47; d'affranchir leur lettre, et de se faire donner une reconnaissance du dépôt, par les Directeurs de poste, pour nous la faire passer dans leur lettre d'avis.

Ceux, d'entre nos Souscripteurs, qui se sont adressés au cit. Gœury, sont invités également de lui faire passer au plutôt le montant de leur souscription, pour n'éprouver aucun retard dans l'envoi des Cahiers suivans.

Suivant le plan général de cet ouvrage, qui doit avoir été communiqué à tous nos Souscripteurs, ceux inscrits avant le 1er. prairial dernier, doivent 12 fr. 60 c.; et ceux inscrits depuis cette époque jusqu'à ce jour, doivent 18 fr. 90 cent.

Nous invitons également ceux inscrits sous les numéros 75, 117, 118 et 119, qui ont soldé une partie du prix de la souscription, de vouloir nous faire passer le surplus.

Nous avons mis au dos des adresses le numéro de chaque Souscripteur : par ce moyen, chacun d'eux sera à portée de voir, au premier coup-d'œil, s'il est dans le cas de la présente observation, espérant qu'ils voudront bien y avoir égard.

Nous espérons également qu'ils ne trouveront point déplacée l'invitation que nous leur adressons avec ce quatrième Cahier. Le cinquième, qu'ils recevront sous peu, et dont nous nous occupons sans interruption, contiendra le détail des Constructions civiles, ordonnées par le premier Consul, dans les divers départemens qu'il parcourt maintenant, joint à ceux que nous avons précédemment annoncé, qui intéressera tous nos lecteurs.

Au Rédacteur du Recueil Polytechnique.

MONSIEUR,

L'ouvrage que vous rédigez m'ayant été communiqué, m'a fait penser que je ne pourrais mieux m'adresser qu'à vous, pour la note suivante, que je vous prie d'insérer dans un de vos prochains Cahiers. C'est en qualité de veuve d'Ingénieur en chef des Ponts et Chaussées, que je m'adresse à vous; c'est en qualité de mère infortunée, que je compte sur votre complaisance.

En l'an IV, une mort subite m'ayant enlevé un époux chéri, je demeurai, seule, chargée d'un fils unique âgé de 14 ans. Dénuée de fortune, accablée de malheurs, cet enfant aimable, que la délicatesse de ses sentimens me rendait plus cher, voyant que je ne pouvais continuer l'éducation qu'il avait reçue jusqu'alors, eut le courage, afin de n'être point à charge à une mère qu'il aimait tendrement, de se rendre aux frontières pour servir sa patrie; il avait alors 15 ans. Il y en a bientôt quatre que je n'ai point reçu de ses nouvelles; l'incertitude de son sort me désole. Peut-être le malheur de sa mère, l'état de son père, sont-ils des titres de recommandation qu'il aura fait valoir auprès de quelque Ingénieur des départemens, chez lequel il sera resté; peut-être votre Recueil parvient-il à cet Ingénieur. Daignez intéresser à la cruelle situation d'une mère infortunée, ceux de vos lecteurs qui pourront lui donner des renseignemens sur le sort de son fils. Il se nomme Henri-Augustin Dupuis, fils de l'Ingénieur en chef de même nom, mort en l'an IV, à Dijon, département de la Côte-d'Or. Je voue les sentimens de la plus parfaite reconnaissance à la personne qui voudra m'adresser ces renseignemens, rue Pavée-St.-André-des-Arts, n.º 28, à Paris.

Veuve DUPUIS.

NOTE DES RÉDACTEURS.

Nous avons cru devoir insérer cette lettre, suivant le désir de la personne qui nous l'a adressée : elle doit intéresser tous les cœurs humains, c'est une mère qui réclame son fils; elle doit de plus intéresser tous nos lecteurs en général, puisque c'est le sentiment légitime qui réclame ici leur attention. Heureux si la publicité que nous donnons à sa lettre, peut ramener son enfant dans ses bras !

P. S. Nous remercions le Conseil des Ponts et Chaussées, de la délibération qu'il nous a adressée, à l'égard de l'entreprise de cet Ouvrage. Le cit. BREMONTIER, Ingénieur en chef à Bordeaux, fait maintenant partie de ce Conseil, comme remplaçant le cit. MONROCHER, Inspecteur général; en raison du décès de ce dernier.

Fin du quatrième Cahier du Tome premier.

ERRATA.

ON voudra bien lire à la page 6 du premier Cahier, ces mots : *le personnel*, entre ceux de *Vial, chef*, et *des Inspecteurs généraux*.

Idem. Sur la gravure du troisième Cahier, le mot *Desmoutiers*, en place de *Dumoutiers*.

De l'Imprimerie du RECUEIL POLYTECHNIQUE, rue du Petit-Pont, n.º 97.

Vme. C A H I E R D E L' A N XI,

DU RECUEIL POLYTECNIQUE DES PONTS ET CHAUSSÉES,

E T

D E S C O N S T R U C T I O N S C I V I L E S D E F R A N C E.

Suite des embélissemens de Paris.

QUAI DE SAIX.

L'EXÉCUTION de ce quai traîne en longueur ; commencé avant la révolution, sur la rive gauche de la Seine, entre le pont Notre-Dame et le pont au Change, d'après le plan général des embélissemens de Paris, arrêté sous le ministere de M. de Breteuil; on y a travaillé par intervalles, mais avec une lenteur qui annonce du découragement chez les entrepreneurs. Les soins du cit. Dumoutier avoient inspiré à ceux-ci une activité qui faisoit espérer que l'ouvrage alloit être promptement terminé ; les travaux ont été poussés en une seule année avec plus de vigueur que dans les douze précédentes. Il paroît que ce relâchement vient du défaut de combinaison dans les mesures des entrepreneurs de cet ouvrage, qui l'ont abandonné en renonçant au premier marché qu'ils avoient passé avec la ville en 1789. Depuis ils ont sollicité un nouveau marché qui leur a été accordé moyennant de nouvelles couventions; mais leurs moyens ne paroissent pas suffisans pour pousser ces travaux avec activité et succès ; car ils languissent d'une maniere qui fait peine à tous ceux qui ont vu l'année derniere la rapidité d'exécution que cette partie avoit prise. On doit, dit-on, planter sur ce quai, jusqu'au palais de justice, des allées d'arbres qui donneront à la Cité l'agrément d'un couvert dont elle est entiérement privée depuis qu'on a converti en usine *le terrein* des ci-devant chanoines, et *Thémis* fatiguée des démêlés et des débats des citoyens, après avoir distribué entre eux l'ordre et la paix, viendra se reposer sous leur ombrage.

ANCIEN CHATELET.

CETTE ancienne forteresse où se tenoit depuis long-temps l'audience des juges du tribunal du Châtelet, passoit pour avoir été bâtie par Jules César. Quoique sa construction soit beaucoup plus récente, cette opinion populaire avoit attribué à ce monument une espece de vénération qui peut être avoit empêché jusqu'à nos jours de désobstruer ce local. Cependant il est très étroit en lui-même, il forme un marché de tous les jours ; il contient une boucherie considérable et une fontaine publique, outre le tribunal dont nous avons parlé. Il est le débouché du Pont-au-Change, de trois quais adjacens et de six rues qui affluent au même point, dont celle Saint-Denis, l'une des plus populeuses et des plus marchandes de Paris le traverse en en entier par les ponts au Change, Saint-Michel, la rue de la Harpe et la rue d'Enfer. Il ne faut donc pas être surpris qu'un passage aussi étroit, aussi continuel, aussi fréquenté, encombré de tant d'établissemens, fut presque

I

toujours embarrassé. Il s'en faut que la démolition du Châtelet le débarrasse entièrement : les rues qui y aboutissent sont toutes étroites et tortueuses ; la rue Saint-Denis elle-même est bien loin d'avoir en cet endroit une largeur suffisante , ainsi que celle des Arcis au bas du pont de Notre-Dame , où aboutit celle de Saint-Martin et celle Saint-Jacques , toutes deux dans une étendue de chacune une lieue de long en ligne droite , traversant Paris ; car on doit observer pour un aussi grand mouvement croisé dans tous les sens , à toutes les heures du jour et de la nuit , que la rue Saint-Denis ne se présente point en face du pont , elle est encore jetée de côté ; en un mot cet endroit désire encore le coup-d'œil et de la main qui embélit Paris et la France : la boucherie sur-tout appelle son marteau , ainsi que le bâtiment où siégeoit le tribunal , nonobstant tous les petits intérêts particuliers qui toujours combattent le bien général. Mais une raison péremptoire et qui sans doute sera décisive , c'est la destination de cette place : on sait que d'après le vœu manifesté par le conseil général du département de la Seine , cette place doit recevoir un monument à ériger à la gloire de *Napoléon Bonaparte* , vengeur et pacificateur : or dans son état actuel , cette place seroit bien mesquine pour recevoir un pareil monument. Enfin , pour rendre à ce monument toute l'étendue dont il est susceptible , ainsi qu'au quartier où l'on se propose de l'établir , il faudroit faire disparoître cette masse de maisons irrégulieres , existant maintenant à cet endroit , entre la rue Saint-Jacques-de-la-Boucherie et le quai de Gêvre , depuis la rue des Arcis vis-à-vis le pont Notre-Dame , jusqu'à la place du ci-devant Châtelet , où il est question d'élever ce monument vis-à-vis le Pont-au-Change et la rue Saint-Denis ; de maniere que cette enceinte ne formât qu'une place , au milieu de laquelle on pourroit élever le monument de *Napoléon Bonaparte*. Par ce moyen il seroit à portée d'être vu de tous les passans sur les deux ponts, quai et rues Saint-Martin, Saint-Denis, Saint-Jacques et celle de la Harpe , formant les quatre principales rues de communication de cette immense cité : ce qui formeroit en outre une régularité corsespondante au quai de Saix, que l'on construit maintenant vis-à-vis, à la rive opposée , et rendroit le dégagement nécessaire à la circulation des affaires et du commerce pour l'immense population de ces mêmes quartiers. On pourroit élever en cet endroit un hôtel de ville avec deux pavillons dans le goût nouveau , et placer le monument de Bonaparte en face du bâtiment et de manière à pouvoir livrer le rez-de-chaussée et l'entre-sol au commerce qui est très-considérable dans ce quartier.

CITÉ.

C'est une île qui, autre fois , contenoit toute la ville , et n'ayant que quarante-quatre arpens environ, dont la première clôture fut faite sous Jules César , cinquante-six ans avant J. C. ; elle était plus que tous les autres quartiers , traversée par des petites rues étroites, tortueuses, sales et obscures ; ces rues ne pouvoient être que très-mal saines , puisque ne laissant que peu de terrein aux égoûts et aux immondices, peu de passage à l'air pour son renouvellement et le dessêchement des eaux , peu d'ouverture pour que le soleil pût y pénétrer ; elles paroissoient plus souvent des cloaques que des passages ouverts à la circulation et communication des citoyens et des accès à leurs demeures ; ces défectuosités étoient senties depuis long - temps , et on avoit commencé le redressement et l'élargissement de ces rues depuis nombre d'années, mais l'amélioration étoit lente et presqu'insensible ; aujourd'hui tout marche à-la-fois et avec rapidité jusqu'à l'achèvement. Des ponts, des chaussées, des canaux, des rues, des quais, des places, des jardins, des promenades, des fontaines et des édifices publics, étonnent et surprennent les habitans mêmes qui ayant été quelque temps sans fréquenter un quartier, trouvent, en y retournant, des embélissemens nouveaux, qui y paraissent presque comme on nous peint qu'ils naissaient autre fois sous la baguette des fées.

Nous pouvons annoncer, pour ne point sortir de la Cité, ou si l'on veut pour y rentrer, que l'on déblaie maintenant en face du pont nouveau qui joint cette île à l'île Notre-Dame, dite île Saint-Louis, les bâtimens attenans et dépendant autre fois de l'église métropolitaine, ce qui donnera à ce pont un accès vaste et commode, et une belle entrée du côté de la ville ; on déblaie aussi une partie des bâtimens de l'ancien Hôtel - Dieu, pour en agrandir la place du Parvis jusqu'à l'encoignure des enfans trouvés, ce qui la rendra beaucoup plus belle et plus régulière, et donnera un dégagement nécessaire à la porte du palais archiépiscopal qui se présentoit d'une manière difforme comme le fond d'un cul-de-sac.

D'autres travaux projettés doivent faire disparoître plusieurs bâtimens qui masquent encore le Marché-Neuf et la place du Parvis, et rendroient, si on les laissoient subsister, incommode et difficile la communication qui vient d'être ouverte entre les deux îles par le nouveau pont.

Ces déblais une fois exécutés, la vue se porteroit, dit-on, en ligne droite et sans obstacles, depuis la porte principale de Notre-Dame jusqu'au Palais de Justice, et en suivant le quai des Orfèvres, jusqu'au Pont - Neuf. On sent tout l'avantage de ces embélissemens et de ces améliorations vis-à-vis la place d'Henry IV, on en jouit déjà en partie, en attendant le dégagement général par des quais qui doivent être construits autour de l'île entière, suivant le grand projet ordonné par l'arrêt du conseil d'état en 1785, sous le ministre Breteuil, dont une partie est déja exécutée, qui sont la place du marché des innocens avec la fontaine, sur l'emplacement du ci-devant cimetière de ce nom. Le déblai des maisons sur le pont au Change, Notre-Dame, pont Marie, quai de Gêvre et celui des Ormes, enfin la Magdelaine, boulevard et Porte Saint-Honoré, où il doit être formé au pourtour de ce monument, une place en forme de patte d'oye, qui est encore en ce moment imparfaite. Plusieurs rues doivent également être pratiquées dans cet endroit pour joindre la rue Neuve-des-Mathurins, quartier de la Chaussée-d'Antin, et en outre une qui doit être percée sur le boulevard de cet endroit et devant se continuer jusqu'à celle Saint-Honoré, vis-à-vis celle de Saint-Florentin, ce qui donnera un débouché à ce quartier en droite ligne jusqu'à la rue de Clichy. Une rue nouvelle également importante et pour l'agrément et pour la facilité qu'elle donne aux voitures, c'est celle qui vient d'être ouverte en continuant la grande rue de Passy à travers le terrain des ci-devant Bons-Hommes, elle descend sur le chemin de Paris à Versailles et adoucit considérablement la montagne de Passy, qui jusqu'alors étoit presqu'impraticable aux voitures chargées.

Enfin cette ville s'aggrandît jusqu'à Julien, de manière que sous son règne en 375, il fut formé une nouvelle clôture qui enferma 113 arpens au lieu de 44; une troisième clôture fut exécutée sous Philippe Auguste en 1211; laquelle contenoit 739 arpens. Elle reçut ensuite successivement de nouvelles clôtures en 1387, en 1553, en 1634, en 1671, en 1615, et enfin une neuvième et dernière sous Louis XVI en 1785, qui renferme 9858 arpens.

PAVÉ DE PARIS.

Cette branche d'administration avoit été singulièrement négligée depuis la mort de M. de Chézy, mais les troubles survenus depuis avoient mis le comble à ce désordre, et sous le directoire, le délabrement du pavé et la saleté des rues avoient été portés à un point qui faisoit horreur, et que même les journaux étrangers en faisoient l'objet de leurs déclamations et de leurs pasquinades; on pourroit faire la même observation à l'occasion des fontaines, car elles étoient alors la moitié de l'année à sec; et comment n'y auroient-elles pas été? le trésor public y étoit toujours; chaque faction ayant le droit d'y puiser, et l'exerçant dans la plus grande latitude, les entrepreneurs ou n'étoient pas payés ou l'étoient mal; toute leur industrie étoit employée à se faire solder des à-comptes qu'ils se donnoient bien garde d'employer à l'exécution de leurs marchés dans la crainte de se mettre à découvert. Ce régime écartoit les entrepreneurs droits et honnêtes, ensorte que toutes les parties étant livrées aux spéculations des fripons, elles ne pouvoient que présenter le désordre et la confusion. Ils étoient tels que des entrepreneurs sans pratique comme sans théorie, se présentoient pour tous les marchés, poussoient le rabais à un prix si vil qu'il leur étoit ensuite impossible d'en réaliser les clauses et qu'ils se trouvoient forcés de les abandonner. Le désordre appellant le désordre, les approvisionnemens ont été négligés au point qu'il n'y avoit plus de pavés ni sur les ports ni sur les chantiers, ni même aux carrières. Comment les réparations auroient-elles pu se faire? aussi voyoit-on fréquemment dans les rues des ornières et des trous capables d'enterrer les passans; il s'y formoit des cloaques qui peut-être ont contribué aux différentes épidémies qui ont désolé la capitale. Il étoit bien temps qu'un œil réparateur se portât sur cette partie, elle a reçu depuis peu de grandes améliorations, quantité de rues ont été repavées à neuf, et le nombre en est tel que la dépense comparée à l'ancien courant doit-être effrayante; mais le mal étoit grand, la plaie étoit profonde et elle est encore loin d'être entièrement guérie. Consolons-nous néanmoins, car les remèdes sont sous les yeux de toute la ville; jamais les ports et chantiers n'ont été garnis de pavés, comme ils le sont aujourd'hui, jamais les ouvriers n'ont été en activité, dans toutes rues comme ont les rencontre de toutes parts; jamais il n'ont été en si grand nombre, ce qui démontre sans autre examen que le gouvernement n'emploie que des entrepreneurs bons et solvables et dont la capacité, la pratique et la solidité marchent sur la même ligne.

APPERÇU GÉNÉRAL DES CANAUX DE NAVIGATION

ANCIENS ET MODERNES DE FRANCE.

Après avoir donné l'état des principaux caneaux de l'Europe, nous avons promis, page 33 de ce volume, d'examiner ceux qui ont été faits pour la navigation intérieure de la France; nous allons nous occuper de cette riche et précieuse partie de l'administration : nous commencerons par présenter à nos lecteurs l'extrait d'un mémoire qui nous a paru digne de fixer leur attention, et que nous conjecturons avoir été mis sous les yeux du gouvernement. Ce mémoire a pour but de démontrer l'extrême importance de la navigation intérieure de la France.

C'est à l'époque de la restauration des sciences et des arts, sous le règne immortel de François Ier. en 1515, que l'on vit renaître l'émulation pour les grandes entreprises, et l'activité du génie toujours prêt à se déployer par les seuls regards des souverains. On proposa de nouveau la jonction des mers, reconnue si importante, et la navigation intérieure du nord au midi de la France, par la réunion de la Saône avec la Loire au travers du Charolois, aujourd'hui département de Saône et Loire. Ce projet qui étoit l'ouvrage du célèbre Adamde Crapone (1), fut adopté par Henri II, mais les travaux déja commencés furent interrompus par la mort de ce citoyen.

Sous le règne de Charles IX on proposa la jonction directe de la Saône avec la Seine, par Dijon, comme plus utile à la France que celle de la Saône avec la Loire, parce qu'elle établirait une communication plus directe au travers de la France et une navigation plus commode; l'exécution de ce projet ou même sa décision furent suspendues par les circonstances malheureuses de ce règne.

Henri IV et Sully entreprirent de nouveau la jonction des mers, et après avoir balancé la grande utilité du canal de Bourgogne avec la facilité du canal du Charolois, que l'on proposoit de réunir à la capitale, en joignant la Loire à la Seine par un canal particulier; ils adopterent ce projet qui est l'origine du premier canal important et difficile que l'on ait exécuté en France.

Dans ce projet, la jonction de la Seine avec la Loire, qui seule ouvroit la communication à la ville de Paris avec toutes les provinces qui avoisinent la Loire, décida en 1605 le commencement des travaux par la construction d'un canal qui sort de la Loire près de Briare, dont il a retenu le nom, et se réunit à la Seine par la rivière de Loing près de Moret; cet ouvrage utile, interrompu à la mort funeste d'Henri IV, fut repris et terminé en 1642, par le cardinal de Richelieu, et paroît être l'époque des premières écluses qu'on ait exécutées en France, pour faire monter et descendre les bateaux dans les chutes de canaux(2).

Mais quelqu'utile que fut ce canal, la difficulté de remonter la Loire au dessus d'Orléans pendant les sécheresses fréquentes de l'été, détermina dans la suite Louis XIV à permettre à monsieur le duc d'Orléans la construction d'un second canal qui commence dans la Loire, un peu au-dessus d'Orléans, et se joint au canal de Briare à Montargis.

Il a été construit depuis un troisième canal, joignant la rivière de Loing, qui n'est qu'une prolongation des deux autres, pour éviter les dangers de la navigation de cette rivière.

Il etoit réservé au règne de Louis XIV, si célèbre par l'émulation des talens et les productions du génie en tous genres, d'exécuter la première communi-

(1) Adam de Crapone, né à Salon, est célèbre par un grand canal d'arrosement qu'il a fait exécuter en Provence en 1558, et qui porte son nom.

(2) Le canal de Briare a 28,200 toises de longueur, et contient 24 corps d'écluses et 41 bassins.

cation des mers, et le plus grand monument de navigation intérieur dont jouisse la France.

On ne peut mieux exprimer les grands avantages du canal de Languedoc, qu'en employant les expressions éloquentes d'un auteur moderne sur ce magnifique ouvrage, presqu'au centre de l'Europe, entre l'Océan et la Méditerranée. « La France joint, dit-il, par sa position et son étendue, aux » forces d'une puissance de terre, les avantages d'une puissance maritime ; elle » peut transporter toutes ses productions d'une mer à l'autre, sans passer sous » le canon menaçant de Gibraltar, et sous le pavillon insultant des barbaresques. » Un canal, préférable au Pactole, verse les richesses de ses plus riantes pro- » vinces dans les deux mers, et les trésors des deux mers dans ses plus belles » provinces. Aucun peuple navigateur n'a joui d'une communication si prompte » et si facile, entre ses ports par ses terres, et entre ses terres par ses ports. ».

Tel est ce monument admirable de l'industrie humaine, qui suffit pour immortaliser la magnificence de Louis XIV, l'administration du grand Colbert, et le génie de M. de Riquet qui en a conçu le projet (1) et l'a exécuté.

C'est ainsi que l'heureuse exécution de la jonction des mers, dans les provinces méridionales, apprenoit à la France qu'il manquoit à sa gloire et à sa prospérité d'accomplir l'ancien et célebre projet de la communication des mers du nord au midi, par l'intérieur du royaume, et d'établir une navigation générale dont la capitale doit être le centre. Déjà cette communication, pour la partie méridionale, étoit tracée dans différens projets de navigation qui se réunissoient dans les eaux de la Seine et se terminoient avec elle à son embouchure ; mais la nation qui s'éclairoit de plus en plus par ses succès, formoit des vœux et des projets pour étendre cette navigation dans les provinces les plus septentrionales, joindre Amsterdam avec Paris et Marseille, et acheyer par cette nouvelle route la plus avantageuse communication des mers du midi au nord de la France.

Cette navigation du nord au midi est aujourd'hui devenue d'une bien plus grande importance et d'une toute autre utilité par la réunion des Pays-Bas et de toute la rive gauche du Rhin. Elle a en même temps acquis de grandes facilités par la possession entiere du cours des rivieres de Moselle, Meuse, Sambre, Escaut, et autres moins considérables, mais d'un grand secours pour l'exécution de ce projet.

Mais ce grand système de navigation intérieure ne peut atteindre à sa perfection que par la jonction de la Seine avec les provinces septentrionales.

La nature a préparée heureusement cette importante opération par la facilité de réunir l'Oise à la Somme ; elle semble n'avoir laissé qu'un grand obstacle à vaincre, pour honorer l'industrie de notre siecle par un monument admirable dans l'intérieur de cette province, et le gouvernement qui s'occupe sans relâche de tout ce qui peut ranimer les arts et le commerce, vient de jetter sur ce projet un regard favorable.

L'Escaut, qui prend sa source auprès de l'abbaye du mont Saint-Martin, parcourt le département du Nord jusqu'à Valenciennes, ou, devenu navigable, il continue son cours à travers ceux de Jemmapes, de l'Escaut et des deux Nethes, en arrosant les villes de Condé, Mortagne, Tournay, Gand et Anvers, où il se termine dans la mer.

_____

(1) Le canal de Languedoc a été commencé en 1661 et terminé entiérement en 1682, après la mort de M. Riquet.

La Somme, qui commence deux lieues au-dessus de Saint-Quentin, prenant une direction opposée, traverse dans toute sa longueur le département auquel elle a donné son nom, puis réunissant au-dessous d'Amiens ses eaux partagées en différens canaux, elle forme une navigation intéressante, mais difficile, par Abbeville jusqu'à la mer, où son cours se termine entre le port de Saint-Valery et l'ancien port de Crotoy.

La proximité si précieuse de trois grandes rivières a fixé l'attention particulière du gouvernement, qui a formé le projet de les réunir entre-elles, et de perfectionner leur navigation ; les travaux commencés depuis long-temps à ce sujet, sont poussés aujourd'hui avec une grande activité.

Telle est l'origine des trois grands canaux importans, que des vues supérieures d'administration ont adoptés et ordonnés dans les départemens septentrionaux de la France. La grande utilité de ces canaux, dont l'un est terminé et les deux autres commencés, ne peut s'apprécier que par les avantages inestimables que leur entière exécution procurera au commerce en général.

Le premier canal que l'ont ait exécuté dans cette province, connu sous le nom d'ancien canal de Picardie, ou canal de la Fere, est l'ouvrage de M. Crozat, pour former la jonction de la Somme avec l'Oise (1). Ce canal tire des eaux de la Somme, près Saint-Quentin, cotoye les étangs de cette rivière jusqu'à Arthem, où il partage ses eaux pour en conduire une branche par différentes écluses (2) jusqu'à l'Oise, vis-à-vis de Chauny, et avant cette jonction il arrose une nouvelle branche qui prolonge la navigation jusqu'aux fauxbourgs de la Fere.

Par ce premier canal, le département de la Somme a commencé de jouir d'une navigation importante par la Seine, le canal de Briare et la Loire, avec tous les départemens qui en sont traversés, et par la Seine et l'Yonne avec les départemens formés de la ci-devant Bourgogne ; mais cette communication concentrée dans un point du département de la Somme, ne peut vivifier son commerce avec les départemens situés plus au nord, que par la jonction de la Somme avec l'Escaut et la Meuse, et par une navigation formée dans le sein de la Somme ou sur ses bords. L'ancien gouvernement convaincu de l'importance de ce double projet, en a confié l'examen et l'exécution (3) à M. Laurent, célèbre par des monumens de génie et de zèle, qui rendent son nom également recommandable dans plusieurs départemens du nord de la France.

Les navigations intérieures se multiplient de toutes parts dans les départemens septentrionaux, l'Aa, la Lys et la Scarpe avoient été converties en rivieres navigables, des canaux unissoient ces nouvelles navigations, qui devoient s'étendre encore par leur jonction au canal de la Senrée.

On projettoit d'achever la navigation de l'Escaut dans sa partie supérieure ; les vœux des habitans de ces départemens se confondoient pour obtenir une navigation générale par la jonction de la Somme avec l'Escaut. Ce projet est digne d'un sage gouvernement, par ses grands avantages, et la France qui a

---

(1) Ce canal, commencé en 1728, a été rendu navigable en 1738 ; le Roi en fit l'acquisition en 1767 et la réuni à son domaine.

(2) Ces écluses sont celles de Pont-Jussy, Voyaux, Fargerieres, Tergny, Viri et Sénicourt.

(3) Arrêt du conseil des 24 février 1769 et 18 mai 1770.

réuni aujourd'hui à son territoire les diverses provinces qui doivent traverser les canaux projettés, aura moins d'obstacles à vaincre, et de plus grands moyens pour en accélérer l'exécution.

Dans l'espace intermédiaire qui sépare la Somme de l'Escaut, entre Saint-Quentin et Cambray, s'élèvent des hauteurs entrecoupées par des vallées qui avoient fait échouer tous les projets de réunion de ces deux rivieres, soit par la grande dépense nécessaire pour les ouvrir, soit par la rareté des eaux dans cette partie. M. Laurent, chargé par l'ancien gouvernement de vérifier la possibilité de cette jonction, s'assura à différentes fois du nivellement des vallées et de la hauteur des eaux, et reconnut, avec certitude, que la communication de la Somme avec l'Escaut par un canal à ciel ouvert, coûteroit au moins vingt millions ; qu'il enlèveroit à l'agriculture un terrain immense, par la largeur de l'ouverture et la hauteur des talus ; qu'il exigeroit un grand nombre d'écluses, et qu'il seroit toujours en danger de manquer d'eau (1).

Nous allons, d'après les mémoires de cet habile ingénieur, entrer dans le détail du canal de la ci-devant Picardie; ce canal doit communiquer par l'Escaut avec les départemens formés de la Flandre et Belgique aujourd'hui réunis à la France, et par le canal de Saint-Quentin, l'Oise et la Seine, avec les départemens du centre et du midi de la France.

Les difficultés nombreuses que présentoient l'exécution de ce canal, auroient triomphé de toutes les ressources de l'art, mais c'est le privilège du génie de vaincre tous les obstacles ; M. Laurent conçut le projet d'établir une navigation souterraine, par un canal percé sous la montagne sur une longueur de sept mille, qui diminueroit beaucoup l'obstacle des niveaux très-disproportionnés des deux rivieres (2), abrégeroit la longueur de la navigation, la metteroit constamment à l'abri de la disette d'eau, conserveroit à l'agriculture 18 cents arpens de terre, et n'excéderoit pas quatre millions de dépense.

La noble hardiesse de ce projet fut soumise aux vérifications propres à régler la confiance du gouvernement sur les vrais obstacles qu'une prudence impartiale, exigeoit d'approfondir la nature du terrein et la suffisance des eaux ; l'on reconnut, après des sondes réitérées, que les différens bancs de pierre qui se trouvoient dans le lit de l'excavation étoient assez solides pour épargner la maçonnerie de la voûte dans une partie du canal, et pour en permettre facilement la construction dans les endroits qui l'exigeroient (3); il fut aussi vérifié que les eaux des puits du pays étant supérieures de trente et même de cinquante pieds au canal projeté, et n'étant sujettes à aucune variation, elles seroient toujours plus que suffisantes pour fournir à la navigation du canal sans aucun secours étrangers.

Ces différentes opérations éclairoient la sagesse du gouvernement sur la

(1) Le Gouvernement actuel vient de faire faire par le corps des Ponts et Chaussées un nouvel examen de ce grand projet ; le premier Consul, accompagné du Ministre de l'Intérieur, a visité ce canal.

(2) L'Escaut, en le prenant à sa source, est de 60 pieds plus haut que la Somme ; le canal souterrain a son ouverture près de Vandhuille, est de 45 pieds plus bas que l'Escaut, et 15 pieds plus haut que la Somme.

(3) L'abondance des matériaux permet de voûter aussi facilement que de percer la montagne,

possibilité d'un projet aussi intéressant, dont le succès ne pouvoit qu'honorer l'industrie de la nation ; mais la prudence vouloit que cette entreprise célèbre fut encore autorisée par la nécessité de l'employer, ou du moins de la préférer en la comparant à l'ancien projet, souvent proposé, d'ouvrir la communication de la Hollande avec l'intérieur de la France, par la jonction de l'Escaut à la Sambre et de la Sambre à l'Oise. Cette surabondance de précautions ne laissa point la préférence indécise entre les deux projets ; des observations aussi exactes qu'avantageuses au projet du canal souterrain achevèrent de fixer les vues et la confiance du gouvernement en faveur de ce monument ; il est aisé de les sentir et de les apprécier.

C'est d'après l'examen le plus réfléchi de ces différens projets, que le canal de Picardie fut adopté (1), et les travaux commencés sous la direction de monsieur Laurent. La tête du canal est placée près de Saint-Quentin d'où il s'etend au couchant pour entrer sous la montagne, près du village de Lesdin, à quatre mille de Saint-Quentin ; il doit la parcourir par une galerie de sept mille vingt toises pour en sortir près du village de Vend'huile, et continuer son cours à ciel ouvert jusqu'à Cambray ; il sera éclairé par des puits de distance en distance ; sa largeur suivant les premiers projets, seroit de vingt pieds, des banquettes de deux pieds, pour le hallage, laisseront seize pieds d'eau pour le passage des bateaux, et sa hauteur seroit de vingt pieds, ou même moindre, suivant la volonté du gouvernement ; enfin pour achever les détails les plus essentiels de la communication de la Somme avec l'Escaut, les parties du canal à ciel ouvert, contiendront six écluses, dont trois du côté de la Somme, et trois du côté de l'Escaut.

Ce monument, dirigé par le zèle le plus actif, s'acrédita promptement par le succès des premiers travaux, et sa réputation s'étendit aussi rapidement dans les pays étrangers qu'en France. En 1772, pour démontrer d'une manière sensible la solidité du terrein, on exécuta en grand une partie de la gallerie souterraine dans les dimensions de vingt pieds de hauteur et de largeur que doit avoir le canal, et cette partie qui subsiste encore aujourd'hui, sans aucune altération, excita la curiosité de plusieurs princes étrangers et des personnes les plus distinguées par leurs rangs et leurs connoissances qui se sont empressées de l'examiner depuis cette époque.

Si la critique la plus sévère a su répandre des doutes sur ce monument mémorable, et en a fait suspendre les travaux, après la mort de son auteur ; si les suffrages réunis d'observateurs éclairés de toutes les nations (2) n'ont pu le soustraire entiérement à la fatalité qui poursuit les grandes entreprises, il recevra sans doute un nouvel éclat de la sagesse souveraine, qui décidera sa continuation et sa perfection.

Dans les départemens occidentaux de la France, on a proposé nombre de projets pour vivifier l'agriculture et le commerce ; les terres incultes qui s'y trouvent, verroient sans doute renaître la fécondité et la population, par la navigation des petites rivieres qui les arrosent et par la communication projetée entre les autres (3).

(1) Par arrêt du conseil, en date du 29 février 1769, qui ordonne aussi les travaux à faire pour rendre l'Escaut navigable, depuis les limites de la Picardie jusqu'à Valenciennes.

(2) L'Empereur, sous le nom de Comte de Falkenstein, visita le canal souterrain le 28 juillet 1781.

(3) En 1736 on proposa aux états d'établir la communication de Rennes avec Dinan et Saint-

K.

Dans les départemens méridionaux, combien de rivières inutiles à la circulation, s'offrent à l'industrie et aux spéculations, pour y créer des navigations particulieres, qui s'uniroient entre-elles et formeroient des communications générales dans les départemens orientaux. Combien d'anciens projets formés par les Romains s'exécuteroient plus aisément, par les heureuses inventions des arts modernes.

Le grand projet conçu sous l'empire de Néron, de joindre les mers par la réunion de la Saône à la Mozelle a été récemment renouvellé.

Dans les départemens orientaux, la jonction du Rhin, par la rivière d'Ile, avec le Doubs, qui se perd dans la Saône, ouvriroit un grand commerce des départemens méridionaux avec la Suisse et l'Allemagne, et donneroit une nouvelle communication des mers ; mais la seule navigation du Doubs, déjà reconnue avec exactitude, fera circuler dans l'intérieur de la république, par le canal de la ci-devant Bourgogne, les productions abondantes de cette province.

Dans ce concours de projets utiles aux différents départemens, le bien général de l'état a fixé le choix des grands monumens commencés pour la jonction des mers, et pour la communication des extrêmités de la France avec la capitale.

Quelques projets particuliers, favorisés par les convenances doivent leur exécution et leur perfection à Louis XVI, la riviere de Layon qui verse ses eaux dans la Loire, est devenue promptement navigable.

———

Le traité d'Amiens sembloit avoir consolidé la tranquilité de l'Europe, dont celui de Lunéville avoit posé les bases ; la France depuis long-temps déchirée au-dedans et au-dehors, victorieuse de tous côtés, goûtoit les douceurs du calme, à l'ombre de ses lauriers. Les arts et le commerce renaissoient ; les canaux de navigation, destinés à répandre l'abondance sur tous les points de la république, étoient devenus l'objet spécial des soins du gouvernement ; tous les départemens s'attendoient à jouir de ce précieux avantage, autant que le permettoit leur situation locale, et ont vu réaliser le commencement de leurs espérances. Des canaux commencés et interrompus ont reçu une nouvelle activité; d'autres, dont il n'existoit que le plan, ont été mis en exécution; par-tout s'élevoient des monumens d'une utilité reconnue, qui attestoient la sollicitude du chef de l'état pour sa prospérité, lorsque l'Angleterre violant des engagemens contractés devant tous les peuples, a ralumé le feu de la guerre.

Si, comme on l'espere encore, la vue d'un danger certain inspire au gouvernement anglais des sentimens de modération, qui préviennent l'effusion du sang, le noble élan de la France ne sera point inutile ; les sacrifices volontaires auxquels elle s'est soumise, pour faciliter au premier Consul les moyens de diriger sûrement la vengeance nationale, seront consacrés à la création d'une marine propre à protéger efficacement son commerce extérieur, à donner une nouvelle extension à celui du dedans, et à accélérer

———

Malo, en joignant la Rance à la Vilaine, d'exécuter la jonction de la Vilaine avec la Loire par l'Erdre, et de joindre les rivieres d'Outry et de Blavet entre Rohan et Pontivry.

l'exécution des canaux destinés à en étendre les avantages jusqu'aux parties les plus reculées du sol français.

N. B. Nous nous proposons de faire connoître dans nos cahiers suivans, les autres projets qui ont été présentés pour l'ouverture des canaux de navigation dans l'intérieur, en commençant par le canal de l'Ourcq ; nous nous engageons à donner avis de tout ce qui pourroit par la suite, avoir rapport à ce canal.

CANAL DE L'OURCQ.

On a lu dans les second et troisieme cahiers, une analyse du projet de dérivation des rivieres d'Ourcq, Therouenne et Beuvronne, pour en conduire les eaux à Paris. On a vu par ce que nous avons dit, que l'assemblée des ponts et chaussées, sur le rapport de commissaires nommés par elle et leur proposition de déclarer que, *sous le rapport de l'art et de l'économie*, le tracé du cit. Girard, mis à exécution entre Paris et le bois de Saint-Denis, ne pouvoit être approuvé ; l'assemblée dans sa séance du 11 ventôse an 11, adopta cette proposition.

Le cit. Girard, peu convaincu par cette décision, qu'il déclare, (page 12), prématurée, vient de publier un mémoire apologétique ou rapport adressé à cette assemblée, dans lequel il prétend disculper son plan et la partie déjà mise à exécution. Il le discute contradictoirement avec celui du cit. Gauthey, et prétend prouver que le sien, dont l'exécution est déjà avancée, est préférable, et les difficultés élevées par le cit. Gauthey contre ce plan, nulles et contradictoires.

Pour parvenir à cette preuve, il établit des faits qui ne paroissent pas contestés.

Le 8 nivôse an 11, dit-il, page 8, le cit. Gauthey annonce que de Pantin au parc de Bondy, sur une longueur de 4,400 mètres, le tracé du cit. Girard exige un déblai de 172,230 mètres cubes, et oppose un autre tracé qui n'en exige que 41,145 mètres.

Le 15 nivôse suivant, dit l'ingénieur Girard, le cit. Gauthey ajoute que le tracé en exécution traversoit le bois de Saint-Denis dans une direction qui entraîne un excédent de dépense qu'il porte à 300,000 f.

Le 4 et 5 ventôse an 11, dit-il, page 11, le cit. Gauthey annonce que le plan en exécution sur une longueur de 16,481 mètres, présente un excédent de dépense de 678,179 f. sur celui qui auroit dû être suivi ; et sur la proposition de l'ingénieur Bruyere, portant que le tracé mis à exécution par l'ingénieur Girard, entre Paris et le bois de Saint-Denis, ne pouvoit être approuvé, sous le rapport de l'art et de l'économie, l'assemblée adopta cette proposition.

Le 17 pluviôse an 11, continue-t-il, page 15, le cit. Gauthey fait exécuter par deux élèves des ponts et chaussées, une opération d'où il résulte que le projet du cit. Girard exige 1,130,376 mètres cubes, et qu'une direction indiquée par l'ingénieur Bruyere n'en demande que 809,234 ; différence, 321,142.

Enfin, ajoute le cit. Girard, page 15 de son mémoire, les mêmes calculateurs, toujours dirigés par le cit. Gauthey, ont trouvé, suivant un dernier procès-verbal du 15 germinal an 11, que la ligne indiquée par l'ingénieur

Bruyère, donnoit de la Beuvronne à Paris 1,137,882 mètres cubes, et la direction actuelle du cit. Girard, 1,130,396 mètres cubes, différence à l'avantage de l'entreprise en exécution 7,506 mètres.

Ces différens tracés, ces différentes évaluations donnent lieu aux raisonnemens défensifs du citoyen Girard.

« D'après les calculs effectués, dit-il (page 16) sous les yeux du citoyen » Gauthey, et par des méthodes qui lui sont propres, il reste démontré » que la quantité de terrassemens à exécuter sur la direction que j'ai suivie » est de 7,506 mètres cubes, inférieure à la quantité de terrassemens à » exécuter sur la direction qu'il propose ». Or, comment un excédent de terrassement de 8,506 mètres cubes dans le tracé du citoyen Gauthey, peut-il produire dans son système une diminution de 35,976 fr. de dépenses, d'autant plus que ce système nécessite l'acquittement d'indemnités plus considérables, dont la valeur s'accroît encore par la détérioration de quelques habitations de Pantin et de Sevran, que le tracé mis à exécution a respectées ?

Voilà la difficulté élevée entre l'inspecteur général, et l'on peut dire même entre l'administration et l'ingénieur en chef du canal de l'Ourcq ; car l'assemblée des ponts et chaussées, en sa séance du 5 ventôse an 11, ayant adopté la proposition de déclarer *que sous le rapport de l'art et de l'économie*, le tracé du citoyen Girard *ne pouvoit être approuvé*, le fait du citoyen Gauthey devient celui de l'administration, et sa cause est la cause de l'assemblée.

Nous ne préviendrons point le jugement de cette cause entre les maîtres de l'art, il est facile d'appercevoir que les projets tracés à différentes époques, ayant suivi différentes lignes, ont dû occasionner une différence dans la mesure du terrein à parcourir et dans l'estimation des dépenses ; mais nous observerons néanmoins que ces variations dont le citoyen Girard prétend s'étayer pour faire le triomphe de sa cause, ne nous paroissent pas aussi décisives qu'il voudroit les faire valoir en sa faveur ; car après avoir exercé ses critiques sur ces variations et en avoir épuisé toute l'amertume, il nous a paru lui-même tomber dans les mêmes variations ; en effet, nous venons de voir qu'il excipe des calculs de M. Gauthey, que le tracé mis en exécution présente une diminution de terrassemens de 7,506 mètres cubes à son avantage ; or, page 10, il fait un autre calcul d'où il résulte 29,292 mètres à son désavantage. « J'ai mis sous les yeux de l'assemblée, dit-il, et je déposai » au secrétariat le profil exact du terrein sur la direction proposée par le » citoyen Gauthey ; j'y joignis tous les élémens de la vérification de ses » calculs ; chacun a pu les examiner et reconnoître que la différence réelle » entre les déblais à exécuter sur les directions comparées se réduisoit à » 29,292 mètres cubes, aulieu de 131,085 mètres prétendus par les ingénieurs » employés sous les yeux du citoyen Gauthey ».

On voit donc que le citoyen Girard varie lui-même d'une manière considérable, et par conséquent que les conclusions qu'il prétend tirer en sa faveur des variations des différens plans, ne sont pas péremptoires.

De plus il nous a paru que le cit. Girard s'enveloppoit lui-même dans ses propres filets en voulant les tendre pour y prendre ses adversaires ; en effet, il convient lui-même, page 5, que les instructions qui lui ont été remises exigent de lui qu'il fasse un rapport à l'assemblée des ponts et chaussées sur le tracé du canal qui doit être entrepris, sans doute pour avoir d'elle son avis et son approbation. Cette disposition est assurément pleine de sagesse, puisqu'elle tend à assurer par la décision des chefs et des artistes les plus habiles en cette partie, que les deniers de l'état ne seront employés qu'à des projets qui méritent une entière confiance. Or, que fait en cette occasion l'assemblée des ponts et chaussées ? ce qu'eût fait à sa place toute autre assemblée régulière : elle nomme des commissaires pour se transporter sur les lieux, examiner le projet et lui faire un rapport; ils remplissent leur mission, et sur le compte qu'ils en rendent à cette assemblée, elle décide que *l'art et l'économie* ne permettent pas d'approuver le projet. Que fait alors le citoyen Girard ? il se récrie, (page 21), que tous les ingénieurs auront à lutter avec désavantage contre les préventions dont il se plaint, si les membres de l'assemblée appellés à donner leur avis sur les projets renvoyés à leur examen *prennent l'initiative sur ces projets et se présentent comme parties dans des discussions où ils doivent prononcer comme juges.* Qu'auroient donc dû faire, suivant l'ingénieur Girard, les rapporteurs nommés par l'assemblée des ponts et chaussées ? se taire apparemment et se renfermer dans un profond silence : autrement le citoyen Girard croit avoir droit de se plaindre qu'ils se présentent comme parties dans des discussions où ils doivent prononcer comme juges. S'ils se fussent tûs, l'assemblée des ponts et chaussées elle – même auroit été obligée de se taire, puisqu'elle n'eût eu aucune lumière pour éclairer sa décision ; mais dans cette hypo-thèse même, il paroît que l'ingénieur en chef de l'Ourcq n'eût point encore été satisfait : car aujourd'hui elle se tait, et voilà que le citoyen Girard se plaint (page 21) qu'elle garde le silence, et il prétend que le bien du service exige que l'assemblée prononce. Comment prononcera - t - elle néanmoins ? elle ne peut agir qu'en conformité de tous les corps qui, en pareilles circonstances, ne se portent pas intégralement sur les lieux, mais nomment des commissaires pour s'y transporter et leur faire un rapport ; mais ce rapport pourra également être traduit par le citoyen Girard, *comme initiative, où des membres se présentent comme parties lorsqu'ils doivent prononcer comme juges.* Elle ne pourra donc jamais parvenir à satisfaire le cit. Girard, et il faut qu'il convienne que cette défense ne peut être bonne, puisqu'il pourroit l'employer également, même si sa cause étoit mauvaise, ce que nous sommes loin de vouloir décider.

Elle est entre les mains des maîtres de l'art, sous les yeux des chefs qui doivent naturellement en connoître : nous attendons sans le prévoir ni le prévenir, le jugement qu'ils doivent prononcer. « *non nostrûm inter vos tantas componere lites* ».

Note du Rédacteur.

D'après l'extrait que nous venons de rapporter du mémoire publié par le C. Girard, ingénieur en chef du canal de l'Ourq, nous ne pouvons nous empêcher de rendre justice à son zèle, mais nous devons en même temps lui marquer notre surprise qu'il ne se soit pas concerté avec les commissaires de l'adminissration pour concilier les avantages de leurs plans avec ceux de celui qu'il a cru devoir préférer : car malgré la capacité du C. Girard, il doit savoir que rien ne supplée les lumieres de l'expérience. A l'appui de ce que nous avançons, nous allons dire ce que nous avons vu, comme amateurs des arts et travaux publics consacrés à l'utilité du commerce et à sa prospérité. Nous nous sommes transportés le 5 thermidor sur les lieux, nous avons aperçu que l'on avoit trop fouillé dans quelques endroits et dans d'autres trop rapporté de terres ; mais notre étonnement cessa lorsque quelqu'un nous dit que les travaux avoient commencé avant que le nivellement eut été fixé. Cependant pour faire un travail régulier, le C. Girard doit sçavoir qu'il est indispensable de fixer au préalable le nivellement d'un canal par des repaires et des pieux solidement plantés de distance en distance le long des lignes et de chaque côté ; par ce moyen il eût évité de faire une besogne qui non-seulement est mauvaise, mais entraîne encore dans des dépenses imprévues et en pure perte.

Il paroît que l'engagement entre les deux partis devient sérieux puis qu'en réponse au mémoire de l'ingénieur Girard, l'inspecteur général Gauthey vient de faire imprimer un second mémoire que nous nous proposons de mettre par extrait sous les yeux de nos lecteurs.

SUITE *du détail des travaux annoncés au bail des cit.* MARCREY *et* JOUET *, entrepreneurs, en* 1735.

42. Depuis le milieu du Pont de Bure et finissant sur le milieu de l'arche de Barotage, une chaussée de grès de 752 toises et demie de long, dont 283 toises sur douze pieds, 20 toises sur 15 pieds, 253 toises sur 12 pieds, 29 toises sur 15 pieds, 79 toises et demie sur 12 pieds, 88 toises sur 15 pieds, et 14 toises superficielles sur le Pont de Bure, pour couvrir le susdit Pont au surplus de la largeur de la chaussée, le tout faisant . . . . 1592 toises 1/2.

43. Depuis le milieu du susdit Pont, jusqu'à la chaussée de cailloux qui est dans le bas de la Montagne de Saint-Clair ; une chaussée de grès de 399 toises sur 15 pieds : fait . . . . 997 toises 1/2.

44. Depuis la fin du pavé de grès, montant la Montagne de Saint-Clair, une chaussée de cailloux de 386 toises de longueur, dont les deux premières toises sur 15 pieds et le restant sur 4 toises et demie. . . 1,733 toises.

45. Les six revers de la montagne contiennent ensemble en pavé de grès, y compris 18 toises pour l'élargissement du pont 203 toises, ci. . 203 t.

46. A prendre au haut de la montagne et finissant au chemin pavé qui mène à Brie, une chaussée de 447 toises de longueur, dont les 4 premières en grès sur 4 toises et demie, 143 t. sur 15 pieds ;
fait en grès. . . . . 375 t. 1/2. } 1,125 t. 1/2.
et en cailloux . . . . 759 t. }

47. Depuis le susdit chemin jusqu'au milieu du Pont de Gomer, une chaussée de cailloux de 275 toises, sur quinze pieds, fait . . . . 687 t.

48. Depuis le milieu du susdit Pont jusqu'en deça de la remise qui est dans la plaine de cailloux de 1173 toises et demie sur quinze pieds, fait . 2933 t.

49. A prendre en deça de la susdite remise, et finissant à l'entrée du village de Chaumusson, une chaussée de cailloux de 757 toises de long sur 15 pieds, fait . . . . 1892 t.

50. Traversant le village de Chaumusson et finissant au haut de la montagne, vis-à-vis le chemin à droite allant au Pomery, une chaussée de cailloux de

212 toises de long sur 15 pieds, fait . . . . 530 t.

51. La longueur de ladite montagne jusqu'au milieu du Pont qui est dans le bas, et 155 t. sur 15 pieds, ce qui fait en cailloux, y compris 2 t. de superficie, pour le recouvrement du Pont 389 t. et demie, ci . . . . . . 389 t. 1/2.

52. Depuis le milieu du susdit Pont, passant l'avenue de Limours, et finissant au crochet qui à été fait pour joindre l'alignement projetté, une chaussée de cailloux de 235 t. de long sur quinze pieds, ce qui fait avec 34 t. de superficie pour le crochet, 621 t. et demie, ci . . . . . , ... 621 t. 1/2.

53. Depuis ledit crochet, jusqu'au poteau du chemin d'Augervilliers, une chaussée de cailloux de 392 t. et demie de long sur quinze pieds, fait . . . . .981 t. 1/2.

54. Après un vuide de 44 t. une chaussée de cailloux de 461 t. sur 15 pieds, fait . . . . 1152 t. 1/2.

55. Après un vuide de 169 t. une chaussée de cailloux de 122 t. sur 15 pieds, fait . . . . 305 t.

56. Après un vuide de 392 t. et demie, une chaussée de cailloux de 96 t. de long sur 12 pieds, fait . . . . , ... 195 t.

57. Après un vuide de 385 t. traversant Bounelles d'une porte à l'autre, une chaussée pavée de grès de 115 t. de long sur la largeur de la rue, évaluée à 4 t. fait . . . . .460 t.

58. Après un vuide de 414 t. une chaussée de pavé de grès passant sur un ponçeau de 11 t. de long, dont les 7 premières sur 12 pieds, et les 4 dernieres passant sur l'arche, sur 4 t. fait . . . . . . , ... 30 t.

59. Après un vuide de 120 t. passant sur un ponçeau, une chaussée de grès passant dans l'avenue de Bounelles de 37 t. et demie sur 12 pieds . . . 75.

60. Après un vuide de 321 t. une chaussée de grès de 62 t. de long sur 12 pieds, fait . . . . 124 t.

61. Après un vuide de 23 t. et demie, une chaussée de pavé de grès passant sur le Bourneuf, de 608 t. de long, dont 198 t. sur 12 pieds, et 410 toises sur 15 pieds, fait . . . . .1421 t.

61. Après un vuide de 23 t. et demie, une chaussée de pavée de grès passant sur le Bourneuf de 608 t. de long, dont 198 t. sur 12 pieds, et 410 toises sur 15 pieds, fait . . . . 1421 t.

62. Après un vuide de 584 t. finissant à la porte Rochefort, une chaussée de grès de 99 t. et demie de long, dont 87 t. et demie sur 15 pieds, et les 12 derniers sur 51, faisant ensemble . . . . 273 t. 1/4.

63. Traversant la ville de Rochefort, allant d'une porte à l'autre, une chaussée de pavée de grès de 215 t. de long, dont 72 t. sur 6 t. un quart, et 143 t. sur 3 t. un tiers de largeur réduite, ce qui fait avec 3 t. et demie de superficie pour le dessous des portes. . . . . 730 t.

64. Sortant de Rochefort, allant à Saint-Arnoult, une chaussée de grès 225 t. et demies de long, dont 13 t. et demies sur 4 t., 13 t. sur 13 pieds, et les 81 t. dernières sur 16 pieds, faisent . . . . 540 t.

TOTAL . . . . . 33,633 t. 1/2 2/6

JARDIN DES PLANTES.

La construction du nouveau pont, dont les travaux sont commencés, mais qui s'exécutent lentement, rendra ce jardin un des plus fréquentés de la capitale.

Depuis un an ce jardin s'est agrandi vers le sud-est, de plusieurs arpens de terrain qui ajoutent à sa vaste étendue, des promenades variées et des points de vue intéressans. Les terrains nouvellement acquis, consistant autrefois en chantiers et en marais, ont subi une métamorphose étonnante.

A partir de l'amphitéatre, situé du côté de la rue de Seine, s'étend jusques vers le bord de la riviere, une espèce de vallée champêtre, close de treillages de bois, que les habitans de ce jardin ont nommée la Vallée Suisse. Elle renferme quantité de cabanes, fermées par des grillages de chataignier, enlacés les uns dans les autres avec beaucoup d'art, à la maniere suisse, et d'un dessin différent à chaque habitation. Aux extrémités de cette enceinte, s'élevent des monticules semées de gazon. Chaque habitation est variée dans sa forme, mais toutes sont composées d'un seul et même objet de construction, de bois d'orme, dont l'emploi est vraiment curieux. Il rappelle le temps où l'on ne connoissoit ni haché, ni serpe, ni rabot; toutes les cabanes sont formées avec des bûches très-droites et couvertes de leur écorce; les portes, les fenêtres, les toîtures sont toutes façonnées en rondins. Le terrain a une direction inclinée vers le centre, où se trouve un enfoncement qui partage la vallée en deux parties. Sur cet enfoncement est jeté un pont d'une pente insensible, formé de troncs d'arbres d'environ 36 à 40 pieds de longs sur 3 à 4 de circonférence. On admire l'étroite précision avec laquelle ces arbres sont joints ensemble. D'autres arbres composent ainsi les pilliers qui supportent le pont dont la surface est revêtue de terre et de salpêtre battus. Dans la premiere partie de la vallée qui fait face à la salle de démonstration, sont réunis les animaux d'une espèce rare. La seconde partie de la vallée est plus pittoresque. Des deux côtés s'élevent des habitations construites comme les autres, mais plus hautes, couvertes de chaume et de roseaux; quelques-unes en tourelles, ouvertes de toutes parts, où l'on monte par des escaliers très-étroits, très-escarpés, dont chaque dégré est une bûche; la rampe est un ormeau long et mince. On voit pendre à ces escaliers des chèvres entourées de leurs petits; on voit sur le sommet des boucs gravir des pentes unies, où nos plus intrépides couvreurs ne pourroient se tenir. Dans des enclos séparés sont renfermés différentes espèces de cerfs d'Europe et du Gange. Au milieu de la vallée est une piece d'eau, ombragée de saules pleureurs et d'autres arbres.   O B S E R V A T I O N.

Nous accusons à ceux de nos souscripteurs dont les numéros suivent, la réception de l'envoi fait par eux du montant de leur souscription. Savoir : les nos. 34. 35. 36. 37. 39. 40. 42. 43. 47. 48. 50. 53. 55. 58. 62. 64. 66. 67. 69. 70. 71. 72. 73. 75. 76. 77. 79. 80. 81. 84. 86. jusques y compris 93. 95. 96. 97. 104. jusques y compris 109. 112. 114. 120. 122. jusques y compris 123. 129. 131. 134. 136.137. 138. 139. 140. 142. 145. jusques y compris 149. 151. 153. 154. 160. 161. 162. 163. 164.   *Fin du Vme. cahier.*

Se trouve à Paris, chez GOEURY, Libraire de l'École des Ponts et Chaussées, Quai des Augustins, n°. 47.

VIeme. cahier.

VIme. ET DERNIER CAHIER DE L'AN XI,

DU RECUEIL POLYTECNIQUE DES PONTS ET CHAUSSÉES,

ET

DES CONSTRUCTIONS CIVILES DE FRANCE.

Observations sur les Corvées nécessaires à la formation et à l'entretien des routes et chaussées.

Il a paru, il y a quelque temps, un ouvrage intitulé : *Essai de comparaison entre les taxes et les corvées ;* par J. K., ingénieur des ponts et chaussées, avec cette épigraphe : *Je suis loin des idées communes : je crois les corvées moins contraires à la liberté que les taxes.* J. J. Rousseau. Principes du droit politique, chap. 15.

Nous regrettons que les bornes qui nous sont prescrites ne nous permettent pas de nous étendre sur cet excellent ouvrage. Il a mérité l'attention et l'approbation du cit. Jollivet, conseiller d'état, alors commissaire général du gouvernement, dans les nouveaux départemens de la rive gauche du Rhin, qui, après en avoir pris communication et donné des éloges à la justesse de ses idées, à leur utilité et à leur méthode, les déclare dignes d'être méditées avec attention par les fonctionnaires employés à l'administration publique, et a arrêté que l'ouvrage seroit imprimé au nombre de 200 exemplaires et adressé à chacun des préfets et sous-préfets des départemens du Mont-Tonnerre, de la Roër et du Rhin et Moselle, et par eux aux membres des conseils généraux de département, pour en faire l'un des principaux objets de leurs délibérations.

L'auteur s'attache à démontrer, 1°. que c'est par des corvées civiles et militaires, que les Grecs, les Romains et les Goths ont construit les chemins et élevés les nombreux monumens qui font l'admiration de leur postérité.

2°. Que si les abus qui se sont introduits sous le régime de la corvée ont amené sa supression, la même cause avoit amené précédemment la supression des péages en France, et que d'après cette similitude de préjugés élevés par l'expérience du passé, contre ces deux établissemens, celui des deux qui pourroit atteindre la plus prompte restauration avec de moindres frais, mériteroit la préférence.

3°. Que la loi du 3 nivôse an 6, sur la taxe d'entretien des routes, ne pouvoit atteindre son but; que les succès d'un pareil établissement en Angleterre, ne pouvoient rien faire préjuger en France en faveur de celui qu'on y a essayé, et que le régime suivi dans quelques états de l'empire, sembloit également impraticable dans la république.

4°. Que le système suivi pour les fondations et le premier établissement des routes, tel qu'il étoit suivi par le département des ponts et chaussées, sous la monarchie, pourroit être incomplet à l'avenir.

5°. Que le rétablissement des travaux gratuits peut seul suffire aux besoins

L

actuels , qu'il peut aisément être rallié aux principes constitutionnels , et dans plusieurs cas , utilement secondé par l'application des troupes à ces mêmes travaux.

Telle est la défaveur jettée sur les brillantes théories de Rousseau par la révolution , que l'auteur qui tire de lui son épigraphe , s'en excuse dans une note , et croit avoir besoin de prévenir qu'il est loin de fonder sa doctrine sur cette seule autorité. Cependant l'assertion de Rousseau est en administration une des plus importantes vérités et des mieux constatées. Il n'est point de doute que le peuple aime mieux payer en denrées que payer en argent , et il aimeroit encore mieux payer en travail qu'en denrées. Tous ceux qui ont eu affaire aux gens de campagne, savent que les débiteurs offrent à leurs créanciers leur travail par préférence à leurs denrées , et leurs denrées par préférence à leur argent. On ne les soupçonnera pas de ne point entendre leurs intérêts , et ceux qui examineront de près la chose , trouveront que quiconque paie en argent , paie plus que celui qui paie en denrées , et que quiconque paie en denrées , paie plus que celui qui paie en travail. Il seroit donc réellement préférable pour les contribuables de payer en denrées ou en travail plutôt qu'en argent , ou pour parler comme le citoyen de Genève , la liberté est moins entamée lorsqu'on paie en travail ou en denrées , que lorsqu'on paie en argent. Mais si la chose est certaine, est-elle également possible et praticable, sur-tout dans les grands états constitués en rapports continuels et nécessaires avec leurs voisins? Voilà la question : elle n'est point de notre ressort , si ce n'est pour ce qui concerne les ponts et chaussées.

Notre auteur , vraiment patriote, l'examine sous ce rapport et la traite en homme qui l'a approfondie et qui ne se contente pas de moyens superficiels. Il observe que les Grecs , les Romains et les Goths ont construit des chemins et élevés des monumens admirables , par des corvées civiles et militaires ; il met en paralèlle les corvées et les péages, et montre par l'histoire que ces derniers, d'abord en usage en France , ont été supprimés pour leurs abus, ainsi que l'a été par la même raison la corvée elle-même ; et une remarque très-judicieuse de sa part , c'est que si les péages et les taxes eussent été en usage , au lieu de la corvée , au moment de la révolution , il n'est point de doute qu'elle n'eut frappé sur eux avec beaucoup plus de force et beaucoup plus d'avantage que sur la corvée. Personne ne lui contestera assurément cette assertion. Cependant il faut choisir et s'arrêter à quelque chose : car ainsi qu'assassiner n'est pas répondre , détruire ou ce qui est la même chose révolutionner, n'est point gouverner , n'est point administrer. Si l'on pouvoit toujours se déterminer en administration par la plus grande utilité publique , il n'est point de doute que les taxes et les péages seroient à jamais proscrits , comme ne pouvant soutenir la comparaison, sous ce rapport , avec la corvée. La corvée, quoique n'étant autrefois à la charge que des deux tiers environ de la population , ne prenoit aux habitans de la campagne que dix jours partagés également, savoir cinq au printemps , avant l'ouverture des travaux , et cinq en automne, après la clôture des récoltes. Les ouvriers , peu occupés alors , donnoient dix journées qui eussent été à-peu-près perdues pour eux : ces dix journées pouvoient s'estimer environ dix francs , et aucun des ouvriers qui les donnoient n'eut préféré d'en donner six au lieu des dix journées.

Calcul fait du renchérissement de tous les objets de consommation , occasionné par la taxe d'entretien des routes , il n'est pas de particulier en France qui ne paie trente francs et plus par ce renchérissement : c'est donc trente fr. au lieu de dix, c'est-à-dire trois fois autant, et payés en argent, au lieu que les dix francs étoient payés en travail, ce qui fait, comme nous l'avons observé, une très-grande différence.

Deux inconvéniens majeurs viennent encore se joindre ici contre la taxe et par conséquent en faveur de la corvée : le premier, c'est que les trente fr. payés par chaque chef de maison, en augmentation de denrées, n'entrent point au trésor public, et ne peuvent point conséquemment être employés à l'entretien des routes ; il y en a au moins les deux tiers qui vont en bénéfice et en frais d'administration pour les fermiers et employés de la taxe, et en surcroît de gains pour les rouliers, les marchands en gros et en détail, &c.; car toute augmentation de denrées est une augmentation de lucre pour les vendeurs. Le second inconvénient, c'est que les grains et farines qui avoient été affranchis de tous droits, comme étant le premier besoin et la première nécessité du pauvre, se trouvent assujettis par les barrières à ces mêmes droits, qui même augmentent progressivement dans les disettes, parce qu'alors on est obligé de les transporter plus loin et de payer ainsi plus de barrières. Nous pourrions ajouter que la corvée met la contribution toute entière en valeur réelle pour les chemins, au lieu que la taxe met nécessairement une partie de cette contribution en bénéfice pour les entrepreneurs des routes, et conséquemment en non-valeur pour les routes elles-mêmes. Ne pourrions-nous pas dire aussi, que si les abus sont inévitables dans tous les établissemens humains, dans la corvée ils sont beaucoup plus faciles à découvrir et par conséquent à réformer, puisque les victimes en sont en même temps les nombreux témoins, et qu'ils ont peu ou point de raison de s'en taire, et beaucoup d'intérêt à s'en plaindre et à les publier; au contraire, dans le régime des taxes et des entreprises par adjudication, les abus ont peu de témoins, et tous souverainement intéressés à les ensevelir dans le plus profond secret et à les couvrir du mystère.

Terminons par une raison que notre auteur nous indique lui-même : c'est que le régime de la corvée occupe les ouvriers dans la saison morte, et ne prend qu'un temps à-peu-près perdu et inutile ; les entrepreneurs par adjudication, au contraire, les occupent dans toutes saisons et par préférence dans la plus belle, parce que les jours sont plus beaux et plus longs, ce qui prive le laboureur des bras destinés à la culture, et contribue encore à faire enchérir la première subsistance de l'indigent, par la rareté des ouvriers.

Fort de ces données incontestables, le cit. J. K. aborde le système opposé.

« Je ne m'arrêterai point, dit-il, à démontrer que si aujourd'hui la destina-
» tion du produit de la taxe d'entretien est réligieusement respectée par le
» gouvernement, la perception de ces droits n'en porte pas moins sur des
» chemins presque impraticables, qu'elle est par la qualité des taxes et ses
» formes, gênante pour le public en général, et très-onéreuse pour le com-
» merce en particulier, et qu'il s'y est introduit de la part des fermiers, des
» abus qui la rendent aux citoyens de toutes les classes le plus odieux des
» impôts. Ces abus règnent, chacun en est témoin : je ne m'appésentirai point
» à les détailler, parce que mon devoir m'appelle plutôt à applanir les dif-
» ficultés sur l'exécution de ces lois, qu'à nombrer des haines et des mécon-
» tentemens; cependant je ne puis éviter de présenter à la réflexion la question
» suivante : Combien les rouliers du commerce qui font de longs voyages,

» de même que les étrangers qui voudroient parcourir nos départemens avec
» célérité, ne doivent-ils point être rebutés, lorsque sous prétexte de quelque
» délit contre la loi des barrières, ils viennent à être retardés et cités devant
» un juge de paix, associé secret du fermier, qui seul prononce et toujours
» en faveur de l'habitant de sa localité ; déja trop retardés par le mauvais état
» des chemins, ils paient, parce qu'un intérêt majeur les appelle ailleurs : mais
» ne sont-ils pas tentés par ce seul motif de maudire et de fuir un pays dont les
» lois fondamentales et le gouvernement leurs agréoient d'ailleurs sous tous
» les autres rapports ? »

Mais après avoir balancé les avantages et les inconvéniens des deux régimes,
l'auteur se fait une question importante : les barrières existent, et cette seule
raison en pourroit être une de les conserver? Il attaque et renverse également
ce motif; les raisons, dit-il, qui font réussir le régime des barrières, en
Angleterre, et dans quelques pays d'Allemagne, ne sont nullement applicables
à la France : il n'en faudroit point d'autre preuve que le compte même qu'en
a rendu le conseiller d'état Crétet, chargé de cette partie. Il annonce que
malgré la taxe tellement exorbitante que le gouvernement a jugé à propos de
la modérer, les routes présentent pour cent millions et plus de réparations
urgentes et nécessaires. La cause a donc été mal combinée avec l'effet qu'elle
devoit produire et qu'elle ne sauroit atteindre. Et, continue-t-il, dans quel moment est-elle venue paralyser le commerce? dans un moment où il se trouve dans
une langueur et un affaissement tels qu'on ne l'a vu depuis long-tems en France,
et que le gouvernement s'est cru obligé de s'en occuper sérieusement, et d'en
faire part au corps législatif et par lui aux administrations inférieures, afin
que tous s'occupassent des moyens d'encouragement qu'on pourroit lui donner.

Le commerce vit de liberté : le premier des encouragemens, c'est consé-
quement la liberté. C'est un grand fleuve qui roule ses eaux tranquiles et
majestueuses en portant sur toutes les rives qu'il arrose, la posprérité, la richesse
et l'abondance : mais si des mains imprudentes lui créent des obstacles, il
détourne ses eaux bienfaisantes et va porter en des contrées étrangères sa
richesse et sa fécondité.

C'est ce qu'a remarqué très à propos le cit. J. K. il observe que dès Basle,
les rouliers qui doivent descendre le Rhin, prennent la rive droite, pour éviter
les taxes, les retards, les gênes et les vexations qu'elles ne manquent jamais
de susciter. On sent tout le préjudice qui doit en résulter pour les départemens
de haut et bas Rhins, de la Roër, de Mont-Tonnère, de Rhin et Moselle &c.

Cependant il faut des routes à la France : essentiellement agricole et com-
merçante, sans routes bien entretenues, elle reste infiniment au dessous de la
somme de prospérité et de gloire que lui a préparée sa position, la richesse de
son sol et sa fécondité : elle descend du rang qui lui a été destiné parmi les
nations. Or le régime des barrières ne peut suffire aux routes à entretenir,
puisqu'en six ans il laisse pour cent millions de réparations urgentes et nécessaires. Les travaux gratuits peuvent donc seuls y suffire, et le raisonnement
est ici confirmé par l'ancienne expérience. Pourroit-on proposer ici un nouvel
impôt, ou quelqu'autre moyen violent pour faire face à ce besoin réellement
impérieux? Il seroit suffisant pour illustrer le siècle, le moyen qui pourvoiroit
complettement à la restauration de nos routes profondément dégradées; mais
prenons garde, dit le cit. J.K., que la célébrité d'un siècle ne s'obtient souvent qu'aux dépens de son bonheur, et qu'elle fut presque toujours un présage

assuré de la ruine absolue de l'état dans le siècle suivant. S'il nous étoit permis de proposer un régime à substituer à ceux qui ont été suivis jusqu'à ce jour, voici celui que nous proposerions.

Il nous semble donc que tous propriétaires riverains, devant supporter les frais tant de la formation que de l'enretien des routes et canaux, pourroient d'après le rétablissement des corvées, les faire, ou payer pour les faire faire, en proportion du rapport de leurs propriétés, de la qualité de leurs terreins, et de leur position plus ou moins éloignée des routes et chaussées.

L'on pourroit prendre pour base, le mode de réparation fixé par les arrêts du conseil en 1777, 78, 79 et 80, qui rangent en trois classes les propriétaires obligés de faire les corvées : ceux dont les biens étoient situés sur les bords des routes ou canaux jusqu'à la distance d'une lieue, étoient taxés à cinq journées de travail par an, tant par personnes que par têtes de bêtes de trait; ceux d'une à deux lieues, à quatre journées de travail, et ceux de deux à trois lieues, à trois journées; ceux dont les biens étoient au-delà étoient exempts.

Mais il s'étoit glissé dans cette marche un abus que l'on n'avoit pas prévu : c'est qu'un particulier qui faisoit exploiter par un fermier, douze ou quinze arpens de terre, n'étoit pas taxé davantage que le simple journalier, chargé de famille.

Pour établir une juste balance dans la répartition des corvées, nous croyons qu'il seroit nécessaire que les propriétaires riverains soient taxés, non-seulement en raison de la distance de leurs biens aux routes et canaux, mais encore en proportion de la valeur et de la qualité de ces mêmes biens.

Voici donc notre projet de répartition : tous les propriétaires dont les biens seroient situés près les bords des routes ou canaux à la distance d'une lieue, et dont le terrein seroit jugé de la première qualité, feroient ou payeroient pour faire faire en travaux, la valeur de cinq mètres cubes de terrassemens en déblais ou remblais, par hectare, *ou deux arpens.*

Pour un terrein de la deuxième qualité et à la même distance, quatre mètres cubes par hectare, et pour un terrein de troisième qualité toujours à la même distance, trois mètres cubes par hectare.

Ceux des biens situés d'une à deux lieues, jugés de la première qualité, seroient taxés à quatre mètres cubes par hectare, à la même distance, deuxième qualité trois mètres, et deux mètres pour la troisième qualité.

De deux à trois lieues, le terrein de première qualité, trois mètres cubes par hectare, deux mètres pour la seconde qualité, et un mètre pour la troisième qualité.

Enfin, pour que tous les non-propriétaires, locataires, et que tous les citoyens qui feroient un commerce quelconque prissent leur part à ces corvées, ils seroient obligés de payer tous les ans, pour la réparation des routes, chaussées et canaux, en raison de leur imposition mobiliaire ; le tout en observant à leur égard les mêmes dispositions pour la distance de leurs domiciles aux routes et canaux à réparer.

La construction des chemins est un objet si important, qu'elle a quelquefois été l'objet des recherches académiques. L'académie des Georgiphiles de Florence, en 1779, a proposé d'indiquer une méthode facile et la moins coûteuse, pour construire, réparer et entretenir, dans les plaines ainsi que dans les montagnes, les chemins de la Toscane. L'académie de Chaalons sur Marne a proposé, en 1777 et 1779, un prix au meilleur mémoire qui indi-

queroit les moyens les moins onéreux à l'état et au peuple , de construire les
grands chemins. On ignore si cette académie a fait imprimer, comme elle
l'avoit annoncé , le mémoire par elle couronné , avec un résumé de tous ceux
qu'elle avait reçu à ce sujet. Voyez le journal intitulé : *Nouvelles de la république des lettres et des arts* , par M. de la Blancherie, 1781 , page 74.

NOUVELLE INVENTION POUR LA NAVIGATION.

Le 21 thermidor on a fait l'épreuve d'une invention nouvelle , dont le
succès complet et brillant aura les suites les plus utiles pour le commerce et la
navigation intérieure de la France. Depuis deux ou trois mois , on voyoit au
pied du quai de la pompe à feu de Chaillot , un bateau d'une apparence
bisarre , puisqu'il étoit armé de deux grandes roues posées sur un essieu ,
comme pour un charriot , et que derrière ces roues étoit une espèce de
grand poêle avec un tuyau que l'on disoit être une petite pompe à feu destinée
à mouvoir les roues et le bateau. Des malveillans avoient, il y a quelques
semaines , fait couler bas cette construction. L'auteur ayant réparé le dommage , obtint la plus flatteuse récompense de ses soins et de son talent.

À six heures du soir , aidé seulement de trois personnes , il mit en mouvement son bateau et deux autres attachés derrière , et pendant une heure et
demie il procura aux curieux le spectacle étrange d'un bateau mû par des
roues comme un charriot , ces roues armées de volans ou rames plates , mûes
elles-mêmes par une pompe à feu.

En le suivant le long du quai , sa vitesse contre le courant de la Seine nous
parut égale à celle d'un piéton pressé , c'est-à-dire de 2,400 toises par heure :
en descendant elle fut bien plus considérable ; il monta et descendit quatre
fois depuis les Bons-Hommes jusques vers la pompe de Chaillot ; il manœuvra
en tournant à droite et à gauche avec facilité , s'établit à l'ancre , repartit et
passa devant l'école de natation.

L'un des batelets vint prendre au quai plusieurs savans et commissaires de
l'institut , parmi lesquels étoient les cit. Bossut , Carnot , Prony, Volney , &c.
Sans doute ils feront un rapport qui donnera à cette découverte tout l'éclat
qu'elle mérite ; car ce mécanisme, appliqué à nos rivières de Seine , de
Loire et de Rhône , auroit les conséquences les plus avantageuses pour notre
navigation intérieure. Les trains de bateaux qui employent quatre mois à
venir de Nantes à Paris, arriveroient exactement en dix à quinze jours.
L'auteur de cette brillante invention est M. Fulton , américain et célèbre
mécanicien.

Il paroît , d'après la réclamation ci-après , qu'un autre citoyen a également
conçu un projet tendant au même but.

Rouen , le 26 thermidor.

Il y avoit long-temps que j'avois conçu l'idée de faire marcher un navire
sans voiles. Les circonstances de la guerre avec l'Angleterre m'ont déterminé
à réaliser ce projet. Il y a environ deux mois que j'ai construit un petit modèle
de chaloupe, absolument conforme au bateau dont vous nous donnez la description sur votre journal du 23. Il y a cinq semaines qu'en présence d'une
dixaine de personnes , j'ai fait remonter la Seine à cette petite chaloupe, qui
ressemble plutôt à un charriot à quatre roues qu'à un batelet ; les roues sont
armées de volans , et chaque essieu porte dans son milieu une lanterne ou

pignon qui est mis en mouvement par une roue dentée. On peut varier, suivant les cas, les dimensions et l'inclinaison des volans, ainsi que le nombre des roues. Ce système peut être mû par le moyen des bras, de l'air, du feu, ou d'une machine hydraulique quelconque. Suivant mon estimation, ce procédé, appliqué à un navire de deux cens tonneaux, suffiroit pour lui faire parcourir, par un temps calme et sans le secours des voiles, deux lieues par heure.

Il est très-extraordinaire que deux personnes aient eu le même projet dans le même temps, et qu'elles l'aient exécuté par les mêmes moyens ; mais comme les moyens sont très-simples, il me paroît encore plus étonnant qu'on n'ait pas imaginé plutôt de les employer. Ayant cru que dans les circonstances actuelles ma découverte pourroit être utile au gouvernement, j'attendois pour lui en faire hommage le retour du premier Consul et du Ministre de la marine. Comme j'ai été prévenu par un autre, qui n'a peut-être pas les mêmes vues que moi, je ne vois nul inconvénient à faire connoître les miennes.

Je prouverai, quand on voudra, que sans construire un seul navire, nous en avons trois fois plus qu'il n'en faut pour porter deux cens mille hommes en Angleterre. Je prouverai encore que si l'on choisit pour la traversée un temps calme, nous pouvons passer à deux portées du canon des escadres anglaises, sans qu'il leur soit possible de nous inquiéter dans notre marche.

Aussitôt la réception de votre journal, je me suis rendu chez le préfet de la Seine inférieure, et lui ai laissé mon modèle de chaloupe, en lui offrant la preuve la plus complette que je l'avois exécutée depuis plus de deux mois ; je serai à Paris dans quelques jours et donnerai au gouvernement tous les détails qu'il pourra désirer.

L'auteur de cette brillante invention est M. Magnin.

(*Extrait de la Clef du Cabinet*).

CANAL DE L'OURCQ.

Suite des observations sur le rapport du C. Girard, ingénieur en chef.

Nous avons donné au zèle et à l'activité du C. Girard, les éloges qu'il nous a paru mériter ; mais nous sommes obligés de rétracter ces éloges pour quelques parties de son rapport imprimé, qui ne nous en ont pas paru également susceptibles; en effet nous lisons page 18 de son mémoire, qu'après avoir rendu compte de différens calculs relatifs à différens tracés de projets de canal, qui n'ont pas le même résultat, le C. Girard conclut en ces termes : *toutes ces évaluations contradictoires trouvent leur explication dans l'intention constante du C. Gauthey, de faire improuver des opérations auxqu'elles il n'a pas présidé;* or, nous disons, que le C. Girard s'oublie ici dans une inculpation aussi indécente qu'injuste et déplacée. L'inculpation est indécente, car le C. Gauthey eût-il tort, ce qui nous paroît très-éloigné de la vérité, son âge, ses services, son expérience, sa place, sa mission de la part de l'assemblée des ponts et chaussées, et plus que tout cela, sa probité et son intégrité reconnues et confirmées par sa mission même, eussent dû interdire au C. Girard toute inculpation personnelle, d'autant plus que cette inculpation, dirigée contre l'organe de l'assemblée des ponts et chaussées, retombe sur l'assemblée elle-même, lors même qu'elle n'eut point adopté les conclusions du rapport, et à plus forte raison lorsqu'elle les a adoptées, comme elle a fait par sa délibération du 5 ventôse an XI.

« Il est contraire, dit la Harpe (1), à la décence publique, aux lois sociales et
» à l'honnêteté personnelle, de se permettre devant les tribunaux, d'encadrer
» des traits étrangers à la cause...... La diffamation de quelqu'espèce qu'elle
» soit est un délit, et en acquittant même le diffamateur en cause principale je
» donnerois action contre lui à ses parties. » L'inculpation est donc des plus indécente, mais ajoutons quel est également injuste et déplacée.

L'intention constante du C. Gauthey, dit l'ingénieur en chef du canal de l'Ourcq, est de faire improuver les opérations auxquelles il n'a pas présidé ; juste ciel ! quelle besogne le C. Girard vient de tailler en un trait de plume au C. Gauthey, car si ce dernier est dans l'intention constante de faire improuver toutes les opérations auxquelles il n'aura pas présidé, il est sûr que ces opérations à faire improuver, seront si nombreuses qu'elles ne lui laisseront pas un instant pour en présider aucune. D'où peut donc néanmoins augurer le C. Girard et conclure: que le C. Gauthey est dans l'intention constante de faire improuver l'opération du canal pour ne l'avoir pas présidée ; ce dernier auroit-il montré quelques désirs empressés d'obtenir cette présidence? des faits constatés et reconnus dans la cause nous paroissent démontrer le contraire.

Nous lisons, page 24 du mémoire du C. Gauthey, que pendant qu'on finissoit les opérations nécessaires pour faire le devis de ce projet, le C. Solage proposa de faire exécuter le canal de l'Ourcq, aux frais d'une compagnie et à certaines conditions; que le gouvernement ayant acquiescé à sa demande, il envoya ses plans au ministre qui les lui adressa pour les faire vérifier. Cette vérification se fit et l'on trouva, dit le C. Gauthey, ibid page 24, qu'il y avoit une erreur de plus de 20 pieds sur la hauteur totale : mais comme le projet étoit néanmoins possible, en faisant la prise d'eau beaucoup plus haut, je ne donnai pas le mémoire que j'avois fait à ce sujet.

Je fus ensuite, continue le C. Gauthey, plusieurs mois en tournée, et à mon retour j'appris que les conditions du C. Solage n'avoient pas été acceptées, et quel 'on avoit nommé le C. Girard pour conduire les travaux.

Ces détails que nous donne ici le C. Gauthey, ont l'avantage d'être confirmés par le C. Girard: voici comme ce dernier s'en explique page huit de son mémoire:
« L'assemblée, après m'avoir entendu, nomma des commissaires pour éclaircir sa
» décision sur l'approbation que je demandois, et fut d'avis, en attendant leur
» rapport, de continuer les travaux commencés, conformément à l'arrêté des
» Consuls du 25 thermidor an 10. Ce rapport n'avoit point encore été fait,
» lorsque le C. Gauthey, inspecteur général, revint de sa tournée.... Il fut ad-
» joint à la commission et, selon toute apparence, choisi par elle pour faire
» connoître à l'assemblée le résultat de son examen.

Ces faits, avoués comme on voit de part et d'autre, vont établir l'assertion que nous avons avancée : car d'une part nous voyons que le C. Solage donne un plan où il fait erreur de plus de 20 pieds, et quoique l'inspecteur général n'a point présidé ce plan, il ne lui donne aucune improbation, au contraire il indique un moyen d'en réaliser l'exécution en faisant la prise d'eau plus haut. Il est donc évident qu'il n'est pas dans l'intention constante de faire improuver

_____

(1). Cours de littérature, tome XI, page 593.

les opérations auxquelles il n'a pas présidé ; d'un autre côté, tandis que le C. Girard prête au C. Gauthey l'intention de présider le canal et d'en faire improuver les opérations s'il ne les préside pas, il lui fait tenir une conduite manifestement contraire à cette intention et qui en rend même l'existence impossible et la supposition absurde et invraisemblable ; en effet, n'est il pas évident que si le C. Gauthey désire présider l'opération du canal de l'Ourcq, il faut quil se tienne à Paris pour solliciter cette présidence? est-il assez dénué de sens pour ne pas voir que s'il s'éloigne, de plus avisés solliciteront à son préjudice en son absence et ne manqueront pas de le supplanter? cependant il voyage, il est même plusieurs mois en tournée, il perd même tellement de vue cet objet, qu'il n'apprend qu'à son retour la tournure qu'il a prise ; il est donc inconséquent et absurde de lui supposer de pareilles vues, il l'est également de lui supposer l'intention constante de faire improuver l'opération s'il n'en obtient pas la présidence : car pour faire improuver l'opération, il faut qu'il soit de la commission nommée pour faire un rapport, et son absence met un obstacle invincible à cette nomination. S'il est ensuite adjoint à son retour, à la commission, c'est une circonstance qu'il ne pouvoit prévoir, et c'est parceque ses talens, son expérience et les plans relatifs au canal qu'il avoit déja faits par ordre du gouvernement, ont fait juger ses lumières nécessaires. Il est donc démontré que l'inculpation que fait ici le C. Girard à l'inspecteur général, est également inique, fausse, absurde et indécente, elle est diffamatoire du corps des ponts et chaussées autant que du C. Gauthey même, et nous ne serions pas surpris que l'assemblée ainsi inculpée, crut devoir à sa délicatesse de ne rien prononcer dans la circonstance et que le C. Girard ne dût à cette disposition, le silence qu'elle garde depuis quelque tems et dont il se plaint aujourd'hui. Jusqu'ici nous avons raisonné dans la supposition que le C. Gauthey est auteur du rapport de la commission, ce que nous ignorons absolument, mais s'il n'en étoit pas auteur, l'indécence et l'inculpation deviendroient encore bien plus criminelles puisqu'elles prendroient le caractère de la calomnie. Or ce que nous ignorons, il paroît que le C. Girard l'ignore lui-même : car, page 8 de son mémoire, il nous dit que le C. Gauthey fut adjoint à la commission et selon toute apparence, choisi par elle pour faire connoître à l'assemblée le résultat de son examen ; il n'est donc pas sûr du fait, puis qu'il le juge *selon toute apparence :* or d'après cette incertitude, nous laisserons à nos lecteurs le soin d'apprécier et de qualifier la légèreté et l'indécence des inculpations diffamatoires hazardées par le C. Girard.

N. B. Pendant que cette feuille étoit à l'impression, le mémoire ou plutôt *lettre du C. Gauthey, au Préfet du département de la Seine,* nous est parvenue et nous y lisons, page 14 n°. 49, qu'il s'en faut bien qu'il soit le rédacteur de la totalité du rapport dont il est ici question, cette déclaration démontre combien nos réflexions étoient fondées.

Origine du projet du Canal de l'Ourcq, et de plusieurs autres proposés aux environs de Paris.

Avant d'entrer dans les détails qu'exige l'ouverture du canal de l'Ourcq, nous pensons faire plaisir à nos lecteurs de leur rappeller ici les diverses époques où l'on a présenté des projets pour l'ouverture des canaux aux environs de Paris.

M.

Canal autour de Paris.

En 1723, M. Boisson, ingénieur, fit imprimer un mémoire où il proposoit de faire autour de Paris un canal de 2,200 toises, depuis le Roule jusqu'au Pont-aux-Choux et aux fossés de l'Arsenal, qu'il rempliroit avec dix machines hydrauliques. Le modèle qu'il en fit faire fut trouvé bon et approuvé. L'on y trouvoit en effet une partie des avantages que nous venons d'exposer dans le projet du canal de l'Ourcq ; mais l'usage des machines est toujours précaire, et pour de semblables entreprises il faut des sources naturelles et durables, et non des machines d'un entretien continuel.

Canal de Paris à Saint-Denis et à l'Isle-Adam.

Les besoins d'une ville immense comme Paris, ont fait naître en divers temps des projets de canaux, dont l'exécution lui eût été très-utile ; mais on les a trouvés presque tous plus dispendieux que nécessaires.

En 1658, MM. Petit et Noblet proposèrent à l'assemblée de l'hôtel-de-ville d'ouvrir un canal qui iroit depuis la pointe du bastion de l'Arsenal, en tirant vers le nord, jusqu'au dessous de Paris, entre Saint-Denis et Saint-Ouen.

Canal de communication de Paris à la rivière d'Oise.

En 1724, M. Leroy, comte de Jumelles, eut l'idée de proposer la construction d'un canal de communication de Paris à la rivière d'Oise, près de l'Isle-Adam. M. Daudet fit imprimer un mémoire sur la construction de ce canal, sous le nom de canal de Bourbon ; on en reconnut la possibilité, mais la dépense de l'entreprise fit refuser les lettres-patentes demandées pour cet objet. Le canal de Saint-Denis devoit avoir 6,474 toises, au lieu de 14,888 toises que l'on est obligé de parcourir par la Seine : il auroit servi à nettoyer Paris et à procurer un asyle aux bateaux dans le temps des débacles. La partie de ce canal de Paris à Saint-Denis, devoit avoir 6,474 toises de longueur, sur douze de largeur, et neuf pieds de profondeur. Son commencement de 3oo toises, auroit été à l'occident de Saint-Denis ; il aurait passé devant la porte de la même ville, traversé la plaine entre la nouvelle avenue et Aubervilliers, delà entre les villages de la Chapelle et de la Villette, coupé la rue du faubourg Saint-Martin près la première barrière, passé derrière les Récollets, formé un nouveau port devant l'hôpital Saint-Louis, allé au Pont-aux-Choux, et arrivé à la rivière de Seine par les fossés de la ville, vers le bastion de l'Arsenal.

L'autre partie du canal devoit commencer à Méry-sur-Oise, au-dessous de l'Isle-Adam, continuer par le vallon de Méry, Moulignon, Eaubonne, Ormesson, et enfin derrière Epinay jusqu'à la Briche et tomber dans la Seine ; il ne devoit avoir que neuf ou dix toises de largeur, sur sept pieds de profondeur. Par ce moyen l'on auroit eu la communication de l'Oise avec la Seine, au port de l'Arsenal, en un seul jour.

Canal de Versailles à Sèvre.

Il fut question dans le dernier siècle, de former une communication de Versailles à Paris, en tirant un canal de Versailles jusqu'à la Seine, vers Sèvre. Ce projet a été renouvellé en 1741, par M. Croiset ; mais comme il y a 363 pieds de chûte, depuis la cour de marbre du château de Versailles, jusqu'à la rivière prise à Sèvre, il auroit fallu un si grand nombre d'écluses, qu'on ne fut pas tenté d'adopter une pareille proposition, quoique le sieur Croiset ne fit monter la dépense qu'à 608 mille livres.

Canal de Versailles à la Loire.

La communication de Versailles à la Loire étoit bien plus dispendieuse et plus difficile, cependant l'extrême envie que Louis XIV avoit de se procurer des eaux à Versailles, lui avoit fait écouter favorablement le projet présenté par M. Riquet, mais il y avoit tant de difficultés à surmonter, qu'on l'abandonna.

Canal d'Eure et Loire.

Ce canal nous a paru un des plus importans, et nous nous proposons d'en donner un détail particulier dans nos cahiers suivans.

Canal ou Rivière d'Ourcq.

Parmi les rivières qui se jettent dans la Marne, il y en a une que l'on a rendue navigable pour l'utilité de Paris et que l'on pensoit même y conduire ; c'est ce que l'on a appellé anciennement le canal de l'Ourcq, situé entre l'Aisne et la Marne.

L'Ourcq prend sa source à une fontaine située dans la forêt de Ris, et passe ensuite par la ville de Fere et par les villages d'Armentieres, de Berny, &c. jusqu'à Lizy-sur-Ourcq, petit bourg, à 300 toises duquel elle tombe dans la Marne.

Le canal d'Ourcq n'est autre chose que la rivière d'Ourcq rendue navigable en 1662. En 1632, Louis de Forligny, bourgeois de Paris, obtint des lettres-patentes pour rendre la rivière de l'Ourq navigable depuis la Ferté-Milon jusqu'à son embouchure dans la Marne près de Lizy.

En 1661, le sieur Arnoud augmenta la navigation de trois lieues, en remontant depuis la Ferté-Milon jusqu'au moulin de l'Isle, proche de Cresne. A la même époque le duc d'Orléans obtint à son profit le péage établi sur la rivière d'Ourcq, à la charge par lui de réparer et entretenir ladite rivière en état de porter bateaux.

Ce canal commence au port du Perche, le premier qui soit au-dessus de la Ferté-Milon (et où commence réellement la navigation) jusqu'à sa décharge dans la rivière de Marne. Sa longueur est de 19,874 toises et demie.

En 1774 l'on a construit à Troisne un bassin où se rangent les bateaux pour être chargés; ils descendent ensuite jusqu'à son embouchure dans la Marne par le canal de l'Ourcq. La navigation se fait par vingt-une écluses simples, en y comprenant celle de Bouchy, où se fait la dernière sortie des bateaux de l'Ourcq pour entrer dans la Marne.

Les bateaux de cette rivière sont des demi-marnois, parvenus dans la Marne à Lizy, ils sont reversés dans des bateaux marnois, tels qu'ils arrivent aux différens ports de Paris.

Cette rivière d'Ourcq est si utile, que les marchands l'appellent la petite rivière par excellence.

En 1676 il y eut des lettres-patentes pour l'ouverture d'un canal qui devoit venir de la rivière d'Ourcq et de la Marne au-delà de Meaux jusqu'à Paris. Il fut même commencé par M. Demause. Ce canal devoit être formé des eaux de la rivière d'Ourcq, prises au-dessous de Gesvres, village sur l'Ourcq, presqu'au droit de la petite rivière Gergogne, entre Meaux et la Ferté-Milon : l'on y auroit joint les eaux qui se trouvent sur son cours, comme celle des ruisseaux de Congis, de Claye, qui se jettent à présent dans la marne : ce canal auroit eu en tout temps et par-tout six pieds d'eau, sur une largeur de 24 pieds au fond et 48 à la surface. Il auroit eu son embouchure dans la Marne au-dessous de Lizy, de même que l'a aujourd'hui la rivière d'Ourcq ; les bateaux venant de Paris ou de la Ferté-Milon, de Gesvres ou de Lizy, seroient entrés par le canal dans la Marne ; ceux venus sur la Marne, de la Champagne ou d'autres endroits, seroient entrés de la Marne dans le canal au moyen d'une écluse. Il seroit arrivé au-dessus de Paris vers Belleville, d'où il auroit été continué par le faubourg Saint-Antoine jusqu'à la pointe du bastion de l'Arsenal ; delà, après avoir environné Paris, il seroit venu aboutir à la Seine près Chaillot ; de sorte que ce canal environnant Paris, auroit eu par les deux extrémités des embouchures dans la Seine ; au moyen de deux écluses les bateaux y seroient descendus par les deux extrémités de Paris, et remontés de la Seine dans le canal.

Une des raisons qui avoient engagé à conduire ce canal jusqu'à la pointe de Belleville, c'est que non-seulement on trouvoit le niveau à cette hauteur dans un cours d'environ 50 milles, mais encore on avoit par ce moyen des eaux supérieures de 50 à 60 pieds au-dessus de la surface de la Seine, pour les reporter dans tous les quartiers de Paris. Après que ce canal auroit fait le tour de Paris, l'on auroit pu le continuer par la plaine qui est au nord, le faire passer par Saint-Denis et delà à Herbelay, du côté de Poissy, où il auroit eu son embouchure dans la Seine. Outre la communication de Paris à Saint-Denis, l'on auroit abrégé la navigation qui se fait aujourd'hui sur la Seine, de Paris à Poissy, par Saint Cloud, Saint-Denis et Saint-Germain-en-Laye.

Au sujet du canal de l'Ourq à Paris, il y a eu divers projets présentés, entre-autre ce lui de MM. Mausé et Riquet, comme on a pu le voir d'après les détails que nous en avons donnés. Nous rapporterons une circonstance que nos lecteurs ignorent peut-être, et qu'ils seront charmés de connoître.

Un nommé Brulé, jadis employé à la charpente du pont d'Orléans, étoit devenu à Paris entrepreneur de bâtimens, il eut une femme, qui joint à la fortune qu'elle lui apporta, lui fit avoir de grandes protections, et par suite de grandes entreprises, au point qu'il s'étoit fait cinquante mille livres de rente.

Retiré du commerce, il imagina de tenter l'entreprise du canal de l'Ourq, et à cet effet il fit faire des copies de projets qui avoient déja été présentés, et les soumit au conseil d'état du Roi; en 1787 il obtint un arrêt qui l'autorisa à faire l'ouverture de ce canal, mais comme à cette époque il avoit sans doute des motifs pour ne pas mettre son nom en évidence, ce fut sous le nom de Sebastien Job (qu'il avoit pris pour prête-nom).

Le sieur Brulé forma une compagnie pour l'exécution de ce canal, sous le nom de canal Royal de Paris, il s'aboucha avec MM. le duc de Chartres, le Coulteux, Cabarus, et le général Paoli.

Cette société devoit faire le versement de vingt millions, mais une contestation ayant eu lieu entre eux et lui, sur ce que la compagnie proposa de nommer un ingénieur général, pour la direction des travaux à l'effet de balancer leurs intérêts avec ceux du sieur Brulé, (nommé directeur général et qui devoit avoir comme tel cinquante mille livres d'appointemens);

proposition qui n'entroit point dans ses vues, car il vouloit se réserver à lui seul la direction des travaux ; la compagnie lui observa que voulant diriger seul les travaux, il pouvoit seul diriger l'entreprise ; la société fut dissoute et le projet laissé.

En 1788, les états généraux ayant été convoqués, le sieur Brulé représenta de nouveau son projet, mais il ne fut point accueilli ; comme à cette époque l'aurore de la révolution faisoit déja suspendre tous les travaux des riches propriétaires, ce qui occasionnoit une multitude d'ouvriers sans occupation, Brulé sut profiter des circonstances, au point quil obtint l'assentiment et le vœu général des districts de Paris, et des municipalités des environs, pour son projet. l'assemblée nationale lui accorda, par un décret qui fut sanctionné par le roi, affiché et proclamé par toute la France, l'autorité nécessaire pour l'ouverture du canal ; le décret fut motivé sur l'urgente nécessité de procurer de l'ouvrage à des milliers d'ouvriers ; en effet il y en eut un si grand nombre, que l'on en comptoit plus de quarante mille réunis en ateliers de charité à raison de vingt sols par jour ; jamais il ni eut d'époque plus favorable pour l'exécution de ce canal, mais l'on dépensa des sommes énormes et les ouvriers ne faisoient rien. Au-dessus de l'entrée des bureaux que le sieur Brulé avoit établis à la porte Saint-Martin, dans une maison attenante à l'ancien Opéra, on lisoit ces mots écrits en grosses lettres : *Administration générale du canal national de Paris.*

Il employoit pour lever ses plans et faire tous les ouvrages relatifs à son entreprise, une infinité de personnes de tous états et professions qu'il payoit avec des promesses ; ne voulant jamais rien risquer du sien, il cherchoit par tout des bailleurs de fonds ; il expulsoit de chez lui, après s'être approprié leurs ouvrages, tous les artistes qu'il occupoit : fatigués de cette conduite, nombre d'entre-eux se révoltèrent contre lui, il reçut jusqu'a cinquante assignations dans un jour ; par ce moyen les tribunaux apprirent que le sieur Brulé se disant auteur et propriétaire du projet du canal de Paris, employoit une infinité d'artistes qu'il payoit en leur promettant les premières places dans son entreprise ; il perdit tout son crédit et fut obligé de renoncer à son projet, le décret rendu en sa faveur devint nul et sans effet.

Le sieur Brulé a, soi-disant, vendu ses droits à un nommé Sollage, lequel devoit se charger de faire exécuter le projet sans qu'il en coûtât rien au gouvernement ; il paroit en effet, d'après le rapport du cit. Gauthey, inspecteur général des ponts et chaussées, que le cit. Sollage a présenté ses plans au gouvernement, qu'ils ont été renvoyés à la vérification de l'administration des ponts et chaussées, mais que par suite les conditions du cit. Sollage n'ont pas été acceptées.

Ce fut le 29 floréal de l'an X, qu'un arrêté des consuls ordonna que les travaux de ce canal seroient exécutés par les ingénieurs des ponts et chaussées : l'on à pris pour bases le plan de l'ingénieur Bruyere, un impôt additionnel a été ordonné sur les octrois de Paris, pour fournir aux dépenses qu'entraîneront les travaux de ce canal ; mais l'ouverture de ce canal, commencée sous la surveillance du préfet du département de la Seine, vient d'amener une contestation à l'égard de la direction de ce canal, entre l'administration des ponts et chaussées et l'ingénieur en chef Girard, qui veut suivre un plan tout autre que celui indiqué par le projet, et que l'administration, comme nos lecteurs ont pu le voir, d'après les extraits des mémoires des citoyens Gauthey et Girard, que nous leurs avons donnés dans nos cahiers précédens, paroît ne pas vouloir adopter.

Nous avons cru satisfaire nos abonnés, en faisant graver la carte géographique de ce canal, qu'ils trouveront ci-jointe, avec les indications nécessaires.

Tableau explicatif du plan géographique du canal de l'Ourcq à Paris.

Le premier plan de ce canal, comme on a dû le voir dans le détail que nous venons de donner, devoit prendre son embranchement au-dessous de Lizy, à la jonction de l'Ourcq et de la Marne, et tomber à Paris au bastion de l'Arsenal. Depuis divers projets dont nous avons parlé, l'on a remarqué qu'il seroit nécessaire que ce canal eut sa prise au-dessous de Mareuil à la rivière d'Ourcq, pour avoir une pente plus considérable, à l'effet d'amener les eaux à une certaine hauteur à l'entrée des faubourgs de Paris, et de leur donner un écoulement plus rapide. Ce canal réunit deux avantages, celui de donner de l'eau aux fontaines de Paris dans la partie du nord, et celui de raccourcir la navigation de plus de moitié, depuis Lizy, Meaux, la Ferté-sous-Jouare, ainsi qu'on peut le voir au plan tracé sur la carte ci-jointe.

L'on doit remarquer : 1°. Que ce canal doit prendre des eaux de la rivière d'Ourcq, entre Crouy et Mareuil, ensuite venant du côté de Paris, prendre plusieurs petites rivières également tracées sur la carte, passer près de Lizy où il doit former un embranchement dans la Marne, cotoyer ses bords, prendre la rivière de Terrouenne, passer à Crégy près Meaux, à Claye, dans les bois de Clichy, Saint-Denis, et arriver dans un grand bassin qui doit être formé entre la Villette et la Chapelle (1). Ce bassin doit contenir assez d'eau pour alimenter les fontaines dont nous avons parlé plus haut, et fournir à la prolongation du canal jusqu'à la Seine par les fossés de l'Arsenal.

De ce même bassin cotté B à la carte, doit partir un autre embranchement de canal qui doit passer à Saint-Denis, à la vallée de l'étang de Montmorency, dans les bois de Pierrelet, pour la former en un point de partage en deux branches, l'une pour tomber à Pontoise dans l'Oise, et l'autre à Conflans-Sainte-Honorine, dans la Seine, à l'embouchure de l'Oise ; ce qui évitera les circuits immenses que la Seine fait depuis cet endroit jusqu'à Paris, que l'on voit sur la carte ci-jointe.

3°. Un autre bassin doit, dit-on, être formé à la porte Saint-Antoine, sur l'emplacement de la Bastille ; il doit servir de garre et de port pour ce quartier.

4°. Un embranchement et un bassin doivent être formés de Saint-Denis à la Seine en retour d'équerre, au moyen de la petite rivière qui passe à cet endroit ; ce qui donnera la facilité de faire un port et une garre audit lieu.

5°. Pour démontrer la ligne de démarcation de ce canal tracée par le cit. Girard, ingénieur en chef, depuis la Villette jusqu'à Ville-Parisis, qu'il exécute maintenant, *et qui fait la contestation entre lui et l'administration des ponts et chaussées*, nous avons figuré le canal en entier, tel qu'il avoit été précédemment arrêté pour être exécuté, et nous avons ponctués par deux traits la ligne tracée par le cit. Girard, cottée depuis C jusqu'à D, passant entre la vraie ligne du canal et la grande route.

(1). Suivant le projet actuel, ce bassin doit être formé entre la barrière de Pantin et la Villette, c'est-à-dire entre la route de Meaux et celle de Damartin, près Paris.

6°. Nous avous également ponctué une ligne d'un seul trait, depuis A jusqu'à B, joignant le grand bassin de la Villette jusqu'à la Seine, traversant le faubourg Saint-Honoré et le bout des Champs-Élysées, pour démontrer qu'il seroit utile de faire un autre embranchement de canal dans cette direction, dudit bassin à la Scine au-dessous de Chaillot ; ce qui donneroit la facilité de faire de ce côté un port et une garre pour les bateaux, nécessaires également pour ce quartier. Enfin, il est à désirer que tout s'arrange pour que ce canal soit achevé, car il sera la source d'une puissante richesse, davantages et d'agrémens infinis pour la ville de Paris et les environs. Il faut espérer qu'on saura également y admettre des ingénieurs et des entrepreneurs capables d'exécuter les plans qui seront adoptés.

Suite des articles annoncés au bail des citoyens MARCRET et JOVET,
entrepreneurs en 1735, à Paris.

CHAPITRE III.

Route de Dourdan.

65 A commencer à la chaussée d'Orléans, proche les murs du parc de l'Euville, et finissant au coin du bois de Sainte-Catherine et du fossé descendant à Chanteloup, une longueur de pavé de cailloux de 858 t. sur 12 pieds, fait avec 40 t. de superficie pour la patte d'oie . . . . 1756.

66. Depuis le coin du bois Sainte-Catherine, passant le long du bois Vallon, jusqu'au milieu du Ponçeau, qui est au droit d'Olinville, une chaussée de pavé de cailloux de 895 t. sur 12 pieds, faisant avec 10 t. pour l'élargissement du pont . . . . 1800.

67. Depuis le milieu du susdit Ponçeau, jusqu'au coin du murs du parc de Bruyer, une chaussée de cailloux de 821 t. sur 12 pieds, fait . . 1642.

68. Depuis le coin du parc de Bruyer, passant à l'encoignure de la maison des sœurs, une chaussée de 347 t. en cailloux, dont 139 t. sur quinze pieds et 208 t. sur 12 pieds, fait . . . . 763 t. 172.

69. Depuis l'encoignure de la maison des sœurs, jusqu'au pavé allant à l'église, une chaussée de cailloux de 333 t. et demie, dont 118 t. et demie sur 16 pieds, 34 t. sur 18 pieds, et 181 t. sur 12 pieds, fait . . 760 t. 172.

70. Depuis le pavé de l'église, jusqu'au cassis qui est au haut de la montagne de Bruyere, une chaussée de cailloux de 475 t. sur 12 pieds, fait . . 960.

71. Depuis le susdit cassis, descendant la montagne de Bruyere, jusqu'au milieu du pont d'Arpenty, une chaussée de cailloux de 620 t. et demie sur 12 pieds, fait avec 9 t. pour la superficie du pont 1250 t. ci . . . 1250 t.

72. Depuis le milieu dudit pont, jusqu'à la fourche, allant à Saint-Maurice, une chaussée de cailloux de 1088 t. et demie, dont 599 t. sur 12 pieds, 165 t. et demie sur 15 pieds, et 324 t. sur 12 pieds, fait . . . . . 2259 t. 3/4.

73 Depuis la susdite fourche, à gauche gagnant et passant sur le pont de la Folleville, une chaussée de cailloux de 147 t. de long, dont 90 t. jusqu'à l'entrée du pont sur 12 pieds, et sur le pont 28 t. de long sur 15 pieds et 29 t. sur 3 t. fait . . . . 337 t.

74. Depuis le bout du pont de la Folleville, jusqu'à la chaussée du pavé qui descend à Saint-Maurice, une chaussée de cailloux de 654 t. de long, dont 50 t. sur 15 pieds, 50 t. sur 12 pieds, 38 t. et demie sur 15 pieds, 102 t.

sur 12 pieds, 87 t. et demie sur 15 pieds, et 183 t. et demie sur 12 pieds,
fait en total . . . . 1355 t. 1/4.

75. Depuis le susdit chemin de Saint-Maurice, jusqu'au coin du parc de
Basville, une chaussée de cailloux de 306 t. et demie de long sur 12 pieds,
fait . . . . 613.

76. Depuis le coin du parc de Basville, montant et descendant à Saint-
Cheron, et finissant à un pavillon à gauche, à M. Delamoignon, une
chaussée de 820 t. et demie sur 12 pieds, dont en cailloux 185 t. et en grès 149 t.
en cailloux 118 t. et demie, en grès 368 t. ci en grès . . . 1034 }
et en cailloux . . . . 607 } 1641.

77. A la droite du pont de la Folleville, allant à Saint-Maurice et au
marais, une chaussée de cailloux de 93 t. de long sur 12 pieds, fait . . 186

78. Après un vuide de 103 t. montant à Saint-Maurice, une chaussée
de cailloux de 416 t. de long sur 12 pieds, fait . . . . 832 t.

79. Ensuite, traversant le village de Saint-Maurice, une chaussée de
cailloux de 131 t. et demie de long, sur 12 pieds, fait avec 6 t. pour
les pattes d'oies . . . . 269 t.

80. Après un vuide de 72 t. de long des murs du parc de Saint-Maurice,
une chaussée de cailloux de 111 t. de long, sur 12 pieds, fait . . . 222 t.

81. Après un vuide de 224 t. allant de Saint-Maurice au marais, une
chaussée de cailloux de 132 t. de long, sur 12 pieds, fait . . . . 264 t.

82. De Saint-Maurice descendant à Basville, une chaussée de cailloux
de 132 t. de long, sur 12 pieds, ce qui fait avec 4 t. pour la patte d'oie . 268 t.

83. Allant à Basville, passant sur une arche près la maison du colombier,
une chaussée de cailloux de 12 t. de long, sur 12 pieds, fait . . . 24 t.

84. Après un vuide de 28 t. montant à Saint-Maurice, une chaussée de
cailloux de 20 t. de long, sur 12 pieds, fait . . . . 40 t.

85. Derrière le parc de Basseville, sortant de Saint-Cheron, à gauche,
et allant à l'hermitage, une chaussée moitié grès et cailloux, de 56 t. de
long sur 12 pieds, fait en grès . . . . 56. }
et en cailloux . . . . 56. } 112.

86. Au-dela de la montagne de Brouillet, une chaussée de cailloux de
143 t. de long sur 12 pieds, fait . . . . 286 t.

87. Plus à gauche dudit chemin, allant de Jouy à Saint-Sulpice, une
chaussée de cailloux de 118 t. de long sur 12 pieds, fait . . . . 238 t.

88. Proche le ruisseau de Rimoron, allant de Basville à Saint-Sulpice,
une chaussée de 57 t. de long, dont les trois premières en grès sur 18 pieds,
et les 54 t. de cailloux sur 12 pieds, fait en grès . . . . . 9. }
et en cailloux . . . . 108. } 117.

La suite à un autre cahier.   Total . . . . 17985 t. 3/4.

N. B. On trouve cet Ouvrage chez les citoyens GŒURY, Libraire des Ponts et Chaussées,
quai des Augustins, n°. 47; GIRARD, place du Carrousel, au café d'Apollon, et DESENNE,
Libraire, Palais du Tribunat, à Paris.

Fin du VIeme. cahier de l'an XI.

Ier. cahier de l'an XII.

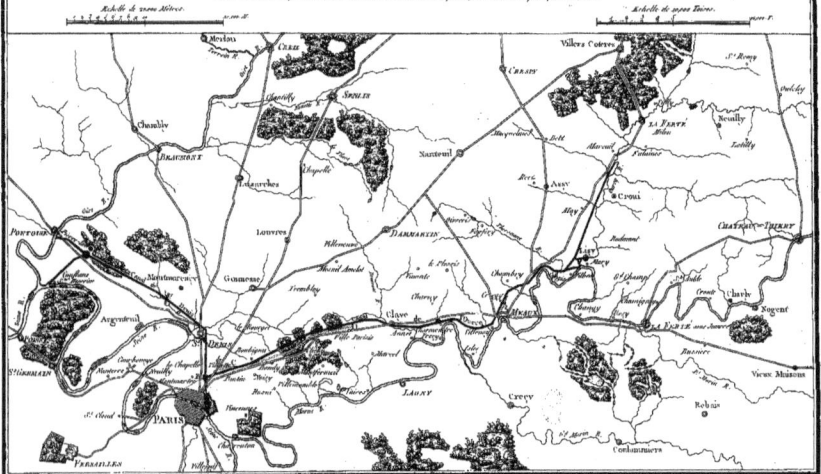

CARTE GÉOGRAPHIQUE DU CANAL DE L'OURCQ,
depuis Lisy jusqu'à Paris.

RECUEIL POLYTECHNIQUE

DES

PONTS ET CHAUSSÉES,

Canaux de Navigation , Ports Maritimes, Agriculture, Desséchement des Marais, Manufactures , Arts mécaniques ,

ET

DES CONSTRUCTIONS CIVILES DE FRANCE EN GÉNÉRAL.

DÉDIÉ

Aux Ingénieurs , Architectes , Entrepreneurs , Constructeurs , Agriculteurs , Directeurs de manufactures et à tous les amis des Arts et du Commerce.

Ier. CAHIER DE L'AN XII,

CORRESPONDANT AUX ANNÉES 1803 et 1804.

DÉTAIL DES FONDS

Assignés pour les travaux des ponts et chaussées de l'an XII de la République française, par le trésor public.

ACTES DU GOUVERNEMENT.

Saint-Cloud, le 23 fructidor an 11.

LE gouvernement de la République arrête :

Art. Ier. Il sera employé une somme de 15 millions en l'an 12, pour les travaux extraordinaires des ponts et chaussées, non compris ce qui sera accordé pour l'extraordinaire des routes ; dont les travaux à faire seront fixés dans le courant du mois de vendémiaire, sur les états qui seront remis de ce qui a été fait en l'an 11, de ce qui reste à faire et des fonds qui restent disponibles.

N

II. Cette somme de 15 millions sera distribuée de la manière suivante, savoir :

1°. Travaux des routes du Simplon, du Mont-Cénis, du Mont-Genèvre et de Vintimille, deux millions, ci.......... 2,000,000.

2°. Travaux des grands ponts, un million, ci........... 1,000,000.

3°. Travaux des quais Bonaparte et Desaix, cinq cent mille francs, ci....................................... 500,000.
(Nota. ce qui sera avancé pour ce dernier quai, sera remboursé par la commune de Paris).

4°. Creusement et réparations des canaux de la Belgique, cinq cent mille francs, ci............................... 500,000.

5°. Dessèchement des marais du Cotentin, cinq cent mille francs, ci.. 500,000.

6°. Desséchement des marais de Rochefort, un million, ci... 1,000,000.

7°. Navigation intérieure, deux millions cinq cent mille francs, ci... 2,500,000.

8°. Ports maritimes, trois millions, ci.................. 3,000,000.

9°. Travaux du canal de Saint-Quentin, deux millions, ci.. 2,000,000.

10°. Travaux du canal d'Arles, cinq cent mille francs, ci.. 500,000.

11°. Travaux du canal pour joindre la Villaine à la Rance, cinq cent mille francs, ci................................ 500,000.

12°. Travaux du canal entre Dijon et Dôle, cinq cent mille francs, ci... 500,000.

13°. Travaux du canal de Blavet, cinq cent mille francs, ci.. 500,000.

Total................ 15,000,000.

III. Le ministre de l'intérieur remettra, vendredi prochain, le projet de distribution de ces fonds entre les différentes localités.

IV. Les ministres de l'intérieur et du trésor public, sont chargés de l'exécution du présent arrêté.

Le premier Consul, signé Bonaparte.
Par le Premier Consul,
Le secrétaire d'état, signé, <i>H. B. Maret.</i></div>

Répartition de deux millions, destinés pour l'an XII aux travaux des quatre routes neuves, ouvertes dans les Alpes.

Continuation des travaux de la route du Simplon, dans toute son étendue, entre Saint-Laurent, dans le Jura, et Algoby, dans le Valais.................................. 700,000 fr.

Du Mont-Cénis...................................... 700,000.

Du Mont-Genèvre, dans toute son étendue, entre le Pont-Saint-Esprit et Suze...................................... 300,000.

De Nice à Vintimille................................. 100,000.

Fonds en réserve..................................... 200,000.

Total............. 2,000,000 fr.

Répartition de la somme d'un million, destinée pour l'an XII aux constructions et réparations des grands ponts de la République. (Arrêté du 23 fructidor an 11).

Alpes-Maritimes. Pont du Var...................... 20,000 fr.
Ardennes. Pour commencer la construction du pont de Givet, indépendamment de quarante mille fr. accordés sur l'an 11, par arrêté du 21 thermidor an 11...................... 24,000.
Cher. Pont de la Charité et autres................... 20,000.
Côte-d'Or. Pont-aux-chèvres, route de Paris à Lyon..... 25,000.
Drôme. Pont sur le Roubeau, à Montelimart, 20,000 fr. Pont sur l'Isère (ce pont sera terminé en l'an 13), 100,000 francs, ci...................... 120,000.
Eure. Pont d'Engonville, 10000 fr. Pont de l'Arche, 10,000 francs, ci...................... 20,000.
Indre-et-Loire. Pont de Tours...................... 100,000.
Landes. Pont d'Aire, 10,000 fr. Pont de Saint-Sever, 10,000 fr. ci...................... 20,000.
Loir-et-Cher. Pont de Blois...................... 30,000.
Loire. Pont de Roanne...................... 40,000.
Loire (Haute). Pont de Vieille-Brioude................ 30,000.
Loire-Inférieure. Pont de Nantes...................... 50,000.
Maine-et-Loire. Pont de Cé, 30,000 fr. Pont d'Angers, 10,000 fr. Pont de Baugé, 5000 fr. ci...................... 45,000.
Marne (Haute). Pont de Joinville...................... 15,000.
Nièvre. Pont de Cosne...................... 10,000.
Pyrénées (Basses). Pont de Sauveterre et autres......... 10,000.
Pyrénées (Hautes). Pont de Hiellardère............... 10,000.
Rhin (Bas). Pour continuer le pont de Strasbourg à Kehl. 50,000.
Saône-et-Loire. Pont de Châlons...................... 6000.
Seine. Ponts de Paris, Sèvres, Saint-Cloud, Neuilly, Saint-Maur et Charenton...................... 50,000.
Seine-Inférieure. Pont de Rouen...................... 2000.
Seine et Marne. Pont de Nemours...................... 60,000.
Vaucluse. Pont de la Durance, à Bompas, 100,000 fr. Pont d'Avignon (des actionnaires se sont réunis pour le construire), ci. 100,000.
Yonne. Pont de Saint-Florentin...................... 20,000.
Fonds en réserve...................... 100,000.

Total............... 1,000,000 fr.

Nota. Il a été appliqué 56,000 fr. des fonds de l'an 11 au pont de la Bidassoa.

Répartition de la somme de cinq cent mille fr. destinée pour l'an XII aux travaux des quais Bonaparte et Desaix. (Arrêté 23 fruct. an 11).

Pour terminer le quai Bonaparte...................... 300,000 fr.
Pour terminer le quai Desaix...................... 200,000.

Total............... 500,000 fr.

Répartition de la somme de cinq cent mille francs , destinée pour l'an XII aux creusement et réparations des canaux de la Belgique. (Arrêté du 23 fructidor an 11).

Cette répartition sera faite entre les départemens du Pas-de-Calais, du Nord, de la Lys et de l'Escaut, après l'emploi des fonds extraordinaires accordés sur l'an 11, époque à laquelle la proportion des besoins sera connue............... 500,000 fr.

Répartition du fonds de deux millions cinq cent mille francs, accordé pour la navigation intérieure de l'extraordinaire an XII. (Arrêté du gouvernement du 23 fructidor an 11).

Ain. Le Rhône, port de la Balme........................	10,000 fr.
Aisne. (L'octroi de la navigation est rétabli).	
Allier. (Idem.).	
Alpes (*Hautes.*) Bords de la Durance...................	15,000.
Ardèche. Rhône, bacs...................................	5,000.
Ardennes. La Meuse , les écluses , le canal de Sédan.....	40,000.
Aube. Ecluse d'Anglure et de Plancy., approvisionnement des bois pour Paris...................................	50,000.
Bouches-du-Rhône. Charges , canaux...................	4,000.
Calvados. Quais de Caen..............................	35,000.
Charente. Extension de la navigation de la Charente.....	150,000.
Charente-Inférieure. Rivières de la Charente , de la Boutonne de la Sendre , 120,000 fr. Digues de l'isle de Rhé , 100,000 fr. ci..	220,000.
Cher. Levées de la Loire..............................	30,000.
Corrèze. La Dordogne................................	4,000.
Dordogne. Escarpement de Rochers dans la Dordogne....	10,000.
Drôme. Quais de Valence , encaissement de la Drôme.....	30,000.
Escaut. Supplément pour le Polder - Marguerite et autres travaux de navigation , indépendant d'un fonds extraordinaire (arrêtés des 19 messidor, 7 thermidor et 23 fructidor an 11)	120,000.
Eure. Rivière d'Iton, la Lane.........................	15,000.
Forêts. Escarpemens de rochers dans la Moselle.........	5,000.
Gard. Digues du Rhône................................	20,000.
Garonne (*Haute*). La Garonne , le Tarn., l'Arriège......	15,000.
Gironde. Demi-droit de tonnage.	
Hérault. Sur le produit actuel des canaux des étangs.	
Ille et Villaine. Ecluses.............................	20,000.
Indre et Loire. Levées de la Loire.....................	50,000.
Isère. Digues..	10,000.
Jemmappes. Sur l'octroi de navigation à établir.	
Landes. Adour et Midouze.............................	10,000.
	868,000 fr.

(97)

|---|---|
Ci-contre	868,000 fr.
Loir-et-Cher. Levées de la Loire.................	40,000.
Loire-Inférieure. La rivière de Loire.............	10,000.
Loiret. Levées de la Loire.....................	50,000.
Lot. Continuation des écluses................	50,000.
Lot-et-Garonne. Épis sur la Garonne...........	10,000.
Lys. Canaux et rivières, ponts-tournans, indépendamment d'un fonds extraordinaire (arrêtés du 19 messidor, 7 thermidor et 23 fructidor an 11).................	30,000.
Maine-et-Loire. Écluses et levées de la Loire......	40,000.
Manche. Digues de Quineville, digues et route de Querqueville.............................	60,000.
Marne. Octrois de navigation établis	
Mayenne. Écluses de la Mayenne.............	15,000.
Meurthe. Travaux sur la Moselle.............	6,000.
Meuse. Travaux sur la Meuse................	4,000.
Meuse-Inférieure. Idem...................	4,000.
Mont-Blanc. Digues du Rhône, épi sur le Guier...	20,000.
Mont-Tonnerre. Sur l'octroi de navigation établi.	
Moselle. Répartition à la Moselle.............	27,000.
Nèthes (Deux). Celles de la tête de Flandres.....	5,000.
Nièvre. Bords de la Loire et de l'Allier.........	25,000.
Nord. Rivières et canaux, sur le fonds extraordinaire. (Arrêtés des 19 messidor, 7 thermidor et 23 fructidor an 11).	
Oise. Sur l'octroi de navigation établi.	
Ourthe. Travaux sur la Meuse, la Sambre et l'Ourthe....	25,000.
Pas-de-Calais. Rivières et canaux, sur un fonds extraordinaire. (Arrêtés des 19 messidor, 7 thermidor et 23 fructidor an 11).	
Pyrénées (Basses). Travaux sur l'Adour.........	10,000.
Pyrénées-Orientales. Sur la rivière de Perpignan.......	30,000.
Rhin (Bas). Digues et épis du Rhin..........	200,000.
Rhin (Haut). Idem. Défense du fort Mortier......	150,000.
Rhin-et-Moselle. Sur l'octroi de navigation à établir.	
Rhône. La Saône, levée Pérache, défense de Condrieux...	30,000.
Roër. Sur l'octroi de navigation établi	
Sambre-et-Meuse. Travaux sur les deux rivières, écluses..	20,000.
Saône-et-Loire. Levée, hallage sur la Saône et sur la Loire...	15,000.
Sarthe. Écluses, entretien.................	30,000.
Seine. Octroi de navigation établi.	
Seine-Inférieure. Octroi de navigation et demi-droit de tonnage établis.	
Seine-et-Marne. Droit de navigation établi.	
Seine-et-Oise. Idem.	
Sèvres (Deux). Divers travaux..............	10,000.
Somme. Écluse de Piquigny, chemin de halage, etc......	65,000.
Tarn. Écluses de Lille et Rabastens..........	50,000.
	1,909,000 fr.

De l'autre part.... 1,909,000 fr.

Vaucluse. Secours pour les digues de la Durance et du Rhône. 40,000.
Vendée. Ile de Noirmoutier, canal de Luçon.............. 30,000.
Vienne. Travaux divers, plans........................ 3,000.
Yonne. Grands réservoirs à construire pour augmenter le flottage des bois pour l'approvisionnement de Paris......... 123,000.
Fonds à laisser en réserve pour cas imprévus............. 400,000.

Total............. 2,500,000 fr.

Répartition du fonds de trois millions, accordé pour les travaux des Ports maritimes de commerce, de l'exercice an XII. (Arrêté du gouvernement, du 23 fructidor an 11).

Deux-Nèthes. Anvers, le port a un fonds spécial, mais il faut pour préparer le balisage de l'Escaut............... 60,000.
Escaut. Port de l'Ecluse, Sas-de-Gand................. 20,000.
Lys. Ostende, digues, jetées, bassin................. 150,000.
Nord. Dunkerque, 130,000 fr. = Gravelines, digues et jetées, 80,000 fr. ci......................... 210,000.
Pas-de-Calais. Calais.......................... 100,000.
Somme. Ecluse et canal de Saint-Vallery............ 150,000.
Seine-Inférieure. Tréport, 15,000 fr. = Dieppe, 60,000 fr. = Saint-Valery en Caux, 30,000 fr. = Fécamp, 20,000 fr. = Le Havre, 600,000 fr. ci..................... 725,000.
Eure. Quillebœuf......................... 5,000.
Calvados. Honfleur, 120,000 fr. = A répartir aux autres ports, 30,000 fr. ci......................... 150,000.
Manche. Granville.......................... 10,000.
Ille-et-Villaine. Port-Malo, Solidor................. 20,000.
Côtes-du-Nord. A répartir entre les divers ports........ 50,000.
Finistère. Port Launay (demande du Préfet maritime de Brest), 32,000 fr. = A répartir entre les autres ports, 40,000 francs, ci......................... 72,000.
Morbihan. Belle-Ile, 10,000 fr. = Lorient, 10,000 fr. = Aurai, 3000 fr. = Vannes, 10,000 fr. = Port Hallenguen, 50,000 fr. ci......................... 83,000.
Loire-Inférieure. Croisic, 5000 fr. = Paimbœuf, 5000 fr. ci. 10,000.
Vendée. Port Saint-Gilles, 20,000 fr. = Sables d'Olonne, 30,000 fr. ci......................... 50,000.
Charente-Inférieure. Reconstructions à la Rochelle, 200,000 francs. = A l'Ile de Rhé, 10,000 fr. ci............... 210,000.
Gironde. Bordeaux, sur le droit de tonnage. = Royan..... 30,000.
Pyrénées (Basses). Bayonne, 5000 fr. = Saint-Jean-de-Luz, 20,000 fr. ci......................... 25,000.

2,130,000 fr.

Ci-contre........... 2,130,000 fr.

Hérault. Agde, 15,000 fr. = Cette, sur l'octroi des vins et eaux-de-vie, on propose néanmoins un supplément de 30,000 francs, ci.. 45,000.

Bouches-du-Rhône. Marseille, sur les droits de tonnage et de santé. = Il sera réparti entre les autres ports du département, 100,000 fr. ci.. 100,000.

Var. Les ports du département.............................. 50,000.

Alpes-Maritimes. Nice.. 150,000.

Golo. La Corse, Ajaccio, Bastia, l'Ile-Rouse, Lazaret....... 50,000.

Fonds laissés en réserve pour cas imprévus............... 475,000.

Total............... 3,000,000.

Répartition de la somme de cinq cent mille francs, destinée pour l'an XII aux travaux du canal entre Dijon et Dôle. (Arrêté du 23 fructidor an 11).

Grand canal de Bourgogne, travaux entre Dijon et Saint-Jean-de-Lône, 240,000 fr. Construction de moulins sur le canal de Dôle, 60,000 fr. ci............................... 300,000 fr.

Canal du Rhône au Rhin, écluse, poste de Dôle, canal à la suite, 100,000 fr. Autres travaux, 100,000 fr. ci........... 200,000.

Total............... 500,000.

Récapitulation des fonds extraordinaires accordés pour l'an XII, par l'arrêté du Gouvernement du 23 fructidor an XI.

Etat No. Ier. Travaux des quatre routes neuves ouvertes dans les Alpes.. 2,000,000 fr.

No. II. Travaux des grands ponts......................... 1,000,000.

No. III. Travaux des quais Bonaparte et Desaix......... 500,000.

No. IV. Creusement et Réparation des canaux de la Belgique. 2,500,000.

No. V. Navigation intérieure.............................. 2,100,000.

No. VI. Ports maritimes.................................... 3,000,000.

No. VII. Travaux du canal entre Dijon et Dôle ou du grand canal de Bourgogne, et celui du Rhône au Rhin........... 500,000.

Desséchement des marais du Cotentin.................... 500,000.

Desséchement des marais de Rochefort................... 1,000,000.

Travaux du canal de Saint-Quentin....................... 2,000,000.

Travaux du canal d'Arles.................................. 500,000.

Travaux du canal pour joindre la Villaine à la Rance... 500,000.

Travaux du canal de Blavet............................... 500,000.

Total pareil à celui de l'arrêté........ 15,000,000.

Certifié conforme, le Secrétaire-d'Etat, signé *H. B. Maret.*

MOYENS

De garantir de l'inondation des eaux les plus belles contrées des terres propres à l'agriculture.

Nous avons promis, page 4 de notre plan général, de nous occuper sans relâche à recueillir tout ce qui peut intéresser l'agriculture, les arts et le commerce.

Pour satisfaire à notre promesse, nous allons parler du moyen de garantir les terrains fertiles des inondations auxquelles ils sont souvent exposés, faute de ruisseaux nécessaires à l'écoulement des eaux. Ce moyen, fort simple, coûterait peu à exécuter et produirait un rapport certain.

Il s'agirait de faire des rigoles ou fossés dans les plaines, creusés en suivant le cours de leurs pentes, pour donner aux eaux provenant des grandes pluies ou dégels, un écoulement facile, et de planter sur leurs bords des saules, des peupliers et autres bois qui croissent facilement sur un terrain aquatique. Ces plantations serrées, formeraient une espèce de clôture, maintiendraient les terres, donneraient de l'ombrage pour les bestiaux, et elles procureraient par ce moyen des herbages et un rapport incontestable. A l'appui de cette idée, nous soumettrons à nos lecteurs un rapport qui nous a été communiqué, et qui a pour objet de démontrer l'utilité des plantations en général.

Rapport fait par le citoyen d'Humieres, membre de la société d'agriculture de Paris, sur un Mémoire du citoyen Billet, concernant les haies de saules et de peupliers ; lu à la séance du mercredi 20 brumaire an XI.

Citoyens, à votre dernière séance vous avez chargé les cit. Bergon, Allaire et moi de vous faire un rapport sur le Mémoire qui vous a été présenté par le cit. Billet, concernant les haies de saules et de peupliers. L'auteur, après avoir démontré les avantages des haies en général, s'attache à prouver qu'on doit donner la préférence à celles-ci ; il fait voir l'économie de la première mise, puisqu'il n'emploie que des boutures, la rapidité de la croissance des plançons, la valeur du feuillage et du bois qu'ils procurent, enfin la solidité de la clôture ; il l'envisage même comme un moyen de défense militaire : *Vous seriez encore royaume, disait-il à des nobles Polonais, chez lesquels il plantait, si vous aviez eu mes haies ;* et ceux-ci, témoins de ses succès, l'appelaient *le Vauban rustique.* Mais pour ne pas sortir de notre sujet, donnons la manière dont il décrit sa plantation, que nous venons de lui voir exécuter d'abord à Cachan, chez notre collègue Cambry, dans une étendue de 4 toises, et quelques jours après, dans la pépinière nationale de Mousseaux, dans une longueur de 8 toises.

Il faut d'abord un fossé d'un pied de large, d'un pied de profondeur, puis avec une barre de fer ou de bois, terminée en pointe, il fait des trous de six pouces environ de profondeur et à cinq pouces de distance les uns des autres ; il y enfonce une branche de cinq à six pieds de haut

et

et de trois ans, dont le bout est aiguisé de deux côtés seulement, le troisième, autant qu'il se peut, reste couvert de son écorce, pour faciliter la naissance des racines, il rabat la terre dans le fossé, tient sa plantation droite et ferme, avec des perches et des lattes posées en travers et nouées avec de l'osier, enfin il la défend avec des épines sèches. Il recommande de tenir en culture. pendant les trois premières années, les bords de la haie des deux côtés, en y plantant la pomme de terre, en y semant des haricots ou des navets, ou toute autre racine, et l'on est dédommagé par une récolte ou par la prompte vigueur de la haie nouvelle. Dans peu d'années les plançons grossissent, au point de se toucher, de se serrer, de se confondre dans plusieurs endroits, et cette haie ressemble alors à une muraille, mais à une muraille qui produit.

Personne n'ignore que les boutures de saule et de peuplier prennent avec facilité dans les terrains aquatiques; mais l'auteur assure avoir réussi avec sa méthode dans les terrains qui ne le sont pas : aussi les deux plantations de *Cachan* et de *Mousseaux* ont-elles été faites dans des terres plutôt sèches qu'humides. Si elles réussissent, elles détruiront le préjugé qui restreint cette espèce de clôture aux endroits de la terre aquatique; elles prouveront en outre qu'il y a assez d'humidité en cette saison, dans les sujets et dans la terre, quoiqu'éloignée de l'époque où la sève se met en mouvement.

Le cit. Allaire se propose de continuer cette plantation à la fin de l'hiver, pour établir une comparaison; par le même motif, il a essayé l'autre jour les boutures du peuplier de Virginie, du peuplier-noir de Suisse, du mixte, entre le tremble et le peuplier-noir du Canada, enfin du faux ébénier.

Ce Mémoire a déjà produit un bien, puisqu'il a déterminé à faire, ce qui devrait accompagner tous nos rapports, une expérience presque sous vos yeux ; nous espérons qu'il en fera un plus grand en tenant tout ce qu'il promet.

Nous vous proposons, Citoyens, d'attendre au printems, lorsque le développement des boutons annoncera le succès de la plantation, pour donner à l'auteur du Mémoire les éloges et les encouragemens qu'il paraît mériter à plus d'un titre. Nous ne discuterons pas si les haies d'acacia, de bois de Sainte-Lucie, des haies fructifères, enfin si le *salix arenosa* de Prusse ne mériteraient pas la préférence; notre objet est de faire sortir le saule et le peuplier du bord des eaux, de le planter dans des terrains élevés, où l'on ne croit pas d'ordinaire qu'il réussisse, et de l'employer à la clôture de pays qui ne sont peut-être restés ouverts jusqu'ici que par une suite de ce préjugé. L'auteur du Mémoire laisse aux cultivateurs à faire choix de leur plant, il se contente de leur mettre dans la main le saule que Caton préférait même à l'olivier, et le peuplier, utile à un grand nombre d'usages.

Nous finissons, en disant que toute haie qui ne donne pas beaucoup de bois est imparfaite, que tout arbre isolé qui ne sert pas en même tems à clorre, ne rend pas tout le service qu'on peut en attendre, et qu'ainsi l'on ne peut trop recommander la haie du cit. Billet, qui fournit à-la-fois l'abondance du bois et la perfection de la clôture.

Aux avantages que présente le Mémoire du cit. Billet, relativement aux plantations, nous ajouterons, en revenant à notre projet, qu'elles auraient

O

celui de maintenir les terres sur les bords des rigoles et fossés que nous proposons de former dans ces contrées fertiles, inondées souvent faute de ruisseaux nécessaires à l'écoulement des eaux; par exemple, la ci-devant province de Beauce (aujourd'hui faisant partie des départemens de l'Eure et Loir, et Loiret), a plus que toute autre besoin de chercher des moyens pour prévenir les inondations qui surviennent presqu'annuellement dans ses vastes plaines, et qui ravagent ses plus belles récoltes : il n'est pas étonnant dans ce pays de parcourir une étendue de 7 à 8 lieues sans rencontrer un arbre ni un buisson.

Pour la formation des rigoles et fossés que nous proposons, nous croyons qu'il sera't nécessaire, pour lever tous obstacles, d'obliger par une loi ou réglement tous les propriétaires de faire, d'après le plan tracé par l'ingénieur des ponts et chaussées de chaque arrondissement, autour de leurs terres, des rigoles ou fossés, que l'on jugerait à propos de faire au milieu des plaines, pour faciliter l'écoulement des eaux, et planter sur leurs bords des saules, peupliers ou autres arbres qui croissent facilement, pour en maintenir les terres et former des ombrages aux prairies artificielles que son cours établira de chaque côté.

A l'égard du produit de ces plantations, il appartiendrait à la commune sur le territoire de laquelle elles seraient; c'est-à-dire, que chargées de leur entretien, ainsi que de celui des fossés ou rigoles, elle retirerait sur la vente qu'elle en ferait faire tous les ans, les sommes qu'elle aurait avancées, et partagerait le surplus entre les propriétaires, suivant l'étendue de leurs terrains.

NÉCROLOGIE.

Sur la vie de M. Chaumont de la Milliere, maître des requêtes.

Au moment où nous livrons ce cahier à l'impression, nous apprenons la mort du ci-devant intendant des ponts-et-chaussées, homme probe et juste, d'un caractère rare et précieux. Le *Publiciste* du 27 vendémiaire, présent mois, s'explique ainsi à son sujet :

Laus publica dulcissimum virtutis praemium, acerrimum virtutis incitamentum.

Nous avons annoncé, il y a deux jours, la mort de M. de la Milliere; mais nous devons à sa mémoire de donner quelqu'idée des vertus et des talens qui lui ont mérité pendant sa vie l'estime publique, et qui excitent aujourd'hui les regrets de tous ceux qui l'ont connu.

Louis-Antoine Chaumont de la Milliere, a été du très-petit nombre d'hommes publics qu'une conduite irréprochable, dans des circonstances difficiles, ait maintenu en possession de la considération qu'il s'était acquise autrefois dans des places distinguées. Cette considération, qu'il devait plus encore à son caractère qu'à ses talens reconnus pour l'administration, l'avait fait appeler, en 1788, au contrôle général, dont sortait alors M. de Calonne. Louis XVI, en le pressant d'accepter, lui dit qu'il l'avait choisi comme *le plus honnête homme de son royaume.* M. de la Milliere refusa la place, malgré des instances vives et réitérées, déterminé uniquement par un sentiment de modestie qui lui faisait craindre de ne pas remplir, aussi bien qu'il l'eût desiré, un poste alors le plus important de l'administration. Les mêmes propositions et les mêmes instances se renouvellèrent en 1790 ; et M. de la Millière eut alors besoin de tout le courage qu'il trouvait toujours dans des motifs respectables, pour résister aux desseins de son souverain, devenu malheureux ; mais résolu de le servir jusqu'au dernier moment, il conserva la place d'intendant des finances, avec le département des ponts-et-chaussées , jusqu'au 11 août 1792 ; alors, perdant tout espoir de faire aucun bien, il donna sa démission. Il renonça dès cet instant aux affaires publiques. A l'assemblée des électeurs de Paris, en l'an V, il se vit appelé à la députation par le vœu de tous les honnêtes gens ; mais il déclara hautement la ferme résolution où il était de ne pas accepter.

L'estime générale s'était trop fortement prononcée en sa faveur. On ne lui pardonna pas l'influence dont il aurait pu jouir, et peu de tems après le 18 fructidor, en revenant d'un voyage qu'il avait fait en Champagne, pour rétablir sa santé, il fut arrêté, sous prétexte d'émigration, quoiqu'il fût bien constant et bien notoire qu'il n'était jamais sorti de Paris que pour aller aux eaux du Mont-d'Or. Chacun des chefs du gouvernement en convenait ; mais il était inscrit sur une liste d'émigrés ; il fut traduit devant une commission militaire, et s'il échappa à la mort, il ne le dut qu'au cri public et aux soins actifs d'une amitié courageuse. La clémence du directoire se borna à le faire déporter. La ville de Riom, où il avait été en prison, se souviendra long-tems de ses malheurs et de ses vertus ; son geolier l'a pleuré, lorsqu'il est parti pour subir sa déportation : c'était dans l'hiver rigoureux de 1798 ; il fut obligé de traverser l'Allemagne dans un charriot découvert, il fut gelé de la moitié de son corps, et ce fut le principe de la maladie qui a depuis rempli sa vie de souffrances, et en a avancé le terme.

Personne n'a pu le connaître sans l'aimer ; on était irrésistiblement frappé de ce mélange de force et de sensibilité qui composait le caractère de cet homme de bien. Sa patience, sa bonté, sa simplicité lui gagnaient ceux dont la noblesse de son caractère lui attirait le respect ; son indulgence rassurait ceux qu'eût intimidé l'exactitude de ses principes. La force de sa raison lui donnait, sans qu'il le voulût, un ascendant auquel ne pouvaient résister aucun de ceux qui l'approchaient, et qui jusques dans sa dernière prison, le rendait l'arbitre des différends qui s'élevaient autour de lui, le conseil de ses compagnon d'infortune, leur recours auprès de leur geolier, dont il avait adouci la sévérité, changé les opinions, et qui ne parle encore de lui qu'avec attendrissement et vénération, en l'appelant, comme avait fait Louis XVI, *le plus honnête homme de France.*

Il laisse dans la désolation une famille dont il était adoré, des amis qui perdent un guide éclairé et un ami aussi solide que tendre. Il s'est éteint dans l'âge de la force , au milieu de ceux dont le bonheur était attaché à son existence, dont tous les vœux demandaient pour lui une longue vie, que la force de son tempérament semblait lui promettre, et dont il eût joui sans les persécutions qui l'ont abrégée. C'est une des nombreuses et innocentes victimes d'une des plus désastreuses journées de notre révolution.

Si le gouvernement doit quelques témoignages de bienveillance, quelque reconnaissance même à l'intégrité d'un magistrat éclairé, et dont toute la France proclame les lumières, les services et la vertu, la famille de la Milliere ne peut manquer d'en obtenir les effets. Il laisse une femme et une famille dépouillées de leurs biens, par l'iniquité du Directoire. Sa mort ajoute une victime aux innombrables innocens, dépouillés ou assassinés par son régime atroce. Toute la France applaudirait un bienfait qui serait une justice, et qui viendrait soulager une veuve désolée.

CORVÉES ET COMMERCE.

Suite des observations à ce sujet.

Nous avons donné, dans le sixième et dernier cahier de l'an II, un essai de comparaison entre les taxes et les corvées, à l'occasion d'un ouvrage sur cette matière, publié par le cit. J. Kastener, ingénieur en chef des ponts-et-chaussées (1), et dont le cit. Jollivet, conseiller d'Etat, a ordonné l'impression. Ce sujet nous a paru si important dans les circonstances, que nous avons cru devoir y revenir d'une manière plus étendue, vu sur-tout cette ordonnance du conseiller d'Etat, qui, en même tems, *recommande aux conseils-généraux de département d'en faire l'un des principaux objets de leurs délibérations.*

Cette matière est traitée avec beaucoup de soin dans un ouvrage que l'on attribue à Duclos (2), secrétaire perpétuel de l'Académie française, et qui ne paraît pas avoir été inutile ou inconnu à l'auteur de l'ouvrage dont le cit. Jollivet a ordonné l'impression. Malgré quelques erreurs et quelques préjugés répandus dans l'ouvrage de Duclos, et aujourd'hui dissipés par l'expérience, il renferme néanmoins des vues très-saines sur cette matière, et nous croyons qu'on ne peut rien consulter de meilleur sur ce qui la concerne; il est animé du meilleur esprit de patriotisme et de bien public. bien entendu, ce qui nous a convaincus que nous ferions une chose très-utile de répandre ses vues et ses idées, et qu'elle serait en même tems agréable à nos lecteurs, dont la plupart sont, par état, occupés de ces objets, et dont aucun sans doute n'est indifférent au bien de la patrie. Ces réflexions nous ont déterminés à donner une analyse de cet ouvrage, dont l'ancienneté, assez grande pour qu'il soit presque généralement oublié ou inconnu, lui donnera, avec l'air de la nouveauté, l'intérêt qu'elle ne manque jamais d'obtenir.

L'ouvrage de Duclos est divisé en trois parties; la première traite des

(1) Cet ingénieur, quoique jeune encore, a montré beaucoup de talens dans son art et y a obtenu des succès; il a annoncé des vues sages et une pénétration qui lui ont procuré un avancement aussi rapide que mérité. Il n'est pas le seul que le gouvernement peut distinguer ainsi, quoique le nombre en soit petit; mais l'avancement de ce petit nombre fait le désespoir de beaucoup d'autres, chez qui l'intrigue remplace le talent. Cette intrigue ne leur réussit pas toujours; mais lorsqu'elle a réussi à les porter à quelque grade, on les voit aussitôt indifférens au bien public, et beaucoup plus occupés des gros appointemens qu'ils reçoivent, en pure perte pour l'Etat et pour l'avancement des ouvrages de leurs départemens.

(2) Il est intitulé : Essai sur les Ponts-et-Chaussées, la Voirie et les Corvées, annoncé *d'Amsterdam*, au 1759.

hommes dont le travail fait et répare les chemins; la seconde traite des ouvrages qui concourent à cette double fin, et la troisième, du droit qui régit le tout. Les hommes et le droit sont changés, ce qui fera que nous nous arrêterons peu sur ces deux objets; mais les ouvrages qui étaient nécessaires alors, sont encore les mêmes aujourd'hui, et toujours également nécessaires. Nous donnerons donc à cette partie notre plus grande attention, ce qui sans doute lui fera par suite prendre une plus grande étendue, que nous tâcherons néanmoins de borner dans de justes mesures.

PREMIÈRE PARTIE.

Des hommes employés aux chemins.

Duclos nous fait observer que les anciens peuples ne mettaient pas une grande importance à l'administration qui avait dans son ressort l'entretien des chemins publics. César se crut offensé, la première fois qu'il fut nommé Consul, de la proposition qui fut faite au Sénat d'ajouter cette direction aux autres fonctions de sa place; et à Thèbes, une faction jalouse du mérite d'Epaminondas et liguée pour l'humilier, comme il arrive toujours dans les gouvernemens populaires, lui ayant fait confier la charge des chemins, au lieu des premiers emplois de la République, qu'il avait droit d'attendre, donna lieu à cette belle réponse, qui peint si bien sa grande ame, en la vengeant de la petitesse de celles de ses ennemis : *Curabo*, dit-il alors, *ne tàm mihi delati ministerii obsit indignitas quàm ut illi mea dignitas prosit* (1).

Au reste, le dédain qu'avaient pour l'administration des chemins, les Grecs et les Romains, prenait sa source dans le souverain mépris qu'ils avaient pour le commerce (2). Il était tel, que chez eux les esclaves seuls et les affranchis s'en occupaient, et que Cicéron nous représente ceux des citoyens qui le professaient, à peine considérés comme tels : le droit romain confondait une femme qui avait boutique, avec les esclaves, les cabaretiers, les femmes de théâtre et les prostituées (3); et Ovide nous a conservé la prière que les marchands faisaient à une fontaine, lorsqu'ils allaient se purifier une fois l'an, de leurs fraudes journalières. Il est assez ordinaire de voir, dans tous les tems, les opinions une fois accréditées, non-seulement être partagées par le vulgaire, mais même par les gens éclairés, sages et instruits; le génie seul y échappe lorsqu'elles sont fausses, et rarement sans en conserver une teinture. Ici, ce n'est point une opinion fausse, c'est une opinion puisée à la source même de la vérité, et que l'expérience des siècles a consacrée. Qu'on parcoure l'histoire des peuples commerçans, elle ne présentera que des injustices, des pillages, des meurtres, des massacres et des forfaits. Quand la force, chez un individu, et plus encore chez un peuple, se joint à l'esprit mercantile, les atrocités

(1) *Petrarcha, lib. de opt. adm: Reip.* Bergier, histoire des chemins de l'Empire Romain, chap. 2.

(2) Esprit des Lois, liv. 21, chap. 14.

(3) *Ibid.*

les plus monstrueuses ne lui coûtent plus, et rien n'arrête sa cupidité effrénée. Carthage, dit Montesquieu (1), faisait noyer tous les étrangers qui trafiquaient en Sardaigne et jusqu'aux colonnes d'Hercule; elle défendit aux Sardes de cultiver la terre, sous peine de la vie, afin de leur vendre ses denrées. Hannon, dans le traité avec les Romains qui termina la première guerre Punique, déclara qu'il ne souffrirait pas qu'ils se lavassent les mains dans les mers de Sicile, et il ne leur fut pas permis d'y trafiquer, ni en Sardaigne, ni en Afrique, sinon à Carthage même, ce qui fait voir, dit Montesquieu, que le commerce qu'on leur y préparait n'était pas bien avantageux. De nos jours n'avons-nous pas vu renouveller tous ces forfaits et toutes ces prétentions excessives. Personne n'ignore que des millions d'Indiens ont été horriblement sacrifiés à l'établissement de la puissance commerciale des Anglais dans leur malheureux pays et à son affermissement : ce sont des Anglais même qui, révoltés de ces injustices criantes et de ces persécutions atroces de l'avidité commerciale, nous en ont révélé tous les affreux détails. Lord Chatam n'a-t-il pas déclaré dans le parlement anglais, qu'il ne devait pas être tiré un coup de canon sur l'Océan, sans la permission de l'Angleterre? Et son fils, aujourd'hui, ne prétend-il pas établir le même droit des gens sur la Méditerranée?

Montesquieu dit que le commerce corrompt les mœurs pures; et que c'était le sujet des plaintes de Platon : il ajoute que César dit des Gaulois: « Que le voisinage et le commerce de Marseille les avait gâtés, de façon » qu'eux qui avaient vaincu les Germains, leur étaient devenus inférieurs. » Nous voyons, dit-il, que dans les pays où l'on est animé de l'esprit de » commerce, on trafique de toutes les vertus morales; les plus petites » choses, celles que l'humanité réclame ne s'y font ou ne s'y donnent » que pour de l'argent ». Ainsi en Hollande, si on demande le chemin, il faut payer pour qu'on vous l'indique; si on a besoin de feu, on n'en a que pour de l'argent. Qu'eût dit Montesquieu, s'il eût vu de nos jours en Angleterre, dans la plus haute classe, un lord requérir dernièrement en justice réglée, le prix de son deshonneur, et ce prix prononcé très-médiocre par le tribunal, parce que les plaintes portées par ce lord contre sa femme, étaient compensées par des sujets de plainte semblables contre lui, et qui furent jugées légitimes? Sans doute, l'honneur français se fût révolté chez lui à cette idée; car on n'eût pas voulu alors divulguer chez nous de pareilles infamies, au prix de tous les trésors imaginables, bien loin d'en faire retentir les tribunaux. Une délicatesse de sentimens ne permettait pas même en France de traduire en justice un domestique voleur, et il ne fallait rien moins que l'esprit du commerce et son avidité sordide, joints chez les Anglais à l'usage du divorce, pour rendre communes et usuelles de pareilles causes, en étouffer l'horreur par le fréquent tableau d'aventures scandaleuses, qui souvent présentées ainsi devant les tribunaux, doivent finir par y accoutumer le public et y conformer ses mœurs. Mais combien en est flétrie cette délicatesse exquise de sentimens et d'honneur, qui jusqu'ici composaient l'esprit public des Français, non-seulement dans les hautes classes, mais même dans les moins élevées!

(1) Esprit des Lois, liv. 21, chap. 11.

Cependant le commerce ne resta pas toujours entaché au même point de ces principes dévastateurs ; s'ils ne marcha pas dans la route la plus régulière, il perdit du moins une bonne partie de son irrégularité. Les nations en se civilisant le civilisèrent lui-même, en lui imposant des règles ; et comme il fut souvent la cause de leurs guerres entr'elles, ces règles entrèrent dans les traités qui terminaient ces guerres et composèrent à la fin un droit des gens, qui fut toujours sensiblement modifié par le plus fort, mais au moins qui put toujours être réclamé et qui ne le fut pas toujours impunément quand les règles avaient été violées. On cessa alors d'avoir pour le commerce la même aversion et la même horreur ; il sortit même entièrement du mépris dont il avait été couvert originairement, car plusieurs peuples, dont la position sur des côtes maritimes les portaient au commerce, ou même les y obligeaient en quelque sorte par leur stérilité, ayant acquis avec de grandes richesses beaucoup de puissance et de considération, firent ouvrir les yeux à ceux qui jusqu'alors n'en avaient fait aucun cas : c'est ainsi qu'on vit les Phéniciens d'abord, les Tyriens, les Rhodiens, les Corinthiens, les Carthaginois, puis les Vénitiens, les Portugais, les Espagnols, les Hollandais et enfin les Anglais, accumuler par le commerce des richesses immenses, et par ces richesses acquérir une force, une puissance et une domination telles que ne l'eussent jamais comportée l'étendue seule de leur territoire et la médiocrité de leur population. Si deux fois toute la puissance Romaine fut balancée, une fois par Carthage et une fois par les Rois de Pont, ce fut le commerce qui eut cette gloire, et il eût même eu celle de la renverser, si les fautes des individus et des vices dans les institutions de ces deux gouvernemens ne les eussent empêché de tirer parti de tous leurs moyens et de déployer avec ensemble toutes les forces réelles que le commerce avait mis dans leurs mains.

Ces événemens firent au moins juger que le commerce n'était pas autant à **mé**priser qu'on l'avait cru, puisque des peuples, avec un territoire peu fertile et peu étendu, avec une population très-peu nombreuse, ayant l'empire des mers et du commerce, avaient en quelque sorte tenu en même tems le sceptre de l'Univers. De là, cette maxime de Raynal : *Qui est maître de l'eau, est maître de la terre* ; et ce vers d'un de nos poëtes, qui le regardait comme la merveille du siècle :

« Le trident de Neptune est le sceptre du monde ».

Et celui de l'abbé Delille, parlant de la Tamise :

« Toi, dont l'urne orgueilleuse est l'urne du Destin ».

Nous avons appelé de ces décisions du Jésuite défroqué et de ces arrêts du Parnasse ; mais l'utilité du commerce n'en restera pas moins constante pour un grand empire, agricole en même tems et maritime comme la France. Sans le commerce, l'agriculture languirait faute de débouchés pour ses produits : combien même n'a-t-on pas éprouvé de famines dans des lieux assez voisins de l'abondance, parce que le commerce n'ayant ni routes, ni canaux, ne pouvait s'en saisir et procurer en même tems l'avantage des agriculteurs et des consommateurs dans le besoin, vu que dans ces circonstances le transport en devenait impossible.

C'est ce qui nous a entraînés dans cette digression, où Duclos nous a jetés lui-même, et que nous ne croyons pas inutile : nous revenons à son ouvrage.

I. Il nous apprend que les vues du commerce n'entraient pour rien chez les Romains, dans la construction de ces voies fameuses que nous admirons encore aujourd'hui, dont celles qui étaient aux abords de Rome semblaient destinées uniquement à annoncer la majesté de l'Empire, et celles qui étaient plus éloignées, pour transporter avec facilité et célérité les armées que sa défense et son étendue mettaient continuellement dans la nécessité d'employer à des distances considérables; aussi ces voies célèbres étaient elles appelées *voies militaires* ; et la charge municipale d'Edile curule qui avait ce département, était toujours remplie par des Patriciens et était regardée comme militaire, d'autant mieux que le soin d'approvisionner les armées leur était également confié.

Nous avons pris à ce sujet des vues plus saines : nous avons considéré le commerce comme un des nerfs de l'État, comme un point essentiel et des plus dignes d'occuper le Gouvernement, et comme un encouragement nécessaire à l'agriculture et à la fécondité de notre sol ; nous le regardons comme le soutien le plus ferme d'un grand empire, et nous nous faisons une maxime capitale du devoir de le protéger, de le favoriser, de l'étendre et de l'augmenter. Aussi compte t-on parmi nous comme une des plus importantes magistratures, celle qui a la direction des moyens qui tendent plus particulièrement à ce but. L'agriculture et le commerce sont regardés en France comme deux branches nourricières de l'État et ses deux fondemens les plus inébranlables. Un de nos plus grands ministres et des plus habiles administrateurs, Sully, fut le premier qui jeta sur cet objet ses vues éclairées, et Henri IV créa pour lui la charge de Grand-Voyer, dont les fonctions sont toujours restées depuis dans les attributs du Contrôleur-général.

Il était assez naturel que ce magistrat fût chargé de cette partie; car les dépenses étant toujours considérables et quelquefois énormes, il eût été dangereux de former des projets si dispendieux et de les mettre à exécution, avant que celui qui seul pouvait avoir le secret de la situation du trésor public, pût combiner la dépense de ces projets avec cette situation, et juger si elle ne les rendait pas impraticables.

(La suite à un autre cahier).

Cet Ouvrage se livre aux Souscripteurs par cahier, tous les mois, disposés à former un volume tous les ans, avec quatre gravures des monumens les plus intéressans, exécutés ou projetés, choisis dans les divers manuscrits qui ont été présentés dans le courant de l'année par les divers auteurs et amateurs. Les entrepreneurs de ce Recueil reçoivent tous les Plans et Mémoires qui leur sont adressés par les Autorités constituées ou particulières, dont ils croyent la publicité utile au bien général du commerce. On fait graver et imprimer tous les objets qui sont reconnus être dans ce cas, avec remise de plusieurs exemplaires à leurs auteurs, en y joignant leurs noms, s'ils le jugent convenable. — On peut s'en procurer la collection en s'adressant par écrit, franc de port, au citoyen GŒURY, libraire, quai des Augustins, n°. 47 ; au citoyen DELAVILLE, rue de la Monnaie, n°. 16; DESENNE, libraire, palais du Tribunat, et chez tous les correspondans des départemens qui sont indiqués dans les chefs-lieux, le tout pour remettre au directeur du Recueil Polytechnique, à Paris, moyennant 15 francs par an, chez le cit. GŒURY, ci-dessus nommé.

IIᵐᵉ. CAHIER DE L'AN XII,

DU RECUEIL POLYTECHNIQUE DES PONTS ET CHAUSSÉES,

ET

DES CONSTRUCTIONS CIVILES DE FRANCE.

CANAL DE L'OURCQ.

ANALYSE de la Lettre du citoyen GAUTHEY, inspecteur-général des ponts-et-chaussées, au Préfet du département de la Seine, sur la manière dont les travaux de ce canal ont été commencés, et continués jusqu'à ce jour , et le moyen de remédier aux erreurs qui ont été commises à ce sujet.

Nous avons déjà parlé plusieurs fois du canal de l'Ourcq; nous avons annoncé les difficultés qu'il avait fait naître et les démêlés qu'il avait occasionnés ; nous avons rendu à chacun la part de ce qui nous a paru lui convenir , en partant des données qui nous étaient fournies de part ou d'autre , et qui n'étaient point contestées. Mais plusieurs faits inconnus, plusieurs circonstances ignorées viennent d'être révélées au public, dans une Lettre au Préfet du département de la Seine , au sujet des travaux de la dérivation de la rivière d'Ourcq, par le cit. Gauthey, inspecteur-général des ponts-et-chaussées : cette lettre met l'affaire dans tout son jour et ne laisse plus rien à desirer.

Elle nous apprend que les règles de l'administration des ponts-et-chaussées sont, qu'un ingénieur ne peut faire exécuter aucun projet, qu'après qu'il aura été examiné par l'assemblée et approuvé par le conseiller d'État chargé spécialement de cette partie. Cette règle est de la plus haute sagesse; car personne n'ignore que les terrassemens sont des ouvrages si dispendieux, qu'ils ruinent presque toujours les plus riches particuliers, et que de puissans souverains, effrayés de leur énormité, ont souvent suspendu des projets d'ouvrages commandés par le bien public et par l'utilité la plus évidente et le mieux reconnue. Il est donc très-prudent que des projets de ce genre, pouvant obérer même de grands Etats, ou entraîner, souvent en pure perte, des dépenses énormes, soient, préalablement à leur exécution, éclairés et jugés par des sages, vieillis dans la pratique de travaux du même genre, et consommés dans l'étude de leur théorie. Une instruction du conseiller d'Etat, approuvée du ministre de l'intérieur le 25 fructidor an 10, avait confirmé cette règle pour le canal de l'Ourcq, et en avait rendu l'obligation plus étroite pour l'ingénieur en chef.

Qu'est-il arrivé néanmoins ? l'ingénieur en chef n'a point fait approuver

P

son projet par l'assemblée, il l'a mis même à exécution, malgré son improbation manifestée d'une voix unanime et consignée dans ses registres. De plus, pour entraver et suspendre l'effet de ses délibérations sur ce projet, et lui interdire tout examen; il a déclaré que soit que l'assemblée l'approuvât ou non, il avait ordre de faire travailler toujours avec activité, et que, tel était l'intérêt mis par le Premier Consul aux progrès de cet ouvrage, que l'assemblée se compromettrait si elle mettait le moindre retard à l'exécution, telle qu'elle avait été entreprise.

Nous savons parfaitement où l'on peut trouver consignées par *écrit*, les règles qui étaient celles de la sagesse et du bon sens, avant d'être celles des ponts-et-chaussées, et qui prescrivaient à l'ingénieur en chef de n'entreprendre l'exécution de son plan, que muni et autorisé par l'approbation de l'assemblée; mais nous ignorons complètement où sont également consignés les ordres reçus par le cit. Girard de travailler sans cette approbation, et jusqu'ici ils ne sont pour nous que des *paroles*. Cependant il nous semble que là chose est ici de la plus haute importance, non-seulement pour l'état dont elle emploie des sommes considérables, et qui, faute d'approbation, peuvent être employées en pure perte, au détriment du trésor public, mais encore pour le cit. Girard lui-même, dont elle peut compromettre la considération, la fortune et la liberté même.

Il faut, pour l'emploi des deniers publics, *une volonté publique*; tout emploi des deniers publics, par une volonté particulière, est dilapidation: or, dans l'entreprise du canal de l'Ourcq, les deniers publics ont ils été employés par une volonté publique? tout nous paraît démontrer le contraire. Qu'est-ce qui constitue et déclare la volonté publique dans la matière dont il s'agit ici? c'est l'approbation des pouvoirs publics, émanée dans les différens degrés de la hiérarchie qui les compose, et sanctionnée par le premier de tous.

Le Gouvernement ordonne une entreprise, il veut qu'elle soit faite suivant la loi; quand il ne l'eût pas exprimé, on ne saurait supposer autre chose. La règle ici est que le ministre transmette les ordres du Gouvernement au conseiller d'Etat chargé de cette partie, avec commission de présenter un plan approuvé par le corps des ponts-et-chaussées assemblé; ce n'est point ici une précaution de sa sagesse, c'est un devoir de sa place: le plan ainsi approuvé par l'administration des ponts-et-chaussée, est remis au même conseiller d'Etat et par lui au ministre, avec un rapport contenant son approbation ou son improbation. Toutes ces formes sont nécessaires; car elles sont conservatrices de la fortune publique et de la propriété des particuliers, qui sans cela seraient livrées au premier étourdi ou au premier intrigant qui saurait donner des apparences spécieuses aux projets les plus extravagans.

Lorsqu'elles ont été observées, le Gouvernement prononce l'exécution ou l'inexécution; voilà *la volonté publique*. Si le ministre lui-même transmettait, pour être exécutés, des ordres qui n'eussent pas passé dans cette filière de la hiérarchie des pouvoirs, ces ordres seraient irréguliers; ils ne seraient pas la volonté publique, ils seraient sa volonté particulière et le constitueraient en responsabilité personnelle; ils donneraient même ouverture à l'action du ministère public, dont l'œil toujours ouvert sur l'inobservation des lois, ne manquerait pas de lui en faire apercevoir ici la violation, d'exciter et d'exercer son zèle, en lui faisant traduire le viola-teur devant les tribunaux.

La conduite de l'ingénieur en chef de l'Ourcq, dans un degré inférieur, a pris ici le même caractère d'irrégularité. Il a été chargé par l'art. VII de l'arrêté des Consuls du 25 thermidor an X, de l'exécution de ce canal, *d'après les plans et devis joints*. Une instruction, approuvée du ministre de l'intérieur le même jour 25 thermidor, lui enjoint, dans la surveil-lance des travaux de ce canal, de se conformer aux règles générales de l'administration des ponts-et-chaussées. Voilà la volonté publique. Le cit. Girard fait travailler au canal suivant d'autres plans considérablement plus dispendieux, sans se conformer aux règles des ponts-et-chaussées, et sans l'approbation du corps; je ne vois là qu'une volonté particulière, qui ap-plique les deniers publics à des travaux qui, faute d'examen et d'appro-bation, peuvent se trouver inutiles et même préjudiciables. Si, comme il l'a assuré, il eût reçu des ordres de travailler sans se conformer aux plans qu'il avait reçus des Consuls, et sans l'approbation des ponts-et-chaussées, et qu'il pût le prouver, il ferait partager au fonctionnaire public qui lui aurait transmis ces ordres le poids de sa responsabilité, sans en être dé-chargé lui-même. En un mot, je ne verrais là encore qu'une volonté par-ticulière, employant les deniers publics, et conséquemment dilapidation.

Le cit. Girard, inculpé pour avoir substitué au plan qui lui avait été remis par les Consuls, un plan de son imagination, plus rectiligne, mais aussi infiniment plus dispendieux, répond que la ligne droite est la plus courte d'un point à un autre, qu'elle donne plus d'agrément au canal et que les moyens de la ville à laquelle il est destiné permettent un excès de dépense.

Cette défense nous paraît très-fausse, et ces raisons très-peu convain-cantes. La situation de la ville de Paris ne lui permet aucun excès de dé-pense; nous eussions consulté sur cela tous les citoyens individuellement qui habitent cette grande ville, et recueilli toutes les voix, sans que notre conviction en fût augmentée, et sans que notre certitude en pût devenir plus ferme et plus assurée. Nous conviendrons facilement qu'un ingénieur traçant un canal dans un parc, peut et doit, dans le tracé, avoir égard aux agrémens qui en résultent et rarement néanmoins nous en avons vu de rectilignes.

Dans des canaux qui traversent des provinces, qui épuisent quelquefois les finances d'un état, et sont toujours prodigieusement dispendieux, le premier de tous les agrémens, c'est l'économie; la plus grande beauté, c'est la moindre dépense. Nous soutiendrons contre le cit. Girard que, dans ce cas, la ligne la plus courte, c'est la moins dispendieuse, et nous ajouterons qu'elle est en même tems la plus droite; car elle met un frein à la cupidité et des bornes aux dilapidations et aux désordres.

Le citoyen Girard, non content de livrer son projet à l'exécution avant l'examen et l'approbation de l'administration générale des ponts-et-chaus-sées, comme il y était obligé, et par la loi générale et par son mandat particulier, a fait de plus tout ce qu'il est possible d'imaginer pour paralyser cette autorité, afin de se soustraire à toute inspection, à toute subordination. Nous avons vu qu'il avait déclaré à cette assemblée que, soit qu'elle approuvât ou n'approuvât point, il avait ordre de faire tou-

jours travailler avec activité, et que, vu l'intérêt mis par le Premier Consul
aux progrès de l'ouvrage, elle se compromettrait si elle y mettait le moindre
retard, tel qu'il avait été commencé. On sent de quel interdit l'administration dût se croire frappée par une pareille déclaration, nonobstant les
nombreuses irrégularités qu'elle ne put s'empêcher d'y apercevoir. Elle
déclara que, sans vouloir apporter aucun retard aux ordres du Gouvernement, elle ne pouvait en aucune façon approuver un projet sans le
connaître, et que son devoir néanmoins et sa mission étant de le connaître et de l'examiner, pour pouvoir en rendre compte au conseiller
d'Etat, elle estimait nécessaire de nommer des commissaires pour examiner
les pièces et les opérations, afin de se trouver en état de remplir ce qu'on
avait droit d'attendre de son ministère, lorsque ce compte lui serait demandé. Le cit. Girard fit ce qu'il put pour s'opposer à cette mesure; mais
l'assemblée passa outre. Alors l'ingénieur travailla les commissaires, au
point que l'un d'eux, se trouvant trop injurié, se crut obligé de se retirer.
Si l'inspecteur-général Gauthey n'en fit pas autant, il ne put être arrêté
que par son devoir et par le desir de faire le bien et de remplir sa mission avec honneur, malgré tous les désagrémens et les déboires qu'elle lui
promettait.

Les commissaires, après avoir fait leur examen, en ayant ensuite rendu
compte à l'assemblée, le cit. Girard prétendit que ce compte qui mettait
au jour toutes les défectuosités et les bévues multipliées de son plan, et
sur-tout les excès de dépense inutile et superflue dans lesquelles il entraînait d'une manière très-préjudiciable pour l'Etat et pour la ville de Paris,
était, de la part des commissaires, *une initiative* par laquelle ils se consti-
tuaient *partie dans une affaire où ils devaient prononcer comme juges* (1).
Si cette prétention absurde du cit. Girard pouvait être accueillie, il s'en-
suivrait non-seulement que l'Administration des ponts-et-chaussées ne
pourrait porter aucun jugement, mais même que les tribunaux et tous
les corps, sans exception, seraient paralysés, tous les membres resteraient
sans fonctions. Nous ne nous étendrons pas davantage sur ce sujet, nous
craindrions qu'on ne nous accusât de perdre le tems à réfuter des allé-
gations réfutées d'avance par leur absurdité même.

Cependant qu'on ne croie pas que cette filière d'autorités, par laquelle
doivent passer les plans et projets de ce genre, soit une vaine et indiffé-
rente formalité; elle est au contraire très-importante pour la République
et de la plus indispensable nécessité. Les ministres et autres administrateurs
généraux ne sont point juges de l'art; leurs fonctions au contraire les
rendent étrangers aux connaissances et plus encore à la pratique, relatives
et nécessaires à cet objet. Un corps particulier, composé d'hommes versés
dans cette pratique et consommés dans l'étude de l'art, leur a été donné
pour leur préparer des lumières; ils sont tenus d'allumer à ce foyer le
flambeau qui doit éclairer leur décision. Ces hommes vénérables, blanchis
sous le harnois de l'expérience, connaissent et les fautes qui peuvent se
commettre contre l'art et les fraudes ordinaires aux déprédateurs : leur
âge, leurs services, leur honneur et leur intérêt même combinent et réu-

(1) Voyez page 21 du Mémoire du cit. Girard.

nissent dans ce corps une somme de talens, de probité et d'expérience qui commande la confiance ; le choix du Gouvernement légalise cette confiance qui n'a jamais été trompée. Ce n'est donc point sans raison ou par pure formalité que les autorités supérieures et inférieures sont tenues de s'éclairer de ses lumières et de se légitimer par son approbation. Sans cette sage institution, la fortune publique serait continuellement en péril et livrée, sans garantie, aux faiseurs de projets les plus extravagans, les plus ruineux et les plus désastreux.

Une circonstance favorisait singulièrement ici les vues de l'ingénieur en chef de l'Ourcq, et ses projets de se soustraire au jour de l'inspection et du contrôle, pour opérer plus sûrement dans l'obscurité : ordinairement les plans fournis par les ingénieurs nommés par le Gouvernement, inspectés et approuvés par l'administration générale des ponts-et-chaussées, sont remis au conseiller d'Etat chargé de cette partie, lequel en fait un rapport au ministre et lui remet le tout muni de son approbation. Sans cette double approbation, le ministre ne pourrait viser les comptes et mémoires de dépenses et en ordonnancer le paiement ; mais les dépenses du canal de l'Ourcq ont été acquittées suivant une autre marche, qui n'a rien conservé de cette régularité.

Un octroi de la ville de Paris a été destiné à cet objet ; les octrois, comme on sait, sont à la disposition des préfets ; le cit. Girard, pour faire payer ses dépenses, s'est contenté de présenter ses mémoires au préfet de Paris, qui bénignement les a tous ordonnancés, sans que l'administration des ponts-et-chaussées ait eu aucune inspection des plans et devis, ait fait aucune estimation des ouvrages, et nonobstant même son improbation unanime, consignée dans ses registres.

De là, toutes les irrégularités qui peuvent naître et sont nées en effet de l'inobservation des lois, de l'insubordination, de l'indépendance, de l'impéritie et de l'inexpérience ; de là, des ouvrages faits au hasard, arbitrairement, sans tracé, sans nivellemens préalables, sans projets, devis, estimation, vérification et approbation légales et nécessaires ; de là, en un mot, toutes les défectuosités et les désordres qu'entraîne naturellement le défaut d'inspection, de surveillance et de contrôle, et que l'inspecteur-général Gauthey a relevés avec beaucoup d'ordre et de zèle, mais sans aigreur et sans fiel, comme sans mollesse et sans ménagement.

D'abord l'inspecteur-général observe que l'ingénieur en chef du canal de l'Ourcq, chargé par le Gouvernement de présenter un projet définitif, d'après les plans et dessins qui lui sont remis, et en se conformant aux règles générales des ponts-et-chaussées, décline l'inspection et la surveillance de son corps, viole les lois qui lui sont imposées, supprime les plans et devis qu'on lui remet et auxquels il doit se conformer, se donne une mission qu'il n'a pas, et au lieu d'un projet définitif à présenter et à soumettre à l'examen et à l'approbation, il improvise un plan nouveau, opposé à toutes les règles de l'art et à la pratique la plus universellement suivie et approuvée, et en brusque aussitôt l'exécution, en y mettant un nombre d'ouvriers et en y consommant des fonds considérables. L'administration, appelée par ses devoirs et par son institution même à assurer le bon emploi des fonds publics, en réglant les opérations de ses membres, voulut alors porter l'œil de sa surveillance légale et obligée sur celles du cit. Girard. Ayant appris de quelques membres qu'elles s'exécutaient contre tous les principes et les règles de l'art (1), elle déclara qu'elle estimait nécessaire de nommer des commissaires pour examiner toutes les pièces et les opérations, afin de lui en rendre compte : nous avons dit que le cit. Girard tenta de s'opposer à cette mesure, mais que l'assemblée passa outre.

Ce fut alors, observe ensuite l'inspecteur-général, que le cit. Girard (2), *qui voulait se soustraire à tout examen et à toute surveillance,* mit tout en œuvre pour entraver son action administrative et officielle; ce fut alors qu'il interposa à cet effet l'autorité même du Premier Consul, autorité sans doute supposée, puisqu'elle eût été contradictoire, comme l'observe à propos l'inspecteur-général (3), et il trouva moyen, *à force de retards* (4), *de chicanes, de doutes élevés sur les calculs, de changemens d'hypothèses, de paralyser l'assemblée,* et même, malgré un ordre bien positif du conseiller d'État, de donner enfin *un projet définitif du tracement* (5), et qui lui fixa pour tout délai le 1er. germinal an 11 ; ce projet et ce tracement ne sont point encore donnés, ni à ce magistrat, ni à personne ; nous sommes même autorisés par des faits à croire qu'il n'en existe point, car l'inspecteur-général nous apprend (6) qu'il a vu dernièrement, dans le bois de Saint-Denis, des terres transportées sur des lieux où l'on creusait ensuite, et où il fallait conséquemment reprendre ces mêmes terres en double emploi, pour les transporter une seconde fois ailleurs, avec une augmentation de dépense en pure perte. Or, s'il y avait eu un plan tracé suivant l'art, avec nivellemens et repaires, ce double emploi, ce double transport, dispendieusement inutile, n'aurait certainement pas pu avoir lieu.

Cependant, continue l'inspecteur-général (7), il existait des plans; quatre avaient été faits par ordre du Gouvernement, deux à droite et deux à gauche du chemin de Meaux, et des ingénieurs, sous l'inspection des commissaires de l'administration (8), avaient employé une année entière à les tracer. Il ne s'agissait donc que d'employer ces plans provisoires, et d'en composer, en les suivant, un définitif, et de le faire approuver et adopter.

Au lieu de cette mission, qui était uniquement celle du cit. Girard, il met sur-le-champ à exécution un plan improvisé sans règle, ni tracé, ni nivellement, et sur l'observation du corps des ponts-et-chaussées, que ce plan entraînera un excès de dépense de plusieurs millions de plus que les plans réguliers qu'on lui avait remis, il augmente considérablement le nombre des ouvriers sur tous les ateliers, évidemment afin d'avancer (9) tellement l'entreprise, que la dépense, perdue si on l'abandonnait, obligeât de la continuer, et afin de se trouver ainsi libre et indépendant, sans inspection, sans surveillance et sans contrôle.

Que devient néanmoins l'entreprise sous sa main, et quelle forme prend le canal sous la mise à exécution brusquée par le cit. Girard ? Le canal

---

(1) Voyez page 5, n°. 18.   (2) Page 3, n°. 12.   (3) Page 27, n°. 94.
(4) Page 28, n°. 97.   (5) Num. 97 et 43.   (6) Num. 85 et 91.
(7) Page 2, n°. 9 et 10   (8) Num. 10 et 95.   (9) Num. 29 et 37.

de l'Ourcq, d'après les arrêtés du Gouvernement, devait être traité en
grande navigation; le Premier Consul avait dit expressément sur les lieux,
qu'il fallait lui donner 40 pieds de largeur (1), et avait même ajouté qu'il
fallait examiner s'il ne serait pas possible d'y joindre une dérivation de la
rivière d'Aisne (2). Au lieu de ces vues, qui indiquent manifestement une
grande navigation, l'ingénieur en chef exécute une rigole de 10 pieds de
large, dont les dépenses néanmoins, par les doubles emplois, les tranchées
excessives et autres travaux ruineux, inutiles et réprouvés par les principes de l'art et de la pratique, excèdent de plusieurs millions celles portées dans les plans et devis qu'il a jugé à propos de supprimer : au lieu
d'une navigation nouvelle à créer pour la ville de Paris, l'ingénieur en
chef en détruit une ancienne existante; car il est bien évident que celle
qui existe actuellement sur la rivière d'Ourcq serait anéantie, si la moindre
dérivation en diminuait les eaux, qui deviendraient alors insuffisantes pour
l'une et pour l'autre.

Il y a des lois à suivre qui ont été sagement portées, tant pour assurer
la bonté, la solidité, la régularité des ouvrages de ce genre si dispendieux,
que pour empêcher les déprédations et mêmes les frais inutiles ou préjudiciables. Les plans, projets, devis et estimation des dépenses doivent être,
comme nous l'avons vu, présentés à l'examen et à l'approbation de l'administration générale des ponts-et-chaussées, et le paiement n'en peut être
ordonnancé par le ministre que sur le rapport approbatif du conseiller
d'Etat qui assure officiellement l'observation de toutes ces règles. Le préfet
de Paris, dit l'inspecteur-général (3), avait d'abord commencé à suivre
cette marche légale et à se conformer à ces réglemens, en envoyant,
avant de les ordonnancer, les marchés et mémoires du cit. Girard au conseiller d'Etat, pour les faire approuver. Mais ces marchés ayant donné
lieu d'observer plusieurs irrégularités choquantes, plusieurs défectuosités
qui montraient et l'ignorance de l'art (4), et une pratique souvent contraire à ses principes les plus vulgaires, ayant de plus été comparés avec
d'autres marchés envoyés par l'inspecteur-général de Saint-Quentin, où
le prix de la fouille n'allait pas à la moitié de celui du canal de l'Ourcq,
et celui du roulage à $\frac{2}{7}$; ces observations furent envoyées au cit. Girard
pour y répondre; mais, pour toute réponse, on cessa d'envoyer les marchés et mémoires, et on en fit ordonnancer le paiement, sans examen ni
approbation, et sans considérer que cette conduite allait entacher le préfet
même, de connivence ou même de collusion avec l'ingénieur en chef préposé aux travaux. Le cit. Girard n'a sans doute pas fait réflexion en tenant
cette conduite, pour échapper à toute inspection, à toute surveillance,
à toute subordination, qu'il a beaucoup diminué sa gêne à la vérité,
mais qu'il a en même tems beaucoup augmenté sa responsabilité, et perdu
de grandes lumières, d'excellens avis et d'abondans secours, dont il aurait

---

(1) Voyez page 20, n°. 72 et 73.

(2) Il serait plus court de prendre à Fismes, au-dessous de Rheims, la rivière de Vesle,
avant qu'elle se jette dans l'Aisne, et de la conduire dans l'Ourcq à Fère en Tardenois; le
trajet ne serait que de trois lieues environ.

(3) Page 31, n°. 111.   (4) *Idem.* n°. 111.

pu avantageusement profiter dans la direction de son travail. Il a cru peut-être ce travail peu difficile, ou que s'il rencontrait quelques difficultés, il les surmonterait aisément et sans secours. Cependant, l'inspecteur-général lui-même, consommé par une longue expérience et une grande pratique de l'art, puisqu'il a projeté et exécuté plusieurs canaux et notamment le grand canal du centre, nous assure (1) que le canal de l'Ourcq présente des difficultés qui ne peuvent être vaincues par des efforts ordinaires et moins encore par un ingénieur inhabile et peu praticien, qu'elles sont nombreuses et multipliées, et qu'il avait résolu de consulter sur ces difficultés qu'il désigne, le corps des ponts-et-chaussées (2), afin d'établir une discussion d'après laquelle on eût pu prendre le parti le plus convenable et le plus avantageux. Ces difficultés, ajoute-t-il, sont telles que je doute beaucoup qu'un ingénieur qui n'a pas étudié à fond cette partie, puisse les surmonter seul et prendre le meilleur parti.

Malgré ces difficultés, néanmoins, et quoique le premier praticien peut-être de France, dont l'âge a mûri les principes et la moralité, dont les travaux multipliés ont augmenté et perfectionné les moyens, dont les succès ont couronné la pratique et consacré la méthode et l'expérience, les juge telles que, pour les vaincre, il se croit dans la nécessité d'en réclamer la discussion par le corps des ponts-et-chaussées et la décision d'après ses lumières réunies, lorsque le ministre même voit la légalité intégrale de son action officielle, dépendante du corps des ponts-et-chaussées, juri nécessaire, seul compétent pour décider de l'art : l'ingénieur en chef du canal de l'Ourcq, seul, croit pouvoir s'en affranchir en se mettant au-dessus des lois et de son mandat !

Quand le génie, quittant les lisières de l'école et secouant les chaînes de la routine, prend le vol de l'aigle pour s'élever au-dessus des sentiers battus par le vulgaire, et que, créant un chef-d'œuvre, il le produit à l'étonnement et à l'admiration du monde, les savans et les ignorans se réunissent pour l'accueillir par des applaudissemens unanimes et universels ; mais quand la médiocrité et l'ignorance s'affranchissent des règles, pour ne produire qu'un ouvrage informe, irrégulier et méprisable, elles descendent alors au-dessous de leur valeur même et s'enfoncent dans la fange, sans que personne leur tende la main pour se relever.

Enfin, poursuit l'inspecteur-général Gauthey (3), « ce qui est encore
» plus inconcevable, c'est que l'on se soit emparé de tout le terrain des
» propriétaires, qu'on ait fait détruire les bleds, qu'on ait dévasté les héri-
» tages, intercepté les chemins vicinaux et bouleversé tous les terrains,
» sans payer personne, comme s'il eût été question d'une incursion mili-
» taire, tandis que l'art. 3 de la loi du 29 prairial, sur ce canal, dit po-
» sitivement que les terrains appartenans à des particuliers, et nécessaires
» à la construction, seront acquis de gré à gré ou à dire d'experts, et
» que la loi générale porte que l'on ne pourra occuper aucun terrain pour
» l'avantage public, que l'indemnité ne soit payée préalablement avant
» qu'on fasse travailler. Cette manière d'agir militairement au sein de la

(1) Page 27, n°. 96.   (2) *Idem.* n°. 96.   (3) Page 32, n°. 113.

» paix,

» paix, a jeté les plus vives alfarmes dans tout le pays : on n'ose peut-
» être pas parler hautement, mais l'on murmure, et la plupart des pro-
» priétaires craignent de n'être pas payés ; le ton même très-tranchant de
» l'ingénieur a fortement indisposé tout le pays contre lui, et a fait une
» quantité d'ennemis et de détracteurs d'un ouvrage qui aurait dû n'avoir
» que des approbateurs ».

C'est avec beaucoup de raison, assurément, que l'inspecteur - général
s'élève ici contre les envahissemens des propriétés particulières, malgré la
loi ; à l'iniquité qu'ils présentent toujours, se joint encore ici l'inconvénient de rendre le Gouvernement odieux, lorsqu'il est connu qu'ils vont
contre ses intentions formelles et notoires (1).

Il faut lire en entier la lettre de l'inspecteur - général au préfet, pour
connaître à fond les torts multipliés de l'ingénieur, les excès de dépense
souvent quadruple (2) et en pure perte, et les nombreux défauts de son
canal-rigole. Tous ces reproches mérités sont ici comblés par l'envahissement illégal des propriétés, et par un mode despotique et un ton oriental
pires que l'envahissement même : et dans quel tems encore cet attentat
contre la propriété ? dans un moment où elle vient d'être ébranlée dans
tous ses fondemens, et où encore mal affermie sur ses bases factices, le
moindre échec la remet en problême, et avec elle le Gouvernement et la
société même !

Le cit. Girard pouvait-il, au reste, respecter beaucoup la propriété particulière, lorsqu'exécutant un projet de son imagination, et avant qu'il
fût devenu *projet de l'Etat*, il employait ainsi les deniers publics à son
bon plaisir?

Terminons par une réflexion judicieuse de l'inspecteur-général, et qui
n'est pas la moins intéressante de son intéressant mémoire. S'il eût été
nécessaire, dit-il (3), de prendre sur les revenus ordinaires de l'Etat les
fonds employés au canal de l'Ourcq, l'ingénieur en chef n'eût pu les faire
payer comme ils l'ont été, sans qu'il y eût de projet légalement formé,
inspecté, approuvé et arrêté, parce que le ministre de l'intérieur n'eût
point déterminé les fonds ni ordonnancé les mémoires sans cette formalité,
dont il ne doit point s'écarter et dont il s'écarte jamais. Mais le préfet
de Paris, qui d'abord avait commencé de se conformer à cet ordre (4),
s'en étant ensuite écarté, par les fascinations du cit. Girard, la porte s'est
trouvée par là ouverte à tous les déréglemens.

« L'ingénieur pouvait sans doute, dit le cit. Gauthey (5), être arrêté
» dans ses fausses idées, dans ses fausses manœuvres, dans ses projets
» illégaux, par un administrateur qui aurait suivi les règles établies ; mais,
» citoyen Préfet, il vous a séduit au point de vous faire croire que vous
» étiez au-dessus de ces règles ; qu'il pouvait seul faire exécuter un grand
» ouvrage, sans être surveillé, sans être examiné, sans être inspecté.....
» afin de continuer un travail condamné par l'assemblée des ponts-et-
» chaussées, et condamnable par tout administrateur ».

(1) Voyez n°. 116.   (2) Voyez page 18, n°. 62 et 63.   (3) Page 4, n°. 14.
(4) Page 31, n°. 111.   (5) Page 28, n°. 97.

Q

Quel désordre néanmoins, ajoute l'inspecteur-général (1), ne s'ensui-vrait-il pas, si on passait sous silence une infraction aussi formelle et aussi coupable des règles qui sont la sauve garde de la fortune publique contre la déprédation? Quel plus dangereux exemple, et que deviendrait alors l'administration générale des ponts-et-chaussées, sinon une superfé-tation aussi inutile à l'État qu'onéreuse pour le trésor public? Quelles con-séquences désastreuses s'ensuivraient, si des désordres aussi graves n'étaient pas réprimés et si un ingénieur, d'accord avec un préfet (2), pouvait ainsi dépenser des millions inutiles, sans que l'administration supérieure, dont l'institution n'a d'autre but que de régulariser et de légaliser les dépenses, en eût l'inspection, la surveillance et le contrôle? Quel gouffre ruineux serait ouvert au trésor public, si ces désordres et cette insubordination, n'étant pas réprimés, venaient, par la tolérance, à multiplier ces millions de dépense perdue, par le nombre *cent huit* qui est celui de nos départemens?

P. S. Depuis la publication du dernier mémoire du cit. Gauthey, le cit. Girard garde un profond silence : l'artillerie de l'inspecteur-général a fait taire absolument celle de l'ingénieur; on observe même que les tra-vaux du canal sont considérablement ralentis, on ne suppose pas néanmoins qu'ils soient abandonnés; on n'abandonne point ainsi une si bonne mine. Mais comme les raisons sont épuisées de part et d'autre, on peut croire qu'on ne s'endort point sur d'autres moyens très-connus et très-pratiqués aujourd'hui, même sur ceux qu'Horace déclare plus puissans que la foudre, plus actifs et plus efficaces que le tonnerre. Tout tient actuellement au rapport que doit faire au Gouvernement le conseiller d'Etat chargé de cette partie. Le conseil des ponts-et-chaussées persiste dans sa décision ; malgré le long silence du conseiller d'Etat, on ne doit pas croire que les moyens d'Horace aient ici aucune influence; quoiqu'un si long laps de tems paraisse en prendre la couleur, croyons qu'il ne se passe pas en né-gociations : le rapport est sans doute suspendu par des affaires d'une plus grande importance encore; il ne faut pas douter qu'on le verra paraître minuté par l'impartialité, à l'instant qu'on ne s'y attendra plus; le con-seiller d'Etat y est trop intéressé, il sait que la sagesse et l'intégrité ne suffisaient pas à la femme de C███, et qu'il fallait que l'ombre même du soupçon fût éloignée d'elle.

Nous ne pouvons nous empêcher de louer et admirer le caractère et le courage qu'a montré le cit. Girard en cette circonstance ; mais nous ne concevrons jamais comment il ne s'est point concerté avec le corps des ponts-et-chaussées, avant d'entamer son entreprise. Cette démarche, com-mandée par le devoir et même par la prudence, eût tout concilié, lui eût épargné une infinité de désagrémens, eût pu réformer toutes les défectuo-sités qu'on reproche à son plan, ou du moins eût enlevé le poids immense de responsabilité qui pèse sur sa tête.

On assure néanmoins aujourd'hui que le cit. Girard, quoiqu'un peu tard, se rapproche du bureau de l'école des ponts-et-chaussées, et qu'il ne paraît pas fort éloigné d'une conciliation, par l'entremise du cit. Prony,

(1) Page 33, n°. 118.   (2) Num. 119.

l'un des commissaires nommés pour l'examen du canal, près lequel on le voit fréquemment se rendre : tous les amis de la paix formeront des vœux pour le succès de ses assiduités.

Note du Rédacteur. On trouvera peut-être que nous sommes entrés dans un détail un peu long sur l'entreprise du canal de l'Ourcq : son importance nous a paru telle, non-seulement pour la ville de Paris, mais. même pour toute la République, que nous avons cru qu'il méritait cette étendue. Des travaux de cette conséquence ne peuvent être trop sérieusement examinés, trop longuement discutés et trop profondément médités et réfléchis. Les plans et projets ont besoin d'être éclairés de toutes les lumières avant d'être livrés à l'exécution ; c'est le seul moyen d'éviter les fautes qui échappent toujours au premier coup-d'œil même de l'habileté la plus consommée, et comme les suites en sont très-dangereuses, par les dépenses considérables qu'elles entraînent, on ne pouvait environner cette partie de trop de formalités et de précautions. Les auteurs des plans trouvent ici leur intérêt comme le trésor public ; ils sont perfectionnés par les lumières et les conseils de l'administration, et souvent par la contradiction même ; ils parviennent ainsi, plus dignes de leurs auteurs, à la postérité, qui consacre leur génie par ses éloges et par sa reconnaissance. Le but du Recueil Polytechnique étant le même, il ne faut point être surpris qu'on soit entré dans ces détails, puisqu'ils tendent évidemment à l'atteindre, et que c'est l'objet constant de nos travaux et de nos efforts.

Le cit. Girard, simple élève des ponts-et-chaussées, d'où il a été tiré pour servir en cette qualité dans l'expédition d'Égypte, n'avait eu encore aucune occasion d'exercer et de montrer ses talens dans cette partie, lorsqu'il fut nommé ingénieur en chef du canal de l'Ourcq, à l'ombre du Premier Consul, sous lequel il avait eu l'honneur de servir : il avait bien retrouvé la ville de Thèbes en Egypte, si nous en croyons les journaux du tems, et même le mètre dont nous nous servons aujourd'hui en France ; il avait vu battre quelques pieux dans nos ports de mer ; mais simple élève appointé, il n'avait eu la direction d'aucun travail, et n'avait aucune expérience dans aucune partie semblable à celle qu'on lui confiait, et surtout d'une importance considérable et présentant des difficultés extraordinaires et multipliées. Tant de succès et tant de faveurs ont sans doute ébloui son zèle et ont bien pu le tromper lui-même sur l'étendue de ses talens, puisqu'il a dédaigné les lumières de l'administration supérieure et récusé les observations, corrections et améliorations indiquées par ses chefs : il faut peut-être excuser son erreur, pour ne lui tenir compte que de sa bonne volonté.

Le Gouvernement, pénétré de ces réflexions, plein de leur inévitable conviction et persuadé de la nécessité de l'examen des plans et projets de ce genre par l'administration générale des ponts-et-chaussées, de leur discussion et approbation par elle avant qu'ils soient définitivement ordonnés et livrés à l'exécution, conformément aux observations du cit. Gauthey, vient de rendre l'arrêté suivant.

Arrêté du Gouvernement de la République..

Bonaparte, Premier Consul de la République, arrête :

Art. Ier. Il sera ouvert un canal de la ville de Rheims à la mer.

II. Les projets en seront faits avant le 1er. germinal, ils seront discutés et l'avis de l'assemblée des ingénieurs des ponts-et-chaussées sera soumis à l'approbation du Gouvernement avant le 1er. messidor.

III. Les travaux seront commencés, si le projet est définitivement adopté, dans le courant de l'an 12.

Le premier Consul, signé Bonaparte.

Par le Premier Consul,

Le secrétaire d'état, signé, H. B. Maret.

N. B. Nous croyons nécessaire, vu l'arrêté ci-dessus, de rappeler que le Premier Consul visitant les travaux du canal de l'Ourcq, marqua le désir qu'on examinât s'il ne serait pas possible de tirer, par une dérivation de la rivière d'Aisne, des eaux en suffisante quantité, pour faire du canal de l'Ourcq une plus grande navigation. Le canal de Reims à la mer ne peut avoir lieu que par les eaux de la Vesle qui passe à Reims, réunies à quelqu'autre des environs : cela nous donne occasion de rappeler l'observation que nous avons faite alors, qu'il serait beaucoup plus court, pour augmenter la navigation du canal de l'Ourcq, de prendre les eaux de la Vesle à Fismes, et de les jeter dans l'Ourcq, à Fère en Tardenois, ce qui doublerait, au moins, la quantité de ses eaux, et diminuerait le travail et la dépense de moitié, la distance de Fismes à Fère n'étant que d'environ trois lieues, et celle de Fère à la rivière d'Aisne de près du double ; cela donnerait en même tems un canal direct de Reims à Paris, dont le trajet ne serait pas beaucoup plus long que la grande route.

CANAL DU RHONE AU RHIN.

Il vient de s'élever, au sujet d'un nouveau canal, une discussion litigieuse et contradictoire, bien propre à arrêter les regards du Gouvernement sur celle de l'Ourcq, et sur la nécessité de ne livrer ces sortes d'ouvrages à l'exécution qu'après l'examen le plus sérieux, et sur-tout avec l'approbation des hommes que les études de toute leur vie, leur longue expérience et leurs preuves faites dans le même genre, ont rendus dignes de la confiance publique à cet égard et leur ont mérité le choix du Gouvernement pour composer l'administration générale des ponts-et-chaussées.

Il s'agit d'un canal du Rhône au Rhin, par le Doubs.

Quatre projets ont été formés : le premier, consiste à traverser l'isthme et le rocher de la citadelle de Besançon, sur une longueur totale de 467 mètres, dont 400 environ en galerie souterraine. Son auteur, le cit. Bertrand, inspecteur-général des ponts-et-chaussées, soutient qu'il lui a toujours paru le meilleur parti à prendre, 1°. parce que ce projet abrége d'une grande lieue, en épargnant beaucoup de difficultés qu'on rencontrerait dans un trajet plus long d'une lieue et traversant une ville fortifiée;

2º. parce que ce projet, abrégeant d'une grande lieue, ne toucherait point aux fortifications de la ville, qu'il laisserait absolument intactes, ainsi que toutes les propriétés particulières, tandis que tous les autres projets entaînent plus ou moins les unes et les autres, avec l'obligation, par conséquent, de remplacer les premières par des travaux nouveaux et les secondes par des indemnités. Mais, ajoute l'inspecteur-général Bertrand, si ce projet a toujours paru le meilleur parti à prendre en tout état de cause, il est devenu le seul possible et proposable, depuis que les digues et usines placées autour de Besançon ont été condamnées par l'ancien et par le nouveau Gouvernement, en sorte qu'il faut renoncer au projet de jonction du Rhin, ou à conserver à la place de Besançon les faibles restes de fortifications qui lui font encore donner la dénomination de ville de guerre.

Un autre projet donné en l'an 9 par le directeur de la place de Besançon, Kirgener, consiste à établir la navigation dans le lit même de la rivière et autour de la ville.

Un troisième projet, présenté en l'an 10 par le comité central du génie militaire, sur la proposition de son rapporteur le général Clemencet, consistait à ouvrir une tranchée neuve tout à travers la ville. L'inspecteur-général Bertrand lui adressa des observations sur les inconvéniens qu'il renfermait, et il présume que ces observations le firent abandonner, parce que, dit-il, l'année suivante on en présenta un quatrième, fourni par le cit. Laurent, capitaine de l'arme du génie, servant à Besançon sous le directeur Kirgener. Celui-ci consistait à établir aussi la navigation d'abord dans le lit même de la rivière inférieure, ensuite dans les fausses brayes qui cotoient la partie supérieure, et le comité central du génie a annoncé ce plan comme celui auquel il fallait s'en tenir définitivement.

Pour juger entre ces quatre projets celui qui mérite la préférence, les ministres de la guerre et de l'intérieur ont nommé une commission mixte, composée de trois ingénieurs du génie militaire et de trois des ponts-et-chaussées : cette commission, après avoir délibéré à Paris pendant plus d'un mois, ne put s'accorder ; la section civile fut entièrement et sans modification, dit l'inspecteur-général Bertrand, en faveur de son projet, et la section militaire le proscrivit comme absurde, sans néanmoins opiner formellement pour le projet Laurent, mais en paraissant donner ouverture à un cinquième plan, qui consisterait à toujours suivre le lit du Doubs, mais en remplaçant quatre des digues actuelles par deux bâtardeaux qui seraient percés d'écluses à fond sur toute leur longueur, et tout prêts à devenir claire-voie, l'un au pont de Battant, l'autre vers Tarragnoz, et en y ajoutant les autres ouvrages qu'on jugerait utiles ou nécessaires après un plus ample examen.

Ici les passions viennent, comme il n'arrive que trop souvent, embrouiller la matière ; chacun adore son idée sans vouloir s'en départir, et c'est encore bien pire, si des motifs obscurs d'intérêt secret et inaperçu viennent encore ajouter à l'embarras dont la décision qui doit intervenir est entravée.

L'inspecteur-général Bertrand observe, qu'au lieu d'un jugement par arbitres, qui devait décider entre son projet et celui d'un des membres du génie, pour adopter l'un ou l'autre, la section du génie, sans en adopter aucun formellement, les proscrit tous, en semblant néanmoins donner la préférence à un nouveau plan à former, et dont les détails, les devis,

les dépenses et les ouvrages indispensables sont entièrement inconnus, en
sorte qu'il faudrait nommer une commission spéciale, non-seulement pour
l'examiner, mais même pour le former en entier et en donner tous les
plans, devis et détails. Il se plaint en outre qu'ayant d'abord été de la
commission, il en fut exclus, comme auteur de l'un des projets qu'il s'agissait de comparer et de discuter, quoique le directeur Kirgener et le général
de brigade Clémencet, auteurs l'un et l'autre de chacun un projet, et le
dernier en outre rapporteur du comité central, n'en ayent point été exclus,
malgré les mêmes raisons évidentes et des motifs égaux d'exclusion.

Mais il ne croit pas avoir besoin de ces moyens de nullité ou de récu-
sation pour anéantir leur décision. Voici, continue-t-il, les principaux
argumens qu'ils emploient contre moi, avec les réponses que la section
civile leur a faites, et que je dois moi-même leur faire pour me justifier
personnellement.

I. On oppose d'abord que dans la zône des frontières toutes les vues
militaires doivent dominer les vues du commerce, à cause de la nécessité
de défendre l'État : cette règle, dit l'inspecteur-général, est incontestable ;
mais elle n'a ici nulle application, puisque le canal arrivant en face, et
sous le feu de la citadelle, elle pourrait, en un instant, le masquer, le
combler et le détruire, au moment où la chose deviendrait nécessaire.

II. On oppose en second lieu que le canal à former doit être défensif
de toute l'enceinte de la place, en même tems qu'utile à la navigation.
C'est ici, dit le c.t. Bertrand, vouloir allier les inconciliables ; 1°. parce
que le commerce s'enfuit toujours au moindre bruit des armes ; 2°. parce
qu'il ne peut être établi sous les remparts et les bastions, ou le long des
courtines, aucune navigation artificielle, sans enfreindre toutes les règles
de la défensive ; 3°. parce que tout ce qu'on prétend ajouter par-là aux
moyens défensifs de la ville, se réduit à l'environner d'une hauteur d'eau
suffisante pour la mettre à l'abri d'un coup de main ; or, tel est l'état
actuel des lieux auquel le projet n'ajoute rien ; il est donc, conclue-t-il,
absolument inutile à cet égard.

III. Une troisième difficulté, proposée par le génie militaire, c'est que
sans des bâtardeaux éclusés, pour maintenir les basses eaux à la hauteur
nécessaire, fonction remplie par les digues actuelles qui sont condamnées,
comme étant la cause des inondations qui affligent la ville, rien ne remplacerait cet avantage. Mais, répond l'inspecteur-général, 1°. les bâtardeaux auraient le même inconvénient ; 2°. *les écluses de fond*, dont les
inventeurs donnent plusieurs espèces, à aucune desquelles le génie militaire ne s'arrête d'une manière déterminée, ne pourraient ni être manœu-
vrées sans danger, ni résister à deux débordemens consécutifs : ce sont,
ajoute-t-il, des inventions qui, quoiqu'ingénieuses et déjà très-anciennes,
n'existent encore qu'en dessin et en projet, et quand bien même elles
pourraient être réalisées et réussir ailleurs à évacuer les grandes eaux,
elles ne le pourraient pas sous le pont de Besançon, où elles augmente-
raient au contraire le gonflement des grandes eaux, ce qui doit être évident pour le directeur Kirgener et le capitaine Laurent plus que pour
personne.

IV. Après des preuves aussi peu concluantes, les ingénieurs militaires
croyant néanmoins pouvoir assurer que le dernier projet, tout indigeste

qu'il est, pourra établir une bonne navigation, parer à l'inconvénient des inondations de la ville, assurer sa défense, et remplacer les digues actuelles, proscrivent le canal souterrain comme une dépense folle, en pure perte ou en double emploi, puisqu'il ne servirait qu'à la seule navigation, et laisserait à pourvoir aux trois autres objets.

Mais, réplique l'inspecteur-général, tout porte à faux dans ces assertions; 1°. les digues actuelles ne peuvent être remplacées par des bâtardeaux éclusés, on vient de le voir; 2°. quand la chose serait possible, les inondations de la ville ne seraient pas moindres, ni sa défense mieux assurée; elle le serait au contraire beaucoup mieux par la galerie souterraine, puisqu'elle achèverait de rendre la place inaccessible, en forçant à rendre navigable la longue partie de rivière qui est toujours à sec ou guéable, sous Chaudane et Tarragnoz, et qui resterait telle, en s'en tenant aux bâtardeaux éclusés; 4°. le canal souterrain est le seul moyen de diminuer les inondations, et ce motif seul devrait le faire ouvrir, sans attendre que le Doubs soit rendu navigable au-dessus et au-dessous, l'expérience en est si certaine, qu'elle empêcherait bientôt de poursuivre la destruction de ces riches établissemens, si l'on en avait vu l'effet avantageux.

V. Si les ingénieurs militaires, continue l'inspecteur-général, ne croient point à cet effet du canal souterrain, s'ils le déclarent *extravagant* ou *impossible*, c'est qu'ils ne connaissent pas le genre d'écluse que j'ai composé pour les navigations fluviales, pour y servir à volonté de déchargeoir et de coursier très-rapide, c'est qu'ils ignorent que depuis quinze ans il en existe une de cette espèce sur la Saône, vis-à-vis de Gray et que, soit ouverte ou fermée, elle résiste à toutes les débâcles, ou qu'ils ne font pas attention que ce sont deux écluses pareilles et liées ensemble par une masse de rocher indestructible, qui formeront tout ce canal comme d'une seule pièce.

VI. Une sixième difficulté, proposée par le génie militaire, c'est qu'en cas de siège, ce souterrain serait exposé aux feux de l'ennemi, leur servirait même de parallèle, de logement et de communication d'un côté à l'autre de la citadelle, et nécessiterait ainsi de nouveaux ouvrages de fortification pour défendre le souterrain lui-même. Mais erreur, répond le cit. Bertrand; le souterrain, au contraire, sera un nouvel ouvrage défensif de tous les autres, et un retranchement pour la garnison, et lorsque l'assiégeant arriverait là, il y aurait long-tems que les assiégés auraient fait le sacrifice des écluses, des maisons, etc. ce qui est d'ailleurs sans vraisemblance d'arriver jamais, parce que la place de Besançon, par sa mauvaise position, ne peut jamais soutenir un siège en règle et n'a besoin que d'être défendue d'un coup de main, parce que, depuis qu'elle est française, elle a toujours joui de la paix et n'a jamais rien éprouvé de semblable, quoique frontière extrême, ce qu'on doit beaucoup moins avoir à craindre aujourd'hui, qu'elle est devenue absolument intérieure, et très-éloignée de tout ennemi. (*La suite à un autre cahier*).

CORVÉES ET COMMERCE.
SUITE *des Observations à ce sujet.*

Le Contrôleur-général avait sous lui un magistrat chargé du détail, et qui régissait par lui-même la généralité de Paris.

Elle était divisée en deux départemens, dont l'un comprenait la ville, les faubourgs et banlieue, sous le titre de *Pavé de Paris;* l'autre s'étendait sous le nom de *Ponts-et-Chaussées,* jusqu'aux bornes des généralités dont il était environné.

Dans l'un et dans l'autre, les formalités du droit et de la police étaient remplies par le bureau des finances en corps, et par les trésoriers de France qui avaient des commissions particulières. Pour la conduite des ouvrages du pavé de Paris, il y avait sous le commissaire un inspecteur-général et quatre sous-inspecteurs, avec un garde de la prévôté de l'hôtel, pour l'exécution des ordres. Les travaux du surplus de la généralité étaient dirigés par des ingénieurs en chef ou sous-inspecteurs, sur les plans et la conduite d'un inspecteur-général.

La régie directe des provinces était confiée aux Intendans, sous les ordres du Ministre et l'instruction particulière du Commissaire-général. Chaque Intendant y remplissait les formes du droit et de la police, et par sa propre autorité et par celle d'un Trésorier de France de sa généralité, revêtu d'une commission du gouvernement. Il y avait dans chacune de ces généralités un ingénieur en chef et quelquefois deux, plusieurs sous-inspecteurs, sous-ingénieurs et élèves, en proportion des ouvrages à faire. Tous ces officiers de l'art étaient subordonnés à un inspecteur-général.

Il y avait, pour toute la France, un premier ingénieur et cinq inspecteurs-généraux.

Enfin on entretenait à Paris une école, où des maîtres gagés instruisaient les élèves, non-seulement des mathématiques et du dessin, mais encore des deux architectures, publique et civile.

Outre ces deux départemens du pavé de Paris et des ponts-et-chaussées, l'administration en embrassait un troisième, connu sous la désignation de *Turcies et Levées* des rivières de Loire, Cher et Allier, auquel présidait pour la police, les formalités et la visite des ouvrages, un officier en titre d'intendant. Il y avait, pour les projets et la conduite des ouvrages, un ingénieur-général, deux ingénieurs en chef qui lui étaient subordonnés, l'un pour le haut et l'autre pour le bas de la Loire, et plusieurs sous-inspecteurs et sous-ingénieurs. *(La suite à un autre cahier).*

Cet Ouvrage se livre aux Souscripteurs par cahier, tous les mois, disposés à former un volume tous les ans, avec gravures des monumens les plus intéressans, exécutés ou projetés, choisis dans les divers manuscrits qui ont été présentés dans le courant de l'année par les divers auteurs et amateurs. Les entrepreneurs de ce Recueil reçoivent tous les Plans et Mémoires qui leur sont adressés par les Autorités constituées ou particulières, utiles au bien général. On fait graver et imprimer tous les objets qui sont reconnus être dans ce cas, avec remise de plusieurs exemplaires à leurs auteurs, en y joignant leurs noms, s'ils le jugent convenable. — On peut s'en procurer la collection en s'adressant par écrit, franc de port, au citoyen G Œ U R Y, libraire, quai des Augustins, n°. 47; au citoyen DELA-VILLE, rue de la Monnaie, n°. 15; DESENNE, libraire, palais du Tribunat, et chez tous les correspondans des départemens qui sont indiqués dans les chefs-lieux, le tout pour remettre au directeur du Recueil Polytechnique, à Paris, moyennant 15 francs par an.

Nous prévenons nos Lecteurs et Abonnés qu'un nouvel établissement et une nouvelle organisation d'un Bureau particulier, indispensable à la régularité de la correspondance journalière de cet Ouvrage, doivent être incessamment formés, et qu'en conséquence, le Public et nos Souscripteurs en seront prévenus par un avis qui sera publié à cet effet, sitôt que le local choisi pour cet objet sera disposé.

IIIᶜ CAHIER DE L'AN XII.

IIIme. CAHIER DE L'AN XII,

DU RECUEIL POLYTECHNIQUE DES PONTS ET CHAUSSÉES,

ET

DES CONSTRUCTIONS CIVILES DE FRANCE, EN GÉNÉRAL.

CANAL DU RHÔNE AU RHIN.

SUITE des Observations sur ce Canal, d'après le précis de cette affaire, publié par le citoyen BERTRAND, inspecteur-général des ponts-et-chaussées.

VII. On oppose encore qu'au lieu de contourner, de visiter et de desservir tout le pourtour de la ville, le canal passeroit loin des portes, et par-là enleveroit aux habitans tous les avantages de la navigation.

Voilà, répond l'inspecteur-général Bertrand, le cri de l'intérêt particulier de la localité qui se met toujours en avant et en opposition de l'intérêt général. Mais, ajoute-t-il, il est aussi aveugle que mal fondé : le canal traverseroit les deux faubourgs de Rivotte et de Tarragnoz qui sont entre deux portes et au pied de la citadelle. Il auroit un beau rivage absolument libre, pour charger et garer à toute heure et à toute hauteur des eaux, ce qui seroit impossible autrement ; et quand il n'auroit point cet avantage, destiné qu'il est au commerce général de la France et même de l'Europe, quand il léseroit en quelque chose l'intérêt du commerce particulier, il auroit droit de lui commander ce sacrifice et de l'exiger.

VIII. On oppose une huitième difficulté : on dit qu'une lieue de plus n'est rien en comparaison de la dépense du souterrein dans un trajet tel que celui de la Méditerranée à la mer du Nord. Ici, après avoir caressé l'intérêt local, en lui accordant beaucoup trop, on le néglige entièrement, en ne lui donnant plus rien du tout : car, si une lieue n'est rien dans le trajet de la Méditerranée à la mer du Nord, elle est très-considérable pour la localité de Besançon, à qui une lieue de plus à faire pour les denrées et approvisionnemens qui lui arrivent du voisinage, peut doubler et même tripler le trajet de ces denrées, et en augmenter ainsi beaucoup le prix au détriment et préjudice de la ville et des environs.

IX. On oppose encore que le canal souterrein rendroit la navigation générale plus incommode, plus lente et plus coûteuse, attendu qu'il seroit trop étroit pour que les bateaux pussent y croiser ou être tirés par des chevaux.

On se trompe, réplique l'inspecteur-général, si l'on croit que les chevaux pourront être employés au hallage du pourtour de la ville, ou que cela seroit plus expéditif et moins cher que ce même service à bras d'hommes, et en bornant *à trois heures et un tiers,* le temps que le souterrein épargneroit aux bateliers ; la commisson civile n'a pas assez estimé les retards, embarras et entraves qu'ils éprouveroient sur une lieue de circuit inutile, par

R.

le passage de trois écluses au moins, en plein lit de rivière, par celui de deux ponts, dont un beaucoup trop bas, par trois renvois de la *cordelle*, et d'un rivage à l'autre, par les difficultés et accidens inséparables de la moindre des crues, par l'assujétissement des consignes et des heures pour l'ouverture et la clôture des portes, etc. etc. Ainsi ce seroit, non pas quelques heures, mais des journées entières que les mariniers seroient obligés de perdre : ce ne seroit pas trois francs, mais le triple et le quadruple dont chaque bateau seroit grevé, tandis que par le souterrein et les deux faubourgs, il trouveroit bientôt les abordages, gîtes, magasins et secours nécessaires, à quinze ou vingt fois meilleur compte.

X. L'on oppose encore la dépense comparée, que l'ingénieur en chef du département du Doubs, bien détaillée et bien calculée, porte à 195,000 fr., et le génie militaire à 400,000 fr. Mais, dit le citoyen Bertrand, cette dernière estimation est évidemment excessive, parce qu'elle suppose qu'il y auroit nécessité de voûter toute la galerie, tandis que la nature du rocher, bien connue, démontre qu'aucune partie n'auroit besoin de voûte artificielle, et l'estimation même des ingénieurs civils à 195,000 fr. est déjà trop haute, en ce qu'elle suppose que la matière des fouilles seroit inutile, au lieu qu'il est constant qu'elle seroit presque toute pierre de taille, propre à bâtir en ville comme en rivière, et étant, quoi qu'on en dise, très-bien connue, tant par son extérieur que par son intérieur, que le puits de la citadelle perce dans son centre et en entier du haut en bas. D'un autre côté, le projet du capitaine Laurent, passant par les fausses brayes, est estimé par lui-même 353,000 fr., sans compter le port de Chamars, les indemnités et tous les accessoires prévus ou imprévus, d'où il faut conclure qu'il iroit à près du triple que celui du canal souterrein.

XI. La comparaison de la dépense d'entretien est encore bien autrement à son avantage : car il seroit ouvert dans un roc naturel, sans aucune maçonnerie artificielle et sans aucune autre charpente, que les portes des deux écluses, tandis que les canaux des deux autres projets seroient quatre ou cinq fois plus longs, construits en ouvrages qui presque tous ne pourroient être qu'en bois et exposés à toutes les crues et débâcles de la rivière, au choc des glaçons, des arbres et autres corps flottans, en sorte que malgré l'énormité de la première dépense, il faudroit presque tous les ans les renouveller.

XII. L'inspecteur-général Bertrand se croit donc en droit de conclure que le canal souterrein mérite la préférence à tous égards; 1° sous le point de vue militaire et de l'art défensif de la place ; 2° sous celui des avantages du commerce général et même de celui de Besançon en particulier ; 3o. enfin, sous celui de la dépense en constructions nouvelles et en entretiens avenirs.

Tel est l'exposé de l'état de question du canal à former pour la jonction du Rhône au Rhin, que vient de publier l'inspecteur-général Bertrand, question qu'il nomme lui-même, controverse avec autant de vérité que de raison : car il paroît que les divers intérêts et les passions sont intervenus dans la discussion de cette affaire, de manière à embrouiller le tout beaucoup plus qu'à l'éclaircir. Les Ministres de la guerre et de l'intérieur avoient nommé une commission mixte de trois ingénieurs civils des ponts-et-chaussées, et de trois ingénieurs militaires, pour que la réunion des lumières des deux génies, pût opérer l'accord entre eux sur un plan qui, remplissant le but de la jonction du Rhône au Rhin, ne fit aucun tort ou dommage aux fortifications de la place de Besançon. Au lieu de s'accorder conformément aux vues des Ministres, les deux génies se sont entièrement divisés, au point que celui des ponts-et-chaussées est totalement et sans modification en faveur du projet Bertrand (*Voyez* pag. 5), et que le génie militaire le proscrit absolument et le déclare absurde et impraticable. Il est difficile de croire qu'un plan ainsi approuvé sans modification par la section civile, comme remplissant le but de la navigation, celui de la plus grande économie, tant pour la construction que pour l'entretien; enfin, celui de ne point endommager les fortifications de la place, soit réellement absurde et impraticable. Mais, veut-on savoir ici la vérité? c'est que le génie militaire y est venu avec son esprit, qui est celui de tout emporter par la force beaucoup plus que par la raison.

Il n'est point de guerres plus interminables que les guerres d'opinions : plus la nuance qui les différencie est légère, plus la guerre est acharnée. *Mahomet*, dit Montesquieu, *trouva les arabes paisibles ; il leur donna des opinions, et les voilà conquérans.* Dans ces combats d'opinions, il se trouve toujours des gens qui savent profiter habilement des circonstances pour les mettre à profit et avancer leurs affaires. L'intérêt particulier est toujours le plus grand ennemi de l'intérêt général, sous le voile duquel, néanmoins il a toujours soin de se couvrir. Ici l'esprit de corps paroît s'être joint aux vues d'intérêt particulier. Chaque corps a voulu avoir l'honneur de faire prévaloir un plan de son génie : chaque individu a conçu l'espérance d'attacher son nom à l'entreprise, peut-être, en y étant employé, de servir avantageusement des vues d'intérêt et de fortune. De là, l'impossibilité de s'accorder ; de là, la lenteur de la marche de cette affaire vers le succès désiré pour le bien public, but du Gouvernement; de là, l'oubli de toutes les convenances, l'oubli même complet de la chose toute entière pour laquelle on étoit assemblé. Quel étoit l'objet de la commission, lorsqu'elle s'est réunie ? C'étoit la jonction du Rhône au Rhin par un canal de navigation. Au lieu de cette jonction et de ce canal, le génie militaire rêve des fortifications à ajouter à la place de Besançon, qui, d'une part, n'en sauroit recevoir d'utiles, beaucoup moins de nécessaires, parce que tout le monde étant d'accord que sa mauvaise position ne lui permettra jamais de faire une bonne défense, en cas de siège, elle n'a besoin que d'être défendue d'un coup de main, et que par son état actuel, elle a cet avantage assuré ; d'autre part, étant devenue aujourd'hui comme centrale et très-éloignée des frontières et de tout ennemi, elle a moins besoin que jamais de puiser au trésor public, pour ajouter à ses moyens de défense. Mais encore une fois, de quoi s'agit-il? quelle est la mission de la commission ? est-ce de faire des fortifications à la ville ou à la citadelle, ou de faire un canal pour la jonction du Rhône au Rhin ? Ne perdons point de vue notre objet : il n'est point douteux, c'est la jonction du Rhône au Rhin. Les projets défensifs sont donc ici inutiles, intempestifs et superflus ; la dépense triple dans laquelle leurs auteurs ne sauroient déguiser qu'ils entraîneront nécessairement, est encore bien plus intempestive. Les ingénieurs militaires n'avoient ici qu'une seule et unique mission presqu'entièrement passive, celle d'inspecter le plan de chaque canal à ce qu'il n'endommageât en rien les fortifications de la ville, et d'opiner entre deux plans, lequel rempliroit mieux ce but. Ils n'ont pu articuler que le plan endommageât en rien les fortifications : là finissoit leur ministère. Leur impuissance d'affirmer que le canal pût porter aucune atteinte aux fortifications, devoit entraîner

R 2

leur approbation : leur silence à cet égard vaut ici une approbation formelle. Mais, malgré leurs projets d'emporter l'affaire, malgré leurs plans imaginés pour l'embrouiller, comme l'observe fort bien l'inspecteur-général Bertrand, ils paroissent néanmoins avoir senti leur foiblesse ; car ils ont cru devoir s'étayer de la municipalité de Besançon et même de sa chambre de commerce, dont quelques individus, peut-être lésés par le projet qui écarteroit la route de la navigation du voisinage de leurs habitations, de leurs domiciles ou de leurs manufactures, ont entraîné leurs corps à décrier le projet et à solliciter sa proscription, malgré leur incompétence et leur défaut de mission à cet égard, et nonobstant les avantages multipliés qui doivent résulter de son exécution, pour le commerce, pour la ville, pour la république et même pour l'Europe entière.

L'affaire, en cet état, est sous les yeux du Gouvernement, dont on attend la décision. Fût-elle une erreur, elle vaudra toujours beaucoup mieux que le résultat des diverses passions en fermentation. L'autorité n'est jamais intéressée que pour le bien public : son honneur et sa sûreté en dépendent également, nous n'ignorons pas ce qu'a dit un poëte :

Quid quid delirant reges plectuntur Achivi.

Néanmoins nous donnerons toujours la préférence aux erreurs mêmes de l'autorité, sur l'abandon de ses pouvoirs aux passions des subalternes. Nous sommes devenus sages par l'expérience, et elle nous a appris que par cette raison, s'il est certain qu'elles ne doivent être jamais encensées, il l'est également qu'elles doivent être toujours respectées.

CANAL DE L'OURCQ.

Nous venons de recevoir une lettre signée Bernard, sans qualité ni désignation, relative aux derniers cahiers du Recueil Polytechnique, que l'impartialité qu'elle réclame nous engage à publier pour notre propre satisfaction autant que pour celle de son auteur.

«J'ai lu, citoyen, les numéros où vous parlez du canal de l'Ourcq, et malgré l'impartialité dont vous faites profession, je crains que, même sans intention et contre votre intention peut-être, vous ne vous en soyez un peu écarté. Il est si aisé de donner dans l'erreur ! il vous en est échappé une première bien constante : vous dites que, partant pour l'Egypte, le citoyen Girard n'étoit que simple élève des ponts-et-chaussées ; il est bien réel et bien certain qu'il avoit la qualité d'ingénieur ordinaire. Ne vous en seroit-il pas échappé une seconde ? Au lieu d'attribuer à un empressement de zèle quelques écarts, peut-être forcés, de la marche ordinaire et légale suivie dans les ouvrages de ce genre, quoique vous reconnoissiez formellement ce zèle dans le citoyen Girard, avez-vous bien rendu jusqu'à quel point il a pu être emporté par ce zèle et maîtrisé par les circonstances, vu sur-tout celle de la volonté marquée du premier Consul, de faire avancer promptement cet ouvrage ? Je soumets ces réflexions et quelques autres moins essentielles, qu'il vous sera aisé de faire en relisant votre article, à votre judicieuse impartialité, persuadé que si elles vous paroissent établir en sa faveur une légitime réclamation de justice à lui rendre, vous vous empresserez de le faire et pour votre propre satisfaction et pour celle du public, qui toujours exige que justice soit rendue à chacun selon ses œuvres. » Salut, etc.

Pour rendre la justice, qui est le vœu de cette lettre et le nôtre en même tems, nous avons appris, mieux informés, que le citoyen Girard étoit, en partant pour l'Égypte, *ingénieur ordinaire*. Quant aux écarts de la marche légale à suivre dans les ouvrages dont il est question, nous réitérons la déclaration et reconnoissance de son zèle, mais sans avoir de sa personne aucune connoissance particulière, pas plus que de celle du citoyen Gauthey ; nous réitérons aussi que rien ne dispense, pas même le plus grand zèle, de se conformer à la règle, dans des travaux d'une si grande importance, et qui souvent par-là même manquent leur succès et le but d'utilité qu'on se propose, lorsqu'ils ne sont pas présidés par l'économie et éclairés, par toutes les lumières réunies de la science et de l'expérience. « Quand on se conforme à » la loi, dit Daguesseau, elle est responsable des erreurs ; quand on ne s'y » conforme pas, on se charge de la responsabilité toute entière. »

Avantages qui résultent des ouvertures de rues, et formation de places publiques nécessaires aux communications dans l'intérieur des villes, bourgs et villages.

Pour donner à nos lecteurs une idée certaine de ces avantages, nous avons inséré dans ce cahier le détail de la division de l'emplacement d'une ci-devant communauté de religieuses, sise à Paris, quartier du Marais, au moyen du percement de plusieurs rues, passages et formation de places publiques, tel qu'il est figuré au plan gravé ci-joint.

Ce plan et ses détails nous ont été communiqués par un artiste ; il peut intéresser le public, en démontrant clairement les avantages qui résultent des rues, passages et autres ouvertures pratiquées à travers un emplacement ou terrein quelconque, pour faciliter par des issues et des abords commodes et bien ménagés, l'exploitation la plus favorable et la plus avantageuse de ce même terrein. L'artiste qui nous a communiqué ce plan avec tous les renseignemens relatifs et nécessaires, nous a fait voir que la compagnie qui a acquis ce domaine, a gagné cent pour cent, par l'exploitation qui y est détaillée et dont on aura une idée aussi juste que complette, en jetant les yeux sur le plan même qui est ci-joint et qui en démontre le résultat.

Ce plan avoit donné lieu à plusieurs projets de division et distribution, qui ont été communiqués aux acquéreurs pour s'arrêter à celui qu'ils trouveroient le plus avantageux. L'architecte qui les avoit conçus en avoit d'abord formé un premier qui conservoit tous les principaux corps de bâtimens, et formant un cloître carré, suivant l'usage des communautés, composé des parties nᵒˢ 1, 18, 39 et 40, qu'on y voit encore figurées. Pour opérer cette conservation, il eût soutenu sur deux arcades pratiquées au droit du mot *Mesnil-Montant*, les bâtimens de ce cloître. Cette opération n'ayant pas été agréée, il en fut formé un autre qui créoit une patte d'oie, à partir de la rue Saint-Louis, au point coté nᵒ 1. Les acquéreurs trouvèrent quelques désavantages à ce second plan, et on en forma un troisième, auquel ils s'arrêtèrent, et c'est celui dont nous donnons ici la gravure avec ses détails.

(1) Il paraît que le conseil des ponts-et-chaussées va de nouveau examiner cette affaire.

Il fut suivi de point en point ; on fit élever des murs de clôture, pour séparer les rues et places qui y sont figurées, des terreins destinés à bâtir. Ces terreins furent ensuite divisés par lots, pour pouvoir être vendus de même avec plus de facilité et davantage, et tirer un meilleur parti des matériaux provenans de la démolition, en les vendant aux acquéreurs qui pourroient y former des projets de bâtir.

Le premier lot a été vendu seize mille livres.	16,000 liv.
Le 5e et 18e.	9,000
Le 55e.	7,000
Le 4e.	4,000
Le 9e et 10e.	8,000
Le 15e.	2,000
Le 7e, 8e, 11e et 12e.	10,000
Le 44e et 52e.	4,000
Les matériaux provenans de la démolition, ont produit. . .	40,000

Les acquéreurs ont reçu en outre, par la location des parties cotées 19, 20, 21, 22, 23, 24, 25, 33, 34, 35, 36, 37 et 38, deux mille quatre cent livres de loyer par an, depuis l'an 6, que ces objets étoient occupés en chantiers de bois ou autrement, ce qui fait encore un capital de quarante-huit mille liv. . . . 48,000

Les parties cotées 39, 40, 41, 42 et 54, sont également louées depuis cette époque, à raison de quinze cents liv., ce qui forme en capital trente mille liv. 30,000

Les cotes 16 et 17 ont été louées également moyennant quatre cent liv., ce qui forme un capital de. 8,000

Il reste donc les n°s 26, 27, 28, 29, 2, 5, 6, 13, 14, 30, 31, 32, 45, 46, 47, 48, 49, 50 et 51, formant 19 lots, produisant ensemble 800 toises, qui ont été évaluées cinquante liv. la toise, (1) l'une portant l'autre, ce qui donne encore un capital de quarante mille liv. 40,000

Il faut observer que les acquéreurs de ce domaine ont plusieurs fois refusé au-delà de 50 liv. la toise, dont on avoit d'abord estimé ce terrein, puisqu'il leur a été offert, de certaines portions, jusqu'à 70 et même jusqu'à 100 liv. la toise, qu'ils ont refusé. On leur a également offert au-delà de ce *prorata*, en valeur de la location de plusieurs lots, sans qu'ils aient été tentés d'accepter ces offres. Leur refus est fondé sur plusieurs motifs qui leur donnent une très-grande espérance de voir augmenter prochainement toutes les valeurs dans ce quartier.

Le premier, est la construction projetée depuis long-temps, et aujourd'hui en pleine activité, d'un pont sur la Seine, près le jardin des Plantes. Ce pont ne peut pas manquer de produire un très-grand mouvement dans toutes ces parties, et par suite nécessaire, une grande augmentation de commerce, de population, de consommations et de spéculations de tout genre.

Un second motif venoit de l'espérance de pouvoir traiter un jour à l'amiable

---

(1) Cette évaluation est au dessous du quart du prix de 1789, époque où, dans ce quartier, la toise se vendoit 250 liv.

avec quelques propriétaires voisins, dont les propriétés, d'une médiocre profondeur, étoient nécessaires à acquérir pour ouvrir la rue dite Neuve-de-
Bretagne, et celle dite Neuve-de-Ménil-Montant, figurées au plan; ainsi qu'un
passage à celle du Pont-aux-Choux ; et cette espérance est déjà réalisée pour
le passage à la rue du Pont-au-Choux, et pour l'ouverture de la rue Neuve-
de-Mesnil-Montant.

Il ne reste plus, pour couronner l'espoir des acquéreurs, d'après le plan
de l'artiste qui les a dirigés dans cette opération, que l'acquisition à faire, en
traitant de gré à gré, d'un terrein nud au bout de la rue Neuve-de-Bre-
tagne, entre les nos 32 et 49, coté E, pour conduire cette rue jusques sur le
Boulevard du Pont-aux-Choux, et une seconde acquisition sur la rue du
Pont-aux-Choux entre les nos 49 et 50, cotée B, au moyen de laquelle cette
rue provisoire, désignée H***, prendroit ouverture sur ladite rue du Pont-
aux-Choux, et pourroit même, étant prolongée au droit de sa partie cotée C et D,
joindre la rue de Harlay et celle des Tournelles, qui est la prolongation de
celle du Petit-Saint-Gilles, figurée au plan ci-joint, et ne former avec elles
qu'une seule rue tirée au cordeau, jusqu'à celle Saint-Antoine, et qui formeroit l'embellissement de tout le quartier, procureroit l'avantage de tous les
propriétaires, de tous ceux qui l'habitent, et une grande facilité de communications.

Ces propriétés, voisines du domaine dont il est question, n'ayant que très-
peu de profondeur, comme douze et quatorze pieds, et même quatre seulement en certains endroits, ne forment guères qu'environ dix toises de superficie à acquérir ; et il seroit facile de faire concevoir, tant aux propriétaires
vendeurs qu'aux acquéreurs, qu'ils pourroient y trouver respectivement de
très-grands avantages; car ceux dont la propriété très-médiocre en superficie,
sépare le Boulevard ou la rue du Pont-aux-Choux, du terrein des acquéreurs du
Calvaire, pourroient obtenir de ces derniers en échange une étendue beaucoup
plus considérable, et gagner ainsi en superficie ce que les premiers gagneroient en
valeur et en facilités pour les communications et issues, et pour la vente de
leur terrein. On auroit même pû faire à certains propriétaires riverains de ce
domaine, d'après l'observation de l'artiste, des offres d'un terrein trois fois
plus considérable que celui qu'ils auroient cédé, pour ces ouvertures, sans
qu'aucune des parties en fut lésée, où même pût manquer d'y trouver son
avantage et un bénéfice considérable.

Cet artiste a encore proposé d'autres ouvertures et passages qui pourroient
également augmenter la valeur de ce domaine, ainsi que celle des propriétés
qui l'avoisinent.

La difficulté est de parvenir à concilier toutes les prétentions intéressées,
qui s'exaltent à proportion des offres avantageuses qui leur sont faites, et qui
n'ont jamais de terme que celui des concessions.

S'il étoit possible de faire tomber d'accord les propriétaires des parties lavées
en rouge sur le plan, de manière qu'il consentissent à prolonger en droite
ligne la rue H***, comme nous l'avons indiqué, jusqu'à celle des Tournelles,
qui joint celle du Petit-Saint-Gilles et celle Saint-Antoine, formant ensemble
près d'un quart de lieue : on voit, par l'inspection du plan, que cette rue
des Tournelles, aboutissant à celle Saint-Gilles, qui forme un coude en retour
sur les Boulevards, pourroit être amenée jusqu'à celle du Harlay et à celle
Saint-Claude, qu'elle traverseroit ainsi que celle du Pont-aux-Choux,

moyennant cette unanimité des propriétaires ; qui tous y trouveroient leur avantage.

Car ce plan ainsi exécuté, ils auroient chacun deux encoignures de rues propres à former des établissemens de commerce ou d'agrément, qui donneroient par là même une augmentation de valeur et de rapport à leurs propriétés, et en rendroient le produit bien plus solide et bien plus certain qu'il ne l'est aujourd'hui, qu'ils manquent d'issues et de débouchés commodes et avantageux.

On peut, en jetant les yeux sur le plan de Paris, voir du premier coup d'œil, que cette direction pourroit encore se prolonger jusqu'à la rue Boucherat, en traversant celle des Filles-du-Calvaire, et en ouvrant en face de la partie cotée A, qui est une propriété appartenant à un seul individu, et qui occupe la moitié de la rue des Filles-du-Calvaire et la moitié de celle Boucherat environ, et formant l'encoignure de l'une et de l'autre. Cette même direction iroit rendre dans la rue de Périgueux, qui conduit à celle de Bretagne, en face de celle de Limoges, qui se rend par un détour à celle de Turenne, ci-devant Saint-Louis, par celle Saint-François. Ces ouvertures, en procurant l'embellissement du quartier, auroient encore l'avantage de donner des facilités et des dégagemens nécessaires à tous les habitans et à tous les propriétaires, qui en pourroient tirer des relations nouvelles utiles à toutes sortes de spéculations. Et chaque ouverture, pour pouvoir être exécutée, ne demande que l'accord de deux propriétaires, qui y gagneroient l'un et l'autre.

Nous laissons à ces propriétaires, aux gens de l'art, aux amateurs, et même aux simples habitans de Paris, qui aiment l'embellissement de la ville et s'en occupent, à prendre ces vues en considération, à les combiner de manière à pouvoir même, en y ajoutant des aperçus nouveaux, les rendre plus utiles et plus agréables. On peut même en profiter pour les transporter en d'autres quartiers de Paris, ou même en d'autres villes des départemens ; leur donner des développemens différens, plus ou moins ingénieux, plus ou moins utiles, plus ou moins heureux, et donner lieu à des projets plus vastes, plus étendus, et par conséquent plus avantageux à la prospérité du commerce de cette grande ville.

Nous nous bornons, pour le moment, à rappeler le fait essentiel qui nous a donné lieu d'entrer en matière sur ce sujet, savoir : que les acquéreurs du domaine en question, après l'avoir acquis 42,000 fr. écus, et y avoir dépensé autres 40,000 fr., pour exploitation, division et partage en plusieurs lots, ouvertures de rues, places et passages, murs de clôture, etc., ce qui forme un capital de 82,000 fr., en ont tiré 226,000 fr., et conséquemment un bénéfice net de 144,000 fr., c'est-à-dire, deux cents pour cent, tel que nous l'avons annoncé.

Enfin, l'ancien Gouvernement, pénétré des avantages particuliers et du bien général qui résultent de pareilles améliorations dans une ville comme Paris, avoit, par l'arrêt du conseil, rendu en 1785, sous le ministère de M. de Breteuil, décidé et ordonné tous ces embellissemens, par un système général qui embrassoit toute la ville. Le nouveau Gouvernement est entré dans ces mêmes vues, et paroît même vouloir les dépasser bien loin de rester en arrière.

IDÉE

OBSERVATION

Cet emplacement avait été précédemment divisé en 38
parties pour être vendu ensemble ou séparément, par le
percé de 3 Rues de chacune 3a. pieds de large,
ainsi que d'une Place ovale de 16 toises sur 12,
avec deux Passages de 12 à 16 pieds de large, exécutés sur les Plans du Citoyen H. Archen. 1er Fructidor
an 5eme.

Depuis le 3 Thermidor an 6eme On a reconnu
truit la Place de la Paix d'une forme circulaire,
on a confirmé les deux Passages et on a
percé un nouveau des 4 à 6 pieds de large,
sur le Terrein des Nos 44 et 52. La division
en 58 parties subsiste toujours; ce changement a été présenté par le 1er H. Archen.
et arrêté par le Cen. qui en a fait l'acquisition.

PLAN

de l'emplacement des Bâtiments,
Cours, Jardins et dépendances de la
ci-devant Communauté des Filles du
Calvaire au Marais, à Paris levé par
M. B. A. H. Archen 1796 l'an 4eme de
la République.

Nota. Les parties Pointillées sont des
portions de Bâtiment existantes
présentement et susceptibles d'être
conservées; Celles Hachées sont
des Propriétés voisines, et Celles
en Blanc sont des Terreins mis
à vendre.

Echelle

Rue de Ménil-Montant

Boulevard du Temple

Boulevard du Temple

Rue des Filles du Calvaire

Vieille Rue du Temple

PLACE DE LA PAIX

Pont aux Choux

IDÉE DU PROGRÈS DES ARTS

Dans l'Amérique Septentrionale, en 1803 ou an 11 et 12 de la République française.

Si l'on veut avoir une idée des miracles que peuvent opérer les arts, les sciences et le commerce, par de bonnes institutions, et par des routes, des canaux et autres constructions, entreprises et exécutées avec constance dans un état, il faut lire une lettre de Philadelphie, en date du 7 août dernier. Comme elle est entièrement relative à ces objets, qui sont le sujet du *Receuil Polythecnique*, et des matières qui y sont spécialement traitées, nous allons la donner en entier, comme très-propre à intéresser toutes les classes de lecteurs qui s'en occupent, soit par état, soit simplement comme amateurs.

Philadelphie, 7 août. « Monsieur, le vaiseau, par lequel j'ai l'honneur de vous écrire, n'ayant pas encore mis à la voile, je saisis cette occasion pour vous tracer une esquisse des améliorations progressives qui se sont faites parmi nous depuis votre départ ; et, si je n'ai point été prévenu par d'autres correspondans, j'espère que ce récit ne sera point sans intérêt pour vous.

Vous avez été à l'Opéra de Paris, vous y avez vu en un moment des forêts ou des déserts, changés en cités ou en palais ; lorsque vous serez de retour parmi nous, vous croirez que le même art magique a opéré dans nos contrées.

Il n'est point étonnant que les étrangers se soient toujours trompés quand ils ont voulu parler de nous ; car, l'imagination pouvant à peine suivre la rapidité de nos progrès, ceux qui sont venus parmi nous, et qui, de retour dans leur patrie, ont voulu décrire l'Amérique, n'ont pu parler que de ce qu'ils avoient vu, et non de ce qui existoit au moment où ils écrivoient.

La promptitude avec laquelle se sont accrues les villes de *Philadelphie*, *New-Yorck* et *Baltimore*, est presque incroyable. *Philadelphie* a vu sept à huit cents maisons s'élever dans son enceinte pendant le cours de cette année ; les autres se sont accrues dans la même proportion.

Les professions de charpentier et de maçon sont dans un état de prospérité étonnante ; pour les encourager davantage, notre législature, à sa dernière session, a passé un acte, par lequel elle leur a donné un hypothèque spéciale sur les maisons qu'ils ont bâties, ou dont ils ont fournis les matériaux. *Chesnut-Street* s'étend déjà au-delà de *Ninth-Street*, et delà, sans discontinuation, jusqu'à *Centeo-Squaré* ; chaque côté de la rue est orné de maisons élégantes. *Marcket-Street*, *Arch-Street*, s'avancent dans la même proportion ; la place où étoit *la Folie-Morris*, est aujourd'hui couverte de maisons, coupées par une belle rue appelée *Samson-Street*, nom du propriétaire qui a entrepris ces travaux.

A *New-Yorck*, la grande route et *Grennwick-Street*, avancent prodigieusement ; le belvédère se trouve maintenant près de la ville ; au-delà du parc, on bâtit la nouvelle ville de *Hall*, cité agréable et élégante, autour de laquelle s'élèvent déjà une prodigieuse quantité de maisons ; à *Long-Island*, *Brooklyn*, se transforme en ville ; l'étendue de *Baltimore* est double de ce qu'elle étoit il y a quelques années ; *Fels-Point*, où l'on ne voyoit auparavant qu'un petit nombre de maisons, est devenu un des plus beaux quartiers de la ville ;

S

Richemond, en Virginie, s'accroît de la même manière ; *Stockoe-Hil*, où l'on ne voyoit que l'unique palais du gouverneur, est aujourd'hui entièrement couvert de maisons. Je ne parle point des nouvelles villes de Rome, de Paris, d'Utique, cités qui s'élèvent maintenant dans le *Genesse*, et où l'on verra un jour de nouveaux Scipions, de nouveaux Trajans, de nouveaux Bonaparte, déployer leur génie, pour la gloire, le bonheur et la prospérité de leur pays.

Tous les états semblent animés d'une noble rivalité pour l'embellissement des communications intérieures, l'ouverture des grandes routes et des canaux de navigation : c'est à celui que vous avez habité qu'appartient l'honneur d'avoir montré l'exemple. Les nôtres, pour avoir voulu former d'abord de trop grandes entreprises, ont été moins heureux ; mais aujourd'hui, devenus plus sages par vos exemples, ils ont repris leurs travaux avec succès ; les barrières et les canaux occupent en ce moment toutes les têtes. On ne sauroit dire jusqu'à quel point les états de la Nouvelle-Angleterre ont amélioré leur pays, par ces sortes de communications. Ceux de *New-Yorck* et de la *Pensylvanie*, s'occupent du même objet. Notre législature, dans sa dernière session, a rendu plusieurs lois relatives aux grandes routes ; parmi celles dont il est question, il en est une qui s'étendra de *Willkesbarré à Easton*, et qui joindra la *Schuyskill* à la *Suequehannah* ; une autre qui se prolongera de *Philadelphie* à *Morrisville*, du côté opposé à *Trenton* ; enfin, plusieurs autres dont l'énumération seroit trop longue. On a ouvert, et rempli en peu d'heures, une souscription pour la construction d'un pont sur la *Delaware*, à Trenton. On se propose, immédiatement après, d'établir une route delà jusqu'à *New-Yorck*. Le pont sur la *Schuyskill*, de l'autre côté de Philadelphie, est fort avancé, et sera entièrement achevé dans le cours de l'été prochain ; il coûtera à peu près 1,200,000 fr. de notre monnoie, mais cette somme n'est rien, car on s'occupe en ce moment d'un grand nombre d'autres entreprises aussi dispendieuses ; tous les jours on ouvre de nouvelles souscriptions, qui se remplissent en un instant ; et cependant les caisses de nos capitalistes sont loin d'être épuisées. La souscription pour l'immense entreprise d'un canal projetté entre la *Delaware* et *Chesapeack*, est aussi remplie ; les premiers paiemens sont faits, et les travaux sur le point d'être commencés, avec une certitude morale de succès. Outre le pont que l'on construit sur la *Schuyskill*, on bâtit encore la Nouvelle Philadelphie, de l'autre côté de cette rivière, sur le terrein appartenant à M. Hamilton.

On doit, au printemps prochain, y bâtir trente maisons ; les emplacemens s'y vendent fort cher. Que penseriez-vous, si je vous disois qu'une nouvelle *Brooklyn* s'élève dans le Jersey, de l'autre côté de la *Delaware*, à l'opposite de Philadelphie ; et que l'œil est surpris de voir, de l'extrémité de *Market-Street*, des groupes de maisons élégantes, dont l'ensemble a de loin l'apparence d'un joli village ? Me croiriez-vous, si je vous disois qu'on bâtit une longue suite de maisons sur les bords de la *Delavare*, entre Trenton et Lamberton, et que d'ici à quelques années, ces deux villes se trouveront réunies ? Nous sommes vraiment dans un pays de féérie. Tout ce que je crains, en vous détaillant ces prodiges, c'est que vous me soupçonniez d'exagération ; et néanmoins je ne parle que des objets qui sont sous mes yeux. Que seroit-ce si je pouvois également décrire ce qui se passe loin de moi ?

Vous pourez prendre une idée de l'immensité de nos capitaux, quand vous saurez qu'il se forme tous les jours dans nos villes de nouvelles banques et de nouvelles compagnies d'assurance. Philadelphie vient de s'accroître de deux établissemens de ce genre ; et avec tant de promptitude, qu'ils n'ont même pas attendu la formalité de l'incorporation, et si la législature l'a leur refuse, ils sont décidés à passer outre, au moyen d'une association semblable à celles que vous appelez en France, sociétés en commandite. Les opinions de nos hommes de loi sont partagées sur la légalité de ces sortes d'actes qui introduiroit parmi nous un genre d'association inconnu.

J'aurois trop à vous dire, si j'entreprenois de vous parler de l'accroissement de nos manufactures.

Nous possédons ici une honorable société, dont le but unique et particulier est d'encourager cette branche de notre industrie nationale. Ses correspondances sont très-étendues, et elle se propose, à la première occasion, de publier le premier volume de ses transactions. J'aurai soin de vous en adresser un exemplaire ; vous y trouverez un recueil d'observations et de faits dont on n'a pas la moindre idée en Europe.

La prospérité de l'Amérique offre un tableau que l'œil de l'homme n'a jamais contemplé. Grâces en soient rendues à la douceur, à la protection et aux encouragemens d'un gouvernement, qui conduit et dirige tout avec l'unique secours d'une force morale ; puissance admirable qui fait naître parmi nous des millions d'hommes actifs, industrieux et éclairés, toujours occupés de la gloire, de la paix et du bonheur de leur pays.

RAPPORT fait au Gouvernement de la République, par le Ministre de l'intérieur, relatif à l'emplacement de la ci-devant Bastille.

Du 10 frimaire an 12.

Citoyen, premier Consul.

Au terme de la loi du 27 juin 1792 (vieux style), il doit être formé une place et élevé un monument sur l'ancien terrein de la Bastille.

D'un autre côté, la loi du 29 floréal an 10, relative à l'ouverture du canal de dérivation de la rivière d'Ourcq, porte, article III :

« Il sera ouvert un canal de navigation, qui partira de la Seine, au dessus
» du bastion de l'Arsenal, se rendra dans les bassins de partage de la Villette,
» et continuera par Saint-Denis, la Vallée de Mont-Morency, pour aboutir
» à la rivière d'Oise, près Pontoise. »

Je m'étois déjà, citoyen premier Consul, occupé d'un plan d'exécution de la place ordonnée par la loi du 27 juin 1792, en utilisant les terreins, tant de l'ancien arsenal que des ci-devant Célestins, qui y sont contigus, lorsque la loi du 29 floréal m'a suggéré l'idée de faire entrer dans ce projet l'établissement d'un bassin propre à recevoir les eaux du canal, dont la construction est ordonnée par l'article III de cette dernière loi.

Ces deux dispositions (la place et le bassin) se trouvent en conséquence réunies dans le travail que j'ai l'honneur de vous soumettre, et qui, par les vues qu'il embrasse, m'a paru de nature à fixer l'attention du Gouvernement.

En voici, citoyen premier Consul, les principales dispositions.

Une grande place circulaire, au milieu de laquelle figure un bassin de même forme, orné à son pourtour d'une double rangée d'arbres.

L'entrée de la grande rue du Faubourg-Saint-Antoine, reportée de l'ouest

S 2

au sud-ouest de sa position actuelle, afin de rectifier le contour qu'elle forme à son ouverture, et de la faire arriver symétriquement sur la place, en face de la rue Saint-Antoine, avec laquelle elle ne formera plus qu'une seule rue, qu'on pourra regarder comme la plus belle de la capitale.

Le canal destiné à la réception des eaux de l'Ourcq, sera établi dans le fossé de l'Arsenal. Deux rangées d'arbres orneront chacune de ses rives. Ce canal communiquera du côté du sud avec la Seine, et du côté du nord avec le bassin circulaire de la place.

Par ses dispositions, la grande place circulaire deviendra le rendez-vous du boulevard, du canal à ouvrir, des deux allées qui en bordent les rives, et de plusieurs rues, dont l'arrivée a été combinée de manière à former sur cette place des façades circulaires et symétriques de même grandeur.

Enfin, citoyen premier Consul, le terrein de la Bastille et de l'Arsenal se trouveront divisés en îlots, distribués de manière à en faciliter la vente, ainsi que l'ouverture des nouvelles rues qui concourront avec les autres arrangemens à embellir et dégager toute cette partie.

Pour effectuer le redressement de la rue Saint-Antoine, ainsi que les autres dispositions qu'exige la formation de la place, il sera indispensable d'acquérir 5,375 mètres 40 centimètres superficiels de terrein et bâtimens qui entrent dans la circonscription du projet, et il en résultera, par approximation, une somme de. . . . . 1,069,598 fr.

Mais en adoptant le plan, il sera indispensable d'ajouter à cette dépense celle de la construction d'un égoût voûté pour la décharge des eaux d'une partie du faubourg Saint-Antoine. Il faudra que cet aqueduc circule dans le terre-plein de la place, et qu'il soit appuyé entre le mur actuel de la courtine de l'Arsenal. L'égoût aura environ 900 toises de développement, qu'on peut évaluer à 600 fr. la toise, à cause de la profondeur des fouilles et des cheminées, et trappes à observer de 100 mètres en 100 mètres, pour en faciliter le nettoyement. On peut évaluer la dépense de cet égoût à. 500,000

Ce qui portera la dépense totale à. . . . . 1,569,598 fr.

Cette dépense, qui paroît forte au premier apperçu, se trouvera compensée et au-delà.

1°. Par l'accroissement des valeurs des terreins et bâtimens, dont l'état est propriétaire dans les environs, notamment de ceux de l'Arsenal; les terreins y pourront être aliénés, à la seule charge d'exécuter le projet;

2°. Par les impositions que produiront les maisons et édifices qui borderont les nouvelles rues; ensorte que le projet pourra s'exécuter, sans qu'il en résulte aucune charge pour le trésor public;

Ce projet aura encore l'avantage de substituer à l'immensité de décombres qui maintenant obstruent, deshonorent le vaste emplacement de la Bastille, un grand monument de bienfaisance publique, lié à des dispositions secondaires, également avantageuses aux citoyens et au fisc, et de raviver le commerce et l'industrie dans cette partie de la capitale.

J'ai en conséquence, citoyen premier Consul, l'honneur de vous soumettre le plan que j'ai fait dresser à ce sujet, auquel est annexé celui de la topographie actuelle des terreins de la Bastille, ainsi que des autres terreins qui entrent dans ce plan.

J'ai également l'honneur de vous proposer de prendre l'arrêté dont le projet est ci-joint.

Salut et respect, *signé*, CHAPTAL.

Paris, le 11 frimaire an 12.

Le Gouvernement de la République, sur le rapport du Ministre de l'intérieur, arrête ce qui suit :

ART. I. La loi du 27 juin 1792 (vieux style), qui ordonne la formation d'une place sur le terrein de la Bastille, recevra son exécution.

II. Le plan présenté à ce sujet par le Ministre de l'intérieur, et auquel est annexé celui de la topographie actuelle des terreins de la Bastille, est adopté.

III. Le plan adopté par l'article II, comprend les dispositions suivantes :

1°. Une grande place circulaire, au milieu de laquelle sera construit un bassin de même forme, orné à son pourtour d'une double rangée d'arbres ;

2°. L'entrée de la rue du Faubourg-Saint-Antoine sera reportée de l'ouest au sud-ouest de sa position actuelle, afin de rectifier le contour qu'elle forme à son ouverture, et de la faire arriver symétriquement sur la place, en face de la rue Saint-Antoine, avec laquelle elle ne formera plus qu'une seule rue.

IV. Le canal destiné à la réception des eaux de l'Ourcq, sera établi dans le fossé de l'Arsenal, de manière à communiquer du côté du sud avec la Seine, et du côté du nord avec le bassin circulaire ; deux rangées d'arbres orneront chacune des rives de ce canal.

Par ses dispositions, la grande place circulaire, indiquée au premier paragraphe de l'article III, deviendra le point de réunion des boulevards intérieurs de Paris, celui du canal et des deux allées qui en borderont les rives, ainsi que de plusieurs rues combinées, de manière à former sur cette place des façades circulaires et symétriques de même grandeur.

V. Les terreins dépendans de l'Arsenal, de l'ancienne Bastille, et autres, qui se trouveront disponibles par suite des opérations indiquées aux articles précédens, et au plan approuvé par l'article II, seront divisés en îlots, de manière à en faciliter la vente par parties.

VI. L'ensemble de ces terreins sera abandonné pour la dépense qu'entraînera l'exécution du plan, et le Ministre des finances est autorisé à en traiter avec celles des compagnies qui pourront se présenter, dont les offres paroîtront les plus avantageuses au Gouvernement.

VII. La compagnie qui sera chargée de cette opération, prendra l'engagement, 1° d'acquérir les 5,375 mètres 40 centimètres de terreins et batimens particuliers qui entrent dans la circonscription du projet ; 2° de faire la construction d'un égoût voûté, d'environ 900 toises de développement, pour la décharge des eaux d'une partie du faubourg Saint-Antoine.

VIII. Les Ministres de l'intérieur et des finances sont chargés, chacun en ce qui le concerne de l'exécution du présent arrêté.

Le premier Consul, *signé*, BONAPARTE.

Par le premier Consul,

Le Secrétaire d'état, *signé*, H. B. MARET.

Nota. On trouvera dans l'un des cahiers suivans le plan de Paris, gravé géométriquement en petit réduit, où est figuré le canal et le bassin dans toute leur étendue dont il vient d'être parlé dans l'arrêté ci-dessus.

ACTES DU GOUVERNEMENT.

Paris , le 9 frimaire an 12.

Le Gouvernement de la République , sur le rapport du Ministre de l'intérieur , vu les articles XII et XIII du titre III, de la loi du 22 germinal dernier , relatifs au livret sur lequel doivent être inscrits les congés délivrés aux ouvriers , le Conseil d'état entendu , arrête :

TITRE Iᵉʳ.
Dispositions générales.

ART. I. A compter de la publication du présent arrêté , tout ouvrier travaillant en qualité de compagnon ou garçon , devra se pourvoir d'un livret.

II. Ce livret sera en papier libre , côté et paraphé sans frais; savoir , à Paris, Lyon et Marseille , par un commissaire de police , et dans les autres villes, par le maire ou l'un de ses adjoints. Le premier feuillet portera le sceau de la municipalité , et contiendra le nom et le prénom de l'ouvrier, son âge, le lieu de sa naissance , son signalement , la désignation de sa profession , et le nom du maître chez lequel il travaille.

III. Indépendamment de l'exécution de la loi sur les passe-ports , l'ouvrier sera tenu de faire viser son dernier congé par le maire ou son adjoint, et de faire indiquer le lieu où il se propose de se rendre.

Tout ouvrier qui voyageroit sans être muni d'un livret ainsi visé , sera réputé vagabond, et pourra être arrêté et puni comme tel.

TITRE II.

De l'inscription des Congés sur le livret , et des obligations imposées à cet égard aux ouvriers et à ceux qui les emploient.

IV. Tout manufacturier, entrepreneur, et généralement toutes personnes employant des ouvriers, seront tenus, quand ses ouvriers sortiront de chez eux , d'inscrire sur leurs livrets un congé portant acquit de leurs engagemens, s'ils les ont remplis.

Les congés seront inscrits sans lacune , à la suite les uns des autres : ils énonceront le jour de la sortie de l'ouvrier.

V. L'ouvrier sera tenu de faire inscrire le jour de son entrée sur son livret, par le maître chez lequel il se propose de travailler , ou , à son défaut, par les fonctionnaires publics désignés en l'article II, et sans frais, et de déposer le livret entre les mains de son maître s'il l'exige.

VI. Si la personne qui occupe l'ouvrier , refuse sans motif légitime , de remettre le livret, ou de délivrer le congé, il sera procédé contre elle de la manière et suivant le mode établi par le titre V de la loi du 22 germinal. En cas de condamnations, les dommages-intérêts adjugés à l'ouvrier seront payés sur-le-champ.

VII. L'ouvrier qui aura reçu des avances sur son salaire, ou contracté l'engagement de travailler un certain temps, ne pourra exiger la remise de son livret , et la délivrance de son congé , qu'après avoir acquitté sa dette par son travail, et rempli ses engagemens, si son maître l'exige.

VIII. S'il arrive que l'ouvrier soit obligé de se retirer, parce qu'on lui refuse du travail ou son salaire, son livret et son congé lui seront remis, encore qu'il n'ait pas remboursé les avances qui lui ont été faites : seulement le créancier aura le droit de mentionner la dette sur le livret.

IX. Dans le cas de l'article précédent, ceux qui emploieront ultérieurement l'ouvrier, feront, jusqu'à entière libération, sur le produit de son travail, une retenue au profit du créancier.

Cette retenue ne pourra, en aucun cas, excéder les deux dixièmes du salaire journalier de l'ouvrier : lorsque la dette sera acquittée, il en sera fait mention sur le livret.

Celui qui aura exercé la retenue, sera tenu d'en prévenir le maître, au profit duquel elle aura été faite, et d'en tenir le montant à sa disposition.

X. Lorsque celui pour lequel l'ouvrier a travaillé, ne saura ou ne pourra écrire, ou lorsqu'il sera décédé, le congé sera délivré, après vérification, par le commissaire de police, le maire du lieu ou l'un de ses adjoints, et sans frais.

TITRE III.

Des formalités à remplir pour se procurer le livret.

XI. Le premier livret d'un ouvrier lui sera expédié, 1° sur la présentation de son acquit d'apprentissage ; 2° ou sur la demande de la personne chez laquelle il aura travaillé ; 3° enfin, sur l'affirmation de deux citoyens patentés, de sa profession et domiciliés, portant que le pétitionnaire est libre de tout engagement, soit pour raison d'apprentissage, soit pour raison d'obligation de travailler comme ouvrier.

XII. Lorsqu'un ouvrier voudra faire coter ou parapher un nouveau livret, il représentera l'ancien. Le nouveau livret ne sera délivré qu'après qu'il aura été vérifié que l'ancien est rempli ou hors d'état de servir. Les mentions des dettes seront transportés de l'ancien livret sur le nouveau.

XIII. Si le livret de l'ouvrier étoit perdu, il pourra, sur la représentation de son passe-port en règle, obtenir la permission provisoire de travailler, mais sans pouvoir être autorisé à aller dans un autre lieu ; et à la charge de donner à l'officier de police du lieu, la preuve qu'il est libre de tout engagement, et tous les renseignemens nécessaires pour autoriser la délivrance du nouveau livret, sans lequel il ne pourra partir.

XIV. Le Grand-Juge Ministre de la justice, et le Ministre de l'intérieur, sont chargés de l'exécution du présent arrêté, qui sera inséré au bulletin des lois.

Le premier Consul, *signé*, BONAPARTE.
Par le premier Consul,
Le Secrétaire d'état, *signé*, H. B. MARET.

ARRÊTÉ qui ordonne qu'il sera établi sur l'Escaut un bassin à flot, susceptible de contenir vingt-cinq vaisseaux de guerre, et un nombre proportionnel de frégates et autres bâtimens.

Le Gouvernement de la République, sur le rapport du Ministre de l'intérieur, arrête :

ART. I. Il sera établi sur l'Escaut, sur l'emplacement du Polder-Marguerite, situé sur la rade de Terneuse, un bassin à flot, susceptible de contenir vingt-cinq vaisseaux de guerre, et un nombre proportionnel de frégates et autres bâtimens.

II. La digue au nord du Polder-Marguerite, actuellement inondée, sera réconstruite ; celle à l'ouest, et les deux épis sur le fleuve, seront réparés.

III. Le préfet de l'Escaut, présentera incessamment au Ministre de l'intérieur, le projet d'un rôle de contributions, à répartir sur les propriétaires des Polders limitrophes du Polder-Marguerite, pour la part qu'ils ont à supporter dans les dépenses ordonnées par l'article II, et avancées par le Gouvernement. Les produits de cette contribution seront recouvrés par la régie de l'enregistrement.

IV. Les Ministres de la marine, de l'intérieur et des finances, sont chargés de l'exécution du présent arrêté.

Le premier Consul, *signé*, BONAPARTE.

Par le premier Consul, le Secrétaire d'état, *signé*, H. B. MARET.

NOUVELLES INVENTIONS.

On parle de deux inventions nouvelles qui ont pour objet d'accélérer la marche des péniches et bateaux plats, destinés à l'expédition contre l'Angleterre. La première consiste à faire entrer dans la manœuvre des embarcations légères, quatre roues extrêmement solides, qu'on adopte aux deux côtés du bâtiment, et auxquelles on imprime le mouvement, au moyen d'un pareil nombre de manivelles, établies dans l'intérieur. Pour avoir une idée de cette machine, il suffit de se représenter des roues dont les rayons seroient plats et larges. La seconde invention consiste à adapter de même aux côtés du bâtiment, des pagayes, construites à l'instar des avirons dont se servent les sauvages, mais comme on l'imagine bien, d'un travail plus parfait. Ce sont des espèces de balanciers de fer, au bout desquels sont appendues de grandes pelles, qui s'ouvrent pour former le point d'appui dans l'eau, et qui se referment lorsqu'on relève la manivelle. L'une et l'autre de ces expériences, faites aux chantiers des Invalides, ont complètement réussi ; et quelques personnes assurent que le premier Consul doit s'en assurer par ses yeux.

—Il y a vingt ans que M. Brunet, entrepreneur, avoit imaginé une voûte, composée de petits bois de charpente, assemblés en échiquier, pour la couverture de la Magdelaine ; lorsqu'il fut engagé à y faire des modèles de constructions, qui ont été vus et approuvés par les académies des sciences et d'architecture : le modèle de la voûte, qui étoit resté dans l'atelier du modèle de l'église de la Magdelaine, a été transporté au Luxembourg, pour servir à construire la voûte du grand escalier, qui a été exécutée par M. Quantiart, charpentier. M. Brunet, en suivant le même procédé, vient de faire établir par M. Lacaze, un comble sur un bâtiment, cour de la Sainte-Chapelle. Ces constructions ont l'avantage de n'employer que de petit bois de charpente ; de procurer des couvertures légères, solides, durables et de toutes grandeurs, sans poussée, sur-tout en plan circulaire, où la poussée est absolument nulle. Si le feu y prenoit, on auroit le temps d'y porter secours, et on répareroit facilement le dommage ; ce qui ne peut pas avoir lieu avec le système de Philibert Delorme. Le même procédé peut avoir lieu en fer comme en bois.

Fin du troisième cahier de l'an 12.

On souscrit, pour cet Ouvrage, à Paris, rue de la Monnaie, n° 15 ; quai des Augustins, n° 47 ; et au bureau du Recueil Polytechnique, rue Bar-du-Bec, n° 2, au Marais, où toutes lettres et paquets doivent être adressés, franc de port, au directeur, à compter du 1er nivôse an 12.

IVme. CAHIER DE L'AN XII,

FORMANT LE DIXIÈME DU PREMIER VOLUME

DU RECUEIL POLYTECHNIQUE DES PONTS ET CHAUSSÉES,

ET

DES CONSTRUCTIONS CIVILES DE FRANCE, EN GÉNÉRAL.

COMMERCE.

Sur les avantages du commerce de la houille ou le charbon de terre ; notice sur les quantités connues en France, et les lieux de leur exploitation ; et la nécessité de plusieurs ouvertures de canaux de navigation, et routes nécessaires pour cet objet.

LE bois devient de jour en jour plus rare, le prix en est en ce moment très-élevé dans la capitale, et cette disette de combustible menace de restreindre d'une manière dangereuse l'essor des arts.

Rien ne mérite une aussi sérieuse attention de la part du Gouvernement que l'exploitation des masses de combustibles reconnues par-tout, mais encore enfouies dans le sein de la terre. Pour activer toutes les industries, il ne faut que des charbons de terre en abondance et à bas prix, *et des canaux ou des routes pour faciliter leur circulation.*

Le citoyen Lefevre, membre du conseil des mines, a fait le tableau le plus intéressant sur nos richesses minérales : il a donné un apperçu de la quantité de charbon exploité en France, de la position des mines, du prix du combustible, et des principaux débouchés. Les talens du citoyen Lefevre sont assez connus, comme savant et comme administrateur, pour qu'on puisse ajouter une entière confiance à ce qu'il avance. Nous devons à son amitié la communication de son travail, qu'il a déjà publié, et dont nous ne faisons ici que l'extrait :

« Les mines de houille de la France, en exploitation, ont lieu aujourd'hui dans quarante-sept de nos départemens, et seize autres offrent encore l'espoir d'y découvrir ce combustible minéral.

» Sur les quarante-sept départemens dans lesquels il y a des mines de houille exploitées, il en est treize dont la quotité des produits n'est pas assez bien connue pour y être annoncée ; ce n'est donc que l'apperçu des produits dans trente-quatre départemens seulement, dont on offre d'abord ici le résultat. Il donne 388 millions 95 mille myriagrammes (7 milliards 760 millions 900 mille livres environ.)

» Il est à remarquer que cette somme de produits connus, est plutôt au-dessous de la vérité que trop élevée.

» Il est difficile de faire une estimation, même approchée, pour les treize départemens, dont les produits n'ont pu être indiqués ; cependant il est constant qu'on y exploite des mines de houille. En ne prenant pour la somme de leurs

T

produits que le vingtième de celle énoncée pour les trente-quatre autres départemens, on ne craindra pas sans doute d'avoir une évaluation trop forte : d'après cette supposition, on extrairoit, dans ces treize départemens, 19 millions 404 mille 750 myriagrammes (3 millions 880 mille quintaux), et on auroit pour apperçu de la totalité des produits de nos mines, pendant une année, la quantité de 407 millions 499 mille 750 myriagrammes (81 millions 700 mille quintaux environ).

» Si on considère ces produits sous le rapport pécuniaire, on peut évaluer à 8 sous le quintal de houille, pris au lieu de l'extraction. Le prix moyen, si l'on avoit égard à l'ensemble des exploitations, seroit de 10 sous environ ; mais celui de 8 est la valeur à laquelle ce combustible est vendu sur les mines principales, et qui fournissent le plus abondamment.

» Suivant cette estimation, on voit que nos mines donnent, dans leur état actuel, pour une somme de 32 millions 680 mille livres de cette matière première.

» Sous le rapport de l'économie, les produits des houillières, présentent des avantages de la première importance. On sait que l'emploi de ce combustible est d'une nécessité indispensable dans presque tous les arts. Les opérations métallurgiques, les salines, les verreries, les fabriques de poterie, les fours à chaux, les brasseries, teintureries, etc., en exigent de très-grandes quantités, et les besoins domestiques ajoutent encore à cette somme déjà énorme de consommation.

» D'après les expériences de MM. Lavoisier et Kirwan, et d'après celles qui ont été faites il y a deux ans par les *ingénieurs des mines*, pour comparer les effets des divers combustibles, on peut estimer que, pour vaporiser une même quantité d'eau, il faut employer en poids 100 livres de houille, 100 de charbons de bois, et 184 de bois.

» M. Hassenfratz, qui a considéré cet objet sous le point de vue des principales opérations de la métallurgie et des verreries, a trouvé que les quantités employées de houille et de bois, sont dans les rapports suivans, savoir :

	houille.	bois.
Fondages des minerais de fer dans les hauts-fourneaux.	100	254
Des minerais de cuivre au fourneau à manche	100	270
Pour la fonte des canons dans les fours à reverbère.	100	300
Pour les verreries.	100	300

» On peut avoir un apperçu de cette comparaison exprimée, par rapport aux volumes et valeurs numériques, de la manière qui suit :

» Les 82 millions de quintaux de houille équivalent à 3 millions 240 mille bannes de charbon de bois du poids de 2 mille 500 livres chaque. Il faudroit, pour obtenir cette quantité, 13 millions de cordes de bois, lesquelles seroient le produit de 360 mille arpens anciens, taillés de bonne sorte. D'après ce calcul, on voit qu'on seroit obligé d'ajouter à nos consommations actuelles, l'exploitation de 360 mille arpens de bois taillis, pour remplacer les produits de nos houillières.

» Mais les 13 millions de cordes de bois, estimées seulement à 8 francs, auroient une valeur de 104 millions de francs.

» Ainsi, indépendamment de la conservation effective des bois, objet si intéressant à la France, on voit quel autre avantage économique nous procure l'exploitation de nos mines de houille, puisqu'il faudroit dépenser plus que trois fois le prix de leurs produits, pour opérer les mêmes effets avec le charbon de bois.

» L'exploitation des mines de houille offre encore, sous le point de vue politique, des considérations qui méritent de fixer l'attention. Plus de 60 mille individus sont indirectement employés à ces travaux, dans leur état actuel d'activité, qui est susceptible d'une grande augmentation. De nombreuses familles tirent donc leurs moyens d'existence de ces entreprises; elles concourent ainsi à l'accroissement de la population, font prospérer l'*agriculture*, et versent dans le commerce, indépendamment de la matière première si utile qu'elles donnent, 7 à 8 millions au moins de numéraire pour achat de bois, fers, cuirs, chanvres, graisses et autres objets nécessaires à l'exploitation des mines.

» Le transport des houilles occupe aussi beaucoup de bras : il donne lieu à des mouvemens considérables sur le cours de toutes nos grandes *rivières*, *sur nos canaux du midi, sur-tout sur ceux du nord et du centre ;* et l'exportation de ce minéral, par nos ports du nord, pourroit être pour nous la source d'une foule d'autres avantages.

» Après avoir exposé les avantages qui résultent sous différens points de vue des productions obtenues de nos mines de houille, il est utile de faire connoître succinctement les pays houillers les plus importans de notre territoire, afin qu'on apperçoive, pour ainsi dire d'un seul coup d'œil, l'étendue de nos ressources en ce genre.

» Les houilles qui se trouvent dans les départemens des Basses-Alpes, des Bouches-du-Rhône et du Var, entre-mêlées pour la plupart avec des dépôts calcaires, sont en général d'une médiocre qualité. Néanmoins elles sont extrêmement utiles aux habitans de cette contrée qui est peu boisée, et qui a besoin d'une assez grande quantité de combustibles pour les distillations et pour les filatures de soie.

» Il seroit donc à souhaiter que ces houillères fussent exploitées avec plus d'intelligence et de régularité. Comme leurs produits ne sont pas susceptibles, d'après leur nature, d'être portés au loin, il suffiroit de leur entretenir des communications faciles avec les principales communes voisines et les lieux de fabrication.

» Les environs d'Alais, département du Gard, offrent en divers endroits, de nombreuses et de très-riches couches de houille : la plupart des mines déjà ouvertes dans ce pays, fournissent cette substance de fort bonne qualité. L'extraction en seroit très-peu dispendieuse, mais ces immenses dépôts resteront pour ainsi dire inutiles, tant qu'on ne pourra porter la houille à peu de frais dans les contrées voisines, et sur-tout vers le Rhône et les villes de grande consommation, comme Montpellier, Nismes, etc.

» Les mines des environs de Boussagne, Bédarieux, Camplong, Saint-Gervais, offrent des considérations analogues à celles qui viennent d'être énoncées. Ces houillères très-abondantes, ne sont qu'à dix ou douze lieues du canal des deux mers; mais la difficulté des transports quadruple déjà le prix des houilles, avant qu'elles puissent y être versées. Il faut donc encore ouvrir là des communications plus faciles : les dépenses qu'elles auront occasionnées, seront mille fois payées par les revenus de l'exploitation de ces mines.

» Les houillères de Carmeaux, département du Tarn, méritent de fixer l'attention ; la qualité de la houille est très-bonne ; plusieurs couches successives

T 2

y sont reconnues; elles sont régulièrement exploitées; leurs produits sont portés sur le canal des deux mers; leur débouché le plus naturel est le cours du Tarn; la consommation de Toulouse, celles des départemens de la Haute-Garonne et du Gers; le versement sur la Garonne; l'approvisionnement des villes de Bordeaux et de la Rochelle. Mais comme la navigation n'a pas lieu sur le Tarn, entre Albi et Gailla, cela nécessite jusqu'à ce dernier endroit, des voiturages très-dispendieux. *Si cette portion du cours du Tarn étoit rendue navigable,* les houilles de Carmeaux arriveroient à bien plus bas prix sur la Gironde; elles pourroient soutenir la concurrence à Bordeaux et à la Rochelle, avec celles qui y sont apportées par mer.

» Le département de l'Aveyron, les bords du Lot aux environs d'Aubin; ceux de la Dordogne, à la partie supérieure de son cours, et les rives de la Vesere, vers Montignac et Terrasson, présentent sur une vaste étendue de pays des amas immenses de houilles qui se montrent en plusieurs endroits à la surface même des terreins. Ces contrées sont encore, sous ce point de vue, pour ainsi dire, entièrement neuves. Tout est à créer, moyens de débouchés et exploitations. *Les rivières que l'on vient de citer, ne peuvent pas, dans leur état actuel, servir au transport des houilles,* et la plupart des mines n'ont été encore effleurées qu'à la surface par les propriétaires du sol.

» En se reportant vers le Rhône, les regards s'arrêtent sur des pays houillers, aussi intéressans par la grande abondance et la qualité de leurs minerais, qu'à cause des moyens de débouchés multipliés que la nature leur offre; ce sont les mines situées à peu de distance des bords de l'Allier, entre Issoire et Brioude, et celles exploitées dans l'espace compris au sud de Lyon, entre la Saône, le Rhône et la Loire, jusqu'auprès de Monistrol. C'est dans ce second enclave que sont les cantons de Saint-Etienne et de Rives-de-Giers, qu'il suffit de nommer pour rappeler l'idée de leur grande richesse en combustible fossile.

» Les mines de cet arrondissement portent des houilles sur le cours de l'Allier, sur la Loire, le Rhône et la Saône. Elles en fournissent abondamment *sur la Seine par le canal de Briare.* Ainsi, leurs produits traversent facilement la France vers le midi et vers le nord, jusqu'à de grandes distances des lieux d'exploitation.

» C'est par cette raison même que ces mines sont si avantageusement situées; c'est parce qu'elles peuvent avoir une influence trop marquée sur un grand nombre de fabriques, et sur la consommation des bois dans la majeure partie de nos départemens du centre, qu'il importe d'autant plus de veiller à la conservation des ressources qu'elles renferment encore, et de faire usage, pour leur exploitation, de tous les moyens économiques qui peuvent y être adaptés.

» Le transport de ces houilles, tant sur l'Allier que sur la Loire, est devenu plus dispendieux depuis quelques années, parce que les bois de construction pour les bateaux, sont rares et chers aux environs des ports où elles sont embarquées; mais on fera changer ces circonstances à l'avantage des mines, en facilitant l'arrivage des bois qui peuvent être tirés de la montagne.

» Les mines, encore trop peu connues, des environs d'Ahun et de Bourganeuf, département de la Creuse, pourroient devenir infiniment précieuses aux départemens de la Haute-Vienne, de la Vienne, de l'Indre et d'Indre-et-Loire, si la Creuse et la Vienne étoient rendues propres à transporter leurs produits dans les pays qu'elles arrosent.

» Le département de l'Allier, qui a des exploitations importantes entre

Montmarault et Moulins, ajoute déjà considérablement au prix des houilles sur les mines, et favorise la concurrence des houilles situées vers la partie supérieure du cours de l'Allier.

» Ce qui doit particuliérement fixer l'attention dans ce département, ce sont les riches amas de houille d'excellente qualité, qui ont été reconnus aux environs de Commentry. Ces mines, qui paroissent susceptibles d'une exploitation facile, pourroient livrer à très-bon compte des quantités considérables de ce combustible sur les bords du Cher.

» Cette contrée est renommée par les produits de ses forges. On sait qu'elle fournit des fers de la meilleure qualité, et même des aciers qui peuvent être comparés à ceux que nous tirons de l'étranger. La houille pourroit remplacer le charbon de bois dans plusieurs des préparations du fer. La grande diminution de dépense qui en résulteroit, aideroit à faire pencher la balance commerciale en notre faveur sous ce rapport important.

» Pour amener des changemens si heureux, en faisant valoir les richesses que la nature a déposées avec tant de profusion aux environs de Commentry, *il faudroit que la navigation du Cher fût rendue praticable, à partir du Vierzon vers Montluçon.*

» Le département de la Nièvre offre des houillères exploitées auprès de Décise; la houille n'y est pas d'une aussi bonne qualité que celle de la Haute-Loire; néanmoins l'exploitation en est utile et lucrative, à cause de la certitude et de la facilité du débit, tant à Orléans qu'à Paris, où elle est employée avec succès pour les fourneaux à chaudières.

» Plus à l'est, le département de la Saône-et-Loire possède plusieurs mines, parmi lesquelles on doit distinguer d'abord, à peu de distance du *canal de Digoin*, les houillères de Creuzot près de la fonderie du même nom.

» *Sur les bords mêmes du canal*, sont les mines de Blanzy. On y connoît de belles couches de houille. Elles peuvent fournir long-temps de grands produits.

» Les produits de ces houillères sont portés *par le canal* sur la Saône, le Doubs et sur la Loire.

» A la frontière orientale de la France, le département du Mont-Blanc et celui du Léman possèdent des mines de houille, dont l'exploitation n'a pas encore l'activité qu'elles pourroient comporter.

» Vers la source du Doubs, ou trouve, aux confins du département de la Haute-Saône, auprès de Lure, à Champaney et Rougchamps, une mine de houille, remarquable par la puissance de la couche actuellement exploitée, et la qualité du combustible qu'on en retire.

» Il y a en outre, aux environs, des indications nombreuses de la même substance.

» Le canton de Lure est propre à des fabrications de différens genres. Il y avoit des verreries; des forges y sont en activité, et il pourroit en être établi de nouvelles. Ce pays offre une infinité de moyens de tirer un grand parti de ses mines de houille, *indépendamment des débouchés qu'elles ont déjà vers le Rhin, et de celui qui pourroit en être créé vers le Doubs.*

» Quelques autres houillères encore sont exploitées autour de la chaîne des Vosges, comme celles de Saint-Hyppolite et Rodren, département du Haut-Rhin; celles de Charbes et la Haye, et celles de Sous, dans le Bas-Rhin. Leurs productions sont très-utiles aux villes et fabriques voisines; mais les débouchés de ces mines sont peu étendus.

» Il y a des houillères exploitées vers la partie inférieure de la Loire ; telles sont celles de Montrelais, situées au-dessus d'Ingrande, département de la Loire-Inférieure, à deux lieues environ de son cours, et celles connues sur la rive opposée, et qui sont exploitées principalement dans le canton de Saint-Aubin, et à Saint-Georges-Châteloison, près de Doué, département de Maine-et-Loire.

» Les mines de Montrelais fournissent depuis long-temps des qualités considérables de houilles aux départemens qui avoisinent la Loire-Inférieure. Ces houilles sont portées à Nantes, et peuvent aussi subvenir aux besoins des ports de l'Orient et de la Rochelle, ainsi que des pays maritimes de cette contrée.

» Les exploitations situées sur la rive méridionale de la Loire, sont moins actives que celles dont on vient de parler. Elles ont beaucoup souffert pendant les troubles qui ont agité ce pays. *Le canal de la Layon, qui étoit un moyen de transport très-utile aux mines, a été coupé en plusieurs endroits.*

» Au nord de ces contrées, dans le département du Calvados, les mines de Litry, situées entre Bayeux et le port d'Issigny, sont extrêmement intéressantes pour la consommation de ce département et celui de la Manche où les bois sont également chers ; d'ailleurs, elles livrent au port de Cherbourg et aux côtes septentrionales et occidentales de ces deux départemens. Elles ont, même pendant la guerre, versé leurs houilles à l'embouchure de la Seine. Elles peuvent faire parvenir leurs produits dans le département de l'Orne, en remontant la rivière de ce nom ; *et si le canal projeté entre Argentan et Alençon, étoit exécuté, ces houilles circuleroient jusques sur la Sarthe,* et concourroient à la consommation de ces pays avec celles qui viennent par la Loire.

» Si l'on envisage les portions du territoire de la France, on remarquera qu'une très-grande partie de sa surface arrosée par la Seine et les rivières qu'elle reçoit, par la Somme et par la Canche jusqu'aux départemens du Nord, ne présente pas des mines de houille connues.

» *Si le canal de Briare ne versoit pas sur la Seine* les houilles qui viennent par la Loire, ce vaste bassin ne pourroit recevoir ce combustible que par les ports de mer de l'Ouest ; et cet état de chose existe même pour les pays qui ne sont pas assez voisins du cours de la Seine, où des rivières qui y communiquent, comme les départemens de la Somme, de l'Aisne, de l'Oise, etc.

» Mais le nord de la France, à partir du Pas-de-Calais jusqu'aux bords du Rhin, offre de si immenses richesses en ce genre, qu'elles surpassent de beaucoup tout ce qui a été cité jusqu'ici des autres parties de la France.

» Les produits énoncés des seuls départemens du Pas-de-Calais, du Nord, de Jemmappes, de la Meuse-Inférieure, de l'Ourthe et de la Roër, s'élèvent à 64 millions 800 quintaux, ou aux trois quarts de la totalité des produits de nos mines.

» On ne peut pas douter que les mines de ces départemens ne soient en état de fournir, non-seulement à toutes nos contrées maritimes de l'Ouest, d'approvisionner les départemens voisins de ceux du Nord, et de venir livrer jusques sur le cours de la Seine, en concurrence avec les mines des bords de l'Allier et de la Loire, et même de satisfaire au-dehors à la Hollande ; mais il faut et faciliter les moyens de transport, et diminuer les frais d'extraction.

» Les départemens du nord-est, tels que ceux du Mont-Tonnerre, de Rhin-et-Moselle, de la Moselle et de la Sarre, ont aussi des mines de houille très-abondantes ; celles de la Sarre seulement, qui ne sont énoncées que pour un

produit de huit cents mille quintaux, en pourroient fournir le quadruple. »
Finissons ces détails par une considération importante.

On a vu que les houilles tiennent lieu, dans la consommation annuelle, de 13 millions de cordes de bois ; que l'économie pécuniaire qui en résulte, s'élève au-delà de 60 millions de francs ; mais si l'on envisage que nous en sommes encore aux premiers essais en France pour l'emploi de la houille dans les opérations des grandes fabriques, et notamment dans les travaux métallurgiques, et si on réfléchit que, pour le traitement du fer seulement, sur environ cinq millions de cordes de bois, qui sont consommées annuellement dans 600 fourneaux et 1500 forges et aciéries, environ un cinquième au moins de cette quantité pourroit être remplacé par la houille, et produire, par cette seule branche d'industrie, une économie annuelle de 5 à 6 millions de francs, on sera frappé de la différence que cet état de choses ameneroit dans notre position pour le prix de nos objets fabriqués, et on reconnoîtra que l'usage, plus généralement adopté de la houille en France, peut avoir l'influence la plus importante sur l'industrie et le commerce.

CANAL DE L'OURCQ.

LES travaux de ce canal sont beaucoup ralentis. Tout porte à croire que les observations faites par le citoyen Gauthey au sujet de ces travaux, ont été fondées sur les faits réels qu'il a annoncé, et que l'administration des ponts et chaussées continue à s'en occuper avec la plus sérieuse attention. Le citoyen Girard, s'est occupé de son côté avec beaucoup de chaleur à faire graver un plan particulier de ce canal pour être joint, dit-on, à un mémoire qu'il devoit présenter au premier consul la veille de son départ de ces jours derniers 8 nivose présent mois. On croit que ce plan n'a pas été prêt à temps pour être présenté avant ce voyage.

Il vient de nous parvenir un travail fait par l'ingénieur Ducrest sur les avantages qui résulteroient de rendre toutes les rivières et ruisseaux de l'intérieur de la France en état de porter bateaux, et indiquant les moyens d'exécuter ce vaste projet, ainsi que celui de donner une amélioration à tous les moulins à eaux qui existent sur ces rivières par des nouveaux accessoires aux aubes des roues, et aux reversoires qui en changeroient le degré de leur force, et ménageroient le volume d'eau qui les fait tourner. Le même auteur propose également le moyen de faire monter les vaisseaux marchands à Paris par la Seine et le canal de l'Ourcq (dont il est question) de Conflent-Sainte-Honorine par Saint-Denis, et viendroient rejoindre la Seine à Paris aux bastions de l'Arsenal, suivant la ligne dudit canal, qui est figurée sur le plan annexé à notre sixième cahier de l'an XI, page 92 de ce volume. Il propose également une nouvelle construction de vaisseaux et bateaux pour la navigation. Ce mémoire, vraiment intéressant, ne pourra que favoriser les lumières des ingénieurs et autres personnes de l'art qui s'occupent de cette précieuse partie de l'administration. Pensant faire plaisir à nos lecteurs, nous nous proposons d'en donner un précis dans l'un de nos premiers cahiers.

THILORIER AUX ARCHITECTES FRANÇOIS.

Citoyens, les cheminées sont l'écueil de l'architecture. Les tuyaux qui rampent sur les murs dans toutes les directions, gênent vos opérations ; ils occupent une place précieuse, et leur élévation au-dessus de la toiture présente un spectacle hideux et menaçant. Vous donnez à l'ouverture des cheminées des formes savantes que le fumiste déshonore par des constructions mesquines; vous ménagez aux édifices des vues agréables, qui deviennent inutiles à leurs habitans, relégués autour d'un foyer placé dans la partie la plus sombre de l'appartement.

Je vous propose de reculer les bornes de l'art par une grande et utile innovation.

Les cheminées seront placées ou dans les trumaux, ou dans les soubassemens des croisées.

Les tuyaux de quatre à cinq pouces de diamètre seront pratiqués dans l'épaisseur du mur, et leur issue se perdra dans le couronnement.

La forme et la grandeur des constructions intérieures étant arbitraires, j'ouvre à cet égard une nouvelle carrière au génie.

J'économise aux propriétaires des dépenses de construction, d'entretien et de réparation. Plus de suie, plus de ramonage, plus d'accidens, plus d'incendies. On brulera à volonté toutes sortes de combustibles. L'abondance de la chaleur produite par les cheminées, fera abandonner l'usage des poëles, et l'on jouira dans tous les appartemens de la vue consolante de la flamme. Joignez à ces avantages l'économie du bois de chauffage, genre d'économie auquel tout bon citoyen doit concourir, moins pour ses intérêts particuliers que pour l'intérêt général.

Vous n'avez point à redouter ici les inconvéniens imprévus attachés à une théorie nouvelle. Il existe maintenant cinq cents *cheminées fumivores*, pratiquées pour la plupart dans des localités où les moyens ordinaires n'avoient pu préserver de la fumée, et leur avantage, dans les constructions nouvelles, ne peut plus être douteux.

Inventeur breveté de ce nouveau système, je donnerai mon autorisation avec les instructions nécessaires, à ceux d'entre vous qui voudront bien m'en faire la demande par une lettre affranchie.

Je vous salue,   THILORIER, rue du Hasard.

Milan, le 18 février 1803 (an 2.)

Le vice-président de la République Italienne,

Sur le rapport du ministre de l'intérieur, qui constate la nécessité de s'occuper particulièrement de tout ce qui concerne les eaux, ponts et chaussées de la République, lesquels intéressent l'état sous tous les rapports économiques, et de réparer les dégradations faites pendant la guerre;

Considérant qu'il importe pour la prompte expédition des affaires, surchargées de détails importans, et devenues plus compliquées par les changemens survenus dans le système administratif, qu'il y ait une personne chargée d'aider le ministère;

Considérant aussi les soins extraordinaires que demande la confection de la route de Simplon, et qu'exigera successivement l'ouverture des nouvelles routes qui doivent faciliter le commerce et les communications, arrête:

Le citoyen conseiller Antoine Cassoni, chef de la seconde division du ministère de l'intérieur, est nommé commissaire-assesseur près le ministre pour les eaux, ponts et chaussées, ou autres travaux analogues, que le ministre jugeroit convenable de lui confier.

SUITE DES EMBELLISSEMENS DE PARIS.

ARRÊTÉ DU GOUVERNEMENT A CE SUJET.

Saint-Cloud, le premier fructidor an 11.

Le gouvernement de la République, sur le rapport du ministre de l'intérieur, arrête ce qui suit :

Art. Ier. Les maisons nationales et autres comprises entre les rues Saint-Thomas-du-Louvre et Froid-Manteau, parallèles à la galerie du Muséum, seront démolies dans toutes les parties qui forment saillie sur l'alignement approuvé de la rue des Orties.

II. Ceux des bâtimens énoncés en l'article précédent, qui, sans faire partie des domaines, se trouveront dans le cas d'être démolis, en tout ou partie, seront acquis par la régie des domaines nationaux, qui est autorisée à en traiter de gré à gré par voie d'échange ou autrement, après estimation contradictoire desdits bâtimens, et des terreins sur lesquels ils sont assis.

III. Les ministres de l'intérieur et des finances sont chargés, chacun en ce qui le concerne, de l'exécution du présent arrêté.

Arrêté du gouvernement pour l'ouverture du canal de Rheims à la mer.

Art. Ier. Il sera ouvert un canal de la ville de Rheims à la mer.

II. Les projets en seront faits avant le premier germinal ; ils seront discutés, et l'avis des ingénieurs des ponts et chaussées sera soumis à l'approbation du gouvernement avant le premier messidor.

III. Les travaux seront commencés, si le projet est définitivement adopté, dans le courant de l'an 12.

Autres arrêtés du gouvernement pour les embellissemens de Paris.

Saint-Cloud, le 23 fructidor an 11.

Le gouvernement de la République, sur le rapport du ministre de l'intérieur, arrête ce qui suit :

Art. Ier. La place et la fontaine projetées en face de l'Ecole de Médecine de Paris, seront exécutées d'après les plans qui en ont été présentés par le citoyen Gondoin, architecte de cette Ecole.

II. Les portions de terreins devenues libres par la démolition de l'église du couvent des Cordeliers, et qui n'entrent point dans le plan de formation de la place, seront adjugées en un seul lot par la régie de l'enregistrement et des domaines nationaux, pour le prix en être employé par l'adjudicataire sous la direction du citoyen Gondoin, architecte, à la construction en pierre de taille de la façade des bâtimens, conformément au plan adopté.

III. Dans le cas où la chaleur des enchères porteroit le prix des terreins, énoncés en l'article II, au-delà de l'estimation qui a été faite de la construction des façades, l'excédent en sera employé jusqu'à concurrence à la construction de la fontaine ; le surplus ou la totalité de cette dernière construction, si le prix des terreins ne s'élève pas, par l'effet de l'adjudication, au-dessus de l'estima-

V.

tion, sera acquitté sur les fonds affectés aux bâtimens civils, moitié sur l'exercice de l'an 12, et l'autre moitié sur l'exercice de l'an 13.

IV. L'adjudicataire des terreins énoncés aux articles II et III, sera tenu d'élever la totalité des façades de la place dans le cours de deux ans, à dater du jour de son adjudication, à peine de déchéance, sans aucun remboursement des dépenses qui pourroient avoir été par lui faites à l'expiration du terme fixé.

V. Lors de la reconstruction de la maison appartenant au citoyen Formé, située à l'angle de la rue et de la place de l'Observance, ainsi que de celle en retour, appartenant au citoyen Griffe, les propriétaires seront tenus de se conformer dans l'élévation de leurs façades, au plan symétrique de la place, et au genre de construction adopté, sauf à eux à se pourvoir, s'il y a lieu, auprès du gouvernement, à l'effet de les indemniser de l'excédent des dépenses qui résultera de l'obligation qui leur est imposée.

VI. Le ministre de l'intérieur et le ministre des finances sont chargés, chacun en ce qui le concerne, de l'exécution du présent arrêté.

Le premier Consul, *signé*, BONAPARTE.
Par le premier Consul,
Le Secrétaire d'état, *signé*, H. B. MARET.

Note du Rédacteur du Recueil Polythecnique.

Il paroît, par l'un des arrêtés du gouvernement ci-dessus, que l'embellissement provoqué, pag. 51 de ce volume, avoit déjà fixé l'attention des autorités chargées de cette administration, et mérité leur approbation. Au moment où nous livrons ce cahier à l'impression, le préfet du département de la Seine vient de faire afficher la vente des matériaux que doit former la démolition des vieilles maisons qui produisent l'affreuse irrégularité des rues Froidmanteau et Saint-Thomas-du-Louvre. Toute cette partie va même être dégagée entièrement, au lieu que nous n'avions proposé que le redressement de la rue Froidmanteau, et l'exhaussement de la place et du quai, jusqu'à un nouveau guichet qui seroit ouvert en face de cette rue. Les ouvriers en nombre sont en pleine activité pour accélérer ces améliorations et embellissemens. Il y en a en outre quatre à cinq cents actuellement employés à la construction d'un nouvel égoût dans la rue du Manège, qui s'exécute entre le jardin des Tuileries et la rue Saint-Honoré, et qui doit être ornée d'édifices avec colonades, trotoirs, etc.

Plusieurs autres sont encore employés aux déblais des terrasses nécessaires à la régularité et au nivellement, afin que le tout se rapporte avec la place du Carousel. D'autres enfin sont occupés du pavage, en sorte que toute cette partie est animée du plus grand mouvement, sans que la guerre et une saison rigoureuse arrêtent rien. Plusieurs journalistes ont même déjà observé avant nous que les jours, presque nuls en ce moment, sont, dans plusieurs ateliers, prolongés par des lumières artificielles qui, suppléant le grand flambeau de la nature, augmentent la subsistance des ouvriers, et hâtent l'embellissement de la ville et la jouissance des habitans. Cinq autres objets occupent encore la préfecture du département.

Le premier est l'affermage des droits de passe pour l'entretien des routes des environs de Paris. Ce bail, qui avoit été porté, les années précédentes, au-dessus de 900 mille francs, vient d'éprouver une baisse considérable, puisque l'affiche qui en annonce le renouvellement, qui ne porte qu'à 700 mille francs la somme à enchérir, n'a point fait arriver d'enchérisseurs capables de remplir les conditions du marché, puisqu'on a été obligé de réitérer plusieurs annonces et affiches pour les mêmes objets.

2°. Une autre affiche annonce une adjudication pour l'entretien des routes des environs de Paris, soit par lots, soit en totalité pendant six années consécutives.

3°. Une autre annonce les dispositions générales et les conditions pour l'adjudication des travaux et fournitures nécessaires au numérotage de toutes les maisons de Paris, au moyen d'une espèce de faïance émaillée, sur laquelle seront peints les chiffres de chaque numéro, à peu près semblables à ceux qu'on voit depuis un an environ à la place Vendôme et aux encoignures de la rue Vivienne, où ils ont été exposés pour servir de modèle et d'essai.

Une quatrième affiche non moins importante porte injonction à tous les Propriétaires, Architectes et Entrepreneurs-constructeurs, de ne commencer à l'avenir aucune construction de maisons ou bâtimens quelconques, sans qu'au préalable, ils n'en aient fait leur déclaration au bureau des travaux publics, avec indication, désignation et détail de leurs dispositions, moyens et projets de construction, et le nom de celui qui doit diriger les travaux, à peine par ceux qui auroient négligé de se conformer à ces dispositions, d'être solidairement responsables de tous les événemens.

Une cinquième affiche vient d'annoncer à vendre l'emplacement de la ci-devant église des Cordeliers, vis-à-vis l'Ecole de Médecine, à la charge, par les acquéreurs, de se conformer dans leur bâtisse, à un plan qui leur est donné, et qui porte formation d'une place et d'une fontaine en cet endroit.

Nous croyons devoir profiter de cette occasion pour observer que ce projet mérite d'être soumis à un sérieux examen et à des réflexions plus approfondies. Car la démolition de l'église des Cordeliers avoit eu pour objet de former une place, et d'ouvrir une rue qui auroit joint, d'un bout, la rue Hautefeuille, et de l'autre, la rue de Racine. Une seconde rue, partant de celle-ci, auroit été joindre la rue de la Harpe au point de l'interlection avec celle des Mathurins. Une troisième, partant de la porte principale de l'Ecole de Chirurgie, aujourdhui Médecine, auroit été joindre le point de rencontre des deux premières, avec celle des Fossés-Monsieur-le-Prince. Le monument de l'Ecole de Médecine étoit digne de ces embellissemens, et demandoit tous ces dégagemens. Mais le nouveau projet ne me paroît pas remplir entièrement cet objet, de manière que la beauté et l'aspect de ce monument en seront presque entièrement perdus pour les Parisiens et pour les voyageurs et étrangers qui visitent cette capitale. Il n'est personne qui n'admire aujourd'hui le beau portail de Saint-Sulpice, et qui ne soit ravi de l'aspect admirable qu'il vient d'acquérir par le dégagement que procure la démolition des bâtimens du Séminaire, et la belle place qui se trouve aujourd'hui en face.

On sait que lors de la construction de cet édifice, on reprochoit à l'architecte que ce portail n'étoit qu'une masse de pierres qui avoit l'air d'une carrière, que les colonnes sur-tout paroissoient énormes, et faisoient masse au point d'offusquer la vue, et de blesser entièrement le bon goût. Il fit, après coup, canneler ces colonnes, ce qui leur donna un peu plus d'apparence, de délicatesse, de légèreté. Le reproche fait à l'architecte ne put être fait que par des ignorans ou des envieux. Il venoit de ce que, pour voir et considérer ce portail, il falloit en être si près que l'œil se trouvoit nécessairement choqué par cette masse énorme de pierres. Mais on doit savoir que, pour examiner et juger un pareil ensemble, il faut en être à une distance raisonnable et mesurée; ce qui étoit alors impossible, mais n'en avoit pas moins été judicieusement calculé par l'architecte. Aujourd'hui qu'on peut s'en éloigner autant qu'il est nécessaire, on est surpris que ce magnifique monument, auquel on reprochoit anciennement de ne paroître qu'une masse énorme, lourde et pesante, paroît dans son ensemble de la plus grande légéreté; les colonnes sur-tout paroissent aujourd'hui de la plus grande délicatesse, et le bâtiment doit tous ces avantages au dégagement qu'on vient de lui donner; et tous ceux qui ont été admirer son effet, en ont été surpris autant que ravis. Nous ne craignons point d'annoncer que si on réalise le projet présenté pour faire face à l'Ecole de Médecine, il masquera entièrement cet édifice, et lui fera éprouver tous les désavantages et les inconvéniens qui résultoient anciennement des bâtimens du Séminaire Saint-Sulpice pour le magnifique portail de cette paroisse.

PONT DES ARTS,

Construit en pierre, fer et bois sur la rivière de Seine, vis-à-vis le bâtiment des Quatre-Nations et le château du Louvre, maintenant dit Palais des Sciences et des Arts.

En attendant que nous donnions un article sur ce pont, dont nous nous proposons de parler incessamment, nous rapporterons ici les dernières observations auxquelles il a donné lieu. Les premières sont en faveur de l'entreprise, et elles s'expliquent ainsi:

Le pont du Louvre sera le premier en France dont on ait formé les arches avec du fer, ou plutôt avec de la fonte. C'est même le premier pont qu'on ait exécuté en Europe, d'après le système adopté dans sa construction; et ce système a l'avantage d'économiser singulièrement la fonte, en comparaison de la méthode dont on fait usage en Angleterre pour les ponts en fer. En effet, dans celui de Coalbrookdale, sur la Severne, construit, il y a environ vingt-quatre ans, et qui est d'une seule arche de 32 mètres et demi (100 pieds d'ouverture), et 7 mètres 4 centimètres (25 pieds) de largeur entre les balcons. Le poids de la fonte qu'on y a employé, s'élève à 37,000 myriagrammes (757,000 livres), tandis que le poids de la fonte, pour les neuf arches du pont du Louvre, ne montera pas à 29,349 myriagrammes (600,000 livres); tandis que la longueur entre les culées est de 167 mètres (516 pieds), et sa largeur entre les balcons, de 10 mètres (30 pieds). Il est vrai que le pont qui existe en Angleterre sert au passage des voitures, au lieu que celui du Louvre ne sert qu'aux gens de pieds; mais on est assuré par les expériences qui ont été faites, qu'en augmentant ou le nombre des fermes, ou les dimensions des pièces qui le composent, il auroit été loin d'exiger autant de fonte, quoiqu'il soit cinq fois aussi long que le pont de Coalbrookdale, et plus large dans le rapport de 100 à 74. Le pont du Louvre est composé de neuf arches: chaque arche est formée de cinq fermes.

Dans chaque ferme, il y a deux montans implantés dans les coussinets en fonte, et scellés dans les piles; un grand arc en deux pièces qui se joignent au milieu, deux petits arcs, deux contrefiches et huit supports. Les cinq fermes sont assemblées par des entre-toises, et d'autres, entre celles-ci et les montans, sont liés entre eux par une entretoise et les arcs-boutans.

Les pièces de fonte dont ce pont est formé, ont été coulées près de Touronde, département de l'Orne.

C'est dans le haut fourneau, et dans une des cours du bâtiment des Quatre-Nations, que le citoyen Dilon, chargé de la construction de ce pont, a fait les expériences dont on va rendre compte (1).

Une ferme du pont, prise au hasard, avoit été établie sur une charpente, liée tellement dans ces parties, qu'elle ne pût s'allonger sensiblement. On y avoit adapté des coussinets pareils à ceux scellés sur les piles, des montans formant fourchette ou coulisse à la partie supérieure, pour empêcher la ferme de dévier de son à-plomb pendant la charge, comme aussi de la retenir au cas qu'elle vînt à casser; et sept caisses en charpente, suspendues aux mêmes points où chaque ferme éprouvera la pression d'une partie du plancher et des personnes qui passeront sur le pont.

Ces caisses ont été remplies à la fois, jusqu'à ce qu'elles continssent le double du poids que chaque ferme doit porter dans la supposition d'un concours extraordinaire de personnes sur le pont; et pendant cette opération, on a pris note des changemens de figure du grand arc : il a successivement baissé à la clef ou sommet, et rencontré vers les reins, comme l'auroit fait tout autre corps doué d'une foible élasticité, et il est revenu de même à sa première position, à mesure qu'on a diminué la charge.

Ces expériences prouvent donc, 1°. que le système adopté a le degré de solidité plus que nécessaire à sa destination, puisque les fermes mises en expérience ont résisté à un poids double de celui qu'elles doivent porter, quoique privées de l'accroissement de résistance qu'elles acquerront par le plancher, d'après la manière avec laquelle il sera lié avec elles; 2° que la fonte, assez douce pour permettre de la buriner et de la percer à froid, afin d'obtenir un assemblage régulier et solide, a néanmoins assez de ténacité pour ne pas changer sensiblement de figure, dénaturer la pureté des formes, et occasionner quelques inconvéniens. J. D.

Autres observations sur le pont des Arts.

Il faut convenir que nous sommes bien malheureux, nous autres Parisiens, bonnes gens, et toujours prêts à croire ce qu'on nous dit. On nous propose de nous faire un pont. Nous l'acceptons; parce qu'on nous assure que cela nous sera plus commode que des bateaux; et nous n'avons pas de peine à le croire, parce que des gens qui doivent s'y connoître, ont approuvé le plan et l'exécution de ce pont. On le commence; nous allons sur le quai pour le voir construire; nous le regardons avancer, avancer encore; la fin approche, nous allons y passer; mais au moment où nous levons le pied pour le poser dessus, arrive, dans le *Journal des Bâtimens*, un M. Viel qui nous déclare que notre pont ne vaut rien, parce que lui, M. Viel, vient de découvrir un défaut dans

(1) Dilon, ingénieur ordinaire, sous l'ingénieur en chef Dumoustier, sous lequel il a commencé toutes les dispositions de ce pont, et d'après, dit-on, le plan de l'inspecteur-général Cessart dont il est l'intime; Dilon, napolitain, a été admis aux ponts et chaussées de France, comme venu en cet état au commencement de la révolution, et s'étant fixé à Paris, où il y a démontré ses talens et connoissances, en raison desquelles il a été nommé ingénieur ordinaire. Il vient d'épouser une parente de Chaumont de Lamillière, et d'obtenir la qualité d'ingénieur en chef; mais il n'a pas encore de département fixé. On présume qu'il pourra bien être pour la continuation du canal de l'Ourcq à Paris.

la construction des piles, lesquelles sont faites depuis six mois, et commencées depuis plus de quinze. Mais d'où vient ce défaut ? De ce que, d'après M. Viel, cette construction a été dirigée par les *sciences exactes*. Je sais qu'on n'aime pas dans ce moment les sciences exactes; on dit qu'elles dessèchent l'ame : mais à moins qu'on ne les accuse aussi du dessèchement de la rivière, ce qui, au surplus, pourroit très-bien être, je ne vois pas l'inconvénient qu'il y auroit eu à les appliquer à la construction d'un pont, si toutefois cela étoit possible ; mais malheureusement il se trouve que les sciences exactes, ainsi nommées, si M. Viel ne le sait pas, parce que, partant de principes évidens, elles ne donnent que des résultats rigoureux, ne peuvent servir de bases à des constructions dont les résultats, dépendans des qualités physiques de la matière qu'on emploie, ne peuvent jamais être calculées avec une exactitude absolue. Cependant, M. Viel trouve que c'est d'après les principes de la stéréométrie qu'on a déterminé l'épaisseur à donner aux piles du pont ; ce qui seroit d'autant plus adroit à l'ingénieur qui les a construites, que la stéréométrie étant la méthode qui sert uniquement à mesurer les corps, et point à déterminer la dimension qu'ils doivent avoir, il se trouveroit qu'on auroit déterminé la dimension des piles d'après les principes d'une science qui ne peut s'appliquer qu'à des objets dont les dimensions sont déjà déterminées. Je serois tenté de croire que M. Viel porte son aversion pour les sciences exactes jusques sur l'exactitude des expressions, des raisonnemens et des faits; car ce n'est pas tout.

M. Viel ayant donc supposé que les piles du pont avoient été construites d'après les principes de la stéréométrie, qu'il prend ici pour......... je ne sais pas quoi, car il n'est pas aisé de deviner ce qu'il veut dire, cette supposition lui donne lieu de supposer, je ne sais pas encore pourquoi, qu'on n'a donné à ces piles que tout juste ce qu'il falloit d'épaisseur pour soutenir le pont dans ce moment, sans calculer ni les effets du temps, ni les intempéries de l'air, ni les efforts de l'eau et des glaces ; ce qui rend très-supposable que toutes ces causes, supposées non prévues, venant à agir dans cinquante ans au plus, nous n'aurons pas plus de pont au Louvre que s'il n'y en avoit jamais eu. Cela pourroit en effet arriver encore plutôt, si le pont n'avoit pas de fondemens plus solides que les suppositions de M. Viel.

J'ai lu, je ne sais où qu'il y avoit une fée appelée la fée *Grondeuse* ou *Grognon*, qui avoit entrepris d'élever un petit garçon. Elle aimoit beaucoup les éducations, parce qu'un enfant à élever, c'est un enfant à gronder. Un jour elle lui donna une commission à faire; mais supposant, comme suppose M. Viel, qu'il ne feroit pas bien sa commission, et qu'au lieu de cela il s'amuseroit en chemin, elle entra dans une colère horrible; et appelant le petit garçon : *Pourquoi, petit garçon*, lui dit-elle, *vous amuserez-vous en chemin, au lieu de faire la commission que je vous donne?*

Mais pourquoi M. Viel veut-il supposer qu'on n'a donné aux piles que le *minimum* de l'épaisseur qu'elles doivent avoir sans calculer sur les forces destructrices auxquelles elles devoient être exposées, quand il est positif que toutes ces forces ont été calculées et prises en considération?

Pourquoi M. Viel suppose-t-il qu'on a employé dans la construction des piles plusieurs morceaux de pierre qui auroient dû être rejetés, et s'appuie-t-il du témoignage du Journal des Bâtimens, quand ce fait, avancé en effet dans ce Journal, a été trouvé faux, d'après les explications données dans le temps à l'un des rédacteurs de cette feuille, qu'on invita même à venir le vérifier ?

Je ne demanderai pas pourquoi, par exemple, M. Viel voudroit que le pont du Louvre eût été construit par un architecte; sans avoir l'honneur de le connoître, on voit bien à son ton désintéressé que M. Josse est orfèvre.

Je ne m'attache pas davantage à l'examen de cette proposition énoncée d'une manière positive : *Les arches en fer sont une conception barbare, réalisée par les Anglais*, etc. Cela saute aux yeux. C'est un de ces argumens qui ne veulent point de réplique, et dont on est dispensé de chercher le fort et le foible. Aussi y a-t-il tout lieu de croire que si M. Viel avoit commencé sa lettre par là, on se seroit de même dispensé de lire le reste.

UNE TROISIÈME OBSERVATION SUR LE PONT DES ARTS dit que le rédacteur du journal de Paris, parlant en quatre lignes du pont des Arts, a cru mettre fin à toute discussion en disant : « La meilleure réponse que l'on puisse faire aux ennemis du pont des Arts, c'est qu'il est fait ; il résistera à toutes les débacles, comme il a résisté à toutes les objections ». Cela se conçoit. Un journaliste, un littérateur n'est pas tenu de se connoître à ces choses-là ; il tranche lestement la question, ajoutant: « Un pont, fût-il mal fait, est encore utile ; toute objection qui tend à prouver son inconvenance ou ses disproportions, est mal faite ». Sans doute un particulier peut dire : Mon appartement est mal distribué; mais, à la rigueur, je m'y loge; mon habit est trop large, mais il me couvre. Mais doit-on parler ainsi d'un monument public ? Je ne me permettrai aucune réflexion sur le style du rédacteur. Un pont qui a des ennemis, un pont qui résiste aux objections comme aux débacles, rappelle

.... Le poignard qui, du sang de son maître,
S'est souillé lâchement, il en rougit le traître.

Mais il me sieroit mal d'aller sur les domaines d'un écrivain. Que chacun fasse son métier. Si j'osois cependant douter de la pureté de ce style et de la justesse de ces comparaisons, à plus forte raison pourrai-je récuser l'auteur pour juge souverain dans un art qui lui est étranger.

Chacun a le droit de dire son avis sur un monument public, même lorsqu'il est achevé. L'artiste devroit toujours être avide de recueillir les opinions. Sur mille observations puériles, ou même ridicules, il s'en trouvera une bonne. Un trait de lumière peut venir même de celui qui ne professe point l'art. L'opinion ou le goût de l'artiste peuvent aussi être suspectés. L'opinion générale est toujours bonne.

La jalousie de métier a, selon le journal de Paris, du 17, dicté les critiques qu'a publié le journal des Bâtimens ; mais est-ce là répondre? Et lorsqu'un journaliste analyse et critique une production littéraire, lui allègue-t-on la jalousie de métier ? Non. Le public s'établit juge impartial entre son auteur et son critique.

Quand M. Patte, architecte, fit, il y a environ 25 ans, ses observations sur la foiblesse des piliers de Sainte-Geneviève, auxquels on se proposoit de faire supporter le dôme que l'on voit aujourd'hui, on lui opposa aussi la jalousie de métier. Le dôme s'exécuta, et la prédiction de M. Patte s'est accompli.

Linguet, dans ses Annales politiques et littéraires, essaya de fixer l'attention du gouvernement sur ce qu'avoit avancé M. Patte, et sur ce qui pouvoit résulter de la surcharge que l'on alloit imprudemment confier à des piliers trop foibles pour un fardeau qui, en effet, ne leur étoit point originairement destiné, récélant d'ailleurs un vice de construction dont les effets se faisoient déjà sentir. On répondit par des raisonnemens à peu-près de la force de ceux du journal de Paris, c'est-à-dire, on n'en tint aucun compte; et un édifice qui a coûté plus de 5o millions, qui fait époque dans notre histoire d'architecture, menace ruine. Le pont des Arts, important sans doute à raison du service qu'il rend, ou pourroit rendre à la population de cette grande cité, eût dû être l'objet d'une discussion sérieuse, et devroit l'être encore depuis son achèvement. Une faute commise peut du moins prémunir contre une faute semblable, ou faire naître l'idée de la réparer, et d'obvier aux inconvéniens très-graves d'une construction vicieuse.

Quand les arts sont une fois parvenus à un haut degré de splendeur, on doit tout faire pour les y maintenir, si l'on ne peut plus perfectionner. Utilité, solidité, beauté, tel est le programme de tout monument public. Les convenances et le goût doivent donc présider à la conception de l'ensemble et des détails; et quand la nature de la construction présente des difficultés particulières qui sont du ressort de l'art hydraulique, tout l'art de l'ingénieur doit être employé pour en assurer la durée. Or, je dis, 1° que le pont dont il s'agit, est improprement appelé le pont des Arts. Sous le rapport du beau, les arts le désavouent comme une production chétive, sans forme, sans unité, sans grace, et qui n'offre qu'un assemblage incohérent de pierres, de fer, de bois et de fil de laiton, frêle édifice formant le contraste le plus désagréable avec les monumens d'un style grave et imposant qui l'environnent, et qu'il obstrue. Envisagé du côté de la solidité, il n'a aucun des élémens qui la constituent. La stabilité d'un pont réside essentiellement dans le poids des voûtes. Celui-ci semble un ouvrage interrompu, sur lequel on a provisoirement jeté cette carcasse légère qui le couvre pour le service du moment, attendant qu'on y mette la dernière main, et qu'on oppose aux efforts de l'élément qu'il aura sans cesse à combattre, ce fardeau nécessaire et seul capable de le garantir du désastre auquel, dans son état actuel, il est exposé chaque année.

Sans doute et heureusement les grands débordemens, ces débâcles effrayantes et dévastatrice, n'ont lieu que de loin en loin, et peuvent lui laisser une certaine durée; mais enfin ces grands événemens se reproduisent, et alors, je le demande, que résultera-t-il de la lutte inégale qui s'établira entre des torrens de glaces amoncelées avec violence, et de petits murs de 5 à 6 pieds d'épaisseur, sans appui, sans liaison, sans pesanteur, attaqués à leur sommet? Ils peuvent, ils doivent, ce me semble, céder à un effort dont on n'a pas assez calculé la puissance. Pendant la construction du pont, on réparoit, à deux pas de là, les dommages causés, il y a trois ans, à plusieurs quais, par la débâcle qui brisa les bains Vigier. Les effets singuliers qu'elle a produits, auroient dû frapper l'ingénieur; mais apparemment il étoit fort de sa théorie pour négliger les leçons de l'expérience. *La suite au cahier suivant.*

Fin du quatrième cahier de l'an 12.

ERRATA. Pag. 111, lig. 22, remis par les consuls, *lisez* remis par le citoyen Bruyère, chargé de rédiger ce plan. Pag. 114, lig. 15, en place des mots ordre positif du conseil d'état, et qui lui fixa pour tout délais, *lisez* le citoyen Girard avoit promis de donner son plan au premier germinal, époque par lui fixée, et non par le conseiller d'état. Pag. 87 et 88, au lieu des mots Demause et Mausé, *lisez* Demanse.

On souscrit, pour cet Ouvrage, à Paris, rue de la Monnaie, n° 15; quai des Augustins, n° 47; et au bureau du Recueil Polytechnique, rue Bar-du-Bec, n° 2, au Marais, où toutes lettres et paquets doivent être adressés, franc de port, au directeur.

S U I T E *des Observations faites sur le Pont des Arts.*

On a lu dans le Journal des Bâtimens, quelques observations détaillées, qui, dit-on, ont toutes paru judicieuses ; il serait inutile de les répéter ; mais avant que de terminer, je ferai, sur la composition de ce pont, et en me renfermant dans l'idée de l'Auteur et dans le but qu'il paraît s'être proposé, une remarque très-simple, et que chacun a faite. L'Ingénieur s'est donné beaucoup de peine pour vaincre une difficulté qui n'existait pas : tous ces cintres, tous ces assemblages pour porter un plancher, étaient absolument inutiles ; les piles sont assez serrées pour qu'on eut pu les terminer immédiatement par une ligne droite. De forts sommiers en fer forgé, méplats, légèrement courbés, posés de champ, moirés et se butant mutuellement, eussent rempli, et à moins de frais, l'objet qu'on se proposait. Il en serait résulté deux autres avantages bien réels ; c'est que les piles auraient pu être un peu plus hautes, et le sol du pont plus bas ; mais on ne se croirait pas ingénieur si l'on faisait une chose toute simple : ce serait le pont aux ânes, il ne faudrait pas d'escalier pour y monter (1). J'ai connu un mécanicien, entêté de ses inventions, ne rêvant que ressorts, rouages et machines, qui s'occupait d'imaginer une mécanique portative, laquelle n'exigerait, disait-il, que deux hommes de moyenne force pour déboucher, en trois minutes, une bouteille de vin sans y toucher. Il y a des livres bien scientifiques sur des choses qu'un paysan imaginerait.

En général, on pourrait avancer que nous avons plus de science qu'il n'en faut pour l'application qu'on en peut faire à l'architecte. Les personnes qui se sont davantage occupées des connaissances mathématiques, s'inquiètent peu de la connaissance des formes, de la recherche du bas, et ne voient guère dans l'art de bâtir, que des difficultés à vaincre et des efforts à faire ; de là, naît leur industrie, je dirais même le mépris, pour les conceptions simples qui résultent des formes pures et déterminées que la nature nous offre à chaque pas, et hors desquelles on tombe nécessairement dans un genre bizarre, toujours difficile, inquiétant et dispendieux à l'exécution.

Il est aujourd'hui reconnu, et c'est une vérité appuyée par le sentiment,

(1) J'en demande pardon au Lecteur : entraîné par la force de l'exemple, il vient de m'échapper une pointe dans le goût du Journal que je blâmais tout à l'heure.

par le droit sens et par l'expérience, qu'un demi-cercle, par exemple, présente aux yeux une forme à la fois plus belle et plus solide en apparence comme en réalité, que ne serait toute autre courbe, la nature, que les arts ont pour but d'imiter, a voulu cet heureux accord qui satisfait et les yeux et l'esprit; mais quel goût exercé, quel tact juste et délicat il faut avoir pour tirer parti d'élémens si simples, et faire dire au spectateur étonné : que cela est beau, et pourtant que cela est simple !

Je me suis peut-être un peu écarté de mon sujet; je me résume : si la discussion que ces réflexions peuvent provoquer jette quelque lumière sur la question très douteuse de la solidité du Pont des Arts, cette discussion n'aura pas été inutile. Si mon opinion se trouvait être l'opinion la plus générale, le Gouvernement serait le maître d'empêcher un événement désastreux. Le remède existe, il ne faut qu'examiner et vouloir d'une ou d'autre manière. Il y a quelque profit à tirer de cette discussion; le Journal de Paris y peut encore apprendre qu'on ne résout pas ces sortes de questions par un jeu de mots.

G. A., Architecte.

LE PONT NEUF ET LE PONT DES ARTS.

LE PONT-NEUF.

AIR: *Des Trembleurs.*

Du plus loin qu'on se souvienne
Je domine sur la Seine,
Et je souffrirais sans peine
Que l'on usurpe mes droits !
Non, non, à ce téméraire
Je ferai sentir, j'espère,
Tout le poids de ma colère,
Si je m'y mets une fois !

LE PONT DES ARTS.

AIR: *Triste Raison.*

Comme l'Anglais vouloir règner sur l'onde,
C'est avoir de folles prétentions,
Car le soleil brille pour tout le monde,
Et l'eau, je crois, coule pour tous les ponts.

LE PONT-NEUF.

AIR: *De la Fanfare.*

Crois-moi : si tu n'y prends garde,
Quand la débacle viendra,
Crains de descendre la garde
Tout comme un pont d'opéra;
Le beau plancher qui te couvre,
Se détachant tout d'un coup,
On verrait le pont du Louvre
Dans les filets de Saint-Cloud.

LE PONT DES ARTS.

AIR: *De Nenny.*

En vous je crois, confrère,
Voir un pont bien élevé;
Mais vous prouvez le contraire
Par ce ton peu réservé :
Aussi, plus je vous regarde,
Et moins je dois trouver neuf,
Un propos de corps-de-garde
Dans la bouche du Pont-Neuf.

LE PONT-NEUF.

AIR: *Femmes, voulez-vous éprouver.*

Non, de sages Entrepreneurs
N'auraient consulté que l'utile;
C'est à d'âpres Spéculateurs
Qu'on doit ta présence inutile;
Sur les produits fondant leur gain,
Ces Messieurs nous en font accroire :
En tous cas, s'ils meurent de faim,
Ils auront du moins de quoi boire.

LE PONT DES ARTS.

AIR: *De la croisée.*

A l'extrême solidité
Je joins la grace et l'élégance;
Chaque jour mon utilité
Me vaut sur vous la préférence;

J'en conclus que le Pont de fer,
Quoique l'on dise et quoiqu'on fasse,
Aux Parisiens sera cher.

LE PONT-NEUF.

Oui, par le droit de passe.

LE PONT-NEUF.

AIR : *Du Joket.*

Depuis plus d'un siècle à Paris
Ma réputation est faite ;
Mon nom même, dans tous pays,
De bouche en bouche se répète.

LE PONT DES ARTS.

D'accord, vous êtes en crédit ;
On peut bien, je le crois sans peine,
Dans le monde faire du bruit,
Quand on a la Samaritaine.

LE PONT-NEUF.

AIR : *Trouverez-vous un parlement.*

Par un antique monument,
Dont le nom ajoute à ma gloire,
J'ai d'un Roi juste et bienfaisant,
Long-tems consacré la mémoire.
Sans une horde de brigands
Dont le système était d'abattre,
J'offrirais encor aux passans
Le portrait chéri d'Henri-Quatre.

LE PONT DES ARTS.

AIR : *Ce Magistrat, etc.* (de M. Guillen).

Je rends justice à la vaillance
Du Roi qu'ici tu fais valoir ;

Mais d'un héros cher à la France
Je puis aussi me prévaloir.
Si ses exploits vont d'âge en âge
Jusques à la postérité,
Donc je dois, étant son ouvrage,
Prétendre à l'immortalité.

L'AUTEUR A SES CONFRÈRES.

AIR : *Du Petit Matelot.*

En vous établissant arbitres
Entre mes deux ponts concurrens,
Amis, je vous soumets leurs titres ;
Mettez fin à leurs différends.
Sachez qu'il faut du caractère
Pour bien prononcer ; car, morbleu,
Ici ce n'est point une affaire
Où l'on puisse prendre un milieu.

CONCLUSION.

AIR : *Faut attendre avec patience,*

ou

Quand pourrai-je vivre au village.

J'en appelle à l'expérience,
C'est elle qui vous jugera.
Si le Pont s'écroule, je pense
Que Paris s'en appercevra ;
Mais jusques-là tenez-le quitte,
Payez en passant, c'est le cas. . . .
S'il tremble, n'allez pas plus vîte,
« Tout ce qui tremble ne choit pas. «

PONT DE NEMOURS.

Il paraît que les travaux de ce pont se poursuivent avec activité, et que la dernière pierre des voûtes vient d'être posée le 17 brumaire dernier, en présence des autorités constituées et des habitans, qui l'ont vu avec reconnaissance, d'après la promesse que leur fit le premier consul Bonaparte, lors de son dernier passage dans cette ville. La communication avec le midi de la France, par la route de Marseille, fait assez connaître l'importance de cet ouvrage, attendu depuis 1770. Ce pont annonce, par sa hardiesse, une solidité durable, et doit honorer en général le corps des Ponts et Chaussées, et en particulier, les Administrateurs et Ingénieurs chargés de la direction des travaux.

ARRÊTÉ qui met à la disposition du Ministre de l'intérieur, un million pour les rétablissement et nétoyage de plusieurs canaux, rivières, ▬▬.

Le Gouvernement de la République, sur le rapport du Ministre de l'intérieur, arrête,

ART. Ier. Il sera ouvert au Ministre de l'intérieur, un crédit supplémentaire pour l'exercice de l'an 11, de la somme d'un million, applicable,

1°. Cinq cent quarante mille francs aux recreusemens et réparations des canaux et rivières, savoir :

Entre Calais et la rivière d'Aa ;

A la rivière d'Aa , entre Saint-Omer et Gravelines ;

Au canal de Bruges , entre Saint-Omer et Dunkerque ;

Au canal de Furnes , entre Dunkerque et Furnes , par Zuydsehoote ;

Au canal de Nieuport , entre Furnes et le canal de Bruges ;

Au canal de Bruges , entre le canal de Nieuport et la ville de Bruges ;

Au canal de Gand , entre Bruges et Gand ;

A l'Escaut, entre Gand et Anvers ;

Aux canaux et rivières qui constituent la navigation entre Saint-Omer et Douai.

2°. Quatre cent soixante mille francs aux travaux des ports maritimes de commerce ci-après désignés , savoir :

Continuation du canal de Saint-Valery-sur-Somme , et écluse à la tête de ce canal , cent quarante mille francs.

Digues de Gravelines , réparation des jetées , cent mille francs.

Au port de Dunkerque , et relèvement de la jetée de l'est , cent vingt mille francs.

Plantation des dunes sur plusieurs points , spécialement aux abords des ports d'Ambleteuse, Wisseul, Calais, Dunkerque, et pour l'élargissement du canal de la Selegne , entre l'écluse de Vauban et celle d'Ambleteuse, cent mille francs.

II. Les Ministres de l'intérieur , des finances et du trésor public sont chargés de l'exécution du présent arrêté.

Le premier Consul,

Signé, BONAPARTE.

Par le premier Consul ,

Le Secrétaire d'État, *signé*, H.-B. MARET.

ÉTABLISSEMENT, sur l'Escaut, d'un Bassin à flot.

Le Gouvernement de la République, sur le rapport du Ministre de l'intérieur, arrête :

ART. Ier. Il sera établi sur l'Escaut, sur l'emplacement du Polder-Marguerite, situé sur la rade de Terneuse, un bassin à flot, susceptible de contenir vingt-cinq vaisseaux de guerre et un nombre proportionnel de frégates et autres bâtimens.

II. La digue au nord du Polder-Marguerite, actuellement inondée , sera reconstruite ; celle à l'ouest et les deux épis sur le fleuve, seront réparés.

III. Le Préfet de l'Escaut présentera incessamment au Ministre de l'intérieur le projet d'un rôle de contributions à répartir sur les propriétaires des Polders limitrophes du Polder-Marguerite , pour la part qu'ils ont à supporter dans les dépenses ordonnées par l'art. II et avancées par le Gouvernement. Les produits de cette contribution seront recouvrés par la Régie de l'enregistrement.

IV. Les Ministres de la marine , de l'intérieur et des finances sont chargés de l'exécution du présent arrêté.

Le premier Consul, signé BONAPARTE.

Par le premier Consul ,

Le Secrétaire d'État, *signé*, H.-B. MARET.

Canal du Rhin , la Meuse et l'Escaut.

Le Gouvernement de la République , sur le rapport du Ministre de l'intérieur , arrête :

Art. Iᵉʳ. Le Rhin , la Meuse et l'Escaut seront joints par un canal de grande navigation.

II. Il sera pourvu aux frais de ce canal par un droit sur les distilleries de grains.

III. Il sera statué par un réglement d'administration publique , sur les cas dans lesquels les distilleries pourraient être suspendues , et sur l'assiette de l'octroi auquel elles devront être assujetties.

IV. Le Ministre de l'intérieur est chargé de l'exécution du présent arrêté.

Le premier Consul, signé , BONAPARTE.

Par le premier Consul ,

Le Secrétaire d'Etat, signé , H.-B. MARET.

Paris , le 10 germinal an 11.

Le Gouvernement de la république , sur le rapport du Ministre de l'intérieur , vu l'extrait du testament fait par feu Lagane, le 28 juillet 1788 , souscrit le 10 août suivant , ouvert et enregistré par Arnaud , notaire à Toulouse , le 30 septembre 1789 , duement contrôlé et infirmé , portant un legs de 50,000 liv. en faveur de la commune de Toulouse , pour , ladite somme , être employée à introduire dans la ville une eau pure et agréable à boire en tout tems ; ledit legs payable après le décès de Marie-Anne Carriere d'Aufrery , épouse du testateur , et sous la condition expresse que les travaux nécessaires seront achevés dans l'espace de dix ans , après le décès de ladite dame son épouse , faute de quoi , le legs est révoqué , et pourra être répété par son héritier , s'il a été acquitté avant cette époque ;

Vu la délibération du 29 nivose an 11 , pour laquelle le conseil municipal de Toulouse accepte ledit legs ;

Vu l'avis du préfet du département de la Haute-Garonne , le conseil d'Etat entendu , arrête :

Art. Iᵉʳ. Le maire de la ville de Toulouse est autorisé à accepter le legs de 50,000 liv. fait à cette ville , par feu M. Lagane , pour la construction de fontaines publiques.

II. Le Ministre de l'intérieur est chargé de l'exécution du présent arrêté , qui sera inséré au Bulletin des Lois.

Le premier Consul,

Signé, BONAPARTE.

Par le premier Consul ,

Le secrétaire d'Etat,

Signé, H. B. MARET.

Suppression des places fortes de plusieurs villes de France.

Paris , le premier vendémiaire an 12.

Le Gouvernement de la république , sur le rapport du Ministre de la guerre , le conseil d'Etat entendu , arrête :

Art. Iᵉʳ. Les places de Bruxelles, Louvain, Diest, Tirlemont (son château excepté), Hulst, Axel , Terneuse , Ysendick, Philippine, Damme, Dendermonde,

Alost, Oudenarde, Bruges, Courtray, Menin, Warneton, Furnes, Mons, Ath, Tournay (excepté la citadelle), Libre-sur-Sambre, Namur, Liége, Huy, Maseick, Hassell, Malines et Lierre, sont supprimées, et ne seront plus mises au rang des places et postes de guerre ;

En conséquence, les fortifications et les terreins militaires desdites places seront vendus en numéraire et dans la forme prescrite par les lois sur l'aliénation des domaines nationaux.

II. Le produit de la vente desdites fortifications et terreins militaires sera versé au trésor public avec l'affectation spéciale des fortifications militaires.

III. Un officier du génie nommé par le premier inspecteur-général de ce corps, un ingénieur des ponts et chaussées nommé par le conseiller d'Etat, spécialement chargé de ce département, se réuniront dans le courant de vendémiaire, au maire de chacune des villes ci-dessus désignées, à l'effet d'indiquer dans chaque ville les objets qui doivent être vendus, en former des lots, et rédiger le cahier des charges relatives à la vente, à la démolition des ouvrages, à l'applanissement et mise en culture du terrein.

Le travail de ces commissaires sera successivement adressé au Ministre de la guerre, pour être par lui soumis à l'approbation du Gouvernement : ce travail devra être terminé avant le 15 brumaire.

IV. Les commandans d'armes, adjudans et secrétaires des places des villes ci-dessus désignées, cesseront leurs fonctions du jour où les ventes des fortifications et terreins militaires seront ouvertes dans chaque place, et, au premier germinal, dans celles où elles n'auraient pas été ouvertes avant cette époque.

V. La même commission désignera, dans le rapport qu'elle fera sur les places de Bruxelles, Louvain, Gand, Bruges, Malines et Liége, les casernes et autres bâtimens accessoires, qui, dans ces six places, leur paraîtront nécessaires et les plus propres aux garnisons indiquées ci-après, pour chacune desdites places.

VI. Tous les bâtimens affectés au service militaire, dans les villes dénommées dans l'article premier, sauf ceux qui seront réservés en exécution de l'article 5, ceux que les villes se chargeront d'entretenir à leur frais, et de tenir à la disposition du Ministre de la guerre, avec les effets et ustensiles nécessaires au casernement, et ceux qui, sur la demande des Ministres, seront spécialement réservés par le Gouvernement pour un service public, seront vendus, ainsi qu'il a été dit des fortifications et terreins militaires, le produit desdites ventes sera de même versé au trésor public, avec l'affectation spéciale des fortifications militaires.

VII. Les Ministres de la guerre, de l'administration de la guerre, de l'intérieur et du trésor public, sont chargés, en ce qui les concerne, de l'exécution du présent arrêté.

Le premier Consul,

Signé, *BONAPARTE.*

Par le premier Consul,

Le secrétaire d'Etat,

Signé, H. B. MARET.

ARRONDISSEMENS MARITIMES.

Saint-Cloud, 16 fructidor an 11.

Le gouvernement de la république, sur le rapport des ministres du trésor public, de la marine et des colonies,

Arrête :

ART. Ier. A compter du 1er vendémiaire an 12, le service des six arrondissemens maritimes sera fait par douze préposés directs du payeur-général de la marine. L'arrêté du 8 fructidor, concernant les ports de Boulogne, Ostende, et Cherbourg, est considéré comme non-avenu.

II. Ces préposés seront établis dans les ports ci-après ;
Savoir :

1er. Arrondissement. — A Anvers, à Dunkerque et à Boulogne.
Le payeur d'Anvers sera chargé en même tems du service de Flessingue ;
Le payeur de Dunkerque, du service d'Ostende ;
Le payeur de Boulogne, du service de Calais et de Saint-Valery.

2e. Arrondissement. — Au Hâvre, à Cherbourg.
Le payeur du Hâvre fera en même tems le service de Dieppe.

3e. Arrondissement. — A Brest, à Saint-Malô.

4e. Arrondissement. — A l'Orient, à Nantes.

5e. Arrondissement. — A Rochefort, à Bordeaux.
Le payeur de Bordeaux sera chargé en même tems du service de Bayonne.

6e. Arrondissement. — A Toulon.
Le payeur de Toulon sera chargé en même tems du service de Marseille, Antibes, et autres ports de la Méditerranée.

III. Les fonds des ordonnances expédiées par le ministre de la marine et des colonies, pour le service de chacun des douze ports principaux, seront adressés aux payeurs de ces ports, qui rendront compte directement de leur emploi au payeur-général de la marine.

IV. Le ministre de la marine et des colonies, et celui du trésor public, sont, chacun en ce qui le concerne, chargés de l'exécution du présent arrêté.

Le premier Consul,

Signé, **BONAPARTE.**

Par le premier Consul,

Le Secrétaire d'État,

Signé, H. B. MARET.

MONUMENT *désigné pour la place Vendôme, à Paris.*

Du 8 vendémiaire an 12.

Le gouvernement de la république, sur le rapport du ministre de l'intérieur, arrête :

ART. Ier. Il sera élevé à Paris, au centre de la place Vendôme, une colonne à l'instar de celle érigée à Rome, en l'honneur de Trajan.

II. Cette colonne aura 2 mètres 73 centimètres de diamètre, sur 20 mètres 78 centimètres de hauteur.

Son fût sera orné dans son contour ou spirale, de 108 figures allégoriques, en bronze, ayant chacune 97 centimètres de proportion, et représentant les départemens de la république.

III. La colonne sera surmontée d'un piédestal terminé en demi-cercle, orné de feuilles d'olivier, et supportant la statue pédestre de Charlemagne.

IV. Le ministre de l'intérieur est chargé de l'exécution du présent arrêté.

Le premier Consul,

Signé, *B O N A P A R T E.*

Par le premier Consul,

Le Secretaire d'État, *signé,* H. B. M A R E T.

Cherbourg, 12 nivose.

On parle d'un plan qui vient d'être levé pour l'établissement d'une seconde mécanique de filature, plus considérable que celle qui existe dans nos environs. Le nombre des broches sera porté à douze mille. Les directeurs de cette entreprise ont fait, dans la commune de Vast, l'acquisition d'un terrain très-étendu. On s'occupe au nivellement des terres, douze cents ouvriers sont retenus, et seront employés, au printems, à la construction de l'édifice.

R É P U B L I Q U E   B A T A V E.

La Haye, 26 décembre (3 brumaire an 12).

Le gouvernement d'état a nommé deux commissions chargées de la surintendance, tant des digues, chemins, rivières et eaux de cette république, que des ports et hâvres. Chacune de ces commissions aura sous ses ordres quelques inspecteurs.

M. Bruinings est nommé par le gouvernement, à la place d'inspecteur-général pour la partie des eaux intérieures.

É T A T S - U N I S   D' A M É R I Q U E.

Boston, 1er septembre (14 fructidor an 11).

Le gouvernement général vient d'ordonner la construction d'un phare à l'entrée de la rivière Penobscot, pour éclairer la navigation de ces parages si fréquentés par nos caboteurs. La Pensylvanie s'occupe dans ce moment d'un projet de canal destiné à unir les eaux de la baie de Chesapeack avec celles de la Delaware. Les commissaires sont chargés d'aller examiner les lieux, et de faire un rapport sur les frais présumés de cette grande entreprise.

OBSERVATIONS sur les arts des Égyptiens.

Thèbes aux cent portes, Memphis et Alexandrie, ont été successivement les capitales de l'Égypte, et ces trois époques amenèrent un changement très-sensible dans les arts de cette nation. Les Thébains ont eu une architecture dans son genre. Une noble simplicité, avec un ensemble admirable, de la hardiesse et de solidité à l'épreuve des tems. Voilà ce qui la distingue. Tout ce qui reste de Thèbes est d'une grandeur colossale, et l'on dirait que cette ville était habitée par des géants.

La colonie d'Éthiopiens qui vint s'établir dans la Haute-Égypte, eut à lutter quelque tems contre le Nil, qu'elle contraignit enfin à prendre un lit. Sur un

(157)

sol menacé par un fleuve impétueux, on dût sentir la nécessité de bâtir solidement, et c'est sans doute à cette cause qu'on peut attribuer les monumens merveilleux de la Thébaïde, et l'invention de ces machines ingénieuses, avec lesquelles les Égyptiens transportaient et élevaient ces masses énormes qui sont encore debout. Il faut ajouter encore, que la proximité des carrières d'où ils tiraient ce beau granit qu'ils employèrent dans tous leurs édifices, fut aussi ce qui facilita leur magnificence. Frappés des phénomènes du pays qu'ils habitaient, les peuples en reçurent de l'élévation dans leurs idées ; ils n'exécutèrent rien que de grand, de grave et d'emblématique.

Cependant, la peinture et la sculpture n'ont jamais atteint chez les Thébains ce degré de perfection qu'ont obtenu, dans ces deux arts, les Grecs et les Romains. Les sujets des premiers manquent généralement de vie et d'expression ; les proportions mêmes ne sont pas toujours exactes.

Dans les figures humaines, les pieds et les mains sont d'une excessive longueur, les membres mal modelés et de la roideur par-tout. Les traits du visage, pour être bien dessinés, n'ont ni ce tour gracieux, ni ces formes arrondies que l'art sait si bien saisir ; enfin il semble, en voyant quelques-unes de leurs statues, que les artistes aient voulu figurer des automates. Dans les figures d'animaux, les extrémités ne sont qu'ébauchées.

Ce qui s'est conservé en peinture, a beaucoup de vivacité et un beau coloris ; mais il n'y a ni grace ni vérité dans les attitudes et les draperies, et les ombres sont mal rendues.

Les objets qui datent des premiers tems de la fondation de Thèbes, se ressentent du goût de tous les nouveaux peuples ; c'est le même style, la même négligence. On ne s'est appliqué qu'à bien rendre les parties supérieures, et on a cru que le reste ne demande pas autant de soin.

A Memphis, la sculpture et la peinture eurent plus d'agrémens. Ces deux arts acquirent, et l'architecture (à l'exception de quelques monumens) perdit du goût pur et de la majesté de celle de Thèbes. Les grottes sépulchrales que l'on voit près des grandes pyramides n'ont pas la beauté ni le fini de celles de la Thébaïde.

Alexandrie, fondée par un conquérant, ami du faste et de la magnificence, devint tout-à-coup le centre des arts, qui s'y perfectionnèrent. L'ordre, quoique jusques-là inconnu en Egypte, s'y introduisit. Les Ptolémées apportèrent de la Grèce, leur patrie, ce goût pour l'élégance et la légèreté, qui se mêla dès-lors dans les constructions, au genre sérieux des Égyptiens. La peinture et la sculpture en furent embellies ; les sujets n'eurent plus cet air sombre, cette gravité qui caractérisaient les ouvrages des deux premières capitales ; mais tous ces ornemens, dans l'architecture, nuisirent à la solidité. On trouve quelques beaux restes d'édifices à Alexandrie ; cependant ils ne sont pas comparables à ceux de Thèbes.

EXTRAIT de l'exposé de la situation de la république, fait par le gouvernement, le 25 nivose an 12.

Un réglement a placé entre le maître et l'ouvrier, des juges qui terminent leurs différends avec la célérité qu'exigent leurs intérêts et leurs besoins, et aussi avec l'impartialité que commande la justice.

De nouveaux chef-d'œuvres sont venus embellir nos musées ; et tandis que le reste de l'Europe envie nos richesses, nos jeunes artistes vont encore, au sein de l'Italie, échauffer leur génie à la vue de ses grands monumens, et respirer l'enthousiasme qui les a enfantés.

Y

Dans le département de Marengo, sous les murs de cette Alexandrie, qui sera un des plus puissans boulevards de la France, s'est formé le premier camp de nos vétérans : là, ils conserveront le souvenir de leurs exploits et l'orgueil de leurs victoires; ils inspireront à leurs nouveaux concitoyens l'amour et le respect de cette patrie qu'ils ont aggrandie, et qui les a récompensés; ils laisseront dans leurs enfans des héritiers de leur courage, et de nouveaux défenseurs de cette patrie dont ils recueilleront les bienfaits.

Dans l'ancien territoire de la république, dans la Belgique, d'antiques fortifications, qui n'étaient plus que d'inutiles monumens des malheurs de nos pères, ou des accroissemens progressifs de la France, seront démolies. Les terreins qui avaient été sacrifiés à leur défense, seront rendus à la culture et au commerce, et, avec les fonds que produiront ces démolitions et ces terreins, seront construites de nouvelles forteresses sur nos nouvelles frontières.

Sous un meilleur système d'adjudication, la taxe d'entretien des routes a pris de nouveaux accroissemens : des fermiers d'une année étaient sans émulation ; des fermiers de portions trop morcelées, étaient sans fortune et sans garantie.

Des adjudications triennales, des adjudications de plusieurs barrières à-la-fois, ont appelé des concurrens, plus nombreux, plus riches et plus hardis.

Le droit de barrière a produit en l'an 11, quinze millions; dix de plus ont été consacrés, dans la même année, à l'entretien et au perfectionnement des routes.

Les routes anciennes ont été entretenues et réparées, des routes ont été liées à d'autres routes par des constructions nouvelles. Dès cette année les voitures franchissent le Simplon et le Mont-Cénis.

On rétablit au pont de Tours, trois arches écroulées.

De nouveaux ponts sont en construction à Corbeil, à Roanne, à Nemours, sur l'Isère, sur le Roubion, sur la Durance, sur le Rhin.

Avignon et Villeneuve communiqueront par un pont entrepris par une association particulière.

Trois ponts avaient été commencés à Paris, avec des fonds que des citoyens avaient fournis : deux ont été achevés en partie avec les fonds publics ; et les droits qui s'y perçoivent, assurent, dans un nombre déterminé d'années, l'intérêt et le remboursement des avances.

Un troisième, le plus intéressant de tous, celui du Jardin des Plantes, est en construction et sera bientôt terminé. Il dégagera l'intérieur de Paris d'une circulation embarrassante, se liera avec une place superbe, depuis long-tems décrétée, qu'embelliront des plantations et les eaux de la rivière de l'Ourcq, et sur laquelle aboutiront en ligne droite, la rue Saint-Antoine et celle de son faubourg.

Le pont seul formera l'objet d'une dépense que couvriront rapidement les droits qui y seront perçus. La place et tous ses accessoires ne coûteront à l'état que l'emplacement et les ruines sur lesquels elle doit s'élever.

Les travaux du canal de Saint-Quentin s'opèrent sur quatre points à-la-fois. Déjà une galerie souterreine est percée dans une étendue de mille mètres, deux écluses sont terminées, huit autres s'avancent, d'autres sortent des fondations; cette vaste entreprise offrira, dans quelques années, une navigation complette.

Les canaux d'Aigues-Mortes, de la Saône et de l'Yonne; celui qui unira le

Rhône au Rhin ; celui qui ; par le Blavet, doit porter la navigation au centre de l'ancienne Bretagne , sont tous commencés, et tous seront achevés dans un tems proportionné aux travaux qu'ils exigent.

Le canal qui doit joindre l'Escaut, la Meuse et le Rhin , n'est déjà plus dans la seule pensée du gouvernement. Des reconnaissances ont été faites sur le terrain ; des fonds sont déjà prévus pour l'exécution d'une entreprise qui nous ouvrira l'Allemagne, et rendra à notre commerce et à notre industrie des parties de notre territoire que leur situation livrait à l'industrie et au commerce des étrangers.

La jonction de la Rance à la Vilaine , unira la Manche à l'Océan, portera la prospérité et la civilisation dans des contrées où languissent l'agriculture et les arts , où les mœurs agrestes sont encore étrangères à nos mœurs. Dès cette année des sommes considérables ont été affectées à cette opération.

Le desséchement des marais de Rochefort, souvent tenté, souvent abandonné , s'exécute avec constance. Un million sera destiné cette année à porter la salubrité dans ce port , qui dévorait nos marins et ses habitans. La culture et les hommes s'étendront sur des terreins voués depuis long-tems aux maladies et à la dépopulation.

Au sein du Contentin , un desséchement non moins important , dont le projet est fait, dont la dépense , largement calculée , sera nécessairement remboursée par le résultat de l'opération , transformera en riches pâturages d'autres marais d'une vaste étendue, qui ne sont aujourd'hui qu'un foyer de contagion toujours renaissant.

Les fonds nécessaires à cette entreprise sont portés dans le budjet de l'an 12. En même tems un pont sur la Vire, lieral le département de la Manche au département du Calvados, supprimera un passage toujours dangereux et souvent funeste, et abrégera de quelques myriamètres la route qui conduit de Paris à Cherbourg.

Sur un autre point du département de la Manche, un canal est projeté , qui portera le sable de la mer et la fécondité dans une contrée stérile , et donnera aux constructions civiles et à la marine , des bois qui périssent sans emploi à quelques myriamètres du rivage.

Sur tous les canaux, sur toutes les côtes de la Belgique , les digues minées par le tems, attaquées par la mer, se réparent, s'étendent et se fortifient.

La jetée et le bassin d'Ostende sont garantis des progrès de la mer et de la dégradation ; un pont ouvrira une communication importante à la ville , et l'agriculture s'enrichira d'un terrein précieux.

Anvers a vu arrêter tout-à coup un port militaire , un arsenal et des vaisseaux de guerre sur le chantier. Deux millions assignés sur la vente des domaines nationaux situés dans les départemens de l'Escaut et des Deux-Nèthes , sont consacrés à la restauration et à l'agrandissement de son ancien port. Sur la foi de ce gage , le commerce fait des avances, les travaux sont commencés, et, dans l'année prochaine , ils seront conduits à leur perfection.

A Boulogne, au Hâvre , sur toute cette côte que nos ennemis appellent désormais une côte de fer, de grands ouvrages s'exécutent ou s'achèvent.

La digue de Cherbourg, long-tems abandonnée, long-tems l'objet de l'incertitude et du doute , sort enfin du sein des eaux , et déjà elle est un écueil pour nos ennemis, et une protection pour nos navigateurs. A l'abri de cette digue, au fond d'une rade immense, un port se creuse, où, dans quelques années, la république aura des arsenaux et des flottes.

A la Rochelle, à Cette, à Marseille, à Nice, on répare, avec des fonds assurés, les ravages de l'insouciance du tems. C'est sur-tout dans nos villes maritimes, où la stagnation du commerce a multiplié les malheurs et les besoins, que la prévoyance du gouvernement s'est attachée à créer des ressources dans des travaux utiles ou nécessaires.

La navigation intérieure périssait par l'oubli des principes et des règles : elle est désormais soumise à un régime tutélaire et conservateur. Un droit est consacré à son entretien, aux travaux qu'elle exige, aux améliorations que l'intérêt public appelle : placée sous la surveillance des préfets, elle a encore, dans les chambres de commerce, des gardiens utiles, des témoins et des censeurs de la comptabilité des fonds qu'elle produit ; enfin, des hommes éclairés qui discutent les projets formés pour la conserver ou pour l'étendre.

Le droit de pêche, dans les rivières navigables, est redevenu ce qu'il eût toujours dû être, une propriété publique. Il est confié à la garde de l'administration forestière ; et des adjudications triennales lui donnent, dans des fermiers, des conservateurs encore plus actifs, parce qu'ils sont plus intéressés.

L'année dernière a été une année prospère pour nos finances, les régies ont heureusement trompé les calculs qui en avaient d'avance déterminé les produits. Les contributions directes ont été perçues avec plus d'aisance. Les opérations qui doivent établir les rapports de la contribution foncière de département en département, marchent avec rapidité. La répartition deviendra invariable : on ne verra plus cette lutte d'intérêts différens qui corrompait la justice publique, et cette rivalité jalouse qui menaçait l'industrie et la prospérité de tous les départemens.

Des préfets, des conseils-généraux, ont demandé que la même opération s'étendît à toutes les communes de leur département, pour déterminer entre elles les bases d'une répartition proportionnelle. Un arrêté du gouvernement a autorisé ce travail général, devenu plus simple, plus économique par le succès du travail partiel. Ainsi, dans quelques années, les communes de la république auront chacune, dans une carte particulière, le plan de leur territoire, les divisions, les rapports des propriétés qui le composent ; et les conseils-généraux, et les conseils d'arrondissement, trouveront, dans la réunion de tous ces plans, les élémens d'une répartition juste dans ses bases, et perpétuelle dans ses proportions.

L'exposé du gouvernement est ainsi terminé : La tranquillité rendue au continent par le traité de Lunéville, est assurée par les derniers actes de la diète de Ratisbonne. L'intérêt éclairé des grandes puissances, la fidélité du gouvernement à cultiver avec elles les relations de bienveillance et d'amitié, la justice, l'énergie de la nation, et les forces de la république en répondent.

Le premier Consul,

Signé, BONAPARTE.

Par le premier Consul,

Signé, H. B. MARET.

L'exposé du gouvernement, dont nous venons de rapporter un extrait, démontre l'utilité des objets intéressans auxquels le recueil polytechnique est consacré ; et à l'égard des droits de passe sur les routes, nous avons déjà, dans nos cahiers précédens, rendu compte des différens moyens qui ont été présentés à ce sujet, et c'est par suite des expériences qu'on pourra juger quels sont les meilleurs et les plus avantageux, et les moins onéreux à la société.

*Précis sur l'affaire du canal proposé sous la citadelle de Besançon, pour
la jonction du Rhône au Rhin,*

Par le colonel du Génie K i r g e n e r , Directeur des Fortifications, à Besançon.

Je n'ai ni le tems ni la volonté d'ajouter de longs discours à ceux que la discussion
déja fournis sur le projet de jonction du Rhône au Rhin ; mais ayant eu l'honneur
'être cité dans la nouvelle brochure de l'inspecteur général des ponts et chaussées,
Bertrand , je me crois obligé de donner quelques éclaircissemens.

Il est seulement question ici de la navigation autour de Besançon, dans laquelle
j'ai dû intervenir comme militaire chargé de veiller à la conservation des moyens
défensifs de l'Etat.

1°. Le projet que l'inspecteur général Bertrand veut bien m'attribuer, faisait partie du système général de jonction du Rhône au Rhin, présenté plusieurs fois depuis 1744, par M. Delachiche, ancien officier du Génie. C'est le même projet qui
a été repris en 1792, par l'inspecteur Bertrand, et c'est encore de celui-là dont il
s'agit, sauf quelques modifications.

2°. Quand j'ai connu un système meilleur, celui du Capitaine du Génie, Laurent,
je me suis empressé de l'accueillir et de l'appuyer, preuve évidente que je n'étais
pas l'auteur du premier projet, puisqu'on sait quel singulier respect les auteurs ont
pour leurs idées, témoin celui que l'inspecteur Bertrand conserve toujours pour sa
dérivation souterreine.

3°. Le troisième projet mis en opposition avec le canal souterrein, avait été indiqué par le comité central des fortifications, comme un moyen à examiner parmi
les diverses combinaisons qu'on peut adopter pour établir la navigation autour de
Besançon, et concilier tous les intérêts, sans aller inutilement, à grands frais,
transpercer le rocher de la citadelle.

4°. L'inspecteur Bertrand assure que les fortifications de Besançon, telles qu'elles
sont, et même telles qu'on pourrait les rendre, ne seraient jamais capables de soutenir un siége en règle : il permettra bien, sans doute, à des ingénieurs militaires
d'être d'un autre avis, sur-tout quand il paraît, autant qu'il est possible de pénétrer
la pensée d'un grand homme, que le premier Consul attache une très-grande importance à cette place; mais il serait assez curieux que, parce qu'une forteresse
serait déja trop faible, ce fût une raison de l'affaiblir encore.

5°. L'inspecteur Bertrand insiste beaucoup sur la fonction qu'il prétend donner
à sa dérivation souterreine, pour diminuer sensiblement les inondations à Besançon.
Cette ville est dans un entonnoir, où toutes les eaux des Jura viennent retomber ;
elle doit donc être inondée dans les grandes crues, notamment à la fonte des neiges,
et l'inondation doit croître jusqu'au moment où les eaux sont assez élevées pour
trouver à s'épandre dans des bassins infiniment plus vastes. La dérivation souterreine, attendu l'étranglement de Malpas, ne ferait autre chose que puiser une petite quantité d'eau dans un réservoir, et l'y verser l'instant d'après : excellent moyen
pour renouveler l'expérience des Danaïdes.

6°. L'inspecteur Bertrand assure aujourd'hui positivement que les digues des
usines de Besançon ne sont point la cause des inondations ; je le sais bien, puisque
j'ai été dénoncé pour avoir dit, avant lui, la même chose. Qui est-ce qui conseillait
alors la municipalité ? Ce n'est pas moi, à coup sûr, car je m'efforçais en vain de
lui faire entendre qu'on ne l'engageait à la destruction de ses *précieuses* usines ,
qu'afin d'arriver au canal souterrein que l'on regardait, avant le projet du capitaine

Laurent, comme le seul moyen de navigation qui restât. Je n'ai cessé de répéter que l'étranglement du pont de battant et de quelques autres parties de la rivière était, avec les sinuosités du Doubs et le déboisement des Jura, les véritables causes des inondations de Besançon. Aussi persuadé que j'étais de l'impossibilité d'y apporter un remède prochain, je conseillais à la municipalité de mettre en réserve les sommes qu'elle voulait employer à l'achat et à la destruction des usines, ainsi que les offres des meûniers, et d'accumuler les intérêts avec le capital, pour avoir en peu d'années de quoi indemniser complettement les particuliers qui pourraient souffrir en cas d'inondation. Des mesures efficaces ont été prises pour diminuer les désastres dont les époques sont heureusement encore assez éloignées. Quoi qu'il en soit, on sait bien que l'opposition ne vient plus de la partie militaire, du moins pour les digues de *Saint-Paul*, de *l'Archevêque* et de *la Ville*, et que la méthode proposée pour la reconstruction de celle de *Taragnos*, par une suite de portières à fond, rendrait la rivière aussi libre qu'il se pourrait dans sa course autour de Besançon. Si l'inspecteur Bertrand ne conçoit pas comment on manœuvrerait ces écluses, ce n'est pas ma faute.

7°. L'inspecteur Bertrand se récrie sur les états estimatifs : eh bien je vais publier son secret, le mien est celui de tous les ingénieurs : c'est que les évaluations des projets sont toujours faits avec complaisance par leurs auteurs. Cependant je dois à la vérité de déclarer que j'ai engagé le capitaine du génie, Laurent, à porter son estimation au-dessus de celle qui lui avait paru la vraie; tandis que je me suis opposé à ce qu'il prît, comme il le voulait, ses bases du *N°. 61 du Journal des Mines*, pour évaluer ce que coûterait le canal souterrein, et cela uniquement par égard pour l'inspecteur Bertrand, parce que le calcul aurait donné une dépense folle; mais quand on accorderait que la dérivation souterreine serait la moins onéreuse, il resterait toujours en faveur du projet du capitaine Laurent, outre toutes les raisons de commodités, d'intérêt local et général, etc. etc. que les ingénieurs-militaires ont développées dans leurs mémoires, cette considération qui tranche la difficulté sans replique, c'est que le canal souterrein serait un double emploi, puisqu'il faudrait encore faire l'autre pour conserver les moyens actuels de défense.

8°. L'inspecteur Bertrand parle d'épuisemens, dans le cas du projet du capitaine Laurent; je suis obligé de prendre la liberté de l'assurer qu'il se trompe. Le mémoire d'exécution prouve qu'en commençant les travaux par la reconstruction de la digue de Taragnos, qu'il faut refaire dans tous les cas, on se donne par les ouvertures de fond le meilleur moyen possible d'assécher les parties supérieures de la rivière où l'on aurait à opérer.

9°. Enfin, il n'est pas nécessaire d'être ingénieur pour concevoir que le projet qui réunit à la fois les intérêts de la défense, du commerce et de l'économie, doit être préféré. Or, ces qualités sont, je crois, celles que les commissaires du génie militaire ont démontré appartenir à la navigation à ciel ouvert. Au reste, en terminant la discussion, ces mêmes officiers ont, suivant les intentions du premier inspecteur-général du génie, exprimé à MM. les commissaires des ponts et chaussées le desir de voir soumettre en dernier ressort cette question à l'Institut national. Comme les lumières de cette réunion de savans doivent donner toute confiance dans ses décisions, il paraîtrait que jusques-là on aurait pu éviter de multiplier autant les écritures, et qu'il eût été à la fois plus simple et plus convenable de s'en tenir au procès-verbal de la dernière commission, qui contenait toutes les raisons, de part et d'autres. Ainsi, l'inspecteur général des ponts et chaussées, Bertrand, trouvera sans doute, comme le directeur des fortifications Kirgener, qu'en attendant les uges, c'est assez plaider.

KIRGENER.

Discours de Regnaud (de Saint-Jean d'Angély), *prononcé au corps législatif, le 13 pluviose de l'an 12, sur l'utilité et la nécessité de l'établissement d'un canal sur la gauche de la rive du Drac, rivière située dans le département des Basses-Alpes, et loi rendue à ce sujet le 23 du même mois.*

Législateurs, l'agriculture est la source des richesses la plus féconde et la plus sûre. Elle a procuré à la France, dans tous les tems et au milieu des circonstances les plus difficiles, des ressources que ses ennemis n'ont pu tarir ; et quand les momens de restauration sont arrivés, elle a été un moyen puissant de réparer ses pertes et ses malheurs.

Parmi les travaux propres à la faire fleurir, à en accroître les produits, on doit ranger dans la première classe l'art des irrigations.

Des pays, jadis voisins et rivaux, aujourd'hui conquis et alliés, nous ont offerts des exemples heureux ; le territoire de l'ancien Piémont, qui forme à présent cinq départemens de la république ; l'ancien Milanais, qui est aujourd'hui celui d'une puissance amie, ont vu doubler toujours, décupler quelquefois la valeur de leurs récoltes par des irrigations habilement ménagées, en profitant des moyens naturels ou savamment préparés, en employant les ressources de l'art.

Il appartient à l'époque actuelle de transporter, de naturaliser dans notre patrie tous les moyens de fécondation, de richesse et de prospérité pour l'agriculture, comme pour les autres arts, parmi lesquels elle tient le premier rang, puisqu'elle crée les matières premières sur lesquelles les autres s'exercent.

Le territoire de Gap et des communes environnantes, dans le département des Basses-Alpes, sera un des premiers où le projet de cette amélioration importante se réalisera.

Un soleil brûlant y consume pendant l'été les richesses que le printems promettait à l'automne, et trompe ainsi l'espoir du cultivateur et du propriétaire.

Cependant une rivière qui coule dans le voisinage, le Drac, peut être détournée, et ses eaux peuvent assurer la richesse d'une assez vaste étendue de territoire, en formant un canal d'irrigation, lequel, percé de vingt-cinq ouvertures, distribuerait l'eau en abondance pendant le tems des chaleurs, sur des propriétés autrefois desséchées.

La dépense des travaux sera considérable ; sans doute, elle montera à 460,085 f.

Mais le produit que donnera, en moins de deux ans, l'augmentation de revenus qui résultera des travaux qu'on prépare, et des arrosemens qu'ils faciliteront, remboursera les propriétaires, de cette somme, et ils se trouveront alors avec des domaines plus que doublés de valeur.

Aussi l'utile projet conçu et proposé par le préfet a-t-il obtenu l'assentiment et des propriétaires, et du conseil municipal de Gap et du conseil-général du département.

C'est avec la conviction de son importance, à raison du bien qu'il produira sur les lieux, et à raison de l'exemple qu'il donnera à d'autres contrées, que le gouvernement nous a chargés de vous présenter la loi qui en assure l'exécution.

LOI. — ART. Ier. Il sera construit dans le département des Hautes-Alpes, sur la rive gauche de la rivière du Drac, et à partir du pont d'Orciere, un canal d'irrigation pour fertiliser le territoire de la ville de Gap, et celui des communes environnantes qui pourront en profiter.

II. Les dépenses relatives à la construction et à l'entretien annuel de ce canal, demeureront à la charge de la ville de Gap, et des communes ou propriétaires qui en profiteront, et il sera pourvu dans la forme et de la manière prescrites par la loi du 14 floréal an 11, pour le curage des rivières non navigables. Le gouvernement pourra autoriser un emprunt, si cette mesure lui paraît convenable.

III. Les terreins appartenans à des particuliers, et qui seront reconnus nécessaires pour le service du canal, seront acquis de gré à gré ou à dire d'experts.

IV. Le gouvernement est autorisé à faire tous les réglemens nécessaires, tant pour l'exécution et l'avancement des travaux, que pour l'usage, la distribution des eaux et la police qui devra être observée à cet égard.

V. Les contestations qui pourront s'élever sur l'exécution de la présente loi, seront décidées administrativement par le conseil de préfecture.

DISPOSITIONS pour l'établissement d'un palais de justice en la ville de Lyon, d'après l'exposé du citoyen Ségur, orateur du gouvernement, fait le 13 pluviose de l'an 12, et loi adoptée à ce sujet, le 21 du même mois, par le corps législatif.

On avait rendu à Lyon, son nom, ses murs, ses magasins, ses atteliers, son commerce ; on y avait ramené la paix, la religion et la justice ; mais les magistrats habitaient des ruines, et le tribunal d'appel réuni avec les autres tribunaux, dans un local étroit, incommode et dégradé, attristait encore les regards des citoyens des quatre départemens, du Rhône, du Léman, de l'Ain et de la Loire.

C'est après avoir consulté les préfets de ces départemens, que le gouvernement vous propose de céder à la ville de Lyon l'hôtel de Flécheres, pour y établir le tribunal d'appel. Les travaux que coûtera cet établissement sont estimés par des ingénieurs ; ils doivent monter à 166,000 fr. ; et la loi ne permettra pas qu'on dépasse cette estimation.

La dépense qu'exigent ces travaux n'est ni du genre des dépenses générales, ni de celui des dépenses départementales; le tribunal d'appel de Lyon appartient à quatre départemens, et chacun d'eux doit acquitter sa part des frais d'un établissement qui leur est également utile.

Mais vous penserez sans doute comme le gouvernement, que la ville de Lyon qui profitera plus particulièrement de la construction d'un édifice destiné à l'embellir, doit supporter à elle seule un cinquième de la dépense, et c'est ce que prescrit le projet de loi.

L'imposition d'une somme de 166,000 fr., répartie sur la ville de Lyon et sur quatre départemens, étant perçue en trois années, sera presque insensible ; et au moyen de cette charge légère, les justiciables jouiront d'un établissement dont la nécessité est évidente ; les magistrats occuperont un palais convenable à la dignité de leurs fonctions, et la ville de Lyon vous devra un utile et noble embellissement.

Tels sont, citoyens législateurs, les motifs du projet de loi que le gouvernement nous a chargés de vous présenter; il espère que son utilité lui fera obtenir votre sanction.

LOI. — ART. Ier. L'hôtel Flécheres de la ville de Lyon sera mis à la disposition du préfet du département du Rhône, qui y fera faire les travaux nécessaires pour y établir un palais de justice, principalement destiné à la tenue des séances du tribunal d'appel, et à celles du tribunal civil et correctionnel.

La ville de Lyon paiera un cinquième du prix de la dépense qu'exigeront lesdits travaux; les quatre autres cinquièmes seront acquittés par les quatre départemens, du Rhône, du Léman, de la Loire et de l'Ain, au centime le franc de leur contribution foncière, et au moyen d'une imposition extraordinaire qui sera établie à cet effet, et perçue dans l'espace de trois années.

II. Les susdits travaux seront adjugés aux enchères; la dépense ne pourra excéder la somme de 166,000 fr. ; la construction ne pourra commencer que lorsque l'adjudication aura été approuvée par un arrêté du gouvernement.

Fin du Vme. cahier de l'an XII.

A Paris, rue Bar-du-Bec, n°. 2, au Marais.

VIème. CAHIER DE L'AN XII,

FORMANT LE DOUZIÈME DU PREMIER VOLUME

DU RECUEIL POLYTECHNIQUE DES PONTS ET CHAUSSÉES,

ET

DES CONSTRUCTIONS CIVILES DE FRANCE, EN GÉNÉRAL.

~~~~~~~~~~~~~~~~~~~~~

NAVIGATION DE LA LOIRE.

DÉPARTEMENT DE MAINE ET LOIRE.

OBSERVATIONS sur le cours de la Loire, depuis Montsoreau, limite supérieure, jusqu'au ruisseau du Recourant, limite inférieure du département de Maine et Loire, annexées aux différens procès-verbaux de la visite faite dans l'étendue de ce département, en exécution de l'arrêté du Directoire, en date du 19 ventose an 6; par G. Goury, aîné, ingénieur des Ponts et Chaussées.

LES remarques particulières qu'on a eu lieu de faire et qui se trouvent insérées dans chaque article des procès-verbaux de visite ci-dessus relatés, ont déterminé l'ingénieur soussigné à présenter quelques observations générales, pour résumer les différens genres d'obstacles à la navigation et les différentes contraventions, qui paraissent avoir été pareillement saisis de tous les commissaires chargés de cette visite, enfin pour exposer plus nettement, et avec ensemble, la situation actuelle de ce fleuve, dans la partie qui traverse le département de Maine et Loire sur une longueur de onze myriamètres.

On sait combien la navigation est incertaine dans la majeure partie du cours de la Loire, et que ce fleuve majestueux, qui traverse plus des deux tiers de la France, en portant dans les pays qu'il arrose, la fertilité, l'abondance, et l'activité du commerce, y porte aussi, dans certains tems, la terreur et la désolation.

Tout le monde connaît l'immense et riche vallée qui est garantie de la dévastation et de l'ensablement, par la levée, du bord septentrional de la Loire. Cette levée précieuse par son but d'utilité majeure, doit être considérée sous deux points de vue, qui, quoique différens, sont néanmoins étroitement liés ensemble, la navigation et l'agriculture.

D'après ces importantes considérations, toutes les fois qu'on voudra travailler à faciliter la navigation de la Loire, la défense des levées devra toujours entrer pour beaucoup dans dans les vues de ceux qui proposeront des moyens quelconques de parvenir à ce but; c'est pourquoi les commissaires chargés de la visite depuis Montsoreau jusqu'aux Ponts-de-Cé *, ont cru devoir envisager

---

* La levée septentrionale de la Loire se termine au-dessus des Ponts-de-Cé.

la Loire, non-seulement sous le point de vue de la conservation des principales directions de son cours, mais encore sous celui de la protection des levées auxquelles, dans leurs procès-verbaux, ils semblent sacrifier exclusivement quelques propriétés particulières.

La levée septentrionale, qui garantit la vallée, des inondations, n'est point parallèle au véritable cours du fleuve. La distance qui existe entre cette levée et le pied du côteau méridional opposé, est tantôt plus grande, tantôt plus resserrée ; et les sinuosités fréquentes de ladite levée ne correspondent en aucune manière aux avancemens et aux gorges que l'on remarque vers le côteau ; ensorte que le cours de la rivière ne pourra jamais suivre parallèlement l'une ou l'autre des deux barrières que la nature et l'art lui ont opposées.

On peut considérer la Loire comme devant avoir deux lits à différentes hauteurs ; l'un depuis les plus basses eaux jusqu'à la hauteur des chantiers naturels, ou moyennes eaux ; le second, depuis les moyennes eaux jusqu'au niveau des grandes crues. Le lit, des basses aux moyennes eaux, sera toujours suffisant lorsqu'il aura de largeur environ 500 mètres, ce qui fait à peu près le tiers de la distance qui existe entre le côteau et le pied des levées. Le second, qui doit contenir les eaux lorsqu'elles excèdent la hauteur des chantiers, lesquels sont d'environ deux mètres et demi au-dessus de l'étiage, s'étendra toujours depuis les levées jusqu'au côteau ; alors il est invariablement limité.

D'après cela, si le lit de la Loire, dans les basses eaux, ne peut être parallèle ni au côteau, ni aux levées, il serait possible au moins de lui faire suivre des directions qui ne participeraient nullement des anses et des contours que forme la levée, ni des avancemens et des dépressions du côteau méridional ; il est possible, d'après un plan bien exact du cours de cette rivière, de lui déterminer un canal proportionné au volume des eaux qu'il doit recevoir depuis l'étiage jusqu'à la hauteur des chantiers naturels. Les rives de ce canal peuvent être successivement formées et défendues par des plantations en osier ou arbustes ployans, vulgairement appelés luzettes ou quétiers, dont le succès est incontestablement reconnu, ou par quelques ouvrages en fascines et clayonnages, qui, bien dirigés, arrêteraient en quelques endroits les sables mobiles, et fixeraient des attérissemens au-dessous, tandis qu'ils porteraient insensiblement les courans sur les parties trop saillantes des chantiers opposés.

Cependant, ce dernier systême d'ouvrages avancés en rivière, paraît avoir été abandonné depuis plusieurs années. C'est peut-être à tort qu'on aurait prononcé une proscription irrévocable contre toute espèce de clayonnage : le succès ou l'inconvénient de ces sortes d'ouvrages ne dépend souvent que de la direction qu'on leur donne et de l'emplacement qu'on leur assigne.

La nature, quelque cachée qu'elle soit dans ses procédés, nous laisse toujours entrevoir, par ses effets, la marche que l'on peut suivre pour la contraindre ou la limiter dans ses résultats. On remarque, en effet, dans presque toutes les parties de la Loire, qu'il n'existe pas une pointe, pas un cap formé par un chantier, qui, recevant le choc du courant, ne le réfléchisse sur le chantier opposé, sous un angle à peu-près égal à celui de l'incidence, sauf quelques modifications de circonstances et de localités ; et bientôt, le côté qui reçoit cette réflexion, est corrodé de manière à former un anse très-considérable ; les extrémités de cet anse donnent aussi lieu à un nouveau cap, qui, à son tour, opère le même effet sur la rive opposée.

C'est pour cette raison qu'il est de toute nécessité de supprimer le plus possible les angles saillans et les contours raccourcis des chantiers et des îles. C'est pour cela, que sachant profiter du vaste bassin reservé à la Loire entre la levée et le côteau, les gens de l'art doivent étudier d'après l'ensemble du pays, les moyens les plus convenables pour éviter ces réflexions des courans d'un côté sur l'autre, qui tendent continuellement à faire divaguer la rivière dans son lit, lors des basses et moyennes eaux, et rendent alors la navigation très-pénible. Cependant il y aura des cas particuliers, où il sera necessaire de former, par des moyens artificiels, des parties saillantes, lorsqu'il sera question, par exemple, d'éloigner la rivière du pied d'une levée qui menace à chaque instant d'être attaquée par les glaces ou la violence des courans. Alors on pourra faire des plantations ou des ouvrages défensifs au pied de cette levée. La direction et les limites de ces plantations ou de ces ouvrages, devront être prescrites sans égard pour les contours particuliers de la levée, mais bien par rapport à l'ensemble du cours qui aura été déterminé pour le fleuve.

Quoiqu'on établisse plus haut qu'il serait possible de retenir la rivière des basses et moyennes eaux, dans un canal qui serait dirigé à peu près dans le milieu de l'espace compris entre les levées et le côteau, on ne prétend cependant pas devoir supprimer toutes les îles qui existent; il est au contraire des cas où il faudra les entretenir avec soin; souvent même, il sera nécessaire de les prolonger, suivant la direction des différens bras de rivière dont elle font la séparation. Mais elles ne devront être protégées qu'autant que, par leur forme et leur situation, elles ne pourront opérer aucun effort sur les levées. Souvent aussi il sera nécessaire de les réunir, soit aux levées, soit aux chantiers du côteau, ainsi qu'on l'indique au premier procès-verbal de visite dans les art. 1, 2 et 9, et au quatrième procès-verbal dans les articles 12 et 19, quelques fois même entr'elles.

Si, pour resserrer et redresser le cours de la Loire, et le maintenir à une certaine distance des levées, il est nécessaire de faire successivement des plantations et des ouvrages de différentes natures, il en résultera des attérissemens et de nouvelles propriétés qui, suivant le droit, appartiendront au Gouvernement; mais aussi il sera forcé de faire, par ses propres moyens, les premiers frais de ces accroissemens, dont, par la suite, le produit de la vente pourrait à peine le dédommager. Il paraît plus avantageux et plus certain, pour l'entretien du cours de la Loire, de n'y faire aucune vente ni cession définitive à prix d'argent, mais bien d'accorder des alluvions ou accroissemens aux propriétaires riverains, à la charge par eux de les entretenir sur les directions prescrites, et de défendre telle ou telle autre partie de chantier, vis-à-vis ou aux environs; et en outre, au bout d'une jouissance de cinq ou six années, de payer une rente proportionnelle à la quantité d'arpens d'accroissement, qui aurait réussi et résisté à la violence des courans, et dont la possession serait assurée par ce laps de tems.

Après avoir considéré la Loire lors des basses et moyennes eaux, il ne paraît pas moins important de communiquer les observations qu'on peut faire, lorsqu'elle commence à surpasser les chantiers, et qu'elle couvre toute la surface du vallon compris entre les levées et le côteau. C'est à cette hauteur que les crues deviennent plus dangereuses, tant parce que les eaux affluentes acquièrent une rapidité incroyable, que parce qu'elles peuvent alors attaquer les levées dans les parties les plus faibles. C'est à cette hauteur aussi que la rivière produit les plus grands changemens dans son lit, soit en agissant sur le fond, soit en opérant des dégradations sur les bords. Si l'art n'offre aucune ressource pour arrêter l'impétuosité des fortes crues, ni garantir de leurs effets funestes, du moins existe-t-il encore quelques attentions à avoir pour éviter les plus grands bouleversemens.

La plupart des terreins qui bordent le cours de la Loire depuis le côteau jusqu'à la rivière, ou du côté des levées, sont plantés en grands arbres de toute espèce ; ces plantations, précieuses à la vérité, pour les particuliers auxquels elles appartiennent, ne doivent être tolérées qu'avec la plus grande circonspection ; ce sont elles qui occasionnent le plus souvent la destruction des chantiers et l'encombrement du lit de la rivière. En effet, ces arbres, lorsqu'ils se rencontrent sur les bords, ou dans la direction des courans, sont battus par les vents, frappés par les glaces, déracinés, et entraînent avec eux une partie des terres qui forment le continent ou le sol des îles. En supposant même qu'ils ne soient point abattus, s'ils résistent au choc, ils sont comme autant de points qui réfléchissent les glaçons et les reportent du côté des levées, où ils finissent par s'empiler les uns sur les autres, et souvent y font des ruptures : on sent le ravage énorme qui en devient la suite inévitable.

Il est donc important de ne laisser subsister de grands arbres que lorsqu'ils conserveront entr'eux, lors des grandes crues, un débouché de 800 mètres au moins ; mais tous les bords, comme on l'a dit plus haut, pourront être plantés en osier ou arbustes flexibles, dont la tige, en cédant sous l'effort des eaux et des glaces, ne peut opérer aucun encombrement, ni répercussion violente sur les parties opposées.

Tous ces moyens de rectifier successivement le cours de la Loire, pour en assurer la navigation et protéger les levées, ne pourront jamais être mis en pratique, et n'auront de succès qu'autant qu'on mettra pour cette fin, en action, une police continuelle et sévère contre tous les propriétaires riverains, et qu'en même tems l'on offrira des encouragemens pour les engager à seconder les vues du Gouvernement et l'intérêt public.

On croit devoir communiquer ici une remarque bien importante, suggérée par une connaissance habituelle de la Loire, et soutenue par le concours des observations particulières qui ont été consignées dans les procès-verbaux de visite. Une série assez continue de faits, nous porte à croire que la rive gauche du fleuve s'exhausse insensiblement, et que son exhaussement imprime généralement au corps d'eau un mouvement latéral vers la rive septentrionale.

Le bras de la navigation est presque constamment celui qui coule le long de cette dernière rive ; ceux de l'autre rive sont pleins de bas-fonds ordinairement impraticables pendant l'été.

L'état des différens ports situés le long de la rive méridionale, dans ce département, fournit une preuve convaincante de la vérité de notre remarque. Ceux de la Croix-Verte, à Saumur ; de Saint-Maur, de la Pointe, d'Ingrande, de la Meilleraie, d'Ancenis, appartenant à la rive droite, conservent en tout tems plus d'eau qu'il n'en faut pour la navigation des grands bateaux ; ceux du quai neuf, à Saumur ; de Rochefort, de Chalonnes et de Saint-Florent, qui tiennent à la rive gauche ou méridionale, sont à peine abordables lors de l'étiage, par les plus légères embarcations : les premiers se creusent, tandis que les autres se comblent.

Les îles multipliées dont la Loire se trouve parsemée, sont généralement, et sur-tout les grandes, plus rapprochées de la rive gauche que de l'autre rive.

Depuis peu d'années plusieurs de ces îles se trouvent même réunies au chantier méridional, par l'attérissement des boires intermédiaires.

Que l'exhaussement de la rive méridionale de la Loire, dont l'encombrement des ports ci-dessus mentionnés est l'effet, ainsi que la formation des îles et l'attérissement des boires adjacentes, soient dus à la disposition particulière de ses chantiers, à l'action violente des vents du sud, à la nature du sol des côteaux de cette rive, à la facilité que les ruisseaux affluens de ce côté trouvent à en détacher des matières hétérogènes, enfin à la quantité de ces matières qu'ils importent dans le lit du fleuve, c'est ce que nous n'entreprendrons point de déterminer : peut-être toutes ces causes y contribuent-elles à la fois. Les données recueillies dans de courtes visites ne fournissent que des lumières insuffisantes sur ce point ; il est cependant de la plus grande importance de l'approfondir, puisque le mouvement que nous avons remarqué dans le corps d'eau de la Loire, vers sa rive septentrionale, en supposant même qu'il fût impossible d'en arrêter les funestes effets, doit au moins influer sur les établissemens de tout genre que l'on pourrait projeter dans la partie où il se fait sentir, et prouve combien on doit s'attacher à fortifier les levées et à soutenir leurs chantiers.

Si, indépendamment des entraves qui résultent pour le commerce, de l'exhaussement de la rive méridionale de la Loire, la navigation trouve encore des dangers particuliers sur quelques-uns de ses points ; si, sur quelques autres l'agriculture reclame contre les ravages auxquels les crues donnent assez ordinairement lieu, c'est toujours à l'avidité d'un petit nombre de riverains, c'est par-tout à des usurpations non réprimées que ces maux locaux doivent leur existence. Tel aujourd'hui cherchant à s'aggrandir, avance ses plantations et dépasse les limites de son champ ; des bâtis de pieux, des fascinages disposés en épis, forcent les eaux de se retirer, et fomentent des attérissemens ; il joint enfin à sa propriété quelques tas de sable long-tems infertiles ; mais, pour s'assurer une aussi stérile possession, il a de ses mains élevé et consolidé un écueil où vingt bateaux ont trouvé leur perte ; mais le courant, rejeté par ses soins, et sans aucun ménagement, sur la rive opposée, a peut-être englouti les terreins les plus précieux. (*Voyez*, dans le troisième procès-verbal, à l'art. 3, deux exemples remarquables de ces usurpations funestes) ; mais enhardi par son exemple, fort du silence des lois et de l'impunité, quelqu'autre riverain ne manquera pas d'étendre aussi la surface de son domaine. Le premier usurpateur se verra bientôt en butte aux dévastations qu'il aura lui-même fait éprouver à ses voisins : ainsi le mal se propage, et gagne de proche en proche ; la rivière, balottée sans cesse d'un rivage à l'autre, ne conserve nulle part sa direction, que lui eut assuré sa pente naturelle ; les chantiers minés s'écroulent et changent à chaque instant de face ; leur instabilité entraîne celle des grèves ; et la conduite des bateaux exige, chaque année, une étude nouvelle, dont les premiers essais ne se font jamais sans danger.

C'est un principe d'architecture hydraulique, qu'il ne faut jamais attaquer les bords d'une rivière ; mais cette règle ne s'applique qu'au *lit vrai*, qu'on ne peut impunément resserrer. Donner une trop grande extension à ce principe, serait en méconnaître l'esprit ; et rien n'empêche d'attérir, ainsi qu'on l'a dit, les anses par de petits ouvrages appropriés aux localités, mais dont la direction serait toujours confiée à un Constructeur intelligent, absolument étranger aux spéculations intéressées des riverains, et mu dans ses déterminations, par la seule considération de l'utilité publique.

Ce n'est pas cependant toujours à des plantations inconsidérées, à des jetées ou bâtis de pieux mal disposés par rapport au fil de l'eau, que sont dus les courans obliques, dont la ruine des chantiers est la suite ordinaire. Souvent une île se trouve partagée dans sa largeur par un cours d'eau transversal, dont la direction fait, avec celle des deux bras auxquels il communique, des angles, qui varient depuis trente jusqu'à quatre-vingt degrés; à partir du point où ce cours d'eau débouche dans un des bras, il résulte des deux directions génératrices une direction moyenne, qui diffère nécessairement de celle que suivait la rivière avant la réunion. Le courant primitif se trouve infléchi et rejeté sur une rive ou sur l'autre; le chemin de la navigation, qui en dépend, suit une ligne sinueuse dont les détours allongent le trajet des bateaux et rendent leur manœuvre plus difficile.

L'intérêt du commerce demande la suppression de ces *boires*, dont l'agriculture ne tire aucun fruit, et qui, aux inconvéniens dont on vient de parler, réunissent celui d'appauvrir souvent un bras dont le volume d'eau suffisait à peine au libre passage des bateaux, pour en enrichir un autre qui se trouve avoir déja du superflu.

CONCLUSION.

On vient de présenter les obstacles différens qui nuisent à la navigation et à l'agriculture. Plusieurs dépendent des directions, de la marche et de la nature du fleuve; on a désigné des moyens de les corriger et de faire tourner son inconstance même au profit général. Quant aux obstacles qui proviennent des faits et abus particuliers, le gouvernement pourra toujours y remédier; sa volonté, bien exécutée, suffit pour réussir. Il doit être défendu par la suite de s'emparer, sous aucun prétexte, des îles ou des grèves que la Loire pourrait former, sans une autorisation formelle et l'examen circonstancié des ingénieurs. Il serait à désirer que le gouvernement même ne fît sur ces attérissemens et n'autorisât à y faire absolument aucunes plantations, dont le moindre effet est toujours de contrarier le cours des eaux par la résistance. Les îles qui se formeraient naturellement pourraient devenir des pâturages communs, tant que le fleuve les conserverait librement, ou des prés et même des terres labourables dont on pourrait, comme on l'a dit ci-dessus, retirer un revenu annuel. Avant tout, il importe de détruire les îles, les plantations, pieux, épis et autres établissemens constatés comme nuisibles, par les procès-verbaux mentionnés. La destruction subite des îles est sans doute impossible sous le rapport de la dépense qu'elle entraînerait; mais on peut essarter ou arracher leurs plantations et celles des chantiers usurpés sur le lit de la rivière. Le défaut d'entretien et de soutien, quelques tranchées même faites au besoin suivant la direction des courans, suffiraient pour détruire ces obstacles, du moins à la longue et sans beaucoup de frais. Il sera nécessaire d'avoir des fonds pour ces opérations et pour les travaux de conservation proposés dans lesdits procès-verbaux.

La Loire offre par-tout, depuis Montsoreau jusqu'au Recourant, l'empreinte de la négligence et de l'abandon dans le service du balisage; aussi les accidens se multiplient, les bateaux submergés augmentent eux-mêmes chaque année le nombre des écueils; la progression que suit le mal prend un caractère vraiment effrayant, et le gouvernement ne peut trop se hâter d'y apporter remède. Il convient donc qu'il fournisse annuellement les fonds nécessaires pour assurer ce service important; il convient de remettre en vigueur les lois et les réglemens de police concernant les turcies et levées; il convient de suppléer à leur insuffisance par de nouveaux réglemens.

C'est à celui que le gouvernement préposera au balisage, obligé par la nature de ses fonctions à une étude suivie des divers phénomènes auxquels la Loire donne lieu dans ses basses, moyennes et hautes eaux, de réunir une suite d'observations, qui ne laisse aucun doute sur des faits que nous n'avons qu'indiqués ; c'est à lui aussi, que ses devoirs appelleront plus particulièrement à la recherche de ce qui peut entraver ou faciliter la navigation, de préciser les améliorations que nous n'avons pu qu'entrevoir. Ses tournées longues et périodiques lui fourniront les moyens de découvrir les causes des différens courans, de connaître leurs effets et d'en arrêter les progrès, s'ils sont désastreux.

Le plus petit changement ne pouvant être indifférent dans le lit d'un fleuve, dont le fond et les bords sont sans consistance, il réprimera, par une exacte surveillance, les efforts des usurpateurs, il détruira, dès leur naissance, ces plantations illicites que rien ne légitime, pas même l'intérêt bien entendu de celui qui les a entreprises. Il ne permettra, sous aucun prétexte, les bâtis de pieux, protecteurs insuffisans d'un terrein que l'eau attaque, ces empiétemens, enfin, ces établissemens arbitraires que l'intérêt public proscrit, et bien plus connus des mariniers par les nauffrages qu'ils occasionnent, que des riverains par les services qu'ils rendent à l'agriculture.

PALAIS DU TRIBUNAT (CI - DEVANT ROYAL).

Nouvelle Salle consacrée à ses séances.

A Paris, en l'an 12.

L A régénération qui s'est opérée dans l'École française, ne s'est pas bornée à rendre le sentiment du beau aux peintres et aux sculpteurs de notre tems. L'architecture s'est aussi vu ramenée dans la ligne tracée par nos maîtres dans tous les genres, les anciens : la noblesse des formes, la simplicité des détails était le caractère de leurs monumens ; nos artistes s'attachent de plus en plus à imprimer ce caractère à leurs productions, et même dans l'impossibilité où ils se trouvent de produire rien qui soit au-dessus de leurs modèles, il en est qui, dans de sages imitations, trouvent des moyens assurés de succès. Ces réflexions nous sont suggérées à la vue de la nouvelle salle actuellement consacrée aux séances du Tribunat.

Cette salle est d'une forme demi-circulaire, décorée par un stylobate et une colonnade en stuc, d'ordre ionique, couronnée de son entablement et supportant la galerie des tribunes publiques; la hauteur de cette ordonnance est coupée aux deux tiers, par un premier rang de tribunes destinées aux autorités constituées; les plafonds de ces tribunes sont enrichis d'ornemens sculptés et choisis dans l'antique; cette colonnade se lie à deux grandes parties droites portant are-doubleau, et dans la face qui lui est opposée, ajustée dans le genre des thermes anciens, est pratiquée la place occupée par le bureau du président; à droite et à gauche, sont les portes d'entrée de la salle, dessinées sur le modèle de la porte du Panthéon, à Rome; au droit des deux parties lisses et en retour, sont placées sur des piédestaux en marbre blanc veiné, les statues de Démosthènes et de Cicéron ; la première est du citoyen Lesueur ; la deuxième du citoyen Lemot : la place destinée au président et la partie circulaire derrière la colonnade , sont revêtues de draperies ornées de couronnes et de franges en or.

Dans l'hémicycle , sont placés trois rangs de tables servant de bureaux aux tribuns ; le parquet est remarquable par la combinaison et l'ajustement de ses compartimens , fait en bois de France , tels que chêne , platane , merisier , noyer , etc.

Cette salle est traitée dans le style antique. L'architecte s'est attaché à la pureté et en rappele la sévérité. Il a employé dans se svoûtes les trois plus beaux genres de caissons , savoir : dans la grande , éclairée par le haut , le caisson carré du Panthéon , à Rome ; dans l'are-d'oubleau , celui octogone du temple de la paix ; et pour la place du président , le caisson losange du temple du soleil et de la lune. On retrouve dans la frise , l'ornement du temple de la Concorde , et dans les plafonds des tribunes des autorités constituées , ceux du temple de Jupiter tonnant et du Jupiter Stator.

Le plan de cette salle et la manière dont il a été exécuté , ont paru réunir les suffrages des membres de l'autorité , aux séances de laquelle elle est destinée , des artistes et des amis des arts , qui en ont fait l'objet d'un examen attentif : l'ordonnance en a été jugée d'une simplicité noble , les détails d'un goût pur , et les distributions intérieures bien entendues. Cette nouvelle production du citoyen Beaumont , architecte du Tribunat , ne peut qu'ajouter à la réputation qu'il s'était acquise.

Observations du citoyen M........ — Deux artistes statuaires , dit-il , ont concouru , par leurs belles productions , à l'embellissement de cette salle. Permettez-moi d'essayer de donner à vos lecteurs , une idée de ces deux statues dont on a parlé.

Cicéron est représenté au moment où il découvre la conjuration de Catilina. De la main gauche , il tient la liste des conspirateurs ; de la droite , les lettres des conjurés , remises par Crassus. Son attitude exprime l'étonnement et la noble fermeté que déploya ce grand homme dans cette périlleuse et grande circonstance; ses regards , fixés sur cette liste odieuse , y remarquent avec indignation le nom des personnages les plus illustres et les plus puissans de Rome. Le danger est imminent, les momens pressent; la moindre hésitation , la moindre faiblesse , et Rome ne sera bientôt plus qu'un monceau de ruines et de cendres; mais la sérénité des traits du consul, la résolution courageuse qu'ils annoncent , assurent que la république sera sauvée.

On ne peut qu'applaudir aux talens de l'auteur. Il a su donner à cette figure , digne du grand nom du personnage qu'elle représente , tout le caractère de l'énergie dont elle était susceptible. La toge est ajustée avec beaucoup de goût. On y retrouve la pûreté de style , qui distingue les productions du citoyen Lemot , à qui l'on doit le beau bas-relief de la tribune du corps législatif.

Démosthènes prononce devant le peuple d'Athènes une de ses éloquentes philippiques : son bras droit est levé ; il tient son discours à la main; la chaleur de sa déclamation le lui fait serrer fortement ; sa poitrine est découverte ; de la main gauche , il tient son menteau ; le désordre même de l'ajustement donne du mouvement à la figure et de l'intérêt à l'action. On desirerait seulement plus de fermeté de décision dans l'attitude , un costume plus grec, et dans les draperies, plus de style et de finesse ; mais les nuds sont d'un bon caractère ; la tête a de l'expression, et cette figure fait beaucoup d'honneur au talent du citoyen Lesueur.

CHATEAU DES TUILERIES.

EMBELLISSEMENT DE SES ENVIRONS.

Exposé fait au corps législatif, le 23 pluviose de l'an 12, par le citoyen DEFERMONT, conseiller-d'état, sur la nécessité d'autoriser l'aliénation et concession de plusieurs terreins nécessaires à ce sujet, et loi rendue le 30 du même mois.

LE citoyen Defermont expose, que le gouvernement, en donnant principalement son attention aux grands objets d'administration publique, ne croit pas devoir négliger ceux d'un ordre secondaire. Le palais des Tuileries avait commencé à recevoir des embellissemens dès le moment où il fut destiné aux assemblées nationales ; mais il restait encore à en exécuter la plus grande partie, lorsque le gouvernement consulaire a été organisé.

La loi du 3 nivose an 8, en autorisant la vente des bâtimens et édifices de la commune de Paris, dont la conservation n'était pas indispensable pour le service public ou l'intérêt des arts, en excepta, par l'article II, tous les bâtimens, jardins et emplacemens situés entre la rue de l'Échelle et celle Saint-Florentin, afin de faciliter l'exécution des projets d'embellissemens.

Le gouvernement a fait depuis commencer, sur ces terreins, l'ouverture des rues nécessaires à la circulation autour du palais des Tuileries ; il a fait dresser les plans de l'emploi le plus utile et le plus convenable de ces terreins. Il est nécessaire, pour les exécuter, de faire démolir quelques maisons appartenantes à des particuliers ; il l'est également d'assujettir à construire, d'après les alignemens et le plan général, les acquéreurs des terreins nationaux qui se trouveront sur les places et rues nouvelles. Il convient à l'intérêt public et à l'embellissement de ce nouveau quartier, que ces terreins soient vendus ; la réserve de la loi du 3 nivose restant sans objet, dès l'instant que toutes les dispositions d'embellissement se trouvent définitivement arrêtées.

Le projet de loi soumis à votre sanction a pour but d'autoriser ces ventes, de même que les échanges qui ont été nécessités pour obtenir la démolition des maisons particulières.

Une disposition de cette loi tend à autoriser le gouvernement à céder aux propriétaires limitrophes, sur estimation rigoureuse, les portions des terreins qui se trouveront dans l'alignement de leurs propriétés, et cette disposition est dictée par la convenance et même la nécessité de leur accorder cette préférence. Une partie de ces terreins n'a pas plus de six mètres de largeur ; on ne pourrait mettre en adjudication ces faibles parcelles, sans faire courir aux propriétaires riverins, qui n'en deviendraient pas acquéreurs, le danger d'une dépréciation ruineuse de leurs propriétés, et d'un autre côté les étrangers qui deviendraient acquéreurs de ces parcelles, se garderaient très-probablement d'élever des façades dispendieuses pour bâtir des maisons en profondeur, dont ils ne pourraient pas espérer l'intérêt de leurs capitaux, de sorte que les projets du gouvernement courraient risque de rester sans exécution.

Une autre disposition de la loi tend à faire confirmer les ventes de quelques

B b

portions de ces terreins, qui ont déjà été faites ; c'est une garantie que vous vous empresserez sûrement de donner à des citoyens qui, pleins de confiance dans le gouvernement, se sont empressés de se prêter à l'exécution de ses vues.

Enfin, si dans l'échange que la loi vous propose de sanctionner, la république abandonne une plus grande superficie de terrein que celle qu'elle reçoit de la dame Lemercier, vous ne trouverez, dans cette différence, que la légitime indemnité due à un propriétaire qui, par l'effet des démolitions auxquelles il se soumet, perdra plusieurs années de revenu, et s'oblige à des constructions dispendieuses.

Ainsi, citoyens législateurs, nous nous persuadons que vous reconnaîtrez, avec le gouvernement, les avantages du projet de loi, et que vous lui donnerez votre sanction.

LOI. — ART. Ier. Le Gouvernement est autorisé à concéder aux propriétaires limitrophes, les portions de terreins qui resteront disponibles après le percement de la rue parallèle à celle Saint-Florentin, et qui longe les derrières de l'hôtel de l'Infantado, ainsi que les portions qui s'étendent depuis le palais du troisième Consul, jusqu'à la rue de la Convention, ensemble les terreins qui se trouvent contigus et dans l'alignement de la propriété du cit. Boivin.

II. Le prix de ces concessions sera fixé d'après une estimation rigoureuse, et le montant en sera acquitté en trois paiemens égaux, savoir : le premier dans le mois de la vente, et les deux autres, de trois mois en trois mois.

III. Les acquéreurs seront tenus d'élever, à leurs frais, dans le délai de deux années, à compter du jour de la vente, les constructions désignées aux plans arrêtés par le Gouvernement, sous peine de déchéance, avec perte des termes payés, ou de payer les constructions des façades que le Gouvernement serait autorisé à faire faire.

IV. Les ventes faites et celles à effectuer, des domaines nationaux situés entre la rue Saint-Florentin, la rue Neuve, la rue Saint-Honoré et la rue de l'Échelle, qui avaient été réservés par la loi du 3 nivose an 8, soit par enchères, soit par estimation, sont pareillement approuvées et autorisées, pour, le produit en être employé jusqu'à due concurrence, aux constructions et embellissemens dont les plans ont été ou seront arrêtés par le Gouvernement.

V. Le Ministre des finances est également autorisé à faire cession à la dame Lemercier, de 1650 mètres 30 centimètres de terrein national bordant la rue Projetée, de la grille du jardin des Tuileries à la rue Saint-Honoré, estimé en superficie et matériaux provenant des bâtimens que l'échangiste sera tenue de démolir, à 326,333 fr. 46 cent., en contre-échange de 1,013 mètres 25 centimètres de terrein faisant partie de la propriété de la dame Lemercier, sise rue Saint-Honoré, estimée en superficie et bâtimens, à 321,000 fr., lesdits terreins et bâtimens désignés et détaillés au procès-verbal des cit. Delaunay et Bonnard, commencé le 25 nivose an XI, et clos le 2 fructidor suivant, lequel demeurera annexé à la minute du contrat d'échange, ainsi que le plan des lieux dressé par lesdits experts.

VI. La somme de 5,338 fr. 46 cent., résultant de la plus value des objets cédés par la République, sera payée après la ratification du contrat d'échange, par ladite dame Lemercier, qui sera tenue, en outre, de supporter les frais du contrat, de faire place nette, et de bâtir conformément aux plans donnés par l'Architecte du Gouvernement, et de remplir toutes les autres conditions portées au procès-verbal.

B R E V E T S *d'invention accordés par le Gouvernement, le 7 pluviose an XII.*

ART. Ier. Le 11 vendémiaire de l'an XII, il a été délivré par le Ministre de l'intérieur, au citoyen Leignadier, demeurant à Paris, rue de Bourgogne, n°. 72, un certificat de demande d'un brevet de cinq années, pour l'importation de plaques de propreté que l'on applique sur les portes d'appartemens.

II. Le 2 brumaire suivant, il a été délivré au citoyen Philippe Gérard, Professeur de chimie, demeurant à Paris, place Vendôme, n°. 1, une attestation de la demande qu'il a faite d'un certificat de perfectionnement et d'addition aux lampes mécaniques, pour l'invention desquelles il lui avait été délivré un brevet d'invention, le 1er. germinal de l'an XII.

III. Le même jour, 2 brumaire, il a été délivré au citoyen François Leblanc, Machiniste, demeurant à Reims, rue Saint-Pierre, un certificat de demande d'un brevet de cinq ans, pour le perfectionnement d'une machine à tondre les étoffes.

IV. Le 23 du même mois, il a été délivré au citoyen Leignadier, demeurant à Paris, rue de Bourgogne, n°. 72, un certificat de demande d'un brevet de dix années, pour l'importation d'une garde-robe hydraulique.

V. Le 30 du même mois, il a été délivré à la veuve Récicourt, Jobert, Lucas et compagnie, fabricans à Reims, un certificat de demande d'un brevet de cinq ans, pour l'invention d'une nouvelle manière de fabriquer des schals de Vigogne.

VI. Le 4 frimaire suivant, il a été délivré au citoyen Charles Merlin, demeurant à Paris, rue de la Loi, hôtel de Dublin, un certificat de demande d'un brevet de dix années, pour l'invention d'un Pont à bascule à trois leviers.

VII. Le 14 du même mois, il a été délivré aux citoyens Philippe et Frédéric Girard, demeurans à Paris, rue de la Révolution, hôtel Britannique, un certificat de demande d'un brevet de cinq ans, pour l'invention d'un moyen de construire des Orgues dont on pourra, à volonté, enfler ou diminuer les sons.

VIII. Le 21 du même mois, il a été délivré au citoyen Antoine Barre, demeurant à Nîmes, département du Gard, et à Paris, rue de la Loi, n°. 107, un certificat de demande d'un brevet de dix années, pour l'invention d'une machine à distiller des vins et des marcs de raisin, en même tems, sans que les produits se mêlent.

IX. Le 28 du même mois, il a été délivré au citoyen Pierre Couteault, Professeur de physique, à l'École centrale de la Vienne, un certificat de demande d'un brevet de cinq années, pour l'invention des cuisines économiques.

X. Le même jour, il a été délivré au citoyen Sol'mini, Professeur de physique et de chimie, à l'École centrale du département du Gard, un certificat de demande d'un brevet de dix années, pour le perfectionnement d'un appareil propre à la distillation des vins et à la formation des eaux-de-vie.

XI. Il sera adressé à chacun des brevetés, un expédition du présent arrêté.

Le Ministre de l'intérieur est chargé de l'exécution de cette disposition.

Le premier Consul,

Signé, BONAPARTE.

Le Secrétaire d'État,

Signé, H. B. MARET.

ROUTE ENTRE MAESTRICT ET SAINT-TROND, PAR TONGRES.

Exposé de la nécessité de son ouverture, fait par le cit. MIOT, Orateur du Gouvernement, le 4 ventose an 12, au Corps législatif, avec un projet de loi, adopté le 12 dudit mois.

Citoyens Législateurs, le département de la Meuse inférieure est presqu'entiè-rement dépourvu de routes, le Gouvernement Batave ayant pour système de ne point ouvrir de communication sur ses frontières.

Nous pouvons heureusement suivre des maximes plus avantageuses au com-merce et à l'industrie; et loin que nous ayions à redouter d'augmenter le nom-bre des chemins et de faciliter les rapports qui existent déjà entre les diverses parties du vaste territoire français, nous aimons au contraire à multiplier des communications qui tendent à resserrer les liens qui doivent unir ses nombreux habitans.

Depuis sa réunion à la République, le département de la Meuse inférieure demande avec beaucoup d'instance l'ouverture d'une route entre Maëstricht et Saint-Trond, par Tongres, et cette route lui est réellement indispensable pour établir ses relations avec le reste de la Belgique et l'intérieur de la République.

Le Conseil général a insisté vivement, dans sa dernière session, sur ce projet, mais en même tems, comme il a senti parfaitement que la dépense qu'elle occasionnera ne pourra de long-tems être prise sur les fonds publics, il a offert une contribution de 5 cent. par francs des impositions directes du département, et a proposé d'en affecter les produits au paiement de l'intérêt et à l'extinction graduelle du capital d'une somme qui serait empruntée pour l'exécution de la route.

Avant de vous soumettre un projet de loi pour autoriser cette imposition extraordinaire, et l'usage qui doit en être fait, le Gouvernement a voulu que les plans et les devis de la partie de la route projetée de Maëstricht à Tongres fussent achevés, parce que cette première partie ouvrirait déjà un débouché utile entre Maëstricht et Liége.

Le devis présente une dépense de 504,853 fr. ; mais la route n'a pu être adjugée qu'à 595,000 fr., sur lesquels le Gouvernement a déjà fait donner 50,000 fr., qui ont été employés, en l'an 11, à l'ouverture d'une partie de la route.

Le montant de l'imposition de 5 cent. par franc sur la totalité des imposi-tions directes du département de la Meuse inférieure, de 59,570 fr. par an, ce qui donne pour les dix années, 595,700 fr., somme plus que suffisante pour la confection de la route, ce qui laissera de plus un fonds libre pour commencer l'autre partie de Tongres à Saint-Trond ; ce fonds se composera, comme vous le voyez, de l'excédent du produit de l'imposition sur la dépense de la route, et des 50,000 fr. qui ont déjà été affectés à ces travaux sur les fonds généraux.

Ainsi les moyens se trouvent en rapport avec la dépense projetée : le Gouvernement vous propose d'adopter le projet de loi :

LOI.—Art. Ier. A compter de l'an 12, il sera levé, pendant dix années consécutives, 5 cent. par franc des contributions foncière, mobiliaire et personnelle du département de la Meuse inférieure.

II. Les produits des 5 cent. additionnels seront employés à l'ouverture et construction, en chaussée pavée, d'une route de Maëstricht à Tongres, le tout en conséquence des offres faites par le Conseil général du département, contenues dans sa délibération du 12 prairial an 10.

III. Les fonds provenant de cette imposition seront perçus dans la forme prescrite pour les autres contributions directes, et versés entre les mains du Receveur général du département, pour être employés à la construction de la route projetée, sur les mandats du Préfet, délivrés d'après le certificat de l'Ingénieur en chef des Ponts et Chaussées.

ROUTE ENTRE GRENOBLE ET BRIANÇON.

Motifs et utilité de sa construction exposés dans la séance du 3 ventose, au Corps législatif, par le cit. Miot, orateur du Gouvernement, avec projet de loi adopté le 9 du même mois.

Citoyens Législateurs, le projet d'établir une communication directe et praticable pour les voitures, entre Grenoble et Briançon, existe depuis long-tems, et il a acquis plus d'importance qu'il n'en aurait eu autrefois, depuis que les travaux faits au Mont-Genèvre permettent de pénétrer par cette voie, de Briançon dans les plaines du Piémont.

Aujourd'hui la route de Grenoble à Briançon passe par Gap, et fait un détour qui prolonge d'environ 72 millimètres (18 lieues) la distance entre ces deux premières villes. Il existe bien une route plus courte, connue sous le nom de petite route, qui se dirige par le bourg d'Oisan et Villars-d'Arêne, mais les mulets seuls y peuvent passer, et souvent encore la route est impraticable, même pour ces animaux, dans l'hiver et lors de la fonte des neiges ; ainsi, cette route, telle qu'elle est aujourd'hui, est presqu'inutile pour les grandes opérations militaires, et l'est tout-à-fait pour le commerce ; en ouvrant, au contraire, un chemin que les voitures puissent suivre, non-seulement on facilite les communications militaires entre Grenoble et la place importante de Briançon, et de là avec Turin, mais on ouvre encore un débouché au commerce de Lyon, qui pourrait préférer cette direction à celle du Mont-Cenis, comme plus courte, et comme ayant l'avantage de ne pas obliger à démonter les voitures.

La route projetée suivra les gorges de la Romanche, et ensuite celles de la Guizanne ; mais la plus grande difficulté qu'elle présente, tient au passage des monts de Lans et du Lautaret. De ces deux obstacles, le premier, qui est le plus considérable, peut être franchi en suivant le plan que le cit. Dansse, ingénieur en chef de la dix-septième division militaire, en a tracé; et son travail, parfaitement conçu, a été approuvé par l'Assemblée des Ponts et Chaussées ; le deuxième présente moins de difficultés, et ne laisse aucun doute sur le succès de l'entreprise.

La ville de Grenoble et le département de l'Isère sont convaincus des avantages de l'exécution de ce projet, et le Conseil-général s'en est particulièrement occupé dans sa session de l'an 11 ; il a pris la résolution de réclamer auprès du Gouvernement, l'ouverture de la route, et il a arrêté, le 24 floréal de la même année, que le département contribuerait pour une somme de 500,000 fr., aux dépenses de la construction, au moyen d'une addition aux contributions directes. Cette somme fait plus que le tiers de la dépense totale, et il sera pourvu successivement à celle des autres tiers, sur les fonds affectés aux Ponts et Chaussées.

Le Gouvernement n'a donc trouvé que des avantages et un utile exemple à donner dans l'acceptation des offres faites par le département. Autant il est réservé à vous proposer d'autoriser des impositions extraordinaires, lorsqu'elles n'ont pour objet que de favoriser des entreprises purement de luxe ou de fantaisie, autant il a dû se montrer empressé de seconder le zèle des habitans dans une circonstance où il s'agit d'exécuter un des plus utiles projets qui aient été conçus, et dont les avantages dédommageront amplement des sacrifices qu'il aura coûtés.

Je suis chargé en conséquence de vous présenter le projet de loi nécessaire pour autoriser cette imposition extraordinaire.

Vous y remarquerez que l'arrondissement de Grenoble, comme le plus intéressé à l'exécution du projet, contribue pour les deux tiers de la somme totale, et entre ensuite pour un quart avec les trois autres arrondissemens du département de l'Isère, dans la répartition de l'autre tiers. Un article de la loi lui laisse aussi la faculté de s'acquitter des deux premiers tiers par des souscriptions volontaires ou par des contributions en nature, et vous approuverez sans doute un moyen qui tend à rendre la contribution plus légère et plus facile à percevoir.

Du reste, la répartition de cette imposition extraordinaire en cinq années, rend la charge annuelle peu sensible, puisque la perception ne s'élève, par année, qu'à 4 cent. pour franc des impositions directes.

D'après les motifs que je viens de vous exposer, le Gouvernement se flatte que vous ne refuserez pas d'accorder votre sanction au projet qui vous est présenté.

LOI. — Art. 1er. Il sera ouvert une route entre Grenoble et Briançon, par Vizille, le bourg d'Oisans, le mont de Lans et le Lautaret.

II. Une somme de cinq cent mille francs sera levée sur le département de l'Isère, pour être employée aux dépenses de construction de ladite route, conformément à la délibération du conseil général de ce département, en date du 24 floréal an 11.

III. Cette somme de cinq cent mille francs sera perçue par la voie de centimes additionnels aux contributions foncière, mobiliaire, somptuaire et personnelle, à raison d'un cinquième par chacune des années 12, 13, 14, 15 et 16, et repartie entre les quatre arrondissemens qui forment le département de l'Isère, dans les proportions suivantes :

Arrondissement de Grenoble, pour les deux tiers de la somme totale, trois cent trente-trois mille trois cent trente-trois francs 333,333   »»

Même arrondissement, pour sa part dans l'autre tiers, soixante mille sept cent seize francs six centimes. . . . 60,716   »6

Arrondissement de Vienne, quarante-trois mille quatre cent quatre-vingt-dix-sept francs deux centimes. ¿ . . 43,497   »2

Arrondissement de la Tour-du-Pin, trente-six mille deux cent soixante-dix francs vingt-quatre centimes. 36,270   24

Arrondissement de Saint-Marcellin, vingt-six mille cent quatre-vingt-trois francs soixante-huit centimes. 26,183   68

	fr.	cent.
TOTAL.	500,000	»»

IV. Néanmoins l'arrondissement de Grenoble aura la faculté d'acquitter son premier contingent de trois cent trente-trois mille trois cent trente-trois francs, par des souscriptions volontaires, ou par des contributions en nature, délibérées par le Préfet, et approuvées par le Gouvernement.

V. Le Gouvernement pourvoira à l'acquittement du surplus de la dépense de la route, sur les fonds affectés aux travaux publics, aux époques et dans les proportions annuelles qu'il aura déterminées.

DIGUES ET JETÉES DES COTES MARITIMES

DU DÉPARTEMENT DE LA LYS, ENTRE WENDHUYNE, BLANKENBERG ET HEYST,

EXPOSÉ fait au Corps législatif le 3 ventose an 12, par le cit. LAUMONT, Orateur du Gouvernement, sur la nécessité de réparer et rétablir ces digues et jetées, avec projet de loi adopté le 12 du même mois.

Citoyens Législateurs, les côtes maritimes du département de la Lys sont couvertes de dunes en sable, souvent au-dessous du niveau de la mer, et dépourvues, en beaucoup d'endroits, de la consistance nécessaire pour opposer un obstacle suffisant aux invasions de cet élément redoutable.

Ces digues naturelles exigent tous les ans des travaux dispendieux, qui embrassent entre les Communes de Wendhuyne, Blankenberg et Heyst, une étendue de deux myriamètres (4 lieues), et d'où dépend la conservation des personnes et des propriétés d'une grande partie du département.

L'ancien Gouvernement consacrait annuellement à ces réparations une somme qui se prélevait sur les revenus de la ci-devant province de Flandre ; mais toute espèce d'entretien ayant été abandonnée pendant plusieurs années, il en est résulté des dégradations qui exposent toute la contrée au danger d'être inondée.

Un état de chose aussi alarmant n'a point échappé au premier Consul, lors du voyage qu'il fit en l'an 11, dans les départemens septentrionaux ; sa sollicitude qui embrasse tous les objets d'intérêts publics, le porta à pourvoir, par l'avance d'une somme de 40,000 fr. aux dépenses les plus urgentes, et à ordonner en même tems que l'on s'occupât du soin de rétablir les digues, et de les mettre dans un état tel qu'elles n'exigeassent plus à l'avenir que des frais d'entretien.

Le trésor public contribuera, sans doute, à ces dépenses; mais obligé de partager ses ressources entre tous les départemens de la république, le Gouvernement n'a ni les moyens, ni par conséquent l'intention de supporter seul une charge si considérable, et il lui a paru juste de faire concourir les parties intéressées, aux dépenses dont les résultats leur procureraient des avantages directs.

C'est dans ces vues, et d'après le plus mûr examen, que le Gouvernement a jugé nécessaire de consacrer à ces utiles travaux une somme de 55o,ooo fr., dont 5o,ooo fr. seront applicables aux ouvrages d'entretien pendant la première année; il fera payer par le trésor public, en trois années, à raison de 83,333 fr. par an, une somme de 25o,ooo fr.; et il vous propose, citoyens législateurs, d'établir sur l'universalité du département de la Lys, pendant trois années, une imposition de trois centimes par franc de toutes les contributions directes, dont le produit s'élèvera à environ 3oo,ooo fr.

Une exacte surveillance garantira aux administrés, toute l'économie desirable dans l'emploi de ces fonds, et la fixation rigoureuse d'un maximum d'un centime et demi par franc, pour l'entretien annuel des ouvrages, ne leur laissera craindre aucun accroissement ultérieur d'impôt pour l'avenir.

Ces mesures, citoyens législateurs, tendent donc évidemment à conserver à la république un vaste département, dont la sûreté serait compromise, si elles ne recevaient la plus prompte exécution, et le Gouvernement doit espérer que vous vous empresserez de les sanctionner, en adoptant le projet de loi dont je vais vous faire lecture.

LOI. — Art. Ier. Il sera établi une imposition spéciale et extraordinaire de trois centimes par franc sur toutes les contributions directes du département de la Lys, pour les années 12, 13 et 14 seulement; le produit sera employé aux réparations et entretien des digues, jetées, sur les côtes maritimes du département de la Lys, entre Wendhuyne, Blankenberg et Heyst.

II. A compter de l'an 15, le Gouvernement pourra autoriser annuellement pour l'entretien des mêmes digues et jetées, la levée d'une imposition spéciale, proportionnée à la valeur des ouvrages jugés indispensables, et dont le maximum n'excèdera jamais un centime et demi par franc.

Les travaux de réparations et d'entretien des digues et jetées, et tous autres qui en dépendent, seront exécutés d'après les projets dressés par les ingénieurs des Ponts et Chaussées, et soumis à toutes les formalités prescrites pour les travaux publics au compte du Gouvernement.

OBSERVATION.

La grande quantité de matériaux qui nous sont parvenus sur l'idée du plan de Paris, que nous avions annoncé pour l'embellissement de cette ville, nous a privés de pouvoir le donner dans ce cahier, comme nous y étions d'abord disposés. Plusieurs projets, entr'autres, nous ont paru mériter de mûres réflexions, vu leur grande étendue et les travaux immenses qu'ils entraîneraient dans leur exécution, mais annonçant des vues avantageuses pour cette capitale. Nous nous réservons d'en donner un détail particulier, afin de les soumettre aux réflexions de nos Lecteurs, et obtenir d'eux les observations qu'ils jugeraient convenables de faire pour leur perfection, en les adressant, toujours franches de port, au Directeur du *Recueil Polytechnique*, rue Bar-du-Bec, n°. 2, au Marais, à Paris, où l'on souscrit pour cet Ouvrage, moyennant 21 fr., et chez tous les Maîtres de Poste.

Fin du VIme. cahier de l'an XII.

A Paris, rue Bar-du-Bec, n°. 2, au Marais.

~~~~~~~~~~~~~~~~~~~~~~~~~~~~~~~~

VILLE DE PARIS.

PLUSIEURS Ingénieurs et Architectes nous ayant fait l'honneur de nous adresser des projets relatifs à l'embellissement de Paris, aux moyens de faciliter la circulation dans cette immense cité et d'y entretenir une plus grande salubrité, en la dégageant de cet amas de maisons trop resserrées, qui ne forment, pour la plupart, que des rues mal saines et incommodes. Fidèles aux engagemens que nous avons pris dans notre plan général, nous nous empressons d'en donner connaissance à nos Abonnés, et de leur en présenter l'ensemble dans un plan où ces divers projets sont indiqués.

Nous engageons nos Lecteurs à nous adresser leurs observations sur ce plan, et les améliorations dont ils le croiront susceptible ; elles seront favorablement accueillies, notre but étant de réunir sur les divers objets d'intérêt public dont nous nous occupons, une masse de lumières qui puissent les porter à leur perfection.

Avant d'entrer dans le détail des projets figurés au plan ci-joint, nous avons pensé qu'il ferait plaisir à nos Lecteurs de trouver ici quelques détails historiques sur la fondation et l'aggrandissement de Paris.

DESCRIPTION HISTORIQUE DE LUTÈCE, OU PARIS.

Cette cité a toujours passé pour l'une des plus anciennes des Gaules, et c'est principalement à sa haute antiquité que l'on doit attribuer l'obscurité de son origine. Les Auteurs varient singulièrement sur l'éthymologie des deux noms, *Lutèce* ou *Paris*.

Lorsque les Gaulois, par leurs dissentions intestines, eurent ouvert l'entrée de leur pays aux peuples leurs voisins, les Romains, dont ils avaient demandé l'appui, devinrent bientôt leurs maîtres ; et Jules César, qui les avait conduits, fixa son séjour à Lutèce, et le trouva si charmant, qu'il y transféra les états-généraux. Cette conquête, qui lui avait coûté si peu, ne fut pas long-tems sans être traversée ; mais les habitans voulurent en vain secouer le jong ; Labienus, lieutenant de César, acheva de les réduire, et par sa victoire, assura la possession de la Gaule aux Romains, qui s'y maintinrent pendant cinq cents ans, c'est-à-dire, jusques vers l'an 452 de notre ère. C'est dans cette période de tems que se fit le nouveau partage des provinces, la conversion

C c

des Gaulois, et sur-tout des Parisiens à la foi chrétienne, et c'est aussi dans ce tems que Paris commença à étendre son enceinte hors de l'île où elle avait été contenue et resserrée jusqu'alors.

Suivant l'usage de l'antiquité la plus reculée, les Parisiens avaient leurs temples hors l'enceinte de leur ville : un à Isis, où est maintenant Saint-Germain-des-Prés ; un à Mercure, sur le mont Leucotilius, aujourd'hui Notre-Dame-des-Champs, faubourg Saint-Jacques, et un autre à Mars, dans un bois sacré, sur une montagne qui en portait le nom, et connue, de nos jours, sous celui de Montmartre. Il en existait encore un, dédié à Isis, au village d'Issy, sur les ruines duquel on avait élevé une chapelle dédiée à Notre-Dame de Lorette, et une maison dépendante du Séminaire de Saint-Sulpice.

Saint Denis, qui fut le premier évêque des Gaules, fixa son siége à Paris et fit une église du temple de Mercure. Sa mort, suite d'une persécution contre les chrétiens, donna lieu à la construction de trois églises : Saint-Denis-de-la-Châtre (*à Carcere*), Saint-Denis-du-Pas (*à Passione*), et Saint-Denis de Montmartre (*à Martyrio*).

Vers l'an 360, Julien fut proclamé empereur à Paris ; Valentinien, Gratien, y firent également leur résidence. Mérouée, troisième roi de France, la choisit pour sa demeure fixe ; Childéric suivit son exemple ; enfin Clovis lui assura le titre de capitale, qu'elle a conservé depuis.

Paris est situé dans l'île de France, dans le huitième climat (long. 20 d. de l'Isle-de-Fer, lat. 48 d. 50 m. 10 s.) ; la ville est traversée par la Seine, qui la divise en ses trois parties : Cité, Ville et Université.

Pendant plusieurs siècles, son assiette a été au milieu de la Seine ; pour lors ce n'était qu'une île, qu'on nommait *Lutèce*, appelée aujourd'hui la Cité, ou l'Isle-du-Palais, et qui est à peu près le milieu de Paris. Au midi est une grande montagne, couverte, jadis, de vignes, et où furent bâtis, depuis, plusieurs colléges, des églises et des habitations. Là fut établie l'Université, qui donna son nom à cette partie de Paris. La montagne fut appelée Montagne Sainte-Geneviève, du nom d'une abbaye de Génovéfins, qui existait avant la révolution, et dont l'église est devenue le Panthéon-Français, avec cette inscription : *Aux grands hommes la patrie reconnaissante.* Au septentrion, ce n'était qu'un marais, nommé à présent, la Ville : cette partie est beaucoup plus grande et plus peuplée que l'Université.

La rivière de Seine est très-propre à la navigation pour sa profondeur, et au commerce par un très-grand nombre de ports assis sur ses rivages sinueux ; elle se divise, à l'entrée de Paris, en deux bras, qui se réunissent au Pont-Neuf.

Elle n'apporte pas, seule, les approvisionnemens de Paris : la Marne, l'Yonne et les canaux de Briare et d'Orléans, qui viennent, de la Loire, tomber dans l'Oing, affluent dans la Seine du côté du levant, et le canal de Châlons à Digoin par Charolle, (1) joignant la Loire à la Saône, contribuent à faire arriver de la Champagne et de la Bourgogne, ainsi qu'un autre canal commencé en 1774 pour communiquer du Rhône à Lyon par Dijon, doit faire venir des divers points de l'Auvergne et du Gatinois, les blés, vins, charbons, foin et autres provisions. Du côté de l'occident, tout ce que la mer et la ci-devant Normandie produisent, arrive dans la Seine en montant la Picardie et le Vexin, par le secours des rivières d'Oise et d'Aisne. Cette dernière doit communiquer à l'Escaut par le canal de Saint-Quentin et celui de l'Ourcq, près Paris, projet conçu depuis 1666, et qu'on exécute maintenant.

(1) Dont le citoyen Gauthey a suivi la direction.

La position heureuse de Paris est telle, que des routes pratiquées de tous les points de la France, venant y aboutir, animent le commerce qui l'approvisionne de toutes les choses nécessaires, tant à l'entretien de la vie privée, qu'au luxe des tables, à la somptuosité des vêtemens, à la magnificence des bâtimens et à la richesse des ameublemens. L'Océan et la Méditerranée lui apportent tout ce qu'il y a de meilleur et de plus rare dans les autres parties de la terre; cette abondance fait affluer à Paris une immense quantité d'individus attirés par la résidence du Gouvernement, le luxe, et l'amour des plaisirs; celui des arts et des sciences, qui y trouvent, plus qu'ailleurs, un aliment et des modèles.

Accroissement de Paris.

Nous avons vu Lutèce, lors de l'arrivée de César, resserrée dans une île de la Seine, réduite à la fin par Labienus. A cette époque, César, qui en connut l'importance, se contenta d'ordonner aux habitans, de rebâtir leur ville, qu'ils avaient brûlée avant de se rendre à Labienus. Il ne s'occupa point de lui donner une forme régulière; mais pour s'assurer sa conquête, il la fit entourer de murailles et fortifier de tours, de distance en distance, au-delà de l'île qui la contenait encore, et qu'on nomme aujourd'hui première clôture (figuré au plan ci-joint). C'est là que cette ville fut nommée la Cité de Jules César. Ces fortifications existaient encore lors du siége de Paris par les Normands, l'an 884. Il fit de plus bâtir un Fort au bout de chacun des deux ponts (le Pont-au-Change et le Petit-Pont). L'antiquité de la grosse tour du Châtelet et le nom de Chambre de César qui est demeuré à l'une de ses chambres, fortifient cette conjecture; et l'écriteau qui se voyait encore à la fin du seizième siècle, sur une pierre de marbre, sous l'arcade de cette forteresse, contenant ces mots : *Tributum Cæsaris*, ne laisse aucun doute qu'elle n'ait été bâtie sous son règne.

Le Châtelet vient d'être démoli, mais l'autre fort fut détruit par les Normands l'an 887, rebâti sous Charles V, et démoli depuis cette époque, par ordre des Échevins de la ville, afin de former un dégagement pour la voie publique.

Lorsque Strabon et Ptolémée ont écrit leurs géographies, l'un en l'an 26, et l'autre en l'an 182 de l'ère chrétienne, la ville de Paris était encore resserrée dans ce qu'on nomme l'île Notre-Dame.

Ammian Marcellin, secrétaire de Julien, qui écrivait l'an 375, nous apprend seulement que cette ville avait, dès ce tems-là, un palais ou château et une place publique à la pointe orientale de l'île; une église cathédrale, sous l'invocation de la sainte Vierge, de saint Étienne, premier martyr, et de saint Denis, leur apôtre; il nous apprend aussi que les Parisiens avaient commencé à sortir de leur île et à bâtir des faubourgs sur les bords de la Seine. C'est dans un de ces faubourgs que cet Empereur fit bâtir, du côté du midi, un palais avec des bains et des étuves; il se voit encore rue des Mathurins, (1) mais cette antique salle des bains n'est plus qu'une écurie.

La seconde clôture commençait à l'Apport-Paris, continuait au long de la rue Saint-Denis, où était une porte près la rue des Lombards, passait ensuite entre cette rue et celle Trousse-Vache, au cloître Saint-Médéric, où il y avait une porte; tournait par la rue de la Verrerie, entre les rues Bar-du-Bec et des Billettes, descendait rue des Deux-Portes, traversait la rue de la Tixéranderie

(1) Nommé Hôtel Cluny.

et le cloître Saint-Jean (ce dernier est démoli depuis 1789), près duquel était une troisième porte, et finissait sur le bord de la rivière, entre Saint-Jean et Saint-Gervais. Tous ces noms modernes que nous conservons, feront mieux voir, d'après le plan, quelle était cette enceinte.

Accroissement sous le règne de PHILIPPE AUGUSTE.

Quoique la ville eût reçu cet accroissement d'une nouvelle enceinte du côté du nord, d'un faubourg, de quelques églises et d'un palais du côté du midi, elle était toujours environnée de ses marais et de ses bois, d'un côté, de ses vignes et de ses prés, de l'autre ; mais elle s'aggrandit par le seul effet du choix qu'en firent les Rois pour y fixer leur séjour et en faire la capitale de leurs États. En songeant à l'embellir, ils négligèrent de lui donner un plan régulier, et ce fut par des établissemens religieux que commença cet aggrandissement. Clovis, en l'an 500, fonda, sur le haut d'une des collines du mont *Leucotilius*, une église collégiale, sous l'invocation de saint Pierre et saint Paul (nommée depuis Sainte-Geneviève-du-Mont), et fit bâtir auprès un palais pour s'y loger. Childebert, l'an 559, fit bâtir, dans le territoire d'Issy, une abbaye, sous le nom de Sainte-Croix et de Saint-Vincent ; de l'autre côté, une collégiale, sous l'invocation du même saint Vincent, et ce sont aujourd'hui Saint-Germain-des-Prés et Saint-Germain-l'Auxerrois ; l'an 560, il érigea le monastère de Saint-Laurent, connu depuis sous le nom de Saint-Lazare.

Sous le règne de Dagobert Ier., fut bâtie l'église de Saint-Paul, hors les murs de Paris, environ l'an 640. Sur la fin du huitième siècle, ou au commencement du neuvième, Roland, comte de Blaye, neveu de Charlemagne, fit bâtir l'église collégiale de Saint-Marcel ; Henry Ier. fit rebâtir, sous le titre de Saint-Martin, l'an 1056, une ancienne abbaye qui existait anciennement hors Paris, et qui était tombée en ruines ; enfin, l'an 1118, commença l'ordre des Templiers, qui obtint la permission de faire bâtir un temple hors la ville.

Tous ces lieux et autres que nous ommettrons, comme moins considérables, furent dotés des terres, prés et vignes qui les environnaient ; chacun alors s'efforça de faire valoir ces concessions. Une partie de ces terreins fut donnée à cens et rente, à la charge d'y bâtir. Les seigneurs et courtisans s'approchèrent des palais des Rois ; les laboureurs et les artisans s'établirent près des lieux les plus avantageux. Ainsi, par succession de tems, se formèrent, aux environs de Paris, plusieurs groupes de maisons et édifices qui prirent le nom de bourgs. Du côté du midi, furent les bourgs Saint-Germain-des-Prés, de Sainte-Geneviève et de Saint-Marcel ; et du côté du nord, les deux bourgs, Saint-Germain-l'Auxerrois, le Bourg-l'Abbé (qui était de Saint-Martin), le Beaubourg sur les terres du Temple ; le Bourg-Thiboust, qui prenait son nom d'une ancienne famille dont était Guillaume Thiboust, prévôt de Paris, l'an 1299, et le bourg Saint-Éloy, où est l'église Saint-Paul.

Entre ces bourgs et la ville de Paris, restaient encore de grandes campagnes, des marais qui furent desséchés et ensemencés, et que plusieurs propriétaires avaient fermés : de là viennent tous ces noms, de Culture, ou, par corruption, de Conture, de Courtilles, vieux mots qui signifient jardins, enclos, et que quelques-uns de ces lieux qui ont été depuis couverts de maisons, conservent encore aujourd'hui.

Entre ces jardins et Courtilles, il y avait une certaine étendue de terres du domaine du Roi, qui se trouve nommée, dans les anciens titres latins, *Campela*, en français, Champeaux, ou les Petits-Champs. Une partie de ces terrains fut donnée par les Rois, pour y établir les cimetières, car il n'était pas permis, dès ces tems anciens, d'inhumer dans les villes.

Philippe Auguste forma le dessein de réunir, dans une même enceinte, une partie considérable de ces lieux éloignés les uns des autres, et de faire couvrir de maisons les espaces qui les séparaient, pour former du tout une des plus belles villes du monde. Le voyage d'outre-mer qu'il entreprit en 1190, avec une puissante armée, lui parut une occasion favorable pour persuader aux Parisiens d'entreprendre cette clôture, sous prétexte de leur propre sûreté. Le Roi, pour soutenir cette dépense, aliéna à la ville les péages et autres droits domaniaux, dont elle a joui jusqu'en 1638 : l'ouvrage fut commencé dès la même année, et fut achevé en vingt ans.

Nous pensons qu'il serait fastidieux pour nos Lecteurs, de détailler ici le contour de cette enceinte ; elle est marquée au plan ci-joint. Plusieurs noms conservés jusqu'à nos jours, indiquent encore où étaient différentes portes qui n'existent plus. Il existe dans l'ex-monastère de l'*Ave-Maria*, une ancienne tour de cette clôture : elle servait de chauffoir aux Religieuses.

Philippe Auguste fit aussi construire le château du Louvre, qui fut achevé l'an 1214 ; et dans un bois qui en était voisin, il fit bâtir une petite maison de plaisance, qu'il nomma le Château-du-Bois.

On avait compris dans la clôture une partie de la terre de Garlande et les environs de Saint-Jean-de-Latran, encore en vignes en 1238. L'on ne commença à bâtir dans les champs du Chardonnet, qu'en l'an 1243, et la terre de Loras ne fut entièrement couverte d'édifices, qu'en l'an 1263 ; la culture Saint-Paul, l'an 1269 ; les environs de Saint-Honoré, l'an 1281, et la culture Saint-Martin, en 1282. Le clos de Saint-Étienne-des-Grès était encore vignoble en 1295, et l'on n'acheva de bâtir dans le clos de Saint-Symphorien, qu'en 1355, mais presque tous ces bâtimens furent placés et bâtis sans goût et sans plan régulier.

Plusieurs nouveaux bourgs se formèrent aux environs de la clôture. Charles V, régent du Royaume pendant l'absence du Roi, son père, fit ajouter des murs et des remparts du côté appelé la ville, et que nous avons déjà désigné comme étant opposé à l'Université. Ces travaux faits en 1367, après la paix avec l'Angleterre, augmentèrent encore Paris de tout le quartier Saint-Paul et de tout le terrain cerné par ce qui forme aujourd'hui les Boulevards jusqu'à la porte Saint-Denis, et depuis cette porte jusqu'au bord de la rivière, près le Louvre, qui se trouva, par ce moyen, compris dans l'enceinte. De quinze portes qu'il y avait dans la première clôture, il n'y en eut que six de conservées.

Accroissement depuis Charles VI jusques à la fin du règne de Henry III.

Nous passerons rapidement sur cette époque, pendant laquelle se formèrent plusieurs grands quartiers de Paris, tels que tout le faubourg Saint-Marceau, la majeure partie de ce qui compose aujourd'hui le faubourg Saint-Germain, celui Saint-Jacques, et de l'autre côté de la rivière, le quartier Saint-Antoine.

Accroissement de Paris depuis le commencement du règne de Henry IV jusqu'à la fin du règne de Louis XIII, et sa nouvelle clôture.

Au commencement du règne d'Henry IV, il n'y avait encore eu aucun accroissement dans la Cité ; les îles du Palais et de Notre-Dame étaient encore des prairies ; les environs du Temple étaient en terres labourables et en marais, et le parc des Tournelles, au quartier Saint-Antoine, en friche et inhabité ; l'on n'avait rien fait pour la décoration de cette ville ; ce n'est que depuis le règne de ce Prince que tous ces lieux vides ont été couverts d'édifices, que l'on a commencé d'y voir des places publiques régulières, embellies de tous les ornemens de l'architecture, et décorées de statues dignes de la magnificence des Rois de France : il en a été de même des dehors de la ville. Le faubourg Saint-Antoine s'est tellement accru depuis ce tems, qu'il renferme aujourd'hui les villages de Reuilly et de Popincourt, qui en étaient alors éloignés. (1) Il se forma de nouveaux faubourgs hors les portes du Temple, de Montmartre et de Richelieu ; ceux de Saint-Martin et de Saint-Denis se sont augmentés de moitié. La ville neuve, qui était demeurée en masures depuis la démolition qui en avait été faite pendant les guerres, l'an 1593, et toutes les terres qui étaient en prés ou marais entre ce lieu et le faubourg Saint-Honoré, ont été converties en belles et grandes rues. Le faubourg Saint-Germain s'accrut tellement, que l'on en fit un dix-septième quartier de la ville, plus grand lui seul que quatre des autres ensemble.

Sous Louis XIII fut faite la jonction de l'Isle-Notre-Dame et de l'Isle-aux-Vaches, qui étaient séparées par un petit canal que l'on combla. L'une et l'autre étaient en prairies, elles furent couvertes d'édifices et ornées de quais ; on pensa aussi à peupler un grand espace qui était vide, à côté du faubourg Saint-Denis. Beaucoup de maisons et de chapelles avaient été démolies pour fortifier Paris de ce côté dans le tems des troubles de la religion prétendue réformée, sous le règne de Henry III ; les matériaux qui étaient restés sur les lieux y formaient une masse considérable. Ce fut sur ses ruines qu'en 1624 plusieurs rues, et une église sous le titre de Notre-Dame de Bonne-Nouvelle, furent bâties : on nomma ce quartier la Nouvelle-France, ou Villeneuve-sur-Gravois.

L'ancienne porte Saint-Honoré, qui était près les Quinze-Vingts, fut abattue et portée à quatre cents toises plus loin. On commença la nouvelle enceinte à cette porte, jusqu'au bout du faubourg Montmartre ; elle fut ensuite continuée par derrière la ville neuve, et vint finir à la porte Saint-Denis.

Cette nouvelle clôture fut à peine achevée, que des particuliers firent bâtir un si grand nombre de maisons hors la nouvelle porte Saint-Honoré, que le nouveau et gros faubourg qui s'y forma, se trouva joint au village du Roule ; ses habitans obtinrent, au mois de mai 1639, des lettres-patentes portant permission de bâtir et d'unir à ce faubourg le village de la Ville-l'Évêque, qui fut érigé en paroisse.

Accroissemens et embellissemens de Paris ; sa nouvelle enceinte.

Louis XIV ayant affermi la possession de son Royaume par la réunion à la couronne, de la plus grande partie des provinces qui en avaient été séparées sous les règnes précédens, il n'est plus question, pour l'enceinte de Paris, de murs, tours, fossés ni bastions, devenus désormais inutiles à sa défense. La capitale, qui était presque frontière, se trouva au centre du Royaume par les conquêtes de ce grand Monarque ; tous les ouvrages se tournèrent vers des monumens de grandeur, de commodité ou d'embellissement : aussi ne voit-on

(1) On comptait, en 1789, dans ce faubourg, 6000 hommes en état de porter les armes.

plus que des fossés comblés, des portes abattues, des arcs de triomphe, élevés, des rues élargies, de nouvelles rues bâties, des places publiques ouvertes, des buttes applanies, des quais revêtus, des ponts reconstruits ; et si l'on entreprend une nouvelle enceinte de Paris, c'est pour en faire un cours planté d'arbres, pour les délices des habitans, promenade charmante, qui annonce la magnificence de leur ville, et sa sécurité présente.

Le Roi, par lettres-patentes du 7 juillet 1646, ordonna de combler les fossés, d'applanir les remparts, d'y construire des édifices, et d'y tracer des rues ; et par arrêt du conseil, du 11 mars 1671, les remparts furent plantés d'arbres depuis la porte Saint-Antoine jusqu'à la porte Saint-Honoré.

L'on refit en pierre le pont de la Tournelle, qui était de bois, ainsi que le Pont-au-Change et le Pont-aux-Colombes ou aux Meûniers ; l'on éleva un arc de triomphe sur la même place où était la porte Saint-Antoine, et un autre sur la place de l'ancienne porte Saint-Bernard ; (1) on applanit, en pente douce, la butte Saint-Roch, qui était un amas de terre et de gravois des dernières fortifications. Cet ouvrage a donné douze nouvelles rues au quartier Saint-Honoré.

En 1760 le Roi fit bâtir l'Observatoire, commencer l'hôtel royal des Invalides; il fit bâtir en même tems l'hôtel de la première compagnie des Mousquetaires. Quinze nouvelles fontaines furent construites en différens quartiers, et une pompe sur le pont Notre-Dame, pour fournir de l'eau.

En 1672 on abattit les portes Saint-Honoré, de Bussy et Saint-Denis ; sur cette dernière fut élevé le bel arc de triomphe qui excite toujours l'admiration des curieux. La première a été, depuis, supprimée pour le dégagément de la voie publique.

En 1686 la porte Saint-Marcel fut démolie, et le terrein de la contrescarpe des fossés Saint-Victor fut abaissé, le fossé comblé, et des maisons furent bâties le long des murs de la ville ; ainsi, ce quartier, impraticable jusques-là, devint une très-belle rue en pente douce qui facilite les communications avec les quartiers Saint-Marceau, Saint-Jacques et Saint-Michel, pour la circulation des habitans et le transport des marchandises qui arrivent par la rivière pour ces quartiers éloignés.

Louis XV a borné la ville de Paris, par sa déclaration de 1727, à ce qui est entouré d'arbres depuis l'Arsenal jusqu'à la porte Saint-Honoré, et de là, en suivant le fossé jusqu'à la rivière, en suivant l'alignement du rempart depuis la rivière jusqu'à la rue de Vaugirard, et de là en suivant le rempart jusqu'à la rue d'Enfer, où il se terminait ; de là ensuite en passant à côté du ci-devant monastère de Port-Royal, qui est hors l'enceinte, allant aboutir à la rue Saint-Jacques, partie par une petite rue attenant les ci-devant Capucins, allant aux Boulevards, derrière le Val-de-Grace, et des Boulevards par la rue des Bourguignons, prenant au bout de cette rue par la vieille rue Saint-Jacques, dite du Sentier, le long de cette dernière jusqu'à la rue Saint-Victor, du Jardin des Plantes jusqu'au Boulevard qui va à la rivière. C'est cette clôture qui a été la plus régulière jusqu'à ce jour, quoiqu'en partie en barrières de bois.

Néanmoins, malgré ces limites, Paris a été considérablement aggrandi depuis, et il est cerné aujourd'hui par la grande muraille que les fermiers-généraux construisirent en 1786 et 1787, vers la fin du règne de Louis XVI, dernière clôture marquée au plan ci-joint, mais qui est d'une irrégularité dont nous ferons mention ci-après.

(1) Ces deux Monumens ont été depuis supprimés pour donner des dégagemens dans ces quartiers.

Ponts construits dans l'intérieur de Paris, sur la rivière de Seine.

Jetons maintenant un coup-d'œil sur l'établissement des ponts dans la ville de Paris; nous verrons comme on a senti, à mesure de son étendue et de sa population, combien il était intéressant pour le commerce et la circulation des habitans, de bâtir des ponts, et que malgré leur multiplicité actuelle, ceux que l'on propose encore sont d'une utilité qui en rend la construction presque indispensable.

Quelque recherche que nous ayions faite sur l'antiquité des Ponts de Paris, nous ne trouvons pas la date des premiers construits; nous voyons seulement qu'au tems du séjour que fit à Lutèce l'empereur Julien aux ans 356 et 357, il n'y avait que deux ponts de bois placés où sont aujourd'hui le Pont-au-Change et le Petit-Pont.

En 1281, il n'en existait encore que deux. Félibien rapporte que dans les premiers jours de Janvier de cette année, les deux ponts de Paris, qui étaient de bois, furent emportés par une crue extraordinaire de la Seine, et qu'en 1296 le même évènement se renouvela malgré que ces ponts fussent en pierre. Il paraît qu'on les refit encore en bois après ces évènemens; mais il est certain qu'on ne prenait pas assez de précautions pour la solidité de ces ponts, tant en bois qu'en pierre, puisque leur histoire présente plusieurs fois leur destruction, soit par les grandes eaux, soit par les glaces, et cependant on osait bâtir dessus des maisons très-élevées, dont les habitans délogeaient à l'approche des dégels. Ce n'est que sur la fin du dix-huitième siècle que l'on a eu enfin la raison assez éclairée pour débarrasser les ponts et les quais, de ces habitations mal saines en elles-mêmes, et qui gênaient la circulation de l'air dans l'intérieur de Paris.

Pont-au-Change. Le pont de Paris dit le Grand-Pont, fut construit en bois sous Charles-le-Chauve, en 861 : c'est ce pont qui a été successivement détruit et rebâti. Ce fut en 1565 que le Roi ordonna, par lettres-patentes, de le construire en pierre, et chargea la chambre-des-comptes de se donner les soins nécessaires pour l'entreprise et la perfection de cet ouvrage.

Un peu au-dessous de ce pont il en existait un autre qui ne lui servait en quelque sorte que comme de décharge; il ne servait qu'aux gens de pied, et s'appelait le *Pont-aux-Meûniers*, parce qu'il ne consistait qu'en moulins à eau, habités par des meûniers; quelques-uns le désignaient sous le nom de Pont-aux-Colombes, à cause que l'on y vendait des pigeons. On n'en découvre rien avant l'an 1323; mais dès ce tems-là plusieurs particuliers avaient des moulins au même lieu. On venait à ce pont du côté du Grand-Châtelet, par le quai de la Mégisserie, et il venait rendre sur le quai de l'Horloge. En 1595 il fut emporté par les grandes eaux, et rebâti sous le nom de *Pont-aux-Marchands*, par un nommé Charles Marchand, qui obtint des lettres-patentes au mois de janvier 1598, par lesquelles il lui fut permis de le rebâtir à ses frais, à l'alignement de la rue Saint-Denis et arche du Grand-Châtelet, tirant droit au devant de la tour de l'horloge. Pour favoriser l'entreprise, on exempta de tout subside les pieux, poutres, solives et autres bois, et il fut ordonné au prévôt des marchands, de lui fournir une place commode dans l'Arsenal de la ville pour lui servir de magasin et d'attelier. Ce nouveau pont avait une rue large de dix-huit pieds, bordée, de chaque côté, de maisons en charpente, à deux étages; la rue était traversée de tirans qui passaient de chaque maison à celle opposée;

elles étaient toutes semblables, peintes à l'huile, et chacune ayant pour enseigne un oiseau, ce qui le fit nommer le *Pont-aux-Oiseaux*, en dépit des lettres-patentes qui l'avaient institué Pont-aux-Marchands. Il fut achevé en 1609; en 1621 le feu y prit, et gagnant le Grand-Pont, les consuma tous les deux en peu d'heures. On commença ensuite un autre pont de bois vis-à-vis la Vallée-de-Misère, maintenant nommée quai de la Vallée, ou des Augustins; mais en 1639, le Roi Louis XIII permit de bâtir un pont de pierre au même endroit: c'est le Pont-au-Change que nous voyons aujourd'hui; ainsi les deux ponts n'en firent plus qu'un. Il fut achevé en 1647, sous la minorité de Louis XIV et la régence de la Reine Anne d'Autriche, sa mère. On le trouva si solide, qu'on éleva dessus deux rangs de maisons à quatre étages, qui n'ont été démolies qu'en 1786.

Le Petit-Pont. Ce pont, le second de Paris pour l'ancienneté, n'était qu'en bois; il fut entraîné par les grandes eaux, en 886; il fut rebâti et détruit par la même cause en 1196, refait de nouveau et détruit en 1206. Ce fut l'évêque Maurice qui le fit construire en pierre; et dans ce tems-là il y avait des moulins dessous et des maisons dessus: le pont, les moulins et les maisons furent également emportés par les eaux. Il fut encore reconstruit et détruit à différentes époques; enfin, pour la huitième fois, il fut détruit le 27 avril 1718, et reconstruit, sans maisons dessus, en 1719, tel qu'on le voit aujourd'hui.

Le pont Saint-Michel. En 1378 on adopta le projet d'un nouveau pont pour aller du Palais à la rue de la Harpe. Hugues Aubriot, capitaine et prévôt de Paris, eut ordre d'y faire travailler incessamment, ainsi qu'aux autres ouvrages publics de la ville. Il y employa les vagabonds, les joueurs et les fainéans. Ce pont ne put être fini, malgré toute la diligence qu'on y apporta, qu'en 1387, sous le règne de Charles VI. On lui donna d'abord le nom de Pont-Neuf; mais la dévotion du Roi, pour saint Michel, lui fit donner le nom de cet archange, que prit aussi alors la porte d'Enfer, qui était située où est aujourd'hui la place Saint-Michel. L'hiver extraordinaire de 1408, qui dura depuis la Saint-Martin jusqu'à la fin de Janvier de l'année suivante, fut funeste à tous les ponts de Paris. Lorsque le dégel arriva, des glaçons d'une grandeur énorme se détachant tout-à-coup, allèrent heurter avec impétuosité le pont Saint-Michel, qui était de pierre, et celui de bois, qui joignait le Petit-Châtelet, et les abattirent tous deux avec les maisons qui étaient dessus. Il fut question, peu après, de les reconstruire. L'ouvrage fut commencé et bientôt abandonné, faute d'argent. On ne trouve pas l'époque où ils furent définitivement reconstruits, mais l'on voit que le 10 Décembre 1547 le pont Saint-Michel tomba de nouveau et fut reconstruit de suite en bois; il dura jusqu'en 1616, que la violence des glaces emporta le côté du pont Saint-Michel qui regardait le Petit-Pont, et l'autre moitié tomba au mois de Juillet suivant; alors on le construisit en pierre, tel qu'on le voit aujourd'hui. Il ne reste plus qu'à le dégager des maisons qui sont dessus, ce qui va être exécuté incessamment, suivant toutes les dispositions du Gouvernement à ce sujet.

Le pont Notre-Dame date de l'an 1413; il fut construit en bois depuis la Planche-Mibrai jusqu'au devant de Saint-Denis-de-la-Châtre, et nommé pont Notre-Dame, en l'honneur de l'église cathédrale dédiée à la Vierge. Les prévôt des marchands et échevins obtinrent, pour s'indemniser des frais, la propriété de tous les édifices qui seraient bâtis dessus, à condition qu'ils l'entretiendraient en bonne réparation; qu'il n'y pourrait demeurer aucuns orfévres ou changeurs,

D d

et que le Roi aurait la justice et un denier de cens entre deux palées du pont. On leur accorda de plus un tiers des subsides de la ville, qui montait, par an, à plus de 36,000 fr. d'or. En 1499 le pont s'écroula avec les soixante-cinq maisons qui étaient dessus. On le jugeait tellement nécessaire au commerce des habitans, que l'on commença, dès la même année, à le rétablir, mais en pierre; et à cet effet il fut accordé à la ville, de prélever, pendant six ans, 6 d. pour liv. sur le bétail à pied fourchu, et sur le poisson de mer qui seraient vendus à Paris. Le pont fut achevé en 1507; les travaux furent conduits par un religieux cordelier véronois, nommé Jean Joconde, habile architecte, qui avait déjà bâti le Petit-Pont.

Le Pont-Neuf. Ce fut le 31 mai 1578, que le Roi Henry III posa la première pierre du Pont-Neuf, qui joint, par douze arches, le quai des Augustins à celui de l'École ou du Louvre. Ce grand ouvrage fut entrepris sur les dessins de Jacques Audouet Ducerceau, fameux architecte, qui aima mieux sortir du Royaume en 1585, que d'abjurer le calvinisme. Il ne fut achevé qu'en 1604, par les soins d'Henry IV. Ce prince fit ouvrir la rue Dauphine (aujourd'hui rue de Thionville) sur une partie du terrein des Augustins et sur les ruines de l'ancien collége de Saint-Denis; il fit travailler en même tems aux Galeries du Louvre, qui furent achevées de son tems, au quai de l'Arsenal, à la Place-Dauphine, qui est à la pointe occidentale de l'Isle-du-Palais (place où est aujourd'hui un monument en l'honneur du général Desaix), fit encore rebâtir une partie de l'Hôtel-Dieu, et commença la Place-Royale, aujourd'hui nommée Place-des-Vosges, et d'autres bâtimens, qui ne furent achevés que sous son successeur.

C'est aussi sous ce prince que François Miron, élu prévôt des marchands en 1604, et qui seconda si bien ses vues pour l'embellissement de Paris, acheva la belle façade de l'Hôtel-de-Ville, dont les travaux étaient interrompus depuis plus de soixante ans.

Le monument que l'on érigea à la gloire d'Henry IV, et que la révolution a fait détruire, fut placé sur le Pont-Neuf en 1614. La statue en bronze était l'ouvrage de Dupré; et Cosme II, grand duc de Toscane, fit présent du cheval, qui était de Jean Bologna; les esclaves attachés aux quatre coins du piédestal, furent faits par Pierre Francheville.

Le Pont-Marie, le Pont de la Tournelle, le Pont-Rouge.

Quand on entreprit de couvrir de maisons les îles Notre-Dame et Saint-Louis, qui en faisaient deux autrefois, sur l'une desquelles était l'église Saint-Louis, on y fit trois ponts, l'un de pierre, appelé le Pont-Marie, du nom de l'entrepreneur, et deux autres de bois, dont l'un joignait la Cité à la pointe occidentale de l'île de Notre-Dame, et l'autre prenait au quai de la Tournelle, et donnait passage dans l'île. En 1637, les glaces emportèrent celui-ci, et ce ne fût qu'en 1654 que l'on résolut de le refaire en pierre. Le distique gravé sur une table de marbre, posée entre les arcades de ce pont du côté de l'île, nous apprend qu'il fut bâti en 1656, par les soins du prévôt des marchands et des échevins. Il porte : *Ædiles recreant submersum flumine pontum; non est officii sed pietatis opus. M. DC. LVI.*

La nuit du 28 février au 16 mars 1658, une partie du Pont-Marie et des maisons bâties dessus s'écroulèrent; cet accident fut occasionné par un débordement de la Seine, qui avait déjà fait périr plusieurs bateaux chargés de marchandises , et même emporté des quais et des maisons entières. Par lettres-patentes du 17 mars 1659, le Roi ordonna que les deux arches de ce pont seraient rétablies au même état jusqu'au rez-de-chaussée du pont, et qu'en attendant il fût construit un pont de bois aboutissant au reste dudit pont, moyennant un péage qui serait levé pendant dix ans pour les frais. Les arches furent rétablies sans maisons dessus. En 1786 seulement, on a démolie les maisons qui étaient sur le reste du pont.

Pont-Rouge, maintenant de la Cité. La procession générale qui fut ordonnée à Paris en 1634, à l'occasion du jubilé qui eut lieu le 5 juin, de l'église Cathédrale à celle des Grands-Augustins, occasionna un singulier accident au Pont-Rouge. Comme les paroisses devaient se rendre de bonne heure à Notre-Dame, il arriva que trois paroisses s'empressant de passer à-la-fois sur ce pont, firent une si grande foule, qu'il y eût deux balustrades du pont, du côté de la Grève, qui furent rompues, et le pont entier fut sur le point d'être ruiné. Plusieurs, effrayés du brisement des balustrades, et croyant que le pont fondait déjà sous eux, se précipitèrent à l'eau, d'autres y tombèrent par l'ouverture des balustrades, d'autres, enfin, étouffés ou écrasés par la multitude, augmentèrent le désastre.

Ce pont fut détruit en 1710, et on n'a recommencé à le rebâtir qu'en 1717, moyennant un péage accordé pour 15 ans. Il fut démoli en 1789, par ordre des officiers municipaux. Il vient d'être reconstruit par une Compagnie autorisée par le Gouvernement, en bois et en fer avec revêtissement en cuivre, sur le dessin du citoyen Gauthey, inspecteur général des ponts et chaussées. C'est ce pont dont nous avons donné le détail, et le plan gravé au 3e. cahier de ce volume. Il s'y perçoit un droit de péage accordé aux entrepreneurs, pour 25 ans.

Pont de l'Hôtel-Dieu. En 1634, les administrateurs ayant fait bâtir le pont qui porte le nom de cet hospice, obtinrent pour l'utilité publique d'en ouvrir le passage pour les gens à pied et à cheval. Louis XIII leur accorda cette permission, et un péage d'un double pour chaque personne à pied, et de 6 d. pour chaque personne à cheval. Mais il n'a pas assez de largeur pour être fréquenté en même tems de cette manière. On y posa des barrières, et il n'y passa plus que des piétons. On y passe maintenant sans payer.

Le pont des Tuileries. Vers l'an 1656, le pont des Tuileries fut brûlé, ainsi qu'une machine que l'ingénieur Joly avait dressée à côté pour l'élévation des eaux de la rivière. On proposa de le rebâtir en pierre, au moyen d'une loterie, dont les bases furent arrêtées, mais qui ne fut pas remplie, et le pont ne fût refait qu'en bois. Il paraît qu'on le peignit en rouge, car on remarque que le Pont-Rouge des Tuileries fut emporté par les grandes eaux le 20 février 1684. Le Roi résolut aussitôt de le faire rétablir en pierre; on en posa les fondemens le 25 octobre 1685, et l'ouvrage fut achevé promptement. Ce beau pont, dont la solidité promet une durée dont on ne verra pas la fin, fut alors appelé Pont-Royal. Sa longueur entière est d'environ 72 toises, et sa largeur, de 8 toises, y compris les deux trotoirs de 9 pieds chacun. Quatre piles et deux culées le soutiennent, et il est partagé en cinq arcades : les dessins et devis furent donnés par Jules Hardouin, surnommé Mansard.

Le nom du pont dont nous venons de donner l'esquisse historique, rappelle celui d'un monument dont la majesté imposante étonnera dans tous

lès tems , comme la beauté de son ensemble excitera toujours l'admiration.
Le château des Tuileries ! quelles idées ce nom fait naître ! avec quelle rapidité la pensée traverse l'espace des tems pour considérer l'époque où des
masures , un four à tuiles occupaient une partie de l'emplacement où est aujourd'hui le plus beau jardin de l'Europe.

« Ce fut en 1519 que François Premier échangea le château et la terre
de Chanteloup avec Nicolas de Neuville , contre les terreins , maisons , cours
et jardins clos de murs qu'avait ce dernier au faubourg Saint - Honoré ,
près la porte et les fossés de la ville. En 1525 , la duchesse d'Angoulême ,
mère du Roi , étant régente , fit don de la maison des Tuileries et de ses
dépendances à Jean Tiercelin , maître-d'hôtel du Dauphin , et Julie Trot sa
femme , pour leur vie seulement. En 1564 , la Reine entreprit de faire bâtir
le château des Tuileries , avec de magnifiques jardins. Cette nouvelle maison
royale destinée à remplacer le palais des Tournelles que l'on fit démolir ,
prit son nom du lieu même , destiné depuis long-tems à fabriquer la tuile ,
dont la plupart des maisons de Paris étaient alors couvertes. Philibert de
Lorme , abbé de Saint-Serge et Saint-Éloy , le plus habile architecte qui eût
paru en France , eut la conduite de ce somptueux bâtiment , beaucoup moins
étendu alors qu'il ne l'est aujourd'hui. Tout l'édifice ne consistait qu'en
cinq pièces ; savoir : un gros pavillon au milieu de deux corps - de - logis ,
terminé par deux autres petits pavillons , dont la belle disposition formait
un tout également riche , régulier et bien proportionné. Le Roi Henry IV et
ses deux successeurs ont beaucoup changé la façade de ce palais , qu'ils ont
augmenté de plus de moitié. » (*Histoire de Paris , par Felibien.*)

Le superbe jardin tel qu'on le voit aujourd'hui , a été fait sur les dessins
du célèbre le Nôtre , mais on peut dire qu'il s'embellit chaque jour par les
soins d'un Gouvernement ami des arts , de la grandeur nationale et de la
prospérité publique.

Enfin , tous les nouveaux embellissemens que ce Gouvernement a fait exécuter et qu'il fait exécuter journellement , outre ceux qu'il projette de faire
aux environs de ce monument , comme nous l'avons déjà annoncé dans nos
précédens cahiers , le rendent digne de mériter l'attention des connaisseurs
et amateurs des beaux arts des quatre parties du monde.

Pont de la Concorde. Ce pont fut commencé en 1787 , sous le règne de
Louis XVI , dont il portait le nom , et fut achevé en 1791 ; il fut construit
d'après les dessins du célèbre Péronnet ; les travaux furent entièrement dirigés par feu Dumoustier , ingénieur en chef des ponts et chaussées. Il avait
avec lui les citoyens Prony , pour inspecteur des travaux , Lescot et Fuhard ,
ingénieurs ordinaires , et Houdouart , élève des ponts et chaussées. Le cit.
Prévôt en a été l'entrepreneur général ; ce pont fait l'admiration de tous les
connaisseurs par son élégance , sa hardiesse et sa légèreté. Il est construit
en pierre de taille , et est soutenu par cinq arches ; de chaque côté sur les
trotoirs au-dessus des piles , sont élevés des loges carrées de 3 à 4 mètres de
circonférence , disposées d'après le plan de Péronnet , à supporter des pyramides
à claire-voie , mais elles sont encore à exécuter. L'imperfection de ce monument
ne peut être attribuée qu'aux circonstances de la révolution. Nous pensons
que les magistrats chargés de la partie administrative des ponts et chaussées ,
proposeront au Gouvernement un plan quelconque pour l'achèvement de ce
monument que commande de plus maintenant le quai Bonaparte qui s'exécute :
nous en avons indiqué un , page 52 de ce volume , au 4e. cahier de l'an 12.

Ce qui fixe davantage l'attention des connaisseurs , c'est que le génie de l'auteur de ce pont a conçu et fait exécuter sous la première arche du côté du Nord , un chemin de hallage pour le passage des voitures ou chevaux qui peuvent être nécessaires à la navigation ; ce chef-d'œuvre doit servir de modèle à tous les ingénieurs et entrepreneurs des ponts et chaussées.

Suivant tous les rapports, ce pont, avec tous ses accessoires, a coûté 5,000,000.

Pont des Arts. Ce pont , commencé en l'an 10 , et terminé en l'an 11 (voyez les quatrième et cinquième cahiers de l'an 12) , fut d'abord dirigé par l'ingénieur en chef Dumoustier , et continué par le citoyen Becqué de Beaupré , son survivant ; le citoyen Dilon , ingénieur ordinaire , y était employé. Il est construit sur piles de pierre , et ceintré en fer fondu , recouvert en planches posées sur des pièces de bois croisées. Il n'y passe que des gens de pied , mais sa situation est tellement avantageuse, que le péage de cinq centimes qui s'y perçoit par personne , forme un produit considérable qui aura bientôt dédommagé les entrepreneurs , des frais de sa construction.

Pont du Jardin des Plantes. On peut l'appeler *le Pont-Desiré*, attendu que depuis 1735 qu'a été formé le boulevard du Midi, qui vient aboutir au bord de l'eau près du jardin des Plantes , il n'est aucun habitant ou étranger qui n'ait fixé son attention à cet endroit pour la construction d'un pont. En effet , il ne peut qu'être extrêmement utile au commerce de cette capitale , à raison de la communication des routes du Nord au Midi qui y aboutiraient. Divers projets ont été proposés depuis plus de 50 ans , et aucun n'a eu d'exécution. On en a adopté un l'année dernière, et feu Dumoustier avait commencé à y faire travailler ; mais ces travaux ont été beaucoup ralentis depuis la mort de cet habile ingénieur, que l'on pouvait considérer comme le premier de France , pour savoir diriger avec calcul et célérité un grand nombre d'ouvriers. Il avait été contrarié sur plusieurs observations qu'il avait faites, tant pour la solidité à donner à cet ouvrage , que pour la dimension du pont qui doit être d'une largeur suffisante , pour qu'il puisse supporter la grande affluence de voitures que sa situation doit y amener. Ces observations ont été senties par plusieurs hommes de l'art , depuis le décès de ce célèbre ingénieur, et l'on a adopté plusieurs plans additionnels à celui qui avait d'abord été accepté. Les culées qui sont déjà faites annoncent une largeur insuffisante pour un passage aussi fréquent. Ce pont doit, par sa position, éprouver les premiers effets des débacles des rivières de Seine et de Marne. Ces motifs ont paru fondés , et d'après un sérieux examen , les travaux ont été entièrement suspendus depuis dix mois ; il n'y a pas de doute qu'on ne les reprenne sur un plan plus réfléchi que le premier. La Compagnie qui s'est chargée de sa construction est la même qui a fait construire les Ponts de la Cité et des Arts , et le Gouvernement , d'après la loi rendue par le Corps législatif en l'an 10 , lui a accordé un droit de péage.

Ici se termine l'histoire des ponts de Paris. Nous n'avons pas parlé d'un petit qui existait autrefois près de la rue de Bièvre , lorsque la rivière de ce nom venait aboutir à la Seine en cet endroit , et qui , depuis a été supprimé lorsque le cours de cette rivière a été détourné pour se rendre à la Seine , près l'hôpital de la Salpêtrière , ainsi qu'on la voit sur le plan.

Nous allons maintenant entrer dans le détail explicatif de divers projets d'embellissement contenus au plan ci-joint.

Nouveaux embellissemens de Paris , dont une partie s'exécute , et l'autre est en projets , le tout figuré au plan ci-joint.

Quatre nouveaux ponts proposés sur la rivière de Seine , avec l'ouverture de plusieurs rues dans l'enceinte de la ville ; formation de plusieurs places publiques , canaux de navigation et d'arrosement , nécessaires à la salubrité , propreté des rues et aliment des fontaines ; ports pour garres et décharge des bateaux marchands de toutes espèces. Projet de divers monumens d'embellissemens ; désignation de leur utilité pour le commerce et pour la facilité de la circulation extérieure , au moyen de nouveaux boulevards et chaussées pavées en grès , de manière à rendre régulière la clôture de *cette grande ville.*

Dans un moment où toutes les améliorations et tous les genres d'embellissement sont dans la plus grande activité dans cette capitale , il ne peut paraître étrange , inutile ou déplacé , de publier des idées qui tendent à ce but. Quand dans le grand nombre il ne s'en trouverait qu'une bonne que l'on adopterait pour la réaliser , c'est toujours autant de gagné pour le bien public , pour l'accomplissement du desir que nous avons d'y contribuer , et pour le succès de notre entreprise , à laquelle nous avons résolu de tout sacrifier.

Le plan de Paris , en petit , qu'on trouvera ci-joint , donnera l'apperçu et l'ensemble des embellissemens que nous proposons , et dont nous allons donner le détail. Il en fera voir l'agrément et l'utilité , d'abord aux habitans de cette ville , ensuite et plus avantageusement encore aux artistes et amateurs qui en étant éloignés , pourront , au moyen des différens projets qui y sont tracés , avec ceux qui existent , faire leurs observations à ce sujet , concevoir des vues utiles ou des projets avantageux , et nous les adresser pour les publier s'ils le jugent à propos. Ils doivent être assurés que nous nous empresserons de les accueillir , et d'en faire l'usage qu'ils jugeront convenable , et qu'ils nous indiqueront eux-mêmes , tant pour le bien public , que pour leur satisfaction particulière et personnelle.

PREMIER PROJET.

Pont à construire sur la Seine , entre l'Hôtel-de-Ville et l'île Notre-Dame.

Ce pont nouveau construit en trois arches , communiquerait comme on le voit figuré au plan , à l'île de la Cité , par une nouvelle rue qui la traverserait en entier , passerait devant le pont de la Cité , nouvellement construit en bois , en place du ci-devant Pont-Rouge , là formerait patte d'oie et communiquerait aux deux îles ; cette rue irait ensuite en droite ligne joindre l'autre bras de rivière , qui passerait en ligne directe derrière l'église Notre-Dame , sur une partie du terrein de l'archevêché. Là , un deuxième pont d'une seule arche serait aussi construit sur ce bras de rivière , et au-delà du pont on continuerait la même ligne , pour former l'ouverture d'une nouvelle rue qui irait aboutir au point de rencontre des rues Saint-Victor , des Noyers , de Bièvre , Place-Maubert , au bas de la rue de la Montagne Ste-Geneviève , où l'on ferait une vaste place circulaire , nécessaire à ce quartier et à l'arrivage de toutes les rues ci-dessus nommées.

On projette d'établir , d'abord le pont de l'Hôtel-de-Ville , en face de la petite rue Pernette , donnant sur le Port-au-Bled , qui est à présent le milieu de sa distance du pont Notre - Dame au Pont - Marie , ensuite faire disparaître toutes les vieilles maisons qui existent maintenant entre la rue des Longs-Ponts, l'église Saint - Gervais , l'arcade Saint-Jean , la place de l'Hôtel-de-Ville et le Port-au-Bled. On construirait un second pavillon , côté du Levant , entre les rues des Long - Ponts et celle Pernette , avec portique et galerie entre les deux , pour l'agrandissement du local de l'Hôtel-de-Ville , pour former une nouvelle façade , côté du Midi , vis-à-vis le Pont-Projetté. Un perron entre deux pavillons , vis - à - vis le portique du milieu de la galerie , servirait d'entrée de ce côté , et serait au droit du pont ; il serait précédé d'une vaste cour , fermée d'une grille posée sur appui , dont la principale porte serait en face du pont , une seconde serait sur la place de l'Hôtel-de-Ville , une troisième sur une place formée devant le beau portail de Saint-Gervais , au moyen de la démolition arrêtée depuis long-tems des mâsures qui masquent ce superbe monument. On formerait derrière ce pavillon et la galerie nouvelle de l'Hôtel-de-Ville , un jardin qui en ferait partie , tant sur la superficie de l'emplacement de la ci-devant église Saint-Jean , que du restant de celui de la rue de l'Arcade et des vieilles maisons qui seraient supprimées à cet endroit.

On ouvrirait quatre rues , pour donner tous les dégagemens nécessaires au quartier de l'Hôtel-de-Ville. La première serait à partir du Pont-Projetté, pour joindre les rues Saint-Antoine et vieille du Temple, en suivant pour ligne directe l'alignement des bâtimens du chapître de Saint-Gervais. La seconde serait à partir de la rue Saint-Avoye, pour rejoindre la place de l'Hôtel-de-Ville ; il n'est personne qui ne connaisse ce quartier par les embarras fréquens qui arrivent à toutes heures de jour et de nuit, en raison du passage difficile de la rue des Coquilles, donnant dans celle de la Verrerie, vis-à-vis la rue Barre-du-Bec , où à chaque moment il arrive de fâcheux accidens par les embarras qui existent faute d'espace suffisante pour la voie publique ; motif qui réclame depuis long-tems l'ouverture de cette rue. On ne conçoit même pas comment le Voyer a pu permettre, dans les mois de pluviose et ventose dernier , à un maçon de faire de nouvelles constructions dans cette rue des Coquilles , sans l'obliger à un nouvel alignement. La troisième serait à partir du milieu de l'Hôtel-de-Ville , pour aller en ligne droite rejoindre la place de l'ancien Châtelet, sur laquelle le conseil général du département de la Seine a déjà jeté ses vues, pour y ériger un monument national. La quatrième rue serait à partir du point central de la nouvelle Place, qui se trouverait formée entre l'Hôtel-de-Ville et l'église Saint-Gervais , pour aller rejoindre et traverser la rue de Vendôme au Marais, près le boulevard du Temple, en passant à travers le terrein des ci-devant Billettes , près la rue de ce nom , celles de l'Homme-Armé , du Grand-Chantier, des Enfans-Rouges , et traversant l'enclos du Temple ; on voit que cette rue étant ainsi exécutée , le dégagement et le débouché qu'elle donnerait à ce quartier, ne pourrait qu'augmenter la valeur de toutes les propriétés et du commerce de ses habitans, et par ce moyen les revenus du Gouvernement.

DEUXIÈME PROJET.

Palais du Commerce, ou construction d'une Bourse au centre de la ville.

Au moyen de la formation de la troisième rue et du monument national dont nous venons de parler, l'on pourrait, pour donner à ce quartier toute la dignité dont il peut être susceptible, faire disparaître la masse des vieilles maisons qui existent maintenant dans l'emplacement qui forme l'enceinte du quai de Gêvres, la rue Saint-Jacques-la-Boucherie, celles des Arcis et de la Sonnerie, derrière les bâtimens restans de l'ancien Châtelet, pour établir et construire sur ce même emplacement, un bâtiment régulier, élevé de quatre étages, avec galeries et rez-de-chaussées, le tout dans le genre et la proportion du Palais du Tribunat (ci-devant Palais-Royal) ; la construction en serait faite en double profondeur, de manière à former des logemens qui auraient leur jour sur le quai de Gêvres, les rues des Arcis, Saint-Jacques-la-Boucherie, et sur la place du ci-devant Châtelet, et dans l'intérieur ; sur la cour que formerait son enceinte, on y ménagerait l'emplacement d'une Bourse. Au milieu de cette cour on construirait une fontaine qui fournirait de l'eau pour le service de ceux qui habiteraient cette enceinte. Ce bâtiment, construit régulièrement dans toute son étendue, et percé de six grands portiques pour servir d'entrées et de sorties, savoir : deux sur le quai de Gêvres, deux sur la rue St.-Jacques-la-Boucherie, dont l'une serait vis-à-vis la rue de la Savonnerie, une sur la rue des Arcis, vis-à-vis la rue Neuve de l'Hôtel-de-Ville, ci-dessus désignée, et la sixième donnerait sur la nouvelle place du ci-devant Châtelet, vis-à-vis la rue Saint-Germain-l'Auxerrois. Ce quartier, si précieux pour le commerce, étant au centre de toutes les affaires, est maintenant infecté par les immondices des lavages des boucheries et autres malpropretés qui y sont répandues journellement par les divers corps d'état qui s'y exercent. D'un autre côté, ce quartier qui n'a que de vilaines rues fort étroites et irrégulières, est privé de la circulation de l'air, qui lui serait si nécessaire : ce motif seul doit faire prendre le projet ci - dessus en considération.

TROISIÈME PROJET.

Place des Innocens; nécessité et projet de son aggrandissement.

Pour donner à cette place toute la majesté que sa situation demande, on propose de la continuer dans la même forme qu'elle a maintenant, jusqu'à la rue Saint-Martin, en suivant la même direction que celle des bâtimens qui bordent actuellement ladite place par la rue de la Ferronnerie, pour rendre les quatre façades régulières, toujours avec galeries au rez-de-chaussées au pourtour ; établir ensuite une autre fontaine au milieu de la nouvelle partie de place, formée entre les rues Saint-Martin et Saint-Denis, pour faire parallèle à celle des Innocens, qui orne la place actuelle. Au droit de cette deuxième fontaine, on ouvrirait une nouvelle rue qui irait en droite ligne rejoindre un des portiques du Palais du Commerce (projet ci-devant indiqué), en suivant la direction de la rue de la Sonnerie et traverserait celle Saint-Jacques-la-Boucherie pour arriver au quai de Gêvres, qui, de l'autre côté, communiquerait à la rue Quincampoix jusqu'à celle aux Ours. Enfin, aucun de ceux qui fréquentent ce quartier, n'ignore l'embarras continuel qui existe à toute heure de jour, et de nuit par tous les arrivages des rues de ce quartier, et principalement celle Aubry-le-Boucher, où journellement il arrive plusieurs accidens par l'embarras des voitures, faute de largeur suffisante pour un passage aussi fréquenté.

(La suite et le plan gravé au cahier suivant).

Fin du VIIme. cahier de l'an XII.

~~~~~~~~~~~~~~~~~~~~~~~~~~~~~~~~~~~

SUITE DES EMBELLISSEMENS DE PARIS.

CINQUIÈME PROJET. — *Place des Vosges* (ci-devant Place-Royale).

Pour donner également à cette place tous les agrémens dont elle est suscep-tible par son élégance et la régularité des galeries qui y sont formées, il faudrait ouvrir quatre rues aux quatre extrêmités, à partir du point central ; la *première* irait en droite ligne aboutir à la place des Innocens, ci-devant citée, traver-sant quelques maisons entre la vieille rue du Temple, celle des Juifs et celle des Écouffes, au Marais, suivant ensuite la direction des rues Sainte-Croix-de-la-Bretonnerie et Saint-Merry ; la *deuxième* traverserait le boulevard Saint-Antoine, ensuite quelques chantiers, jardins et petites maisons bâties irrégu-lièrement, pour aller joindre la rue de Montreuil à son point de rencontre avec la grande rue du faubourg Saint-Antoine, pour là, former une autre place circulaire, d'où partirait une nouvelle rue qui irait aboutir au port de la Rapée, passant à travers l'emplacement de la ci-devant abbaye Saint-Antoine, etc. ; la *troisième* rue irait en droite ligne aboutir sur le port Saint-Paul, tra-verserait les rues Saint-Antoine et des Lions-Saint-Paul ; la *quatrième*, enfin, irait joindre le boulevard du Pont-aux-Choux, près la rue St.-Claude, au Marais.

SIXIÈME PROJET. — *Pont de la Tournelle ; nécessité d'une rue en face.*

En se rappelant la vente faite d'une partie des terreins du Cardinal-le-Moine, près ce pont, on regrette que l'on n'ait pas fait la réserve du terrein nécessaire pour ouvrir une rue en face du pont et la conduire en ligne droite jusqu'à la rue Saint-Victor. L'ancien Gouvernement, frappé des accidens qui arrivaient journellement à cet endroit par la réunion des embarras de tout genre, avait ordonné la démolition de la porte Saint-Bernard, et de la Tournelle même ; mais en diminuant les dangers, cette démolition n'a pas suffi pour les faire disparaître en totalité. Les voitures publiques et particulières y sont encore en si grand nombre, qu'on les voit habituellement se heurter, s'accrocher, non sans danger pour les piétons, et sur-tout pour les vieillards et les enfans, qui, dans ces embarras, ne se tirent pas aisément d'affaire. Le vin, les pierres, les bois de charpente, de charronnage, de menuiserie et à brûler ; les tuiles, les ardoises, la brique ; la décharge des coches et autres voitures d'eau, n'ont que

E e

ce débouché pour arriver à la ville ; la fixation de certaines heures pour l'ouverture des ports, chantiers et magasins, augmente encore le concours, et
avec ces concours les dangers. La rue que nous proposons donc en face du
pont de la Tournelle, prolongée en ligne droite jusqu'à la rue Saint-Victor
par le terrain qui dépend entièrement du ci-devant collége du Cardinal-le-Moine,
est de la plus indispensable nécessité, puisqu'elle faciliterait la circulation des
voitures de pierres et moëllons, des voitures publiques et particulières, et en
général tous les concours produits par les arrivages extérieurs de cette partie
et par tous les retours ayant la même destination et les mêmes termes. Est-il
besoin, après tant de motifs de nécessité d'ouvrir cette rue, de parler de motifs d'embellissement ou de motifs d'intérêt ? On apperçoit au premier coup-
d'œil, toute la beauté du dégagement que le pont et le quartier recevraient de
cette rue nouvelle ; on sent également toute l'augmentation de valeur et
d'utilité qui en résulterait pour les terreins et les bâtimens adjacens, tellement
nuls dans ce quartier, qu'on y laisse dépérir et tomber les maisons, faute de
locataires, plutôt que d'en faire les réparations, et qu'une maison en face
même de la rue projetée dont nous parlons, louée anciennement 1000 fr.,
vient d'être annoncée, par affiches, à vendre pour cette somme une fois payée,
et n'a pas trouvé d'acquéreurs.

SIXIÈME PROJET. — *Pont de l'Archevêché.*

Ce deuxième pont, dont nous avons déjà parlé à l'article de celui de
l'Hôtel-de-Ville, servira pour la correspondance de la communication de
ce dernier et celui de la Cité. Lorsqu'ils seront construits, l'on reconnaîtra
les avantages et l'utilité de ces trois ponts : car, en jetant un coup-d'œil
sur le plan ci-joint, réduit en petit, qui ne peut faire autant d'effet que
s'il était en grand, on verra d'une part une abréviation de chemin en passant sur le pont de la Cité et par celui de l'Hôtel-de-Ville, pour aller
et venir de ce quartier à l'île Saint-Louis, au port Saint-Bernard, par le
pont de la Tournelle ; et d'une autre part, du quartier du port Saint-Bernard,
île Saint-Louis, en la Cité et le Marais, par ces mêmes ponts ; et d'une
autre, enfin, de la place Maubert, la montagne Sainte-Geneviève, le Port-
aux-Tuiles, au Marais, toujours par les deux nouveaux ponts que nous
venons de désigner à construire.

Observations sur les ponts projetés de l'Archevêché et de l'Hôtel-de-Ville,
ci-devant indiqués.

Il est inutile d'observer que ces deux ponts nécessiteraient un exhaussement
à leurs extrémités des rues adjacentes, et même de la place Maubert, d'un
côté, et de la place de l'Hôtel-de-Ville, de l'autre. Cet exhaussement les
mettrait hors des inondations, et sur la place nouvelle on pourrait construire deux trotoirs sur une bâtisse solide, qui encaisserait les remblais de
manière à les contenir au milieu, et à ne point refouler contre les maisons,
caves ou autres bâtimens voisins qui seraient susceptibles d'être conservés.

On observera, sans doute, que l'exhaussement de ces deux extrémités de
la rivière de Seine demandera beaucoup de dépenses, c'est un fait qui ne
peut être contesté, mais chacun sait qu'on ne fait rien sans cela ; et lorsque
les dépenses n'excèdent point les avantages des travaux projetés, rien ne
doit en arrêter l'exécution.

Place Maubert, ou nouveau Marché projeté pour ce quartier.

On sait que la mauvaise position de cette place , sa figure irrégulière , son local étroit y occasionnent journellement et à toutes heures, des embarras continuels , par la multiplicité des arrivages de tous genres et de toutes espèces des routes de Lyon et d'Orléans , dont les voitures se détournent dans les faubourgs , et passent le long du Jardin des Plantes , pour éviter la Montagne ; enfin , par la quantité des diligences énormes et des voitures publiques qui se multiplient tous les jours , pour la route de Lyon , Fontainebleau , Sens , Auxerre , etc. , et pour la moindre petite ville ou bourgade des environs, et qui se croisent très - souvent en cette place. Elle a donc le plus grand besoin de dégagement ; elle est moins une place publique , qu'un vrai et continuel cloaque par son passage très-fréquenté : aux moindres pluies, elle devient un lac fétide , infect , mal-sain , et inabordable pour ceux qui ont besoin de s'y approvisionner , parce qu'elle est l'égoût de toutes les rues de la Montagne , depuis Saint-Victor , la Pitié , les portes Saint-Marceau et Saint-Jacques. Dans tous les débordemens de la Seine , elle est couverte d'eau. On n'a pas oublié , sans doute , qu'en l'an 10 elle en fut couverte presque tout l'hiver , parce que la rivière déborda cinq fois , et inonda les rues Saint - Victor et des Noyers. Quelle facilité on a , néanmoins , de lui en substituer une beaucoup plus vaste , une beaucoup plus saine , beaucoup plus belle , écartée des arrivages , des dangers et des voitures , qui produisent les accidens journaliers , et les inconvéniens nombreux , graves et multipliés , dont nous venons de parler, beaucoup plus rapprochée des consommateurs , à la porte de tous ces mêmes arrivages ; et enfin , ce que nous envisageons dans les circonstances , comme capital et décisif, très-peu dispendieuse.

SEPTIÈME PROJET. — *Emplacement proposé pour ce Marché.*

Il ne faudrait que la disparution des bâtimens inutiles des ci - devant Carmes, ceux du collège ci - devant de Beauvais , entre lesquels passe déjà une rue qui les sépare : le Marché de la place Maubert transporté en ce local , serait hors de tous les passages et voies ou routes publiques. Ce local est beaucoup plus élevé , beaucoup plus sain , éloigné des inondations , des égoûts et écoulemens réunis , plus central et plus voisin des consommateurs , qui viendraient ainsi s'y approvisionner plus commodément , et sans crainte d'être écrasés par les voitures. Ajoutons un dernier motif également impérieux et décisif : presque tous les bâtimens dont on propose la démolition , appartiennent à l'État ou au Prytannée , qui n'en tirent rien ou presque rien, au-delà des réparations et autres charges : presque tous ceux environnans leur appartiennent également , et acquerraient par ce changement une valeur qui compenserait bien au-delà la perte des loyers qu'ils pourraient éprouver. Observons encore que la démolition produirait des matériaux immenses ; car on sait que ces anciens bâtimens ont été construits avec profusion de matériaux , bois et ferremens ; en sorte que cette démolition produirait quantité de pierres, bois, fers, tuiles et autres objets nécessaires à la bâtisse , et couvrirait une partie considérable de la dépense qu'entraînerait les constructions nouvelles. Les revenus des propriétaires ,

loin d'être diminués, en seraient beaucoup augmentés ; l'Etat même y gagnerait, car les loyers de toutes les maisons voisines en deviendraient plus
considérables , et l'on sait que les impositions sont graduées sur cette
échelle. Un coup - d'œil jeté sur le plan ci - joint , fera voir un dernier
embellissement , résultant de ce changement , avec les autres accessoires
dont nous allons parler ci-après.

HUITIÈME PROJET. — *Panthéon , ou la nouvelle église Sainte - Geneviève.*

Ce monument qui a fixé l'attention de tous les amis des arts depuis son
établissement , et qui a appelé tout le génie des architectes , pour le garantir
des événemens dont il paraît être menacé depuis quelques tems ; ce monument, disons-nous , demande aussi d'être dégagé d'un tas de vieux bâtimens irréguliers qui l'entourent et offusquent l'ensemble de la grandeur
de son architecture : il faudrait , pour le rendre au degré de splendeur qu'il
mérite , continuer l'ouverture de la place commencée vis-à-vis le portique
jusqu'à la rue Saint - Jacques , et la continuer de la même largeur jusqu'à
la rue d'Enfer, près la place Saint Michel , en traversant le terrein des ci-
devant Jacobins de ce quartier ; plus , ouvrir une nouvelle rue vis-à-vis
la façade du Midi , pour rejoindre le boulevard ; une autre au côté opposé ,
qui irait joindre le marché ci-dessus mentionné ; enfin , une autre du côté
du Levant , qui irait aboutir à la rue Saint - Victor , près le Jardin des
Plantes. On doit concevoir facilement que la formation et ouverture de ces
quatre rues rendrait le quartier du faubourg Saint-Marceau , tout autre qu'il
n'est aujourd'hui , et le rendrait plus praticable pour son commerce , et
beaucoup plus agréable pour ses habitans , au moyen de ces nouveaux
embellissemens.

NEUVIÈME PROJET. — *Rue de l'Université.*

La belle rue de l'Université , prolongée en ligne droite et en conservant
sa largeur, pourrait être continuée et communiquer au nouveau marché ,
c'est-à-dire , à la nouvelle place circulaire qui serait formée au point de
rencontre des rues Saint-Victor et montagne Sainte-Geneviève , dont il a été
ci-dessus question. Cette magnifique rue partagerait en deux la partie méridionale de Paris , et deviendrait par-là , sinon la première, au moins
une des plus belles de cette ville.

DIXIÈME PROJET. — *Rue de Vaugirard.*

On pourrait également prolonger la rue de Vaugirard , en ligne droite
jusqu'à celle du Petit-Pont , au bas de la rue Saint-Jacques , laquelle, comme
on le voit sur le plan , arrive à la rencontre de celle de l'Université , dont
nous venons de parler.

ONZIÈME PROJET. — *Ports Saint- Bernard et aux Tuiles.*

Avant de quitter la place Maubert , nous rapporterons ici le projet de continuer l'alignement des maisons du Port-aux-Tuiles , à partir du pont de la
Tournelle , pour être continué en droite ligne jusqu'à la rue Saint-Jacques ,
près celle Saint-Severin , ensuite jusqu'à l'emplacement de la ci-devant église
de Saint-André-des-Arcs. On formerait une rue droite de cette place , au
Port-aux-Tuiles , avec constructions de bâtimens réguliers de chaque côté ,
élevés de quatre étages ; le surplus des emplacemens et dépendances qui

excéderaient les terreins nécessaires à la construction de cette rue et maisons, entre la rue de la Bûcherie, celle des Grands-Dégrés, du Petit-Pont, la rue d'Amboise, servirait à former un jardin pour le service de l'Hôtel-Dieu, objet qui serait d'une grande utilité pour cet établissement d'humanité ; et d'un autre côté, la nouvelle rue donnerait un grand débouché pour tout le faubourg Saint-Germain, au quartier Saint-Marceau et au commerce des ports, rendrait enfin ce quartier agréable, régulier, salubre et tout autre qu'il est aujourd'hui.

DOUZIÈME PROJET. — *Palais de Justice (ci-devant Marchand.)*

Projet d'une rue à ouvrir, et qui partirait du point milieu de la grille de ce palais, et irait joindre celle qui communiquerait aux deux ponts dont nous venons de parler ; à leur rencontre formerait patte-d'oie ou demi-lune ; un quai autour de l'île de la Cité serait également formé avec peu de dépenses, en faisant rétablir les murs qui existent déjà en fondation dans l'eau, qu'on éleverait à hauteur d'appui, au-dessus du sol du pavé, pour la sûreté publique. Ce dernier projet, depuis long-tems sollicité, va, suivant toutes les dispositions du Gouvernement, être exécuté ; déjà plusieurs maisons anciennes sont démolies, et d'autres que l'on démolit maintenant dans cet endroit, annoncent incessamment son exécution.

TREIZIÈME PROJET. = *Marché à construire dans la Cité.*

Cette île, irrégulière par toutes ses rues étroites et tous les bâtimens en mauvais état, n'ayant point d'air, demande, depuis long-tems, à être dégagée des vieilles mâsures qui offusquent les passans. Le vœu même de plusieurs magistrats de cette ville a été prononcé à ce sujet. On nous a même assuré que les idées du citoyen préfet de police étaient en ce moment fixées sur cet important objet. Nous proposons donc de former une place sur l'emplacement des ci-devant Barnabites, en y joignant celui des maisons qui existent dans toute la superficie, bornée d'une part par la rue de la Calandre, et de l'autre par la rue de la Juiverie, et celle qui conduit de cette rue au palais de Justice. On construirait cette place de manière à ce qu'il soit élevé au pourtour un corps de bâtimens, de quatre étages réguliers, avec arcades et galeries au rez-de-chaussée, pour y former des boutiques, tant au pourtour de son intérieur qu'à son extérieur, au moyen d'une double profondeur, c'est-à-dire, que l'on donnerait 36 pieds ou 12 mètres d'épaisseur au corps de bâtimens. Quatre ouvertures seraient conservées dans toute la hauteur de l'élévation, au milieu des quatre façades, pour servir d'entrées et de sorties à ce marché, ainsi que pour le rendre plus sain, et lui donner plus d'air, nécessaire à sa situation et aux personnes qui l'habiteraient.

QUATORZIÈME PROJET. — *Parvis Notre-Dame.*

Cette place va enfin devenir régulière, au moyen des nouvelles constructions et changemens qu'on exécute maintenant pour l'embellissement de l'Hôtel-Dieu, et une nouvelle façade de cet édifice sur cette place. Mais, pour qu'elle ait toute la magnificence dont elle est susceptible, et qu'on puisse jouir du coup-d'œil du portique de la cathédrale, nous proposerions que l'on fasse disparaître cette masse de maisons qui l'offusque, attenant au Marché - Neuf, et continuant jusqu'au quai des Orfévres en droite ligne, de manière qu'en passant sur le Pont-Neuf, on découvrît ce superbe édifice.

QUINZIÈME PROJET. — *Marché du quai de la Vallée, et projet pour y suppléer.*

Le Directoire, qui ne rêvait qu'argent et plaisirs, fit vendre le couvent des Grands-Augustins sans aucune réserve, tandis qu'il était si facile et en même tems si nécessaire de réserver son emplacement pour y transporter le Marché à la Volaille, qui obstrue et empeste en même tems le quai, et les passans qui y sont conduits par leurs affaires. Nous observons néanmoins que ce terrein a été depuis peu mis en vente et affiché par l'acquéreur, et n'a pas encore trouvé d'acheteur, d'où il faut conclure que cet acquéreur n'en fera jamais une aussi belle opération que si l'on y formait l'établissement du Marché dont nous venons de parler, en y construisant également, dans toute l'étendue de son pourtour, un corps de bâtimens, carré, élevé de quatre étages avec galeries au rez-de-chaussée, en double profondeur, toujours dans la même forme, et disposé à y établir des boutiques et magasins nécessaires au commerce qui pourra s'y exercer; l'on pratiquerait quatre ouvertures qui serviraient d'entrées et de sorties. Certes, si ce plan eût été exécuté depuis 1790, que ce domaine a été mis en vente, il aurait, depuis, rapporté un produit plus que suffisant pour indemniser des dépenses qu'il aurait coûtées, et formerait maintenant une jouissance perpétuelle pour ce quartier.

FAUBOURG SAINT-GERMAIN.

SEIZIÈME PROJET. — *Palais du Sénat (ci-devant d'Orléans), et ensuite du Luxembourg.*

Ce monument et les jardins qui viennent d'être entièrement changés de forme, font maintenant un des plus beaux séjours de Paris; mais pour donner également les débouchés nécessaires à ce quartier, qui en est réellement privé, il faudrait que la rue de Racine, commencée place du Théâtre-Français, fût continuée en ligne droite à travers les terreins des ci-devant Cordeliers et de Saint-Côme, jusqu'à l'encoignure des rues de la Harpe et des Mathurins. Il n'est personne qui, connaissant la situation de cet endroit, n'approuve ce projet, attendu qu'il éviterait à tous ceux qui vont et viennent de cette partie du faubourg Saint-Germain au faubourg Saint-Antoine, à l'île Saint-Louis, à la place Maubert, de faire des détours immenses, soit en étant obligés de passer par la place Saint-Michel, soit par le carrefour de Bussy; cette nouvelle rue éviterait tous ces détours, et contribuerait, avec l'exécution du projet de la rue de Vaugirard, dont nous avons déjà parlé, à donner à ce quartier toutes les facilités pour ses arrivages, et la communication de son commerce.

DIX-SEPTIÈME PROJET. — *Rue de Bourgogne.*

Un autre percement de rue non moins utile et nécessaire à l'embellissement et dégagement de cette vaste cité, serait de prolonger cette rue à travers les jardins de quelques maisons particulières, jusqu'aux boulevards du Midi, et faire disparaître ce modèle de Bastille du ci-devant Palais-Bourbon, vis-à-vis le pont de Péronnet, nommé ci-devant Pont de Louis XVI, et maintenant Pont de la Concorde. Il n'est personne qui, en passant sur ce magnifique pont, et

après avoir jeté un coup-d'œil à droite et à gauche, ne soit offusqué d'appercevoir, du côté du Midi, un tas de pierres qui masque l'arrivage de la rue de
Bourgogne : et de ce pont et à son extrémité, côté du Nord, cette autre masse
de pierres qui tombe en mesure. A la vérité, lors de l'aurore de la révolution
française, en 1790, si ce n'eut été la prudence du célèbre Dumoustier, ingénieur en chef, chargé de la construction de ce pont, ces petites mesures n'exis-
teraient plus ; les habitans de Paris allant un jour au Champ-de-Mars travailler
pour la fête de la première fédération des Français, et passant sur le pont de
service qui était en bois pour les travaux de la construction du pont de Péronnet, ses habitans furent si fortement offusqués de voir la façade de ce pont
masquée par un simple pavillon élevé d'un rez-de-chaussée seulement, qui formait un salon du logement du ci-devant Prince de Condé, qu'un élancement
naturel les porta à le démolir ; et déjà plus de deux cents personnes avaient
franchi le petit mur des terrasses qui existaient alors en cet endroit pour y
mettre le marteau ; déjà plusieurs s'étaient emparés des outils qui servaient aux
ouvriers du pont, lorsque l'ingénieur Dumoustier parut. Il leur observa que
quoiqu'il fût bien d'avis de franchir cette ouverture vis-à-vis ledit pont, il
croyait qu'il était prudent, avant de faire aucune démolition, de décider une
largeur, et d'en fixer le plan, ce dont il allait, leur dit-il, s'occuper, pour ensuite le soumettre aux autorités civiles. Sur cette observation, chacun se retira et
continua sa route pour le Champ-de-Mars ; depuis on a seulement reculé une
portion de ces murs pour donner un dégagement à l'arrivage de ce pont en
coin tourné, et l'on a supprimé ce salon en exhaussant les murs ; on a ensuite
élevé cette masse de pierres que l'on voit maintenant, et où se tiennent les
séances du Corps législatif, tandis qu'il était si facile d'établir cette salle à
droite ou à gauche, et de former au milieu une ouverture avec un arc de
triomphe digne des Français, qui aurait rappelé le souvenir de l'époque de
leur révolution ; par ce moyen, on aurait supprimé la partie de la rue de
Bourgogne à la rue de Lille et de l'Université, qu'on aurait jointe à l'emplacement qui serait resté de ce côté, pour y faire telle construction que l'on aurait
jugé convenable. Il y aurait eu encore assez d'espace et d'emplacement à droite
dans tout ce qui reste des dépendances de cet endroit pour y former la résidence
du Corps législatif et tous ses accessoires, ce qui aurait certainement produit
plus d'agrémens et d'avantages que l'on n'en peut trouver dans l'état actuel.

DIX-HUITIÈME PROJET. — *Nouvelle église de la Madeleine.*

Une autre rue, également utile et nécessaire à ce même embellissement,
c'est-à-dire, celle déjà projetée depuis long-tems, qui doit circuler
autour de la nouvelle église de la Madeleine, et aller rejoindre celle de
Clichy et Saint-Lazare, chaussée d'Antin. Mais, comme nous venons de
l'observer à l'article de la rue de Bourgogne, cet édifice commencé en 1785,
ne montre encore qu'un tas de pierres qui annonce une ruine depuis 1789,
dont la dépense, pour terminer l'exécution du projet qui a été conçu à
ce sujet, serait immense, ce qui doit faire envisager qu'il serait plus avantageux de faire la vente des matériaux que ce monument commencé contient,
pour ensuite être employés en nouvelles constructions, qui seraient formées
de chaque côté de la nouvelle rue dont il vient d'être parlé, et de la même
largeur que celle des Colonnades de la place Louis XV, maintenant place

de la Concorde, et donner à cette rue un nom digne de son élégance et de sa position.

Enfin, il n'est personne, pour peu qu'il ait de l'amour pour les arts et le commerce, qui ne soit persuadé, à l'examen de l'ouverture de cette rue tracée au plan ci-joint, des avantages qui en résulteraient par l'influence des arrivages de la route Saint-Denis, qui aboutissent à la barrière de Clichy, où chacun appercevrait cette nouvelle et magnifique rue, qui conduirait dans tous les quartiers des faubourgs Saint-Honoré et Saint-Germain ; ce qui doit faire concevoir facilement que les terreins qui borderaient cette nouvelle rue, seraient bientôt changés en superbes maisons et autres édifices, avec jardins d'agrément et emplacement de commerce, qui, en peu de tems, surpasseraient ceux de la Chaussée-d'Antin, pour la splendeur et les richesses que ce dernier quartier a acquis depuis vingt ans. Nous apprenons à l'instant que le citoyen Lemit, architecte, a déjà proposé l'ouverture de cette rue, avec le projet de l'élévation d'un arc de triomphe, en place de la masse de pierres qui existe aujourd'hui. Cependant, sans tenir à la suppression de cette masse de pierres, on pourrait, quoiqu'en achevant l'édifice pour lequel elle est destinée, former l'ouverture de la rue ci-dessus proposée, en la faisant passer de chaque côté et tout au pourtour, d'après l'avis de plusieurs autres artistes qui, tous sont, à cet égard, du même avis pour son ouverture.

DIX-NEUVIÈME PROJET. — *Château des Tuileries.*

Ce monument, vraiment digne de l'attention de tous les connaisseurs et de l'admiration des étrangers qui viennent en France, vient d'être dégagé de toutes les maisons qui l'entouraient, comme nous l'avons déjà observé dans nos cahiers précédens. Une superbe place vient d'y être formée, et en rend l'ensemble majestueux ; mais, pour l'embellir encore, il faudrait qu'une rue de soixante pieds de large fut pratiquée, à partir du milieu du principal pavillon, en droite ligne jusqu'au pavillon du Télégraphe, au Château du Louvre, maintenant nommé Palais des Sciences et Arts, ensuite qu'à partir du milieu de ce dernier monument, une autre rue de même largeur fut formée pour aller rejoindre la rue de la Monnaie ; là il y aurait une patte-d'oie qui formerait l'embranchement pour ces deux rues, ensuite on éleverait deux corps de bâtimens de chaque côté desdites rues, avec colonnades et galeries, ce qui ferait que les passans, allant et venant du Nord au Midi de cette immense Cité, par la communication du Pont-Neuf, auraient l'agrément de la vue de ce magnifique monument, dont l'ensemble présenterait un coup-d'œil vraiment surprenant. A la satisfaction générale, rien ne masquerait le plus bel édifice qui existe dans l'Europe ; tout engagerait à donner à cette rue nouvelle le nom d'un héros digne de la reconnaissance de tous les Français.

VINGTIÈME PROJET. — *Église et quartier Saint-Eustache.*

Ce monument qui se trouve vis-à-vis la rue des Prouvaires, si peuplée, si passagère, si fréquentée, et qui entrave journellement le service public, pourrait supporter un changement dans sa localité sans le dénaturer, ni altérer sa solidité, pour donner un dégagement à l'affluence des passans dans ce quartier. Le projet serait de prolonger la rue des Prouvaires, au moyen d'une arcade qui passerait sous ce monument, en ligne droite jusqu'à la rue Montmartre ; ladite arcade serait formée dans la traverse de l'église ; c'est-à-dire, en formant une voûte en pierres ou en moëlons, sur laquelle serait établi un plancher dans toute la superficie, élevé de dix-huit pieds au-dessus du sol actuel du pavé de la rue, de manière à former quinze pieds d'élévation en sous-œuvre, au-dessous de ladite voûte, propre par ce moyen à y établir des magasins dessous ; au-dessus seraient de plein-pied les autels et accessoires du temple divin. On construirait ensuite de chaque côté de la porte principale de la rue du Jour, un perron en forme de fer à cheval, qui servirait pour arrivage au service de l'église : un pareil perron pourrait être également formé du côté de la rue Montmartre, dans l'enclos du presbytère existant maintenant, au moyen de la suppression de quelques corps-de-logis particuliers, vis-à-vis le passage qui conduit à la rue Montorgueil. On pourrait même faire disparaître tous les corps-de-logis existans maintenant entre cet édifice, la rue du Jour et celle Montmartre, pour former à leur place un jardin avec les logemens nécessaires aux prêtres et desservans de cette église, dignes d'accompagner un pareil monument. On voit que ce projet est d'autant plus facile à exécuter, en raison de l'élévation hardie de cette église, qu'il n'offrirait aucunes difficultés d'une part, pour y placer au-dessus de la voûte proposée, tous les établissemens du culte tels qu'ils existent maintenant ; d'un autre côté, les galeries qu'on établirait sous ladite voûte, pour magasins, rapporteraient un revenu considérable par leur location, en considération de l'emplacement qui est si précieux sous tous les rapports : motif à joindre à celui du dégagement nécessaire à la voie publique, qui nous a fait concevoir ce projet. Nous le soumettons à tous les artistes et amateurs des beaux arts, pour que chacun d'eux l'examine, et y fasse les réflexions et observations que leur expérience leur dictera.

XXIe. PROJET. — *Établissement de deux Tueries hors l'enceinte de la ville.*

Un projet d'une importance majeure pour la salubrité de Paris, et digne, sous ce rapport, d'être pris en considération par les magistrats chargés de la police, est celui de faire disparaître de l'intérieur de la ville toutes les tueries particulières qui, dans certains quartiers très-populeux et peu aérés, contribuent encore à corrompre le peu d'air qu'on y respire.

Il s'agirait de faire construire, au moyen de l'autorisation du Gouvernement, un enclos spacieux avec bâtimens, hangards et tous les accessoires nécessaires à une tuerie, sur une portion des terreins situés hors la barrière de Grenelle, à deux cents toises de distance de la rivière. Des pompes seraient facilement établies en cet endroit pour fournir toute l'eau nécessaire à l'entretien de la propreté, et un égoût que l'on bâtirait, conduirait toutes les immondices à la rivière : par ce moyen, la promenade des habitans de ce côté ne serait incommodée d'aucune odeur. Le deuxième et pareil établissement serait vis-à-vis celui-ci, à l'autre extrémité de la rivière, dans la prairie du bas d'Auteuil. On pourrait aussi placer ces deux établissemens, l'un à l'île des Cygnes, et l'autre au marais de l'allée des Veuves, côté opposé, au bas de Chaillot, près l'égoût.

Ces deux établissemens étant faits, tous les bouchers seraient obligés d'y conduire leurs bêtes à cornes, et paieraient, à cet effet, un droit qui serait fixé,

F f

et régi, soit pour le compte du Gouvernement, soit pour celui d'Entrepreneurs à ce autorisés, qui auraient fait les frais de l'établissement.

XXIIᵉ. PROJET. — *Observation sur le Marché au Poisson.*

Plusieurs Auteurs ont écrit sur la nécessité de désinfecter ce Marché. En effet, il est situé dans un quartier très-populeux et très-passager, et pour peu qu'il y ait de chaleur dans le tems, on n'y saurait passer sans être incommodé de l'odeur qui s'en exhale. Pour y remédier, il conviendrait d'y établir un courant d'eau; et au moyen de deux ou trois pompes, on laverait, chaque jour, les tables et le pavé; on pratiquerait pour l'écoulement de ce lavage un égoût qui irait rejoindre l'égoût Montmartre, qui n'en est pas éloigné.

XXIIIᵉ. PROJET. — *Réunion de l'île Louvier à celle de la Fraternité (ci-devant Saint-Louis); aggrandissement du port Saint-Paul; formation d'une gare et construction d'un pont.*

Ce projet a déjà été présenté en 1789, à l'assemblée constituante, par un artiste connu; nous le rappelons donc aujourd'hui, en observant qu'il est d'autant plus intéressant que d'une part, ce bras de rivière serait : 1°. bien plus régulier et bien plus facile pour la navigation de ce côté, qu'elle ne l'est présentement; 2°. procurerait également les moyens d'en former une gare depuis son embouchure vis-à-vis le jardin du ci-devant prince Montbarrey, jusqu'au Port-au-Bled; 3°. augmenterait la communication de l'île Notre-Dame à celle de la Fraternité, avec le pont de la Cité, par lequel le commerce pourrait se faire avec facilité, en une seule direction, du Pont-Neuf au port de la Rapée et fossés de l'Arsenal, au moyen d'un pont d'une seule et superbe arche avec chemin de hallage dessous, que l'on construirait à la pointe de cette île; 4°. donnerait un moyen d'agrandissement à l'île de la Fraternité, propre à y former plusieurs édifices pour établissemens publics ou maisons particulières; 5°. enfin, procurerait les moyens de faire les travaux nécessaires pour augmenter l'étendue du port Saint-Paul, en disposant les terreins et emplacemens qui bordent ce bras de rivière maintenant, côté du Nord, de manière à former un superbe port et quai, en ligne droite de la rue Saint-Paul, jusqu'à l'arrivage de la branche du canal de l'Ourcq, figuré de ce côté au plan ci-joint.

On doit facilement apprécier l'utilité de ces divers projets, sur-tout de ce dernier, pour suppléer au peu d'étendue du port Saint-Paul qui existe aujourd'hui, et qui est si précieux par sa situation, comme étant le seul qui soit à portée, non-seulement des grands débits pour les arrivages, débarquemens des marchandises de ce côté, mais encore pour former une gare qui puisse mettre en sûreté les divers objets, et les garantir des événemens malheureux que les débacles des glaces ou débordemens des eaux sont susceptibles d'occasionner tous les ans. Pour parvenir d'une manière simple à cette dernière opération, il suffirait de la construction d'un ou plusieurs forts bateaux, préparés de manière à ne servir que pour mettre en tems et lieu au-devant de l'arche ci-dessus projetée, c'est-à-dire, à son entrée, côté du Levant, avec des accessoires disposés à recevoir le choc des glaçons qui viendraient s'y briser, pour ensuite filer entre les autres bateaux qui seraient garés dans cette partie de bras de rivière, le tout de manière à ce que ce fort bateau puisse être ancré et déplacé à volonté, suivant que les circonstances l'exigeraient pour la sûreté et la commodité de la navigation.

XXIVe. PROJET. — *Canal de l'Ourcq, dans l'intérieur de Paris, avec ses bassins pour ports et gares, figurés au plan, côté du Nord.*

Comme nous avons déjà rapporté, au sujet de ce canal, les contestations qui existent entre l'Ingénieur en chef chargé de la direction des travaux, et l'Administration des Ponts et Chaussées, lesquelles ne paraissent pas devoir être de sitôt terminées, quoique cet Ingénieur ait employé tous ses moyens pour démontrer, d'un côté, qu'il avait raison, et d'un autre, que son opération ne dépendait nullement de l'Administration du Corps des Ponts et Chaussées. Cependant il paraît que des ordres ont été transmis aux entrepreneurs, de cesser les travaux commencés du côté de Meaux. En attendant le résultat de cette discussion, nous avons cru devoir rappeler que le vœu général a toujours été de faire de la rivière d'Ourcq un canal de navigation, et non pas seulement de dérivation, tel que l'annonce l'espèce de fossé ou chaussée de dix pieds de largeur, exécuté déja dans une grande étendue de terrein entre Meaux et Paris ; en conséquence, nous avons figuré sur le plan ci-joint, non-seulement la partie de ce canal, tel qu'il paraît être adopté pour être construit depuis la barrière Saint-Martin à la porte Saint-Antoine, pour ensuite joindre la Seine par les fossés de l'Arsenal, mais nous avons pensé de plus, qu'il pourrait être partagé en deux branches, au moyen de la formation d'un bassin que l'on établirait au haut du faubourg Saint-Martin, à l'endroit de la Voierie de ce quartier, pour d'un côté venir à la Seine, par l'Arsenal, et de l'autre par les Champs-Élysées, le tout suivant la direction figurée audit plan.

On voit que si ce canal était ainsi exécuté, il procurerait, d'un côté, une grande facilité pour le transport de tous les objets en général dans les divers quartiers de cette ville, et d'un autre, des bassins pour ports, et enfin la commodité et sûreté de garer tous ces mêmes objets, dans toutes les saisons de l'année, outre l'agrément qu'il donnerait à tous les habitans, soit par la promenade, soit par l'usage des eaux, utiles et nécessaires dans toutes les circonstances ; des trotoirs ou chemins de hallage, bordés d'une rangée d'arbres sur les côtés de ce canal, lui donneraient toute l'élégance à laquelle une ville comme Paris a droit de prétendre.

XXVe. PROJET. — *Canal des rivières d'Orge, d'Yvette et autres que l'on propose de conduire à Paris, pour être partagé en deux branches, avec réservoir et bassin pour ports et gares, dans les quartiers des faubourgs St.-Marceau, Saint-Jacques-du-Haut-Pas, Saint-Germain-des-Prés, tel qu'il est figuré au plan ci-joint.*

Après avoir parlé du canal de l'Ourcq, qui s'exécute maintenant, et avoir apprécié l'utilité qui pourra en résulter pour toute la partie du nord, de Paris, nous avons envisagé que le côté opposé de cette grande ville désire également un pareil établissement, et que ses habitans n'en méritent pas moins l'attention du Gouvernement que ceux du nord. Nous avons cru devoir profiter de cette occasion pour, d'une part, indiquer cette autre partie de canal et bassin projetés, et l'autre, rapporter ici les articles mentionnés au projet de dérivation du cit. Gauthey, inspecteur général des ponts et chaussées, dont nous avons déjà parlé dans nos cahiers précédens, relativement au canal de l'Ourcq.

Le cit. Gauthey s'exprime ainsi, article 12, page 4 de son Projet :

« Nous avons en France, dit-il, plusieurs villes où l'on a amené l'eau des rivières supérieures, entr'autres, Toulon, Marseille, et sur-tout Montpellier, où l'on a fait un aqueduc porté sur des arcades, sur plus de 500 toises de longueur, qui conduit l'eau dans la partie la plus élevée de la ville, à 90 pieds au-dessus du terrein naturel ; l'on a conduit, à Londres, sur près de 40,000 toises de longueur, une rivière qui produit 4000 pouces d'eau.

13. La ville de Paris n'a encore que l'aqueduc d'Arcueil, qui ne fournit que 80 pouces d'eau ; quelques eaux qui viennent des prés Saint-Gervais et de Belleville, qui, jointes à celles des machines hydrauliques, ne fournissent qu'environ 200 pouces, dont 30 appartiennent à des particuliers : ces eaux sont distribuées à près de cinquante fontaines.

14. Il faut convenir que cette quantité d'eau est bien peu de chose pour une ville aussi peuplée que Paris ; cependant il est peu de positions de grandes villes plus favorables que celle de cette capitale, pour y conduire facilement une très-grande quantité d'eau, puisque l'on trouve, à peu de distance, plusieurs rivières dont les sources sont plus hautes que les quartiers les plus élevés de Paris, et qui peuvent y être conduites le long des côteaux qui bordent la Seine et la Marne.

On espère fournir à Paris, d'un seul côté, près de 10,000 pouces d'eau provenant de l'Ourcq et des rivières qui se joindraient au canal.

15. Mais quelqu'abondantes que soient les eaux de ces rivières, il est difficile qu'elles puissent être distribuées dans toute l'étendue de Paris ; il ne faut guère compter les employer que pour la partie septentrionale de la ville, qui se trouve terminée par la Seine ; car on ne pourrait la faire remonter par des tuyaux qui passeraient sous le pavé des ponts, du côté de la partie méridionale, avec de grandes dépenses, qu'à 50 ou 60 pieds de hauteur au-dessus des basses eaux de la Seine ; et il y a plusieurs quartiers qui, dans cette partie, sont à près de 100 pieds au-dessus des basses eaux de la Seine.

16. On a projeté depuis long-tems de faire venir de ce côté les eaux de l'Yvette et de la Bièvre, qui fournissent, en été, 1500 pouces d'eau ; mais cette quantité n'étant pas comparable à celle que l'on tirerait de la Beuvronne, de la Théronenne et de l'Ourcq, il sera facile de prendre, non-seulement les eaux de l'Orge, qui sont beaucoup plus considérables que celles de l'Yvette et de la Bièvre, mais de faire venir aussi les eaux de la Juine et de l'Essonne. Toutes ces eaux prises de ce côté, doivent être plus considérables que celles prises de l'autre, et l'on peut les faire monter au niveau de l'Observatoire, à plus de 100 pieds au-dessus des basses eaux de la Seine. On a le nivellement des rivières de Juine et d'Essonne dans le projet du canal d'Essonne, où l'on voit qu'en prenant l'Essonne un peu au-dessus des Malesherbes, et la Juine à peu de distance d'Étampes, on peut les conduire au-dessus du niveau de l'Observatoire avec une pente au moins équivalente à celle que l'on peut donner au canal de dérivation de l'Ourcq, par un canal qui aurait à peu près la même longueur que celui-là, si l'on suivait tous les côteaux.

17. On prétend que l'Ourcq, prise à Mareuil, fournira 10,000 pouces d'eau (1) ;

_____

(1) Le pouce d'eau des fontaines fournit 19 mètres cubes d'eau en vingt-quatre heures, faisant 576 pieds cubes, ou 72 muids.

mais je crois que cette quantité est trop forte, car en comparant l'étendue du terrein qui fournit les eaux à cette rivière à Mareuil, avec celle qui fournit les eaux à l'Yvette et à la Bièvre, qui ont été jaugées exactement, on trouve que ces deux rivières ne fournissent, en été, que 1500 pouces d'eau, et 2840 en hiver; l'Ourcq ne fournirait que 5000 pouces, et que toutes les rivières de ce côté ne fourniraient que 7000 pouces en été, 13,200 en hiver, et celles de l'autre côté 8000 pouces en été, et 15000 en hiver, ce qui fait en tout 15000 pouces en été, et 28000 pouces en hiver.

18. On a reconnu dans la rigole du canal du Midi, qu'il se perd un tiers de l'eau dans le trajet. En retranchant de cette quantité le tiers pour les pertes provenantes des évaporations et des filtrations, on voit que l'on pourra disposer, pour Paris, au moins de 10000 pouces en été, quantité plus grande que celle que l'on avait fait venir à Rome, sous l'empereur Auguste, dans le tems de la plus grande magnificence de cette ville, et plus du sextuple de celle qui y arrive actuellement, que l'on ne fait monter qu'à 1500 pouces, quoique cette ville soit celle de l'Univers, qui offre le plus grand luxe en ce genre.

19. Il est certain qu'une aussi grande quantité d'eau amenée dans les quartiers les plus élevés de Paris, et se distribuant dans tous les autres, excède de beaucoup les simples besoins des habitans et le nétoiement des rues; mais comme il est reconnu que l'on ne peut pas procurer à une grande ville, des monumens qui annoncent davantage sa magnificence, que l'établissement des fontaines publiques fournissant une grande quantité d'eau, je pense que le Gouvernement ne manquera pas d'établir, dans cette ville, des fontaines jaillissantes qui formeront des gerbes, de grandes nappes d'eau, et des cascades dans le genre de celles de Rome.

20. Toutes nos places publiques n'ayant plus rien qui les décorent dans leur milieu, depuis la destruction des statues équestres, ces monumens seront remplacés avec grands avantages par des fontaines abondantes, dont le mouvement des eaux anime, pour ainsi dire, les endroits les plus déserts, et qui peuvent être décorées par des obélisques, des colonnes colossales portées sur des rochers, que l'on peut aussi décorer de statues de marbre; tels que la place Navone à Rome, ou par de simples cascades sortant d'une masse de rochers décorés de statues de marbre.

21. On peut décorer de cette manière la place des Victoires, la place ci-devant Royale, la place Vendôme, la cour du Louvre, la place de Grève, la place du Panthéon, celle de Saint-Sulpice, celle devant le Corps Législatif, celle devant le Palais du Tribunat, et quelques autres. La place du Carrousel pourrait avoir deux fontaines, comme celle de la place Saint-Pierre de Rome. Celle de la Concorde pourrait en avoir quatre. Une aussi grande quantité d'eau en fournirait abondamment et continuellement aux jardins publics des Tuileries, du Luxembourg, du Tribunat, et même dans les Champs-Élysées.

22. Nous n'avons à Paris que deux fontaines publiques décorées; la fontaine des Innocens, la fontaine de Grenelle; mais l'une n'a pas d'eau, et l'autre n'en a que par des robinets qui en fournissent fort peu, et que l'on est obligé de laisser fermés pour ménager l'eau. Ces deux fontaines sont cependant susceptibles, en faisant quelques changemens dans le soubassement de la seconde, de recevoir une très-grande quantité d'eau.

13. On peut aussi se servir, à cet effet, de deux grands monumens qui semblent avoir été construits pour cet objet : ce sont les deux arcs de triomphe que l'on nomme assez improprement les portes Saint-Denis et Saint-Martin, dont le milieu servirait toujours au passage public, et d'où l'on pourrait faire sortir des nappes d'eau, soit du dessus des piédestaux de l'arc Saint-Denis, soit en formant des niches dans les petites portes de l'arc de Saint-Martin, sur quoi on observera que les objets les plus dispendieux de monumens publics, sont les décorations d'architecture et les bâtimens qui forment les places ; et ici ce sont des monumens déjà existans, qui semblent avoir été faits avec cette destination.

24. Aucune des fontaines de Paris ne coule continuellement ; elles sont toutes fermées par des robinets, auprès desquelles les porteurs d'eau attendent long-tems leur tour, pour faire remplir leurs seaux. Le peu d'eau que l'on tire des aqueducs et des machines hydrauliques, exige cette économie : mais lorsqu'on pourra disposer d'une grande quantité d'eau, il n'y a aucune de ces fontaines que l'on ne puisse faire couler continuellement et avec assez d'abondance, pour que les porteurs d'eau n'attendent jamais.

25. On voit par l'énumération ci-dessus, que l'on pourrait avoir dans les places et les jardins publics de Paris, environ trente grandes fontaines ; et quand elles fourniraient, moyennant des nappes d'eau de 20 pieds de longueur, elles ne débiteraient pas 2,000 pouces d'eau, puisqu'une nappe d'eau est bien garnie, sans laisser d'intervalle vide, lorsque l'on peut lui fournir trois pouces d'eau par pied de longueur. On pourrait, par conséquent, en fournir beaucoup davantage. Les petites fontaines à deux robinets pouvant fournir par jour 1,200 voies d'eau, ne dépenseront que deux pouces d'eau, ou quatre en les laissant couler la nuit. Les 50 petites fontaines ne dépenseront que 200 pouces, par où l'on voit qu'il serait aisé de multiplier au décuple ces fontaines, de telle sorte qu'il pourrait y en avoir dans chaque rue, comme il y en avait du tems d'Auguste à Rome.

26. On observera encore qu'une partie de Paris étant sur des côteaux, il sera facile de faire reproduire ces eaux des fontaines supérieures par d'autres fontaines inférieures, et même de les faire retomber dans la rivière par de grandes nappes d'eau, le long des quais.

27. On pourrait, sur-tout, faire tomber les eaux de la fontaine de Grenelle, par un monument élevé au milieu du quai Bonaparte, en élargissant ce quai de plus du double sur le quart de sa longueur, à la place d'un bas port qui resterait encore plus long qu'il ne faut. Cet élargissement serait même utile au pont des Tuileries, pour prévenir les affouillemens qui s'y font. On pourrait enfin tirer des eaux de ces fontaines, pour fournir à des bains publics, dans tous les quartiers de la ville.

28. Il n'est pas douteux qu'en faisant venir à Paris la plus grande partie des eaux de l'Ourcq, de la Thérouenne, de la Beuvronne, de la Bièvre, de l'Yvette, de l'Orge, de la Juine et de l'Essonne, on diminuera beaucoup le produit des moulins que font mouvoir ces rivières : cependant comme il n'est pas nécessaire de faire venir à Paris une aussi grande quantité d'eau que celle que fournirait ces rivières en été, ce ne sera que pendant ce tems que plusieurs moulins chommeraient absolument. Il y aurait toujours une quantité d'eau surabondante qui les ferait tourner, et sur-tout la plupart de ceux

qui sont placés beaucoup au-dessus des prises d'eau, tels que ceux d'Es-sonne, etc., ne diminueraient pas considérablement de valeur.

29. Mais si l'on fait venir à Paris une quantité d'eau assez considérable, pour que les fontaines n'en absorbent pas la moitié, l'autre partie pourra être employée à former des courans d'eau qui se rendront à la Seine par différentes chûtes, depuis la barrière de Pantin, d'une part ; et depuis celle de Villejuif, d'autre part, en employant 5,ooo pouces à ces courans, pour en former des usines de différentes espèces, par des chûtes de deux mètres de hauteur chacune. On pourrait former, d'une part, 11 chûtes, et de l'autre 15. La dépense d'eau d'un moulin ordinaire à farine, étant évaluée à 1,ooo pouces, avec de pareilles chûtes on aurait à chacune deux ou trois roues, et en tout environ 66 usines qui nuiraient aux moulins placés sur les rivières que ces dérivations intercepteraient, et dont il faudra indemniser les proprié-taires ; mais il n'est pas douteux que ces usines interceptées étant transportées à Paris, ne fussent d'un produit bien plus grand, et ne fussent infiniment plus avantageuses qu'étant disséminées au loin de la capitale.

On pourrait, avec ces secours d'eau, former une quantité de manufactures de toutes espèces, qui diminueraient la main-d'œuvre, et apporteraient à Paris une industrie qui n'y existe pas par défaut de moteurs, que l'on aurait alors avec abondance.

3o. La décharge des fontaines établies dans la plus grande partie des rues, et sur-tout celles des grandes fontaines formant monument, se distribuerait presque dans tous les ruisseaux des rues, à des jours et heures fixes, et servirait à leur nettoiement, et à emporter les immondices. Ce qui dimi-nuerait beaucoup la dépense de l'enlèvement des boues et des neiges ; les eaux superflues se rendraient dans les égoûts, et sur-tout dans le grand égoût, où il se formerait une rivière abondante coulant continuellement, et enlevant toutes les immondices. On pourrait établir sur cet égoût, qui est voûté presqu'en entier, toutes les tueries qui infectent beaucoup de quartiers. Une partie de ces eaux, même celles qui seraient surabondantes, pourraient aussi être distribuées dans les marais ou potagers qui environnent Paris, et serviraient à diminuer le prix des légumes en diminuant la peine du jardinier.

31. La quantité d'eau que l'on peut tirer du canal de l'Ourcq, étant assez considérable pour former un canal de navigation, il est question d'examiner si cette navigation aurait de grands avantages, et s'il ne serait pas préférable de se contenter d'une simple dérivation.

La navigation étant actuellement établie par la rivière d'Ourcq et la Marne jusqu'à Paris, il est certain qu'une nouvelle communication par un canal le long d'une rivière navigable, ne paraît pas bien utile ; cependant si l'on veut dériver, pour les quartiers élevés de Paris, la majeure partie des eaux de cette rivière, et même la totalité de ce qu'elle fournit en été, il n'est pas douteux que pendant cette saison la navigation actuelle de l'Ourcq serait nulle, et que, dans le reste de l'année elle serait fort diminuée, si l'on n'avait pas la faculté de faire passer dans le nouveau canal les bateaux qui ne pourraient alors passer de l'Ourcq dans la Marne. Il y a cependant apparence ; qu'excepté en été, il y aurait assez d'eau dans la rivière d'Ourcq, pour que la navigation y restât établie, en faisant aux écluses qui ont plu-sieurs défauts et sont en assez mauvais état, d'assez grandes réparations ; alors on aura à choisir entre les deux moyens ; mais on ne peut douter que lorsque le nouveau canal de l'Ourcq sera fini, la navigation, par la voie actuelle, ne fût très-peu fréquentée, parce qu'elle a plusieurs inconvéniens qui n'existeront plus.

1°. On est obligé de décharger les bateaux de l'Ourcq dans ceux de la Marne, ce qui est une manœuvre toujours dispendieuse ;

2°. On est obligé de traverser plusieurs écluses sur l'Ourcq et sur la Marne, tandis que le nouveau canal n'en aura qu'une, ou même point du tout ;

3°. La longueur du trajet par la Marne est de plus de 5 lieues plus considérable, y ayant, d'une part, 60,000 (1) toises métriques, et de l'autre, seulement 42 à 44,000 ;

4°. Le huitième de Paris, du côté des faubourgs du Temple, Saint-Martin, Saint-Denis, auront moins loin à aller chercher le bois à la barrière, Martin, qu'à la rivière. Indépendamment du transport des bois qui est le principal objet du commerce de ce canal, il transportera encore des bleds et des légumes, et sur-tout on remontera beaucoup de fumier ; ce qui procurera un grand avantage à l'agriculture des pays voisins de ce canal. Ainsi il n'est pas douteux, puisque ce canal aura assez d'eau pour porter bateaux, qu'on ne manquera pas d'y établir une navigation ; mais je pense que relativement à la formation du projet, on ne doit regarder cette navigation que comme secondaire et subordonnée à la dérivation d'une grande quantité d'eau pour Paris, qui est l'objet principal que l'on doit avoir en vue. »

Ainsi finit le citoyen Gauthey.

En appuyant les observations qu'on vient de lire, nous croyons que l'on pourrait tirer le même avantage pour la partie du Midi de cette grande ville, en y formant également un canal de navigation, quand même il ne serait navigable que dans l'intérieur de la ville de ce côté, tel qu'il est figuré au plan de Paris ci-joint, avec ses bassins pour ports et gares qui y sont également figurés, de même que ses chemins de hallage indiqués de chaque côté.

Nota. Nous observons, que nous disposant à former un tableau synoptique des premiers souscripteurs du *Recueil Polytechnique*, qui doit être joint à la fin de ce volume, il est instant que ceux qui ont quelques observations à faire à ce sujet, ou sur les diverses opérations qui auront été à leur connaissance, qu'ils croiraient mériter d'y être insérées, veuillent bien nous les adresser au plus tôt.

Nous observons en outre, que faisant en ce moment le dessin de la carte de France, en petit, pour être gravée, dans laquelle nous nous proposons de figurer les rivières et les divers projets de canaux de navigation, pour les communications dans toute l'étendue du territoire Français, et d'une extrémité à l'autre de ses limites, nous invitons également nos lecteurs à nous transmettre les avis, notes et projets qu'ils croiraient susceptibles d'y être insérés, avant qu'ils ne soient livrés à l'impression. On s'adressera directement, franc de port, pour le tout, au directeur du Recueil Polytechnique, rue Barre-du-Bec, n°. 2, au Marais, à Paris, où l'on trouve la collection de cet ouvrage.

Enfin, on trouvera au dixième cahier, page 237 de ce volume, l'observation générale sur tous les projets qui viennent d'être détaillés, avec les motifs qui les ont fait concevoir à leurs auteurs.

Fin du VIIIme. cahier de l'an XII.

(1) On a conservé les anciens noms des mesures, conformément à l'Arrêté des Consuls, du 13 brumaire an 9, en leur donnant les valeurs des nouvelles mesures. La toise métrique est exactement de deux mètres, le pied métrique d'un tiers de mètre, etc.

PLAN DE PARIS,

Ou sont indiqués 4 Nouveaux Ponts, 4 Monuments Publics Commerciaux et plusieurs Bassins pour Ports et Gares 2 Canaux de Navigation qui se partagent chacun en deux parties
Plusieurs rues, Places et autres Objets utiles et nécessaire au Commerce et à la Salubrité de cette grande Ville. Le tout tel qu'il est plus amplement expliqué et détaillé aux
Articles mentionnés aux VII, VIII et X.me Cahiers I.er Volume imprimé du Recueil Polytechnique de l'an XII, V.me année du Consulat de Napoléon Bonaparte, Premier de l'Empire François.

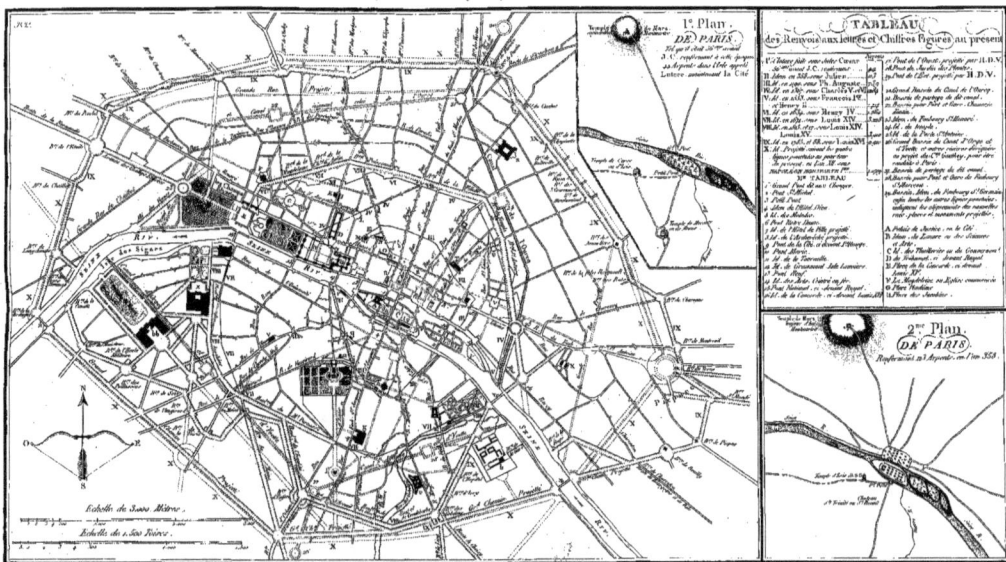

Dessiné et Gravé d'après les Plans, Réductions et Données de M.B.A.B....... Avoué à A.J.M.D......

CANAUX DU PORT DE CETTE.

Saint–Cloud, le 2°. jour complémentaire an 11.

LE Gouvernement de la République, sur le rapport du Ministre de l'intérieur, vu l'art. III de la loi du 29 floréal an 10, qui laisse au Gouvernement la faculté de traiter avec les particuliers qui offriraient de se charger de réparer et entretenir les canaux du port de Cette, en leur concédant la jouissance temporaire de la taxe de navigation qui s'y perçoit ;

Considérant que, d'après les renseignemens exacts qui ont été recueillis sur les produits de cette taxe, il est facile de pourvoir à toutes les dépenses de confection, d'entretien et d'amélioration, sans avoir recours à des entreprises particulières ;

Que la navigation des canaux du port de Cette a des rapports immédiats avec celle du canal du midi ;

Le Conseil d'État entendu, arrête ce qui suit :

ART. Ier. La perception de la taxe de navigation et l'administration des dépenses des canaux du port de Cette seront réunies à celles du canal du midi, et régies d'après les mêmes principes.

II. Il sera établi dans l'étendue de ce canal, les bureaux de perception, nécessaires pour la taxe de navigation créée par la loi du 29 floréal an 10.

III. Les produits de la perception seront, par les receveurs, versés tous les mois entre les mains du receveur général du département de l'Hérault.

IV. Il sera toutefois tenu et rendu un compte particulier des recettes et dépenses annuelles, conformément à l'art. II de ladite loi, qui affecte l'emploi des produits de la taxe aux dépenses de réparations et d'entretien des canaux ci dessus désignés.

V. Le Ministre de l'intérieur est chargé de l'exécution du présent arrêté, qui sera inséré au Bulletin des Lois.

Le premier Consul, signé, BONAPARTE.

Par le premier Consul,

Le Secrétaire d'Etat, signé, H.-B. MARET.

Gg

AVIS AUX AMATEURS DES BEAUX ARTS.

Tableau de six mètres de largeur sur quatre de hauteur (ou dix-huit pieds six pouces , sur douze pieds quatre , fait par deux Artistes connus , les cit. Rohen et Gadbois.

Ce tableau représente la bataille de Marengo dans le fort de l'action, et au moment où les français font décider la victoire en leur faveur. On voit au centre du tableau, et un peu vers la droite, s'avancer Bonaparte. Autour de lui , et au milieu du feu , est son état-major. On distingue les généraux Berthier, Murat, et d'autres braves. On apperçoit Desaix mort, et porté par les grenadiers de la garde des Consuls. Au-de-là, et derrière l'état-major, s'apperçoit le feu du caisson dont le général ordonna l'explosion pour arrêter l'ennemi. Le feu continu de tous ces corps règne depuis la place où est le Consul , jusqu'auprès du village de Marengo , où commence la dé-route de l'ennemi , qu'on découvre au travers de la poussière, de la fumée et du feu. Sur le premier plan, on voit quelques actions de détail ; au milieu est un vo-lontaire expirant sur son ennemi , se tournant vers son général , et offrant ses bles-sures et son sang à sa patrie ; à droite, on voit un corps d'ennemis repoussé par quelques braves volontaires, dont un se signale en soutenant presque seul l'effort du grand nombre en présence du Consul ; à gauche, toujours sur le premier plan , un chasseur accourt offrir un drapeau ennemi ; au coin du tableau, du même côté, est un groupe de blessés , à qui les chirurgiens de l'armée s'apprêtent à donner des secours ; l'horizon est terminé par la vue, dans le lointain, de la ville d'Alexandrie. Une fumée enflammée, sortant du corps de la bataille, obscurcit une partie du ciel.

Enfin, ce tableau, vraiment digne de l'attention des connaisseurs et amateurs des beaux arts, peut convenir pour la décoration d'une salle d'administration quelconque. Ceux auxquels ce tableau pourrait convenir, pourront s'adresser au Directeur du Recueil Polytechnique, rue Bar-du-Bec, n°. 2, au Marais, à Paris , il s'empressera de leur répondre et de leur communiquer les intentions des Artistes propriétaires, qui s'offrent de faire le transport dudit tableau, et de le placer dans l'endroit qui leur sera indiqué.

Expériences faites par Jean et François Delor , Architectes, à Moissac , département du Lot, sur la nouvelle mesure itinéraire , pour qu'un voya-geur ayant consulté sa montre au moment de son départ et à celui de son arrivée , puisse savoir , par le nombre de minutes et d'heures écoulées pen-dant sa course, la quantité de mètres , kilomètres et myriamètres qu'il aura parcourus.

Le pas d'un voyageur est ordinairement le pas de route militaire , de la lon-gueur de deux pieds et demi, et un peu plus vif du pas accéléré ; de sorte que trois de ces pas équivalent à trois pas ordinaires romains, et qu'on les fera en $\frac{1}{100}$ et $\frac{1}{500}$ de minute, et l'espace parcouru répondra à deux mètres quatre décimètres trois centimètres six millimètres $\frac{1}{100}$ $\frac{1}{500}$ de millimètre, et les par-ties fractionnaires au milieu de millimètre qu'on négligera. . . . Il résulte de ce calcul, qu'en une minute on aura fait 120 pas, et 7,200 en une heure, ou une lieue de France, égale au parasange d'Égypte , de Perse , et de presque toute l'Asie ; et cette étendue répond à quatre kilomètres ou un demi-myria-mètre ; conformément au tarif ci-contre, poussé jusqu'à 100 lieues, ou 50 myriamètres.

TARIF.

HEURES	Minutes	Dixièmes	Centièmes	Millièmes	PAS	Myriamètres	Kilomètres	Mètres	Décimètres	Centièmes	Millimètres	10 Millièmes	100 Millièmes	1000 millièmes
»	»	»	2	5	3	»	»	2	4	3	6	2	9	5
»	»	»	5	»	6	»	»	4	8	7	2	5	9	»
»	»	»	7	5	9	»	»	7	3	»	8	8	8	6
»	»	1	»	»	12	»	»	9	7	4	5	1	8	1
»	»	1	2	5	15	»	»	12	1	8	1	4	7	6
»	»	1	5	»	18	»	»	14	6	1	7	7	7	2
»	»	1	7	5	21	»	»	17	»	5	4	»	6	7
»	»	2	»	»	24	»	»	19	4	9	»	3	6	3
»	»	2	2	5	27	»	»	21	9	2	6	6	5	8
»	»	2	5	»	30	»	»	24	3	6	2	9	5	3
»	»	5	»	»	60	»	»	48	7	2	5	9	»	7
»	»	7	5	»	90	»	»	73	»	8	8	8	6	1

HEURES	Minutes	PAS	Myriamètres	Kilomètres	Mètres	Décimètres	Centimètres	Millimètres	10 Millièmes	100 Millièmes	1000 Millièmes
»	1	120	»	»	97	4	5	1	8	1	5
»	2	240	»	»	194	9	»	3	6	3	»
»	3	360	»	»	292	3	5	5	4	4	6
»	4	480	»	»	389	8	»	7	2	6	1
»	5	600	»	»	487	2	5	9	»	7	7
»	6	720	»	»	584	7	1	»	8	9	2
»	7	840	»	»	682	1	6	2	7	»	8
»	8	960	»	»	779	6	1	4	5	2	3
»	9	1,080	»	»	877	»	6	6	3	3	9
»	10	1,200	»	»	974	5	1	8	1	5	4
»	11	1,320	»	»	1,071	9	6	9	9	7	»
»	12	1,440	»	»	1,169	4	2	1	7	8	5

HEURES	Minutes	PAS	Myriamètres	Kilomètres	Mètres	Décimètres	Centimètres	Millimètres	10 Millièmes	100 Millièmes	000 Millièmes
»	13	1,560	»	»	1,266	8	7	3	6	»	
»	14	1,680	»	»	1,364	3	2	5	4	1	6
»	15	1,800	»	1	1,461	7	7	7	2	3	2
»	30	3,600	»	2	2,923	5	5	4	4	6	4
»	15	5,400	»	3	4,385	3	3	1	6	9	7
1	»	7,200	»	4	5,847	1	»	8	9	2	9
2	»	14,400	1	»	11,694	2	1	7	8	5	8
3	»	21,600	1	4	17,541	3	2	6	7	8	8
4	»	28,800	2	»	23,388	4	3	5	7	1	7
5	»	36,000	2	4	29,235	5	4	4	6	4	7
6	»	43,200	3	»	35,082	6	5	3	5	7	6
7	»	50,400	3	4	40,929	7	6	2	5	»	6
8	»	57,600	4	»	46,776	8	7	1	4	3	5
9	»	64,800	4	4	52,623	9	8	»	3	6	5
10	»	72,000	5	»	58,471	»	8	9	2	9	4
20	»	144,000	10	»	116,942	1	7	8	5	8	9
30	»	216,000	15	»	175,413	2	6	7	8	8	4
40	»	288,000	20	»	233,884	3	5	7	1	7	8
50	»	360,000	25	»	292,355	4	4	6	4	7	3
60	»	432,000	30	»	350,826	5	3	5	7	6	8
70	»	504,000	35	»	409,297	6	2	5	»	6	3
80	»	576,000	40	»	467,768	7	1	4	3	5	7
90	»	648,000	45	»	526,239	8	»	3	6	5	2
100	»	720,000	50	»	584,710	8	9	2	9	4	7

Suite du Bail des cit. Marcrey et Jouet, passé en 1735, moyennant 40770 l. par an pour l'entretien et réparation des Chemins des environs de Paris, commencé pages 56, 74 et 91 de ce volume.

Pour démontrer d'une manière probante, que les chemins publics ont toujours fixé l'attention de tous les Gouvernemens, et qu'ils sont indispensables au commerce, pour faciliter les échanges des divers produits d'un État, nous allons donner la suite du bail des cit. Marcrey et Jouet, commencé dans nos cahiers précédens ; et si l'on veut examiner la quantité des différens travaux y annoncés à faire, on verra que le prix de ces travaux diffère beaucoup de celui d'aujourd'hui.

CHAPITRE IV.

Chemin de traverse sur la droite de la route d'Orléans ; chemin de Sceaux à Meudon, par Bagneux.

89. A prendre au pavé du grand chemin jusqu'à l'entrée du village de Bagneux, une chaussée de 588 toises et demie de long, dont 5 t. sur 3 t., 227 t. sur 12 pieds, 35 toises et demie de pierrotis ou chemin ferré, et 271 t. sur 12 pieds, le tout en cailloux, fait . . . . 1,111 t.

90 Depuis l'entrée du village, allant à l'église, une chaussée de 209 t. sur 12 pieds, dont 125 t. en cailloux et 84 en grais, ce qui fait, en grais, compris une superficie de 36 t. vis-à-vis l'église . . . . . 204 ⎱ 454 t.
et en cailloux . . . 250 ⎰

91. Après un vide de 70 t. en retour, en allant et passant devant la maison du sieur Acarel, une chaussée de pavé de grais, de 47 t. de long, dont 24 t. sur 12 pieds, et 23 t. sur 15 pieds, fait . . . . . . 105 t.

92. Retournant au carrefour à gauche, passant devant la croix, une chaussée de cailloux, allant à Fontenay, de 46 t. sur 12 pieds, faisant 92.

93. Sur le chemin allant au Bourg-la-Reine, une chaussée de 105 t. de long sur 12 pieds, fait . . . 210.

Chemin de traverse du susdit grand chemin d'Orléans, prenant sur la droite et montant au village d'Antony.

94. Joignant le pavé du grand chemin à droite, et passant dans le village nommé le Pont-d'Antony, une chaussée de grais, de 184 t. de long sur 12 pieds, fait . . . . . . 363.

95. Prenant à gauche du pavé de grais, une chaussée de cailloux, de 332 t. de long sur 12 pieds, fait avec 7 t. en retour sur 4 t. de largeur, 692.

96. En retour à droite, allant à la Blanchirie, une chaussée de cailloux, de 213 t. de long, dont 77 t. sur 12 pieds, 60 t. sur 15 pieds, et 76 t. sur 12 pieds, fait . . . . . . 456.

Autre chemin de traverse du susdit grand chemin d'Orléans, prenant sur la droite et allant à Verrières, jusqu'au bois dudit nom, en différentes pièces.

97. A prendre à la jonction du chemin d'Orléans, passant le long des murs du parc de Sceaux, une chaussée de cailloux, de 50 t. de long, dont 4 t. sur 15 pieds, et le reste sur 12 pieds, fait . . . . 102.

98. Après un vide de 226 t., passant sur un ponceau, une chaussée de cailloux, de 33 t. de long sur 12 pieds, fait . . . . 66.

99. Après un vide de 40 t., une chaussée de 239 t. sur 12 pieds, fait . . . . 487.

100. Après un vide de 241 t., une chaussée de cailloux, de 63 t. sur 22 pieds, fait . . . . 116.

101. Après un vide de 591 t., une chaussée de grais passant sur une

arche de 8 t. et demie sur 15 pieds,
fait . . . . 21 t. .

102. Après un vide de 28 t., une
chaussée de 166 t. de long sur 12 pieds,
dont 3o t. et demie en cailloux, 42 t.
en grais et 93 t. et demie de cailloux,
fait en grais . . . . 84 t. ⎫
et en cailloux . . . . 248 t. ⎬ 332.

103. Après un vide de 179 t., en
entrant dans le village de Verrières,
une chaussée de cailloux, de 66 t. de
long sur 12 pieds, fait . . . 132.

Chemin allant du grand chemin d'Or-léans à la Petite-Beauce, par Bo-cosy.

104. Sortant de Châtres, après un
vide de 156 t., une chaussée de grais,
de 73 t. de long sur 12 pieds de large,
fait . . . . 146.

105. Après un vide de 100 t., proche
la croix d'Egly, une pièce de pavé de
grais, de 31 t. de long sur 12 pieds,
fait . . . . 62.

106. Après un vide de 256 t., une
pièce de pavé de grais, de 106 t. de
long sur 12 pieds, fait . . . 212.

107. Après un vide de 865 t., une
chaussée de 697 t. de long sur 12 pieds
de large, dont 502 t. en grais, 15 t.
en cailloux, et 195 t. en grais, faisant
en grais . . . . . 1364 t. ⎫
en cailloux . . . 3o t. ⎬ 1394.

108. Pour la place du marché et le
devant de l'église, une superficie de 6o.

109. Ensuite allant à Soucy, au-des-sus de Breu, une chaussée de 100 t. de
long sur 10 pieds . . . . 166 t.

110. Ensuite passant devant Segré,
une chaussée de cailloux, de 78 t. de
long sur 12 pieds, fait . . . 156.

111. Après un vide de 68 t. et demi,
une chaussée de pavé de grais, de 38 t.
de long sur 12 pieds, fait . . . 76.

112. Passant dans le bas de Soucy,
une chaussée de grais, de 134 t. de
long, dont 49 t. sur 10 pieds, et 85 t.
sur 12 pieds, fait . . . . 251 t. .

113. Après un vide de 14 t., une
chaussée de 543 t. et demie de long,
dont 112 t. et demi de grais sur 10
pieds, 206 t. et demi de grais sur 12
pieds, 43 t. et demi de cailloux sur 12
pieds, et 184 t. dernières en grais sur
10 pieds, faisant,
en grais . . . 906 t. . ⎫
en cailloux . . 81 ⎬ 987 t. .

CHAPITRE V.

Chemin de traverse sur la gauche de celui d'Orléans.

114. Allant à la Chamarante, à pren-dre au haut de la montagne de Coca-trix, une chaussée de pavé de grais,
de 19 t. de long, dont les deux pre-mières sur 3 t. de large, et les 17 sui-vantes sur 15 pieds, fait . . 48 t. .

115. Chemin allant du grand che-min d'Orléans au Gatinois, par Gra-velles, au-dessus d'Etrechy, à gauche,
traversant un marais, passant sur trois
arches de pierre, et sur un pont de
bois, appelé le Pont-de-Veaux, une
chaussée de grais, de 716 t. de long,
dont 68 t. passant sur les trois ponts,
sur 15 pieds, 9 t. sur le pont de bois,
sur 13 pieds et demi, et le reste sur 2
t. de largeur, ce qui fait, avec 3o t.,
à quoi ont été évaluées les trois pattes
d'oie . . . . 1498 t. .

116. Au-delà d'Etampes, sur le che-min du Gatinois, par les Belles-Croix,
au sortir du faubourg Saint-Pierre,
commencer à la Fausse-Porte, une
chaussée de grais, de 667 t. et demie
de long, dont 453 t. et demie sur 15
pieds, et 214 t. sur 12 pieds, font en-semble . . . . 1561 t.

CHAPITRE VI.

Chemin de traverse adjacent à la route de Chartres.

117. Dans Massy, à prendre du
grand chemin de Chartres, passant
devant l'église, une chaussée de grais,

de 202 toises, dont 134 t. sur 12 pieds, et 68 t. sur 9 pieds, fait . . 370.

118. Dans la rue, allant à Longjumeau, passant devant la maison du sieur Cochin, une chaussée de grais, de 77 t. de long, dont 43 t. sur 4 t. 4 pieds et demi de largeur réduite, et 34 t. sur 9 pieds, fait . . 155 t. .

Chemin de traverse du susdit grand chemin de Chartres, descendant au long du mur du parc d'Orsey, jusqu'à la rivière d'Ivot, et une autre pièce montant au-delà.

119. Dans le carrefour d'Orsey, joignant par une fourche du susdit grand chemin, descendant à la rivière de Livet, du côté de Versailles, une chaussée de pavé de grais, contenant 147 t. de long sur différentes largeurs, savoir : les deux fourches contenant 17 t. et 2 de long sur 12 pieds, 44 t. sur 17 pieds, 17 t. sur 4 t., et 69 t. sur 12 pieds de large, fait . . . 365 t. .

120. Ensuite, au-delà de la rivière, une chaussée de pavé de grais, de 89 t. de long sur 12 pieds, fait . . 178.

Chemin de traverse de Bandeville à Saint-Arnoult, passant par Villebon, Vaularon et Geuvry.

121. Descendant à Villebon, une chaussée de grais passant sur une levée de terre, au travers d'un marais revêtu de murs, et sur cinq arches de maçonnerie, entrant dans le parc de Villebon, et finissant au bout de l'avenue, une chaussée de grais, de 665 t. de long, dont 207 t. sur 12 pieds, 337 t. et demie sur 12 pieds, faisant, en superficie, avec 134 t. pour les deux fourches de l'entrée du chemin, et 16 t. et demie pour la patte d'oie et la porte du parc, fait . . . . . 1599 t. .

122. Descendant la montagne de Vaularon, une chaussée de cailloux, de 72 t. de long sur 12 pieds, fait 144.

123. Après un vide de 28 t., passant

sur deux arches, une chaussée de cailloux, de 108 t. de long, dont 74 t. sur 12 pieds, et 34 t. sur 9 pieds, fait 199.

124. Après un vide de 143 t., une chaussée de cailloux, de 50 t. de long sur 12 pieds, fait . . . . . 100.

125. Après un vide de 50 t., au haut de la montagne, entrant dans les bois, une chaussée de cailloux, de 7 t. de long sur 12 pieds, fait . . . . 14.

126. Après un vide de 15 t. et demie allant à Geuvry, une chaussée de cailloux, de 41 t. sur 12 pieds, fait . 82.

Chemin de traverse du susdit grand chemin de Chartres, prenant sur la gauche, passant dans le village de Saint-Clair, allant rejoindre, par en haut, le susdit grand chemin.

127. A prendre au pavé de la nouvelle montagne, joignant une pièce de grais entrée de Saint-Clair, une pièce de cailloux, de 86 t. sur 15 pieds, fait, y compris un retour de 4 t. sur 12 pieds pour l'écoulement des eaux, 223.

128. Depuis la susdite pièce, traversant le village de Saint-Clair jusqu'à la porte de Gomert, une chaussée de grais, de 210 t. de long sur 15 pieds, fait . . . . . . 525.

129. Depuis la susdite porte, depuis la jonction du chemin neuf, une chaussée de grais, de 133 t. sur 15 pieds, fait . . . . 332.

Chemin de traverse du susdit grand chemin de Chartres, allant de Versailles à Étampes, par Bris et autres lieux.

130. A prendre dans Gomert, au bord de la chaussée du grand chemin, passant au long de l'église, et allant jusqu'au milieu du Pont-de-la Brosse, une chaussée de cailloux, de 330 t. et demie sur 12 pieds, fait, y compris 15 t. pour la patte d'oie, et 21 t. pour l'élargissement du pont. . . . 697.

131. Depuis le milieu du susdit pont

jusqu'au haut de la montagne de Bris ,
une longueur de cailloux, de 1949 t,
et demie sur 12 pieds , fait . . 3899.

132. Descendant ladite montagne le
long de la garenne de Bris , une chaussée de cailloux . . . . . . 741.

133. Après un vide de 131 t. , une
chaussée de cailloux, de 51 t. sur 12
pieds , fait, avec 14 t. pour un cassis . . . . 116.

134. Après un vide de 260 t. dans le
village, passant le long des murs de la
maison du sieur Lenormand , une
chaussée de cailloux, de 51 t. sur 4 t.
un pied et demi de large , réduit,
fait. . . . . 216 t. .

135. Sortant de Bris, allant à Bruyères , le long des murs de Fontenay,
une chaussée de pavé de grais , de 39 t.
sur 12 pieds , fait . . . . . 78.

136. Après un vide, une chaussée
de pavé de grais, de 300 t. sur 12 pieds,
fait . . . . 600.

*Chemin de traverse du susdit grand
chemin de Chartres , de Versailles
à Étampes , passant par Angervilliers.*

137. A prendre du pavé de la route
de Chartres au poteau d'Angervilliers,
jusqu'à un gros chêne qui est à l'entrée du bois dudit nom, une chaussée
de cailloux, de 901 t. sur 12 pieds,
fait, avec 7 t. pour la patte d'oie 1809.

138. Depuis le susdit chêne jusqu'à
la fin du bois, une chaussée de cailloux, de 530 t. sur 12 pieds, fait 1060.

139. Depuis la fin du bois jusqu'au
pierrotis, une chaussée de cailloux, de
879 t. et demie sur 12 pieds , faisant,
avec 9 t. pour le recouvrement du premier ponceau . . . . . . 1768.

140. La pièce de pierrotis contient
502 t. de long sur 3 t. de large, et
fait . . . . 1506.

141. Après le caillontis descendant
au château d'Angervilliers, une pièce
de pavé de grais, de 74 t. et demie de
long, dont 64 t. sur 12 pieds, et les 7
t. et demie restantes produisent une
superficie de 37 t., ce qui fait 171.

142. En retour , allant au village et
passant devant la Croix-Blanche, une
chaussée de grais, de 95 t. de long sur
15 pieds, fait . . . . . 237 t. .

143. Le revers du côté de la basse-
cour produit une superficie de cailloux,
de . . . . 87.

144. Après un vide de 14 t. , passant
dans la rue de Babylonne, une chaussée de cailloux, de 169 t. sur 12 pieds,
fait. . . . . 338.

CHAPITRE VII.

Chemin de traverse adjacent à la route de Dourdan.

145. Dans Bruyères, prenant au pavé
du grand chemin et passant la maison
du sieur Vissinier, une chaussée de 52
t. sur 20 pieds, produisant ,
en grais . . . 38 t. } 173 t. .
et en cailloux . 135 . }

146. Après un vide, allant à l'église,
une chaussée de cailloux, de 38 t. de
long sur 18 pieds, fait . . . 60.

147. Derrière Olainville, du côté des
Caveaux, une chaussée de cailloux, de
103 t. sur 12 pieds, fait . . . 206.

TOTAL 29518 — 0 — 6 po.

Le total des toises quarrées, insérées
dans le présent devis, montent ensemble à la quantité de cent cinquante mille
deux cent vingt-neuf toises et demie ,

SAVOIR:

En grès . . . . 103339 t. 4 p.
En cailloux . . 46889 t. 2 p.

TOTAL . 150229 t.

DEUXIÈME TOISÉ

Pour l'entretien du pavé des routes de Chartres par Chevreuse, de Versailles à Fontainebleau et de Rambouillet, par la porte de Buc et autres chemins de traverse,

SAVOIR:

Chemin de Paris à Chevreuse.

ART. Ier. Une chaussée de pavé de grais entrant dans Châtillon, commençant au coin du mur du jardin du sieur Hoguer, passant dans ledit lieu, contenant 275 t. de longueur, dont 109 t. de long sur 18 pieds de large, 37 t. de long sur 15 pieds de large, 17 t. de long sur 24 pieds de large, et 112 t. de long sur 15 pieds de large, ce qui fait, en superficie . . 267 t. . en grais.

2. Ensuite et attenant, montant la butte de Châtillon, une chaussée de cailloux, de 256 t. de longueur sur 12 pieds de large, ce qui fait, en superficie . . . 532 t. en cailloux.

3. Ensuite et attenant jusqu'à la chaussée de la montagne, sortant de Clamart, qui aboutit à celle de la porte Triveau, le long du mur du parc de Meudon, une chaussée de cailloux, de 107 t. de longueur sur 15 pieds de largeur, ce qui fait, en superficie, 1767 t.

4. Ensuite, et attenant, une chaussée de pavé de cailloux, jusqu'à la jonction de la chaussée du pavé de grais qui conduit à Versailles, à Fontainebleau, près la porte Triveau, de 820 t. de longueur sur 15 pieds de largeur, ce qui fait, en superficie . 400 t. c.

5. Ensuite, et attenant, une chaussée de cailloux jusqu'à la jonction de la chaussée de pavé de grais qui conduit à Versailles, à Fontainebleau, près la porte Triveau, de 820 t. de longueur sur 15 pieds de largeur, ce qui fait, en superficie . 2050 t. c.

6. Après un vide de 240 t. de longueur, une chaussée de cailloux au coin des murs de Viracouplay, passant sur un ponceau, sur une rigolle de 17 t. de long sur 15 pieds de large, fait . . . . 42 t. c.

7. Ensuite, après un vide de 743 t. de long, une chaussée de cailloux traversant une rigolle de 8 t. de long sur 12 pieds de large, fait, en superficie . . . . . . 16 t. c.

8. Ensuite, après un vide de 796 t., une chaussée de cailloux descendant la montagne de Vauboyen, contenant 57 t. de long sur 15 pieds de large, ce qui fait, en superficie . . 142 t. c.

9. Ensuite, après un vide de 167 t., une chaussée de pavé de grais sur un ponceau de 10 t. de long sur 12 pieds de large, ce qui fait, en superficie . . . . . 20 t. gr.

10. Ensuite, après un vide de 106 t. et demie, une chaussée de pavé de grais descendant au moulin dudit lieu, contenant 37 t. de long sur 15 pieds de large, ce qui fait, en superficie . . . . . 92 t. gr.

11. Ensuite, après un vide de 10 t. et demie, une chaussée de pavé de grais sur le pont dudit moulin, de 30 t. de long sur 12 pieds de large, ce qui fait, en superficie . . 60 t. gr.

12. Ensuite, après un vide de 47 t., une chaussée de cailloux, de 104 t. et demie de long sur 12 pieds de large, ce qui fait, en superficie . 209 t. c.

13. Ensuite, après un vide de 47 t., montant la butte de Vauboyen, du côté de Chevreuse, une chaussée de pavé de cailloux, de 188 t. de long sur 15 pieds de largeur, ce qui fait, en superficie . . . . . . 470 t. c.

14. Ensuite, après un vide de 77 t., une chaussée de cailloux sur un ponceau, au-dessus d'une rigolle de 21 t. de long sur 18 pieds de large, ce qui fait, en superficie . . . 63 t. c.

15. Ensuite, après un vide de 688 t., une chaussée de cailloux passant sur une arche, sur une rigolle de 42 t. de

long sur 18 pieds de large, ce qui fait, en superficie . . . . 126 t. c.

16. Ensuite, après un vide de 330 t., une chaussée de pavé de cailloux passant sur un ponceau, de 18 t. de long sur 12 p. de large, ce qui fait, en superficie . . . . . 36 t. c.

17. Ensuite, après un vide de 53 t., une chaussée de cailloux au-dessous de la chaussée de l'étang de Saclé, de 55 t. de long sur 12 pieds de large, ce qui fait, en superficie . 110 t. c.

18. Ensuite et attenant, une chaussée de cailloux sur l'arche, au bas de l'étang de Saclé, contenant 70 t. de long sur 18 p. de large, ce qui fait, en superficie . . . 210 t. c.

19. Ensuite, après un vide dans la plaine de Saclé, de 1130 t. de long, une chaussée de cailloux sur un ponceau de 30 t. de long sur 12 pieds de large, ce qui fait, en superficie, 60 t. c.

20. Après un vide de 848 t., traversant le village de Saint-Aubin, une chaussée de cailloux traversant une rigolle de 22 t. de long sur 12 pieds de large, ce qui fait, en superficie 44 t. c.

21. Ensuite, après un vide de 43 t. descendant dans la montagne de la Belle-Image, une chaussée de cailloux contenant 23 t. de long, y compris 15 t. de long dans le bas, en pavé de grais, le tout sur 15 pieds de large, ce qui fait, en superficie, savoir:
en grais . . . . 37 t. gr.
et en cailloux . . . 537 t. c.

22. Ensuite, après un vide de 192 t. de long, une chaussée de pavé de cailloux, de 32 t. de long passant devant le moulin de Chabot, sur 12 p. de large, ce qui fait, en superficie . . . . 64 t. c.

23. Ensuite, après un vide de 2320 t. de long, une chaussée de pavé de grais sur l'arche de Saint-Remi, de 10 t. de long sur 12 pieds de large, ce qui fait, en superficie . . 20 t. gr.

TOTAL { Grais . 997 t. } 7870.
{ Cailloux 6880 t. }

Traverses à droite du chemin de Chevreuse.

24. Allant à Clamart, passant le long des murs, à droite, du parc de Meudon, jusqu'à la jonction des chaussées du chemin de Châtillon, une chaussée de cailloux, de 352 t. de long, dont 27 de long sur 12 pieds de large, 281 t. de long sur 15 pieds de large, et 44 t. de long sur 12 pieds de large, ce qui fait, en superficie . 844 t. c.

25. Ensuite, après un vide de 300 t. de long, traversant Clamart, une chaussée de pavé de grais entre deux murs, et compris le devant du château du sieur Villacerf, jusqu'approchant d'un petit ponceau au bout du mur à droite, sortant ledit Clamart, de 118 t. de long sur la largeur de la rue, faisant, en superficie . . . 236 t. gr.

26. Ensuite, sortant Clamart jusqu'à la chaussée d'Issy, et qui finit au coin du cimetière, une chaussée de cailloux passant sur deux ponceaux, de 1327 t. de long sur 12 pieds de large, ce qui fait, en superficie . . 2644 t. c.

TOTAL { grais . 236 t. } 3734 t.
{ cailloux . 3,198 t. }

Traverses, à gauche, du chemin de Chevreuse.

27. Depuis la chaussée du pont Colbert à Sceaux, au bout de la porte Triveau allant à Bièvre, une chaussée de pavé de grais, de 43 t. de long sur 12 pieds de large, ce qui fait, en superficie . . . . . 86 t. gr.

28. Ensuite et attenant, jusqu'au vide qui a 58 t., une chaussée de cailloux, de 1313 t. et demie de long sur deux t. de large, ce qui fait, en superficie . . . . . 2727 t. c.

29. Ensuite, après un vide de 58 t., une chaussée de cailloux finissant à la porte du sieur Mareschal, de 459 t. de long sur 12 pieds de large, et une patte d'oie devant le château, de 30 t. en superficie, faisant ensemble 948 t. c.

Hh

30. Ensuite, après un vide de 37 t., une chaussée de cailloux passant devant le château, joignant la chaussée à l'entrée de Bièvre et allant jusques devant la grande porte de Saint-Silvie, contenant 60 t. de long sur 15 pieds de large, en outre, un élargissement au bout, de chaque côté, de 8 t. en superficie, faisant ensemble 158 t. c.

31. Ensuite et attenant, une chaussée de cailloux depuis et devant la maison du sieur Silvie, jusqu'à l'entrée de Bièvre, contenant 53 t. de long sur 15 pieds de large, ce qui fait, en superficie . . . . . 132 t. c.

32. Ensuite et attenant, un cassis qui tient à ladite chaussée, pour conduire les eaux dans le chemin d'en-bas, descendant au moulin, contenant 6 t. de long sur 6 pieds de large, ce qui fait, en superficie . . . . . 6 t. c.

33. Une chaussée de cailloux traversant l'avenue au-delà de Bièvre et montant la montagne de Favreuse allant à Saclé, contenant 418 t. de long sur 12 pieds de large, ce qui fait, en superficie . . . . 836 t. c.

34. Ensuite, après un vide de 48 t., une chaussée de cailloux passant sur un ponceau qui est sur la rigolle au-dessus des bois dudit Bièvre, au sommet de ladite montagne, contenant 151 t. de long sur 15 pieds de large, ce qui fait, en superficie . . . . 37 t. c.

TOTAL { grais . . . 86 t. ┐
       { cailloux . 4845 t. ┘ 4931 t.

Chemin de traverse allant de Paris à Chevreuse, passant par Bure, Gif, et Coubertin.

35. A prendre au chemin de Chartres, allant à Bure, jusqu'à l'encoignure du presbytère, une chaussée de grès, de 161 t. et demi de long sur 12 pieds de large, y compris 6 t. et demie pour la patte-d'oie, ce qui fait, en superficie . . . . 328 t. ½ gr.

36. Descendant dans le village de Bure jusqu'au bout des murs du parc de la seigneurie, une chaussée de pavé de grès, de 402 t. de long sur 12 pieds de large, ce qui fait, . 804 t. gr.

37. Depuis la fin desdits murs jusqu'à l'entrée de la chaussée de Gif, une chaussée de pavé de grès, de 658 t. de long, dont 646 t. de long sur 12 pieds de large, réduits, ce qui fait, en superficie . . . 1352 t. gr.

38. La chaussée de Gif contient 96 t. de long sur 18 pieds de large, ce qui fait, en superficie . 288 t. gr.

39. Depuis le bout de la chaussée jusqu'au carrefour du village de Gif, une chaussée de pavé de grès, de 68 t. de long sur 12 pieds de large, ce qui fait, en superficie . 136 t. gr.

40. Depuis ledit carrefour jusqu'à la rivière, une chaussée de pavé de grès, contenant 142 t. de long sur 18 pieds de large, ce qui fait, en superficie . . 426 t. gr.

41. Passé Gif, entre les deux potagers de Coubertin, une chaussée de pavé de cailloux, de 65 t. de long, sur 12 pieds de large, ce qui fait, en superficie . . . 130 t. c.

42. Ensuite, dans l'avenue dudit lieu, une chaussée pavée de grès, de 195 t. de long sur 12 pieds de large, ce qui fait, en superficie, 390 t. gr.

43. Attenant la susdite chaussée, un pavé de cailloux, de 76 t. de long sur 12 pieds de large, ce qui fait, ce qui fait, en superficie . . . 152 t. c.

44. Depuis le ruisseau venant du moulin de Coubertin jusqu'au poteau, une chaussée de pavé de grès, de 55 t. de long sur 12 pieds de large, ce qui fait, en superficie . . . 110 t. gr.

TOTAL { grès 3834 t. ½ ┐
       { cail. 282 t. ½ ┘ 4116 t. ½.

Chemin de Versailles à Fontainebleau, par Bièvre, la ferme de l'Hôtel-Dieu, par où passent les équipages.

45. Montant la montagne de Bièvre, du côté de la ferme de l'Hôtel-Dieu, une chaussée en cailloux, de 540 t. de long sur 15 pieds de large ; en outre, trois cassis pour la décharge des eaux, de 15 t. en superficie, fait en toute superficie . . . . . . 1365 t. c.

46. Ensuite, après un vide de 172 t., une autre chaussée de cailloux, passant entre les fermes de Monteclain, de 609 t. et demie de long sur 12 pieds de large, ce qui fait, en superficie . . . . 1219 t. c.

47. Ensuite et attenant, une chaussée de pavé de grès le long du bois de l'Homme-Mort, contenant 146 t. de long sur 12 pieds de large, ce qui fait, en superficie . . . . . 292 t. gr.

48. Ensuite et attenant, une chaussée de cailloux, de 570 t. de long sur 12 pieds de large, ce qui fait, en superficie . . . . 1140 t. c.

49. Une chaussée de pavé de grès au droit de la ferme de l'Hôtel-Dieu, contenant 33 t. et demi de long sur 12 pieds de large, ce qui fait, en superficie . . . . 67 t. gr.

50. Ensuite et attenant, une chaussée de cailloux jusqu'à la rencontre du chemin du Pont-Colbert à Sceaux, contenant 174 t. de long sur 12 pieds de large, ce qui fait, en superficie . . . . 348 t. c.

TOTAL $\begin{cases} \text{grès} & 359 \text{ t.} \\ \text{cailloux} & 4072 \text{ t.} \end{cases}$ 4431 t.

Chemin de Versailles à Sceaux, par le Plessis-Piquet.

51. Une chaussée de pavé de grès, commençant à la grande avenue de Versailles, vers les écuries des Gardes-du-Corps, passant dans le camp des Fainéans jusqu'à la jonction de la chaussée qui monte à la porte de Buc, contenant 454 t. de long sur 15 pieds de large ; plus, deux pattes-d'oie à l'entrée et à la sortie de ladite chaussée, contenant 30 t. en superficie ; plus, une chaussée allant aux Ecuries du Roi, près l'hôtel de Limoges, de 52 t. de long sur 12 pieds de large, fait, en toute superficie . . . . 1277 t. gr.

52. Ensuite et attenant la chaussée du pavé qui commence à celle de la grande avenue de Versailles qui conduit à Rambouillet par la porte de Buc, une chaussée de pavé de grès passant sur le pont Colbert, continuant jusqu'à 7 t. près du mur du clos de la ferme de Vuilizy, contenant 2063 t. de long sur 15 pieds de large, ce qui fait, en superficie . . . . . . 5157 t. ½ gr.

53. Ensuite et attenant, une chaussée de pavé de grès passant devant l'auberge de Vuilizi jusques et proche le ponceau qui sert de décharge aux étangs de Viracouplay, de 878 t. de long sur 12 pieds de large, ce qui fait, en superficie . . . . 1756 t. gr.

54. Ensuite et attenant, une autre chaussée de pavé de grès traversant le village de Vuilizy, passant devant l'église dudit lieu jusqu'à la porte de Meudon, dite de Chaule, de 160 t. de long sur 12 pieds de large, ce qui fait, en superficie . . . 320 t. gr.

55. Ensuite et attenant, une chaussée de pavé de grès depuis et compris le dessus dudit pont jusqu'au carrefour du Plessis-Piquet, et qui passe devant la porte Triveau, de 2082 t. de long sur 15 pieds de large ; en outre, un élargissement au-dit carrefour, de 8 t. et demie en superficie, et un cassis de 4 t. de long sur 6 pieds de large, tenant à ladite chaussée, pour jeter les eaux, sur laquelle chaussée sont deux pierres pour conduire les eaux dans le parc de Meudon, ce qui fait, en superficie . . . . . . 5217 t. ½ gr.

56. Ensuite et attenant, traversant le village de Sceaux jusqu'à la rencontre

du grand chemin de Paris à Orléans, une chaussée de pavé de grès de 2320 t. de long sur différentes largeurs, évaluée à 15 pieds, ce qui fait, en superficie . . . . 5800 t. gr.

57. Ensuite et attenant, une chaussée de pavé de rebut, le long de la barrière, au bas de l'avenue du château de Sceaux, allant joindre celle qui passe devant le marché dudit lieu, contenant 28 t. de long sur 12 pieds de large, ce qui fait, en superficie . . . . 98 t. gr.

58. Ensuite et attenant, une chaussée de pavé de grès passant devant ledit marché de Sceaux, et joignant aux deux bouts à la chaussée d'Orléans, de 158 t. de long, dont 92 t. de long sur 15 pieds de large ; 28 t. de long sur 12 pieds de large, et 38 t. de long sur 18 pieds de large, ce qui fait, en superficie, 400 t. gr.

59. Une autre chaussée de pavé de grès vis-à-vis la porte d'entrée dudit marché, jusqu'à la jonction de ladite chaussée, contenant 22 t. et demie de long sur 8 t. de large; en outre, un cassis à deux deux revers pour conduire les eaux, de la largeur de l'accostement, contenant 3 t. de long sur 6 pieds de large, ce qui fait, en superficie . . , . 183 t. gr.

60. Une autre chaussée de pavé de grès dans l'avenue du château de Sceaux, contenant 444 t. de long, dont 422 t. de long sur 15 pieds de large, et 22 t. de long près la grille dudit château, sur 4 t. de large, ce qui fait, en superficie . . . . 1143 t. gr.

61. Une autre chaussée de pavé de grès commençant au coin du mur du parc de Sceaux, jusqu'à la porte du château, contenant 172 t. de long sur 15 pieds de large; en outre, deux élargissemens, l'un de 3 t. en superficie, au droit du parc, et l'autre de 7 t. et demie en superficie à l'autre coin, le tout faisant 441 t. $\frac{1}{2}$ gr.

TOTAL   21792 t. $\frac{1}{2}$ gr.

Chemin de Rambouillet, par Buc.

62. Une chaussée de pavé de grès commençant dans la grande avenue de Versailles, par-delà les étangs de Perché-Fontaine, jusques sous la porte de Buc, passant sur un ponceau et devant la Chasse-Royale, contenant 360 t. de long sur 15 pieds de large ; plus, la patte-d'oie à l'entrée de ladite chaussée, dans l'avenue de Versailles, contenant 99 t. de superficie; plus, une petite partie joignant ladite patte-d'oie, contenant 2 t. de superficie, le tout faisant . . . . 1006 t. gr.

63. Ensuite et attenant, depuis ladite porte, passant devant l'aqueduc de Buc, jusqu'au droit de la ferme du Breuil, dans le grand parc de Versailles, une chaussée de pavé de grès, contenant 2800 t. de long sur 15 pieds de large; plus, dans l'aqueduc de Buc, allant à Jouy, 20 t. et demie de long en grès, dont 8 t. de long sur 5 t. de large, et 12 t. demie de long snr 3 t. de large, faisant. . 7077 t. $\frac{1}{2}$ gr.

64. Plus, une autre chaussée de pavé de grès servant de passage sous ledit aqueduc, contenant 36 t. de long, dont 8 t. de long sur 24 pieds de large et 28 t. de long sur 18 pieds de large, ce qui fait, en superficie . . . . 116 t. gr.

65. Continuant par la ferme du Breuil, une chaussée passant sur deux ponceaux, contenant 400 t. de long sur 16 pieds de large, dont 10 pieds de grès dans le milieu, et 6 pieds de cailloux pour les deux côtés, ce qui fait, en superficie, savoir :
en grès . . . 666 t. 4 pieds.
et en cailloux . . 400 t.

66. Ensuite et attenant, une chaussée de pavé de grès de 352 t. de long sur 15 pieds de large, ce qui fait, en superficie . . . . 880 t. gr.

67. Ensuite et attenant, une chaussée de 150 t. de long sur 16 pieds de large, dont 10 pieds de grès dans le milieu, et 6 pieds de cailloux pour les deux côtés, ce qui fait, savoir :
en grais . . . . 250 t.
et en cailloux . . . . . . 150 t.

68. Ensuite et attenant, une chaussée de pavé de grès passant sur un ponceau, contenant 295 t. de long sur 15 pieds de large, ce qui fait, en superficie 737 t. ½ gr.

69. Ensuite et attenant, une chaussée de 201 t. de long sur 16 pieds de large, dont 6 pieds de cailloux pour les deux côtés, et 10 pieds de grès pour le milieu, ce qui fait, en superficie, savoir :

en grès . . . . 335 t.
et en cailloux. . . . . . . 201 t.

70. Ensuite et attenant, jusqu'à l'orme près Trou, passant sur deux ponceaux, une chaussée de pavé de grès de 892 t. de long sur 15 pieds de large, ce qui fait en superficie . . . . . 2230 t. gr.

71. Ensuite et attenant, jusques et près la porte de Trappes, une chaussée de pavé de grès passant sur quatre ponceaux, de 1463 t. de long sur 14 pieds de large, ce qui fait, en superficie . 3413 t. gr.

72. Ensuite et attenant, une chaussée de pavé de grès passant sous ladite porte et dans le village, jusqu'à l'orme au-delà de Trappes, contenant 929 t. de long sur 15 pieds de large, ce qui fait, en superficie, en grès . . . . . . 250 t.
en cailloux . . . . 150 t.

73. Ensuite et attenant, une chaussée de 1360 t. de long sur 16 pieds de large, dont 10 pieds de grès dans le milieu, et 6 pieds de cailloux pour les deux côtés, ce qui fait, savoir :

en grès . . . . 2266 t. ⅗.
et en cailloux . . . . . 1360 t.

74. Ensuite et attenant, une chaussée de pavé de grès au droit de la Verrière, contenant 400 t. de long sur 15 pieds de large, ce qui fait, en superficie 1000 t. gr.

75. Ensuite et attenant, passant dans le gibet jusqu'à Coguère, une chaussée contenant 1386 t. de long sur 16 pieds de large, passant sur cinq ponceaux, dont 10 pieds de grès dans le milieu, et 6 pieds de cailloux pour les deux côtés, ce qui fait, en superficie ; savoir:

en grès . . . . . 2310 t.
et en cailloux . . . . 1386 t.

76. Ensuite et attenant, une chaussée de pavé de grès jusqu'au-delà de Coguère, passant sur un ponceau, contenant 445 t. de long sur 15 pieds de large, ce qui fait, en superficie . . . 1112 t. ⅓ gr.

77. Ensuite et attenant, une chaussée jusqu'à 7 t. au-delà de croix St.-Jacques, passant dans les Effars et le Perrey et sur onze ponceaux, contenant 4466 t. de long sur 16 pieds de large, dont 410 t. de long en grès, et les 4056 t. en grès et cailloux ; savoir : 10 pieds de grès dans le milieu, et 6 pieds de cailloux pour les deux côtés, ce qui fait, en superficie, savoir : en grès . . . 7853 t. ⅕.
et en cailloux . . . . 4056 t.

78. Plus, une autre chaussée à côté de la croix Saint-Jacques, contenant 21 t. de long sur 16 pieds de large, dont 10 pieds en pavé de grès dans le milieu, et 6 pieds de cailloux pour les deux côtés, ce qui fait, en superficie, savoir :

en grès . . . . 18 t. ½.
en cailloux . . . . 11 t.

TOTAL { grès . . . 33595 t. ½ }
{ cailloux 7564 4 p. } 41159 t.

Chemin de Versailles à Rambouillet, par Saint-Cyr.

79. Commençant au-dessus de Saint-Cyr, à la chaussée du grand chemin de Dreux, une chaussée de pavé de grès, passant entre l'étang du bois d'Arc et l'étang Robert, jusqu'à la rencontre du chemin de Rambouillet par Buc, contenant 1,424 t. de long sur 12 pieds de large, ce qui fait en superficie. . . 2,848 t. gr.

Traverse à droite sur le chemin de Rambouillet par Buc.

80. Une chaussée de pavé de cailloux, joignant la précédente près l'orme de Trou allant à Saint-Cyr, contenant 250 t. de longueur sur 12 p. de largeur, ce qui fait en superficie . . 500 t. c.

81. Ensuite, après un vuide le long d'une remise, une chaussée de pavé de cailloux sur le même chemin, conte-

nant 54 t. de longueur sur 12 pieds de largeur, ce qui fait en sup. 108 t. c.

82. Joignant la précédente au-delà de Cognères, allant à Haute-Bruyère, une chaussée de 237 t. de longueur, sur 16 pieds de largeur, dont 10 pieds de pavé de grais dans le milieu, et 6 pieds de cailloux pour les deux côtés, ce qui fait en superficie, ...
en grais, ... 375 t.
et en cailloux, ... 237 t.

83. Ensuite et attenant passant sur deux ponceaux, jusqu'au delà du mur de Haute-Bruyère, une chaussée de pavé de grès de 547 t. de longueur sur 15 pieds de largeur, ce qui fait en superficie. . . 1,367 t. et demie gr.

84. Une autre chaussée de pavé de cailloux le long des murs de l'abbaye de Haute-Bruyère, de 250 t. de longueur sur 12 pieds de largeur, ce qui fait en superficie. . . . . 500 t. c.

85. arrivant à Saint-Léger, passant ledit lieu, une chaussée de pavé de grès de 251 t. de longueur, dont 105 t. de longueur sur 18 pieds de largeur, 34 t. de longueur sur 33 pieds de largeur, 10 t. de longueur sur 32 pieds de largeur, 62 t. de longueur sur 31 pieds de largeur, 20 t. de longueur sur 30 pieds de largeur, et 20 t. de longueur sur 34 pieds de largeur, le tout faisant en superficie . . 10.551 ½ gr.

86. Une chaussée de pavé de cailloux dans le Perrey, le long des murs de l'Image St. Pierre, allant dans les forêts de Saint-Léger et Montfort, contenant 92 t. de longueur sur 15 pieds de largeur, ce qui fait en superficie y compris 20 t. pour la patte-d'oie . . .
. . . . 240 t. c.

Total. { grès, 2,11 t. p. } { 4,703 t. 1 p.
       { cailloux, 1,585 t. }

Traverse à gauche sur ledit chemin de Rambouillet, par Buc.

87. Une chaussée de cailloux joignant la précédente, allant de Trou à Voi-

sin, sur le chemin de Saint-Cyr audit Voisin, de 63 t. de longueur sur 12 pieds de largeur, ce qui fait en superficie. . . . . . . 126 t. c.

88. Une chaussée de pavé de cailloux allant dudit grand chemin à la porte de Montigni, dans le grand parc de Versailles, traversant la grande rigole de 151 t. de longueur, y compris 12 t. de longueur en pavé de grès, le tout sur 12 pieds de large, ce qui fait en superficie ; savoir :
en grès . . . . . . , 24 t.
et en cailloux . . . . . 270 t.

Chemin de Dampierre à Versailles.

89. Une chaussée de pavé de cailloux dans le village de Dampierre, de 155 t. de longueur, dont 34 t. de cailloux, 14 t. ½ de grès devant le château, et 106 t. ½ d'autre pavé de cailloux, le tout sur 15 pieds de large, ce qui fait en superficie ; savoir : . . . .
en grès . . . . . 36 t. ½
et en cailloux . . . . 351 t. ½

90. Ensuite et attenant, allant au moulin dudit lieu, le long des murs du parc, une chaussée de pavé de cailloux, de 331 t. de longueur sur 12 pieds de largeur, ce qui fait en superficie . . . . . . 662 t. c.

91. Ensuite montant la montagne, attenant, une chaussée de pavé de grès de 10 t. ½ de longueur sur 12 p. de largeur, ce qui fait en superficie 21 t. gr.

92. Ensuite et attenant, une chaussée de pavé de cailloux de 19 toises de longueur sur 10 p. de largeur, ce qui fait en superficie . . . 38 t. c.

93. Ensuite et attenant, une chaussée de pavé de 90 t. de longueur sur 18 p. de largeur, dont 6 p. de pavé de grès dans le milieu, et 9 p. de cailloux pour les deux côtés, ce qui fait en superficie ; savoir :
en grès . . . . 90 t.
et en cailloux . . . . . 135 t.

94. Ensuite et attenant, une chaussée

à Deux-Nevers, de 162 t. de longueur sur 15 pieds de largeur, dont 6 pieds de pavé de grès dans le milieu, et 9 p. de pavé de cailloux pour les deux côtés, et sept cassis pour l'écoulement des eaux, faisant ensemble 30 t. de superficie, ce qui fait en superficie ; savoir :

en grès . . . . 162 t.
en cailloux . . . . . . 273 t.

95. Ensuite après un vuide de 163 t., une chaussée de cailloux dans la plaine, de 203 t. et demie de longueur sur 12 pieds de largeur, ce qui fait en superficie . . . . . . 407 t. c.

96. Ensuite après un vuide de 360 t., une chaussée de cailloux traversant le bois de la Brasse jusqu'au-delà de 537 t. de longueur sur 12 p. de largeur, ce qui fait en superficie . . 412 t. c.

97. Ensuite après un vide de 340 t. de longueur, chaussée de cailloux, traversant le bois de la Brasse, jusqu'au-delà, de 537 t. de longueur sur 12 p. de largeur, ce qui fait en sup. 92 t. c.

98. Ensuite après un vuide de 15 t., une chaussée de cailloux de 46 t. de longueur sur 12 pieds de largeur, ce qui fait en superficie . . . 92 t. c.

99. Ensuite après un vuide de 94 t. sur un ponceau, devant la ferme du Port-Royal, 8 t. de long en cailloux sur 13 p. de large, ce qui fait en superficie . . . . . . 16 t. c.

100. Ensuite après un vuide de 22 t. ½, une chaussée de cailloux le long des murs du Port-Royal, de 35 t. de longueur sur 12 p. de largeur, ce qui fait en superficie . . . . 70 t. c.

101. Ensuite après un vuide de 26 t. ½, une chaussée de cailloux, faisant en superficie . . . . . 16 t. c.

102. Ensuite un vuide de 26 t. ½, une chaussée de cailloux sur un autre ponceau, faisant en superficie . . 16 t. c.

103. Ensuite après un vuide de 94 t., une chaussée de cailloux le long des murs du Port-Royal, de 87 t. de lon-

gueur sur 12 p. de largeur, ce qui fait en superficie . . . . . 174 t. c.

104. Ensuite attenant le long desdits murs, allant du côté de la grande porte d'entrée, une chaussée de pavé de grès, de 19 t. de longueur sur 12 p. de largeur, ce qui fait en s. 38 t. gr.

105. Ensuite et attenant, montant la montagne dudit Port-Royal, allant du côté de Voisin-le-Bretonneux, une chaussée de pavé de grès, de 258 t. de longueur sur 12 p. de largeur, ce qui fait en superficie . . . 516 t. gr.

106. Ensuite après un vuide de 590 t. de longueur audit Voisin, une chaussée de pavé de grès passant sur deux ponceaux, l'un dont le bas est au-dessus du bois à gauche, et l'autre sur une rigolle de 252 t. de longueur sur 12 p. de largeur, ce qui fait en s. 504 t. gr.

107. Ensuite après un vuide de 178 t., une chaussée de pavé de grès passant dans ledit Voisin jusques passé la porte du parc, une chaussée de pavé de grès de 475 t. de longueur, dont 342 de longueur sur 12 p. de largeur, 79 t. de longueur sur 15 p. de largeur, et 34 t. de longueur sur 12 p. de largeur, et une fourche de 50 t. de longueur sur 12 p. de largeur, allant à la ferme dudit Voisin, ce qui fait en sup. 989 ½ gr.

108. Ensuite depuis ladite porte jusqu'à la rencontre du pavé qui conduit à la porte de Buc à celle de Trappes, une chaussée de pavé de grès, 774 t. de longueur sur 15 p. de largeur, ce qui fait en superficie. . 1,935 t. gr.

TOTAL { grès, 4,291 t. ¼. { cailloux, 3,736 t. ½. } 8,028 t.

Enfin, ces baux contiennent en outre la partie des chemins de la Brasse par Chevreuse, allant à Saint-Arnoult, formant en plusieurs articles la quantité de 510 t. de chaussée pavée en grès, et 708 toises en cailloux . . . . TOTAL 1,018.

Plus, la partie des chemins de Versailles à Jouy en Josior, contenant en

superficie , grès ,　　　　126 t.
cailloux ,　．　．　．　4,172 t.
．　．　．　．　．　．　Total 4,298 t.
　Plus , le chemin de Montfort , par Pontchartrain et les environs. ．　．
Total {grais, 7,583 t. 5 p.} {cailloux, 795 t. ...} 8,378 t. ⁵⁄₆.

　Plus , le chemin allant de Neaufle à Montfort , par Galuy , prenant sur la gauche du grand chemin de la Queue, passant par dans la Galuy , jusqu'à la grille du château de Lientel , une chaussée de pavé de cailloux de 944 t. de longueur sur 15 p. de largeur , 88o t. de longueur sur 12 p. de largeur , et 14 t. de longueur sur 15 p. de largeur , ce qui fait en surface 1,920 t. , avec 6 t. ½ quarrées pour la patte d'oye, et 4 toises à la porte du sieur Dumesnil , faisant le tout ensemble ．，1,93o t. ½ c.
　Ensuite et en retour d'équerre , passant sur la chaussée du Lientel et au-delà , une longueur de pavé de cailloux de 236 toises de longueur sur 3 toises de

largeur , et 8 t. de longueur sur 12 p de largeur , joignant le grand chemin , allant à la Queue, faisant en superficie avec 6 toises quarrées, pour descendre à l'abreuvoir , la quantité de ．．634 t. c.
　　　　　　　　　　　‾‾‾‾‾‾‾‾‾
　Total　　　2,564 t. ½ c.
　　　　　　　　　　　‾‾‾‾‾‾‾‾‾

　Le total général des toises quarrées, insérées dans le présent devis , montent ensemble à la quantité de cent vingt-six mille vingt toises un sixième ;

SAVOIR :

en grès ,　．　．　．　83,819 t. ⅙.
en cailloux ,　．　．　．　42,201 t.
　　　　　　　　　　‾‾‾‾‾‾‾‾‾
　Total　　　126,020 t. ⅙.
　　　　　　　　　　‾‾‾‾‾‾‾‾‾
Premier toisé ,　．　．　．　150,229 t. ⅙.
Second toisé ,　．　．　．　126,920 t.
　　　　　　　　　　　‾‾‾‾‾‾‾‾‾
　Total général　276,249 t.
　　　　　　　　　　　‾‾‾‾‾‾‾‾‾

　Le tout adjugé moyennant la somme de 40,770 , au bureau des finances le 35 janvier 1735 , Signé à la minute, *Vigneron* , *Lorne* , *Mignot de Montigny* , *et par mesdits sieurs* Islalie.

FORMULE POUR LE VISA DES LIVRES D'OUVRIERS,

Paris , le 10 ventose an 12.

Le Gouvernement de la République , sur le rapport du Grand-Juge , Ministre de la Justice , le Conseil d'État entendu , arrête :

　Art. Ier. L'article 11 de l'arrêté du 9 frimaire dernier est applicable aux villes dans lesquelles il a été ou sera établi des commissaires généraux de police ; en conséquence , le livret dont les ouvriers , compagnons ou garçons, doivent être pourvus , y sera coté et paraphé sans frais , par un commissaire de police , ainsi qu'à Paris , Lyon et Marseille.
　Le Grand - Juge , Ministre de la Justice , est chargé de l'exécution du présent arrêté , qui sera inséré au bulletin des lois.

Le premier Consul, signé , *BONAPARTE.*

　Par le premier Consul ,

Le Secrétaire d'Etat, signé , H.-B. Maret.

Fin du IXme. cahier de l'an XII.

Xème. CAHIER DE L'AN XII,

FORMANT LE SEIZIÈME DU PREMIER VOLUME

DU RECUEIL POLYTECHNIQUE DES PONTS ET CHAUSSÉES,

ET

DES CONSTRUCTIONS CIVILES DE FRANCE, EN GÉNÉRAL.

XXVIe. ET XXVIIe. PROJETS POUR LES EMBELLISSEMENS DE PARIS.

Troisième et quatrième Ponts à construire sur la rivière de Seine, aux deux extrémités de la ville, dont nous avons parlé dans nos cahiers précédens.

AVANT de soumettre à nos lecteurs l'observation générale que nous avons promise à la fin du huitième cahier de l'an 12, nous transmettons le détail des deux projets de Ponts, ci-devant annoncés comme objets principaux de ceux figurés au plan de Paris ci-joint.

Le troisième pont serait construit au bas de Passy, hors des barrières, et le quatrième hors barrières, au-dessus de la Salpêtrière, vis-à-vis le boulevard de la nouvelle clôture de Paris, que nous indiquerons ci-après. Personne n'ignore les embarras et retards toujours dispendieux, qu'éprouvent les rouliers et autres voituriers, qui, sans avoir besoin à Paris, sont obligés de communiquer du Nord au Midi, et du Midi au Nord; obligés aujourd'hui de traverser Paris, ils leur faut essuyer des visites, attendre et subir des perquisitions, obtenir des laissez-passer, ou *des permis en passe-de-bout*, etc., etc., aux bureaux des commis de barrières. Toutes ces formalités nécessaires néanmoins et indispensables pour éviter la fraude, retardent les voituriers, enchérissent les denrées, et par les formalités mêmes, et par les embarras inévitables dans une grande ville, embarras qu'ils augmentent encore sans aucune utilité pour la ville. Une légion de commis et d'employés est en activité continuelle pour l'exécution de toutes ces formalités. L'état en serait déchargé, et cette dépense supprimée, si ces formalités cessaient d'être nécessaires. On voit donc du premier coup-d'œil, une première utilité de ces deux ponts, l'usage en apprendrait bien davantage. C'est pour cette raison que le commerce réclame depuis long-tems cette facilité de circulation extérieure de la ville. On pourrait aux deux extrémités de Paris, et à portée de ces deux ponts et de la rivière, construire des entrepôts et magasins de toutes espèces de marchandises, pour les mettre en sûreté lors des grandes eaux et des débacles; ce qui suppléerait en quelque sorte, et remplacerait la gare, préserverait les denrées et marchandises des avaries et des pertes qui arrivent journellement sur la rivière, où elles sont quelquefois obligées de séjourner des années entières, faute d'emplacemens

I i

suffisans pour les ports ; enfin , cela procurerait une grande facilité d'approvisionnemens , de circulation , de communication ou d'échanges et de débouchés de tout genre à toutes ces marchandises , sans obliger à aucune formalité , ni aucuns frais pour les entrées , ni à aucune inspection , surveillance ou autre travail des employés , avant la vente. On sent combien les soins dont ces employés sont surchargés aux barrières , en seraient diminués. Le nombre des commis pourrait l'être alors pour la même raison , et l'ordre même y gagnerait beaucoup pour son établissement et son maintien : car tout le monde voit la confusion et le désordre inévitable dans une pareille affluence. On nous observera peut-être , que les canaux que nous avons figurés au plan ci-joint , étant une fois exécutés , pourront remédier à une partie de ces inconvéniens. Nous répondrons que les canaux et bassins qui pourront être exécutés dans l'intérieur de la ville , ne serviront que pour le transport et décharge dans Paris , de toutes les marchandises qui auront payé les droits d'entrée ; par cette raison ils ne pourront servir de gare ni de ports à cette quantité de marchandises de toutes espèces , qui sont obligées d'attendre , pour ne pas payer les droits d'entrée avant leur débit.

VINGT-HUITIÈME ET VINGT-NEUVIÈME PROJETS.

Partie de routes , grands chemins , ou boulevards à former autour de Paris , pour rendre la communication plus facile au moyen des deux ponts ci-dessus.

Pour que ces ponts procurassent tous les avantages dont ils seraient susceptibles , on construirait , pour servir de routes , une partie de boulevards :

1º. Derrière la Salpêtrière , à partir du pont projeté , jusqu'à la barrière des Gobelins ;

2º. Une autre partie de boulevards à l'autre extrémité dudit pont , pour rejoindre , d'un côté , la barrière du Trône , et de l'autre , celle de Charenton ;

3º. Au bas de Passy , à partir également du pont projeté à cet endroit , une rue neuve , côtoyant la montagne des jardins qui font face à la rivière , pour aller rejoindre la rue neuve du haut de Passy , et le boulevard neuf de la barrière de Long-Champ ;

4º. Une autre partie de boulevards à l'extrémité opposée de ce même pont , serait construite à partir extérieurement de la barrière du château de Grenelle , jusqu'à celle de Vaugirard , et de là traversant la plaine en droite ligne , jusqu'à la barrière d'Enfer , *ainsi qu'il est figuré au plan.* On pourrait même prendre cette direction pour faire une clôture de Paris , faite sous Napoléon Bonaparte , non pas par des murs en élévation , comme ceux qui existent maintenant , et qui ont été construits en 1785 , 86 , 87 et 88 , mais bien par des fossés et murs , *non en forme ni modèle de forteresse* , mais élevés à hauteur d'appui seulement , avec tablettes en pierre dessus , surmontés d'une grille en fer , garnie d'un gros treillage en gros fil de fer , de cinq pieds au-dessus. Nous citerons pour modèle celle qui vient d'être établie au petit fossé du pavillon de Flore du palais des Tuileries , vis-à-vis le pont National , ci-devant Royal , laquelle étant posée sur un mur d'appui élevé d'un mètre , forme en total huit pieds de hauteur environ , et rend

cette clôture régulière. L'on doit être revenu de l'erreur qu'on a fait commettre aux Parisiens, lorsqu'on leur faisait détruire en 1790 tous les jardins
potagers de leurs environs, pour former des camps autour de Paris. L'expérience nous a tous convaincus qu'une ville comme Paris n'a pas besoin
de forts, et que si on était dans le cas de craindre l'approche de l'ennemi,
ce serait plutôt à vingt lieues au-delà de ses limites qu'il faudrait établir des
camps pour attendre son attaque, afin d'avoir derrière soi une étendue de
superficie de terrein pour y conserver non-seulement des provisions, mais
même avoir l'espoir d'en récolter, plus tôt que du sable et du pavé qu'on
trouverait dans l'enceinte de Paris. Enfin, pour en revenir aux troisième et
quatrième ponts projetés dont nous avons parlé, on voit, au moyen de ces
changemens et embellissemens, les facilités et autres avantages multipliés qui
résulteraient pour le commerce de la capitale et des environs, pour les
voituriers et les voyageurs, et en même tems pour les cultivateurs, négocians,
manufacturiers et consommateurs, ajoutons et pour les amateurs de la campagne que les parisiens recherchent toujours avec tant d'avidité. Nous ne
répéterons pas ici tous les plans et projets de tout genre, comme ponts, rues,
marchés et monumens qui ont déjà été proposés pour cette vaste cité, par
plusieurs auteurs. Un pont en fer vient d'être proposé, dit-on, à construire
vis-à-vis l'école militaire, par le citoyen Poyel, architecte.

Nouvelle clôture de Paris.

La nouvelle clôture de cette ville serait des fossés à construire autour
de Paris, d'après le modèle que nous avons cité au précédent article,
suivant les quatre lignes ponctuées et tracées dans toute l'étendue du pourtour
du plan ci-joint. Ces fossés auraient vingt-quatre pieds de largeur, fouillés
à quatre ou cinq pieds de bas seulement, qui, joints à l'exhaussement que
produirait la terre de leurs déblais, jetée sur berge de chaque côté, donnerait
six pieds au moins de profondeur auxdits fossés, revêtus de murs de terrasse,
élevés hors des terres de chaque côté, à hauteur d'appui, couverts de
dalles de pierre, surmontés d'une grille, comme nous l'avons déjà désigné,
avec boulevard de chaque côté peinte en vert en dehors et en dedans de
la ville, ce qui formerait double clôture : établir ensuite diverses descentes
pour entrer dans les fossés en dedans de Paris, de manière à pouvoir y
faire des jardins plantés d'arbres, pour être mis en valeur réelle, soit au
profit du trésor public en les louant aux habitans du quartier, soit en les
confiant aux agens des octrois, pour indemnité de leurs fonctions, si on le
juge convenable. Former ensuite des arcs de triomphe pour servir d'entrées
aux principales barrières de cette ville, et notamment celles qui conduisent
aux routes de Versailles, Neuilly, Clichy, Saint-Denis, Pantin, Vincennes,
Charenton, Fontainebleau, Bourg-Égalité, etc. ; ils représenteraient les
traits d'héroïsme et les victoires des français. Enfin, les étrangers et les
voyageurs français verraient cette clôture et ces entrées qui annonceraient
les limites de cette ville, de manière à être distinguées de toutes les autres
de l'intérieur du territoire de l'Europe. C'est là que chacun admirerait cette
ville de tous côtés, et dirait : *Ah ! voilà Paris*, on le reconnaît à ses limites majestueuses, qui remplacent les murs construits en 1787, qui ont été

faits sans goût , et n'ont donné aucune ressemblance à la clôture d'une ville capitale.

Enfin , nous avons également ponctué différentes autres lignes droites sur ce plan , qui indiquent les endroits où l'on pourrait faire l'ouverture de plusieurs nouvelles rues. Formation de places et constructions de monumens publics , tant pour les dégagemens que pour les embellissemens des différens quartiers de cette vaste cité , tels qu'ils sont plus amplement détaillés à l'observation générale sur ces embellissemens mentionnés ci-après.

Observations particulières sur les objets que la voierie pourrait prévoir.

Il serait peut-être bien essentiel que le Gouvernement ordonnât au bureau de la grande voierie de cette vaste cité , de consulter le plus promptement possible le plan général de Paris , entre autre , celui fait par M. Verniquet, architecte , pour y examiner toutes les rues nouvelles qui seraient susceptibles d'être ouvertes , continuées ou prolongées en ligne droite ou élargies dans l'intérieur de cette ville , pour faciliter et multiplier les moyens de communication , ensuite faire poser des bornes dans tous les jardins , cours ou chantiers , suivant l'alignement de ces rues , qui serait dans le cas d'être fixé , faire ensuite réduire ce plan au trait seulement , en ponctuant exactement toutes ces lignes , en faire tirer un grand nombre d'exemplaires , pour que le prix puisse être à la portée de tous , afin que celui qui serait dans l'intention de faire bâtir ou d'acquérir quelques objets d'immeubles dans cette ville , puisse voir au premier coup-d'œil , si l'objet qui appelle son attention , est susceptible de supposer quelques formalités relatives à la voierie , pour les alignemens des rues ou autres objets nécessaires au dégagement de la voie publique. Par-là chacun serait à même de se préserver , et de ne plus être à l'avenir exposé à subir quantité de difficultés, et même de surprises que l'on rencontre journellement dans tous les objets qui ont rapport à cette partie de commerce et d'administration , qui est considérable dans cette capitale.

Observations générales sur les embellissemens de Paris , dont il vient d'être parlé. Motifs qui les ont fait concevoir à leurs auteurs.

LE goût des embellissemens est devenu général ; il est à souhaiter pour le progrès des arts , que ce goût persévère et se perfectionne. Mais il ne doit point se borner aux maisons des particuliers , il doit s'étendre aux villes entières. La plupart de nos villes sont restées dans l'état de négligence , de confusion et de désordre où les avaient mis l'ignorance et la rusticité de nos ancêtres. On bâtit de nouvelles maisons , mais on ne change ni la mauvaise distribution des rues , ni l'inégalité difforme des décorations qui , pour la plupart , sont faites au hasard et selon le caprice de chacun. Nos villes sont toujours ce qu'elles étaient , un amas de maisons entassées pêle-mêle, sans plan , sans économie , sans dessin. Nulle part ce vice n'est plus sensible et plus choquant que dans Paris , tandis qu'il serait si facile d'en construire toutes les maisons sur un dessin régulier dans toute son étendue. Le centre de cette capitale n'a presque point changé depuis trois cents ans , à la réserve de quelques parties du grand projet arrêté sous le ministre Breteuil, en 1785 , qui sont commencées. On y voit toujours le même nombre de petites rues étroites , tortueuses , où l'air circule à peine , où la malpropreté fait son séjour habituel , et où la rencontre des voitures cause à tous les instans des embarras. Il en est même encore beaucoup de si étroites , que les voitures n'y passent point. Les maisons n'en sont pas moins élevées , et que l'on juge combien les habitans de parcilles rues doivent éprouver de maladies par le seul fait du défaut d'air !

Les extrêmités qui n'ont été habitées que long-tems après , sont un peu moins mal bâties : mais on peut dire , avec vérité , que si l'on en excepte quelques morceaux épars çà et là , et des monumens publics d'une grande beauté , Paris en total n'est rien moins qu'une belle ville , supérieure à toutes les autres par son immense étendue , par le nombre et la richesse de ses habitans ; elle est inférieure à plusieurs , par tous les avantages qui rendent une ville commode et agréable , ainsi que magnifique. Elle a très-grand besoin d'embellissemens , et elle en est infiniment susceptible.

La beauté et la magnificence d'une ville dépendent principalement de trois choses : de ses entrées, de ses rues, de ses bâtimens.

Des entrées. Il faut que les avenues soient belles , que les entrées soient 1°. libres et dégagées ; 2°. multipliées à proportion de la grandeur de l'enceinte , et 3°. suffisamment ornées. Nous citerons la ville de Chartres en Beauce, chef-lieu du département d'Eure et Loir. Cette ville est mal bâtie , les rues sont étroites , tortueuses et mal-saines. Les arrivages des grandes routes qui y passent sont mal formés ; on est obligé de tourner autour de la ville , qui ressemble plutôt à une prison ou une forteresse , qu'à une ville de l'intérieur de la France. La municipalité de Chartres a cependant déjà fait des dépenses énormes depuis 1774, pour *terrasser* une promenade que l'on nomme la Haute-Butte , sans avoir encore pu réussir à faire quelque chose d'utile et de régulier. On vient même de détruire des travaux déjà fort coûteux, pour donner une nouvelle direction à l'arrivage de la route de Paris , un peu plus régulière , à la vérité , mais qui ne répond pas aux dépenses immenses qu'on y a faites.

Il y aurait un moyen simple de donner à cette ville une arrivée majestueuse qui procurerait un dégagement plus vaste pour la communication de son intérieur , et la rendrait infiniment plus agréable pour ses habitans. Ce changement même pourrait y amener un grand nombre de parisiens qui vont passer une partie de l'été hors de leurs murs , ce qui serait un nouvel avantage pour le commerce de la ville de Chartres. Ce moyen serait d'ouvrir une rue de 36 pieds de large , en chaussée pavée , et trottoirs de chaque côté, prise au bas de la route de Paris , appelée Saint-Maurice , qui passerait en ligne droite au centre de la Halle-au-Blé , en suivant l'alignement de la Cathédrale , et continuerait à travers quelques pièces de vignes; coté du Midi, pour rejoindre la route d'Espagne , autrement de Luisan. A partir du même point central de la Halle-au-Blé , on ouvrirait une autre rue de la même largeur , qui irait en droite ligne rejoindre la route de Bretagne, autrement de Courville , par le grand faubourg. L'on construirait de chaque côté de cette rue un corps de plusieurs bâtimens réguliers. Ce projet exécuté , l'on verrait de nouvelles constructions s'élever tant dans l'intérieur que dans les environs de Chartres , et principalement à son extrémité entre Luisan et Saint-Brice , le tout d'après un plan général et régulier qui serait arrêté et approuvé par le Gouvernement. Nous laissons aux Magistrats de la ville de Chartres, ainsi qu'à ses habitans, les réflexions et les projets ci-dessus à méditer pour un changement qui ne peut que leur être infiniment avantageux.

Il ne suffit pas que les entrées d'une ville soient libres et dégagées, il faut encore qu'en raison de l'affluence qui peut s'y porter, les avenues, c'est-à-dire, les grands chemins qui y aboutissent, aient une largeur propre à éviter tous les embarras , et que cette largeur se prolonge à une assez grande distance , pour que les voitures n'éprouvent aucun entrave. Depuis quelque tems les avenues de Paris ont été élargies; mais un quartier considérablement fréquenté réclame depuis long-tems , avec urgence , l'attention du Gouvernement. C'est le pont de Sèvres , qui , servant de communication entre Paris et Versailles , devrait être construit en pierres de taille , sur une grande dimension. Il n'est qu'en bois , d'un passage extrêmement étroit , et qui n'est pas sans dangers. Nous avons observé , page 49 de ce volume , combien ce pont coûte d'entretien.

L'avenue d'une ville étant large et commode , il faut aussi que la porte et la rue intérieure qui y répond, aient les mêmes avantages. Il serait à souhaiter qu'à l'entrée d'une grande ville on trouvât une grande place percée de plusieurs rues en patte-d'oie. L'entrée de Rome , par la porte du Peuple , est dans ce goût-là , et nous n'avons rien à Paris de semblable. Il serait facile de disposer ainsi les entrées par les faubourgs Saint-Antoine , Saint-Denis , Saint-Martin , Saint-Honoré , Saint-Germain , Saint-Jacques ou d'Enfer et Saint-Marceau ; mais ce serait prendre la chose à rebours. Il vaudrait bien mieux, en adressant un nouveau plan général, disposer selon cette idée les deux principales entrées de Paris , à la porte Saint-Martin , et à la porte Saint-Jacques , ou à celle Saint-Denis et à celle d'Enfer , comme passant plus dans le centre de la ville ; et une autre depuis celle Saint-Antoine au faubourg Saint-Honoré , en formant une vaste place au milieu , d'un bout à l'autre , et de chaque côté des rues en rayons qui distribuassent dans les principaux quartiers.

La petite ville de Châteaudun-sur-Loir, département d'Eure et Loir , mérite d'être citée pour la manière dont elle est percée. Au milieu est une vaste place à laquelle aboutissent , de tous côtés , des rues droites qui traversent la ville , et vont rejoindre les grandes routes , ce qui fait l'admiration de tous les voyageurs , ainsi que Charleville , que nous citerons.

Plus l'enceinte d'une ville est grande , plus il est nécessaire d'en multiplier les entrées. C'est à quoi communément on ne manque guère ; mais on ne s'attache point assez à les distribuer à distances à-peu-près égales , d'où il résulterait plus d'ordre et de commodité. C'est le besoin qui a donné lieu à cette multitude de barrières qui coupent l'enceinte de Paris , mais c'est le hasard qui les a disposées comme elles sont, avec une inégalité bizarre de distances entr'elles , ce qui produit une enceinte des plus irrégulières et des plus difformes. Si l'on examine ces constructions faites sous la direction de l'architecte le Doux , on est étonné de voir une clôture qui a coûté des sommes énormes , faite sans goût et sans aucun rapport entre les formes de constructions ; pour bureaux de commis aux barrières , des monumens qui ressemblent à des forteresses , et n'ont aucune délicatesse dans leur construction. Quant aux chemins ou routes de 18 pieds qui font le tour de Paris, par les boulevards extérieurs qu'on nomme chemins de route ; ils sont difformes sur plusieurs points, ne présentent que des sinuosités et des encoignures et plusieurs avenues montagneuses dans toute leur longueur. Il aurait été facile avec les deux tiers au plus des fonds employés à ces différens travaux, de faire une clôture régulière, des bureaux de barrières simples, mais élégans, qui auraient immortalisé les architectes et entrepreneurs qui auraient dirigé et exécuté les travaux. En traçant un polygone à-peu-près régulier, au-delà duquel il n'aurait plus été permis de s'étendre, on aurait placé les portes d'entrée de la ville ou sur chaque face ou à chaque angle du polygone, et on aurait tenu la main à ce que personne ne s'avisât de passer les bornes prescrites.

En place de toutes ces misérables barrières qui font aujourd'hui les entrées de Paris, la plupart en méchantes palissades, en planches de bateaux, élevées, tant bien que mal, sur des traverses de bois, ne représentant que des débris de masures ou forteresses abandonnées, on aimerait à voir s'élever de beaux arcs de triomphe d'une grande dimension, c'est-à-dire, de 50 pieds au moins de largeur, qui immortaliseraient la mémoire de tous les haut faits d'armes qui ont étendu les limites de la France, et conquis la paix sur une nombreuse et formidable coalition. Quels monumens plus dignes de nos héros, que de beaux arcs de triomphe qui fournissent un moyen simple et naturel de faire passer à la postérité leurs noms et le souvenir de leurs grandes actions, et qui, placés aux entrées de la ville, les présenteraient d'abord à la vue de l'étranger ! C'est ainsi que les romains, ce peuple qui n'eût jamais que des vues nobles, et qui pensa toujours en grand, honoraient leurs Empereurs. Ils ne faisaient point de vastes places, précisément pour mettre dans le milieu la statue solitaire d'un de ces souverains du monde ; ils en caractérisaient beaucoup mieux la grandeur, en élevant sur les diverses avenues de leur ville ces superbes arcs qui rappelaient le triomphe militaire dont leurs belles actions avaient été couronnées. Il est beau d'être imitateurs quand on suit d'aussi beaux modèles. Donnez aux entrées de Paris cet air romain, ce ton fier de décoration, nous y trouverons un double avantage. Nous ferons des portes magnifiques, capables d'attirer les regards, de fixer l'admiration des étrangers ; et sans beaucoup de frais, nous éleverons des monumens qui serviront tout ensemble et à l'instruction de la postérité, et à la gloire des héros et magistrats dont les actions généreuses ont lié les noms à la prospérité des français.

Il ne faudrait point suivre le style des anciens romains, qui se servaient presque toujours de piédestaux, de colonnes et d'entablemens réguliers dans leurs arcs de triomphe. Les colonnes et les arcades ne peuvent jamais aller bien ensemble. Les colonnes, dans un arc de triomphe, paraissent toujours un ornement superflu et postiche, qui ne peut que grossir ridiculement la masse et corrompre, si nous pouvons parler ainsi, le simple, le naturel et l'élégance de tout l'ouvrage. Rien n'empêche de faire du beau et du grand sans avoir recours aux colonnes. La porte Saint-Denis en est la preuve manifeste ; rien de plus majestueux que la belle élévation de cet arc à plein ceintre ; rien de plus judicieux que les ornemens qui l'accompagnent ; rien de plus vigoureux que la sculpture des figures et des bas-reliefs; rien de mieux dessiné et de plus hardiment tranché que l'entablement qui le termine.

Enfin, un arc de triomphe n'étant qu'un passage, il est dans les principes du vrai et de la nature de leur donner une autre décoration que des colonnes. Le génie d'un habile homme est une ressource inépuisable ; il viendra à bout, en suivant toujours le goût particulier de ces sortes d'édifices, de varier infiniment les tours et les expressions de la même idée.

Supposons une grande avenue très-large, en droite ligne, et bordée de deux ou quatre rangs d'arbres. Elle aboutit à un arc de triomphe, tel que nous venons de le décrire à peu près. De là on entre sur une grande place en demi-cercle, ou demi-ovale, ou demi-polygone, percée de plusieurs grandes rues en patte d'oie, qui conduisent les unes au centre, les autres à l'extrémité de la ville, et qui ont toutes un bel objet qui les termine. Que tout cela se trouve réuni, et ce sera la plus belle entrée de ville.

De la disposition des rues. Dans une grande ville les rues ne peuvent rendre la communication facile et commode, si elles ne sont en assez grand nombre pour éviter les trop grands détours, assez larges pour prévenir tous les embarras, et dans un alignement parfait pour abréger la route. La plupart des rues de Paris ont tous les défauts contraires. Il y a des quartiers considérables et très-fréquentés qui n'ont, avec les autres quartiers, qu'une ou deux rues de communication, ce qui fait que la presse y est ordinairement fort grande, ou qu'on ne peut l'éviter qu'en faisant d'assez grands détours. Depuis le Pont-Neuf jusqu'à l'extrémité des Tuileries, on ne communique à tout le quartier Saint-Honoré que par une seule rue et deux petits guichets. Dans toute l'étendue de la rue Saint-Antoine, il n'y a pour aller à la rivière que deux seuls passages pour la voiture. Les ponts sur la rivière ne sont pas assez multipliés, et les deux extrémités en manquent absolument, les rues sont pour la plupart si étroites, qu'on n'y peut passer sans péril ; elles sont si tortueuses, si pleines de coudes et d'angles insensibles, qu'elles doublent le chemin que l'on devrait avoir à parcourir.

Comparons un moment une ville à une forêt. Les routes de l'une sont les rues de l'autre, et doivent être percées de même. Ce qui fait la beauté d'un parc, c'est la multiplicité des routes, leur largeur, leur alignement ; mais cela ne suffit pas, il faut qu'un *le Nôtre* en dessine le plan, qu'il y mette du goût et de la pensée, qu'on y trouve tout à la fois de l'ordre et de la vérité, même de la bisarrerie, enfin une symétrie imperceptible. Qu'ici on apperçoive une étoile, là une patte-d'oie, de ce côté des routes en épis, de l'autre des routes en évantail, plus loin des parallèles, par-tout des carrefours de dessins et de figures différentes. Plus il y aura de choix, d'abondance, de contraste, de désordre même dans cette composition, plus le parc aura de beautés piquantes et délicieuses. Telle sera une ville percée avec goût et discernement. Il en existe en France dont les rues sont dans un alignement parfait ; mais il y règne une fade exactitude et une froide uniformité qui fait regretter le désordre de nos villes qui n'ont aucune espèce d'alignement. Tout y est rapporté à une figure unique. C'est un grand parallélogramme traversé en long et en large par des lignes à angles droits. Ce n'est par-tout qu'une ennuyeuse répétition des mêmes objets, et tous les quartiers se ressemblent si bien, qu'on s'y méprend et l'on s'y perd.

Après avoir disposé nos avenues et entrées d'une manière sage et majestueuse, ordonnons donc nos rues d'une manière agréable et commode.

Tout

Tout ce qui est susceptible de beauté, tout ce qui demande de l'invention et du dessin, est propre à l'imagination, le feu, la verve du génie. Le pittoresque peut se rencontrer dans la broderie d'un parterre, comme dans la composition d'un tableau. La magnificence du total d'une ville se subdivise en une infinité de beautés de détail, toutes différentes. On n'y doit rencontrer presque jamais les mêmes objets. Qu'en la parcourant d'un bout à l'autre, on trouve dans chaque quartier quelque chose de neuf, de singulier ; qu'il y ait de l'ordre, et pourtant une sorte de confusion ; que tout y soit en alignement, mais sans monotonie, et que d'une multitude de parties irrégulières, il résulte une certaine idée d'irrégularité et de cahos qui sied si bien aux grandes villes ; il faut pour cela posséder éminemment l'art des combinaisons, et avoir une ame pleine de feu et de sensibilité, qui saisisse vivement les plus justes et les plus heureuses.

Paris est plus susceptible que beaucoup d'autres villes, des embellissemens que le génie peut lui donner. Dans la capitale d'une grande République, comme la France, les ressources sont infinies. Le plan une fois arrêté, il n'y a qu'à commencer, le tems achevera tout. Les plus vastes projets ne demandent que de la résolution et du courage quand, d'ailleurs, ils n'ont contre eux aucun obstacle physique. Paris est déjà une des plus grandes villes du monde, rien ne serait plus digne d'une nation aussi hardie, aussi ingénieuse, aussi puissante que la nation Française, que d'entreprendre sur un dessin nouveau d'en faire, avec le tems, la plus belle ville de l'Univers.

De la décoration des bâtimens. Quand le dessin d'une ville est bien tracé, le principal et le plus difficile est fait. Il reste cependant à régler la décoration extérieure des bâtimens. Il ne faut point abandonner au caprice des particuliers les façades de leurs maisons. Tout ce qui donne sur la rue doit être déterminé et assujetti par l'autorité publique, au dessin que l'on aura réglé pour la rue entière. On doit non-seulement fixer les endroits où il sera permis de bâtir, mais encore la manière dont on sera obligé de le faire quant aux façades extérieures.

La hauteur des maisons doit être proportionnée à la largeur des rues. Rien n'a plus mauvaise grace que le défaut d'élévation des bâtimens, dans les villes où les rues sont larges. Quelques beaux que soient d'ailleurs les édifices, s'ils paraissent bas et écrasés, ils n'ont plus rien de noble, ni même d'agréable.

Quant aux façades, il y faut de la régularité et beaucoup de variété. De longues rues, dont toutes les maisons ne paraissent qu'un seul et unique bâtiment, par la méthode scrupuleusement symétrique qu'on y a observée, offrent un coup-d'œil tout-à-fait insipide. La trop grande uniformité est le plus grand de tous les défauts. Pour bien bâtir une rue, il ne faut d'uniformité que dans les façades correspondantes et parallèles. Le même dessin doit règner dans tout l'espace qui n'est pas traversé par une autre rue, et il ne doit jamais être le même dans aucun des espaces semblables, l'art de varier les dessins dépendant de la diversité de forme que l'on donne aux bâtimens, du plus ou moins d'ornement que l'on y met, et de la manière différente dont on les combine. Avec ces trois ressources, dont chacune est comme inépuisable, on peut, dans la plus grande ville, ne répéter jamais deux fois la même façade.

K k

Ce serait encore un grand défaut si, même avec variété de dessin, tout était également orné et enrichi. Les ornemens ne doivent point être prodigués. Mettons beaucoup de simple, un peu de négligé, avec de l'élégant et du magnifique. On passe pour l'ordinaire du négligé au simple, du simple à l'élégant, et de l'élégant au magnifique. Quelquefois on passe d'un extrême à l'autre, par des oppositions dont la hardiesse étonne la vue, et peut produire de très-grands effets.

La ville de Paris est assez grande pour qu'on y emploie dans ses bâtimens tous les genres de décoration imaginables. Ses ponts, ses quais, ses palais, ses églises, ses grands hôtels, ses hôpitaux, ses édifices publics, donnent lieu d'interrompre fréquemment la forme des maisons ordinaires, par des formes tout-à-fait singulières. En renversant ces masures qui surchargent, rétrécissent et défigurent encore quelques ponts, en y substituant de beaux et grands portiques en colonnes, en revêtissant tous les bords de la rivière, et les changeant en grands et larges quais ; en garnissant tous ces quais de façades plus ou moins ornées par gradation et en nuances, selon la bonne entente d'un dessin total, on aura d'un bout de la Seine à l'autre, un tableau dont rien n'approchera dans l'Univers. Si ensuite des deux côtés de la rivière, en parcourant des rues ingénieusement tracées et parfaitement alignées, on rencontrait successivement des maisons ordinaires, des hôtels, des palais, des portails d'églises, des places ; si en conservant la régularité des façades on y voyait le négligé, le simple, l'élégant, le magnifique artistement mélangés, et judicieusement assortis, se faisant valoir l'un l'autre par leur opposition ; si enfin par intervalles il se présentait des édifices de dessin et de forme bisarres, et dont la décoration fut dans le goût du pittoresque, nous doutons que les yeux pussent jamais se rassasier d'un spectacle si séduisant. Paris, dans sa composition physique, ne serait plus seulement une ville immense, ce serait un chef-d'œuvre unique, un prodige, un enchantement.

Nous désirons que le système d'embellissement dont nous venons d'indiquer les principes, et de fixer à-peu-près les règles, trouve des connaisseurs qui le goûtent, des amateurs qui le favorisent, des citoyens zélés qui s'y prêtent, et des magistrats qui en méditent attentivement le projet, et en préparent efficacement l'exécution. Nous savons que tout ce qui va à l'utilité, doit avoir la préférence sur ce qui n'est que de simple agrément ; mais on peut courir à l'utilité sans négliger l'agréable, et l'on doit considérer qu'un projet qui tend à donner aux étrangers une grande idée de notre nation, et à les attirer en grand nombre parmi nous, n'est point un projet sans utilité.

Conclusion.

D'après toutes les considérations, motifs et observations générales que nous venons d'exposer, nous renvoyons nos lecteurs à l'examen du plan de Paris, et leur réitérons l'observation qu'outre les divers projets d'embellissemens détaillés ou indiqués, toutes les lignes ponctuées et tracées sur le plan, désignent les endroits où il serait nécessaire que les magistrats, chargés par le Gouvernement, des embellissemens de la ville de Paris, fixassent leur attention pour qu'il y soit formé des ouvertures de rues, tracé des places, et élevé de suite des petits murs de clôture alignés régulièrement, avant que personne n'y construise d'autres établissemens que ceux qui peuvent exister maintenant; et afin que ceux qui seraient dans le cas de bâtir sur les nouveaux emplacemens, voient de suite l'alignement qu'ils doivent suivre, et ne soient exposés à aucunes contestations désagréables et préjudiciables à leurs intérêts. Que la ligne double ponctuée également tout au pourtour du plan, indique la démarcation et l'enceinte que l'on pourrait suivre pour une nouvelle clôture de Paris, plus régulière et plus uniforme que celle qui existe maintenant, conformément au détail que nous en avons donné. On voit par cette direction, que Paris se trouve d'une régularité bien plus uniforme que celle faite en 1787.

Chemins et Ponts.

Le chemin est un passage qui sert pour aller d'un lieu à un autre.

Quelques auteurs estiment que ce nom est tiré du latin, *semita*, ils disent que chemin a été dit comme semin.

La commune division des chemins est en chemins royaux, en chemins de traverse ou vicinaux, et en chemins privés.

Les chemins royaux sont ceux qui conduisent aux grandes villes, ou de villes royales en villes royales : *publicas vias dicimus quas graeci basilicas, nostri praetorias, alii consulares appellant.*

C'est pourquoi John Kitchin a dit, *royal chemin est cer que duce de ville in ville, et commun chimin, est cer que duce de ville in champ à lours terre.*

Et Guillaume Brito : *Nos via regalis gisortum ducat ad urbem.*

Les chemins de traverse ou vicinaux, sont des chemins détournés, qui ne sont pas sur la route des grandes villes, et par lesquels l'on va d'un bourg ou d'un village à un autre : *vice vicinales sunt que in vices ducunt.*

Les chemins privés sont ceux que l'on établit dans les terres ou champs des particuliers, pour aller de l'un à l'autre : *private, vice quae proprie dicuntur agrariae.*

La connaissance du droit de voierie qui a été attribuée aux trésoriers de France, n'est pas renfermée dans ce qui concerne seulement les grands chemins; elle s'étend aussi sur les chemins de traverse ou vicinaux, parce qu'ils sont publics, et que le fréquent ou le rare usage ne peuvent en changer la destination : *Via vicinales quae ad viam publicam du cunt, vel quae in vicis sunt, aut pagis, ipsae et inter publicas habentur.*

A l'égard des chemins privés, ils sont sujets le plus souvent aux servitudes qu'on appelle rustiques; il y en a des exemples dans la pratique universelle : « Le droit que j'ai de passer sur les terres d'autrui par un sentier, pour aller sur les miennes, ou pour me promener à pied ou à cheval, le droit d'y prendre un chemin, et d'y faire passer des charriots et toutes sortes de voitures, sont autant de servitudes qui sont entendues en droit sous ces trois mots : *iter actus via.* Il est permis aux particuliers de faire telles conventions qu'il leur plaît, pourvu que le public n'en reçoive aucune incommodité, et que la servitude ne soit qu'à la charge de celui qui veut bien la souffrir ». Les trésoriers de France ne connaissent pas des contestations qui peuvent naître au sujet des servitudes, parce que le Roi ni le public n'y a aucun intérêt.

Les ouvrages les plus nécessaires au public , pour la facilité du passage , sont les ponts d'architecture ou de charpente qu'on bâtit sur les rivières pour les traverser : *potissimand viae partem officiunt quod vias continuent solido firmo que itinere.*

Il est difficile de traiter cette matière sans rendre en même tems à la mémoire des romains , les honneurs qu'ils méritent par l'établissement des chemins , des aqueducs , des ponts et d'autres ouvrages d'architecture , qui serviront de témoignage à la postérité , de leur attention et de leur zèle pour l'entretien des monumens publics , dont les restes précieux que nous admirons encore, contribueront autant à les rendre immortels, que les actions de générosité et de valeur qui ont été rapportées par les historiens.

Aristide a tiré d'un si beau sujet l'éloge des romains qu'il fait en peu de mots : *terram omnem dimensi , Pontibus varus flurios junxistis.*

Ils avaient confié le soin des réparations des chemins aux principaux magistrats de la République ; les premiers qui en ont été chargés sont les censeurs : *Centores urbis , vias , aquas , aerarium , vectigalia iuentur.*

Les édiles , les consuls et les tribuns du peuple ont fait paver les grands chemins , et sous l'empire de Claude on attribua cette fonction aux questeurs , qui en furent déchargés quand on leur donna le gouvernement des Gladiateurs : *Collegio Questorum pro stratura viarum Gladiatorum munus in junxiti.*

L'on établit ensuite quatre personnes pour veiller aux réparations des rues et des chemins : *constituti sunt quatuor visi qui curam viarum agerent.*

Ce nombre n'était pas suffisant pour remplir exactement les fonctions de ce ministère ; pour y suppléer , on fut obligé de nommer des commissaires , ou *curatores viarum* , auxquels on donna le pouvoir d'adjuger les fermes des droits qui étaient levés sur les grands chemins , et de faire délivrer les deniers aux entrepreneurs des ouvrages appelés , *redemptores* , selon *Sicul-Flacus.*

Lorsque Jules César accepta cet emploi de commissaire , il contribua de ses propres deniers à la majeure partie des réparations du chemin qu'il s'était engagé à conserver : *Julius Caesar qui vice appice curator constitutus , prieter publicam magnam quoque a se pecuniam cidem impendi.*

L'utilité que le public avait reçu des fonctions de ces commissaires , engagea César Auguste à les rendre ordinaires.

L'on peut connaître les changemens qui sont arrivés à cet égard par les vers suivans :

> *Magnorum fuerat solers hec cura quiritum*
> *Constratas passim concelebrare vias :*
> *AEdilis , Consul , prietextatus quo duumvir ,*
> *Et curatos quatuor indè viri.*
> *Et post Trojano domissum nomen Julo*
> *Augusti curant , publica strata , vias.*

Les censeurs , les édiles et les commissaires appelés *curatores viarum* , ont fait réparer les rues et les chemins dans la ville de Rome et dans toute l'étendue de l'Italie ; dans les provinces , cette fonction a été exercée par les consuls et les préfets du Prétoire , qui avaient l'intendance générale sur les diocèses , les provinces , les magistrats et les villes , tant pour le fait de la guerre , des finances , que des ouvrages publics et des grands chemins.

L'attention des romains , pour la perfection des chemins , les avait portés à faire mettre à côté de la voie publique , des pierres taillées en forme de dégrés , pour servir de montoir : le savant Grævius a fait insérer les planches gravées de ces pierres dans le trésor des antiquités romaines.

Enfin , pour la commodité des voyageurs , on avait érigé des colonnes milliaires , qui servaient à la suppression des chemins , et à connaître la distance des milles : chaque mille contenait huit stades , qui reviennent à une demie lieue de France.

Auguste fit élever une colonne milliaire au centre de la ville de Rome , d'où Caïus Gracchus mesura les grands chemins , où il fit mettre les autres colonnes milliaires.

L'on voit aujourd'hui des vestiges de ces colonnes milliaires dans plusieurs départemens de la France ; il y en a une dans un village du diocèse de Saint-Malo , dont le savant frère Lobineau rapporte l'inscription , et le père Menestrier parle de celles qui sont à Feurs , dans la province de Forez.

« Il reste à Feurs quatre pierres milliaires , qui ont conservé le nom de
» Maximin et de son fils , et qui sont des témoignages de la résidence que
» firent en ce pays (Lyon) les deux empereurs , au moins durant quelque
» tems , et vers la fin de leur empire ».

C'est de là que les chrétiens ont pratiqué l'usage de planter des croix dans les chemins.

Les colonnes milliaires étaient consacrées au dieu Mercure , dont elles portaient souvent l'effigie sans bras ni jambes ; elles étaient sous la protection d'Hercule et d'Apollon , auxquels on avait attribué le pouvoir de présider aux bornes et aux chemins , selon Macrobe.

Le dieu Mercure présidait aussi aux bornes qui faisaient la séparation des chemins ; Numa Pompilius avait introduit le culte de ce Dieu dans la ville de Rome , afin d'intéresser la religion dans la politique , et de retenir par le respect des Dieux , les entreprises des usurpateurs. Ovide parle de ce Dieu dans le livre des fastes.

Conveniunt celebrant que dapes vicinia supplex.
Et cantant laudes termine sancte tuas.

M. Spon a vu à Rome , dans la vigne de Carolo-Valle , l'inscription suivante , qu'il a fait insérer dans les recherches curieuses d'antiquité :

Quisquis hoc sustulerit aut jusserit ultimus suorum moriatur.

C'était une imprécation terrible chez les anciens , que de mourir sans héritiers naturels.

Il y avait aussi des Lares qui présidaient aux chemins , et qui étaient appelés *Lares viates.*

C'est pourquoi , Plaute introduit Charinus , se préparant à un voyage.
Invoco vos , Lares viales ut bene me tutelis.

Les romains avaient coutume d'enterrer les morts auprès des grands chemins , afin d'attirer le respect et la vénération des passans pour les chemins : l'on sait jusqu'à quel point ils ont porté leur religion et leurs cérémonies à l'égard des morts ; le savant père Dumoulinet en a donné la description.

Après ces cérémonies la pompe funèbre finissait en couvrant le tombeau de gazon , et pour lors le sépulchre devenait sacré ; *ac tune denique multa etreligiosa jura complutitur.*

« Monsieur Spon dit , que dans la châtellenie de Droulles , dans la marche
» du Limousin , proche du château de Doynon , à une lieue et demie de
» Droulles , on voyait quelques élévations de terres en forme de mottes ,
» et que le seigneur du lieu les ayant fait raser , on y avait trouvé des
» sépulchres et des urnes pleines de cendres ; et qu'on voit une pareille
» motte de terre sur le chemin de Lyon à Vienne. Ces mottes sont appelées
» *cespites* ou *aggeres* par les latins., d'où vient que l'on lit dans le code
» théodosien : *Terram sollicitare , et cespitem vellere proximum sacrilegio.*
» L'auteur de la description des délices de l'Italie , dit que les romains se
» faisaient enterrer souvent le long des grands chemins ; que sous le pon-
» tificat de Paul troisième , on ouvrit un de leurs sépulchres , et que l'on y
» trouva sous une pierre de marbre le corps d'une très-belle fille ; il était
» encore tout entier , et presqu'aussi frais et aussi beau que s'il eût été vi-
» vant : ses cheveux étaient blonds et frisés , et il y avait à ses pieds une
» lampe ardente qui s'éteignit au moment que le sépulchre fut ouvert ; on
» jugea par les caractères qui y étaient gravés , qu'il y avait quinze cents
» ans que le corps avait été enseveli dans cet endroit ; mais on ne put savoir
» au vrai de qui il était ; quelques-uns crurent que c'était celui de Tulliola ,
» fille de Cicéron : on le porta à Rome , et on le garda plusieurs jours
» dans le Capitole ; mais le pape s'étant apperçu que le peuple commençait
» à l'honorer , comme si c'eût été le corps de quelque sainte , il le fit jeter
» dans le Tibre ».

DIGUES DE BORDAGE DU RHIN , POUR LE DÉPARTEMENT DU BAS - RHIN.

Exposé fait au corps législatif , le 4 ventose de l'an 12 , par le citoyen Laumont, orateur du Gouvernement, sur la nécessité de réparer ces digues, avec projet de loi, adopté le 12 du même mois.

Citoyens Législateurs , le Rhin fait , chaque année , une guerre formidable aux contrées fertiles situées sur ses bords.

La crue subite des eaux de ce fleuve , les inondations qu'elle occasionne , les ravages qui en sont les suites , ont dans tous les tems inspiré de justes alarmes aux habitans riverains, et , dans tous les tems, ces habitans industrieux ont repoussé, par des efforts pénibles et constans , des dangers sans cesse re-naissans.

Deux espèces de travaux sont nécessaires pour garantir les départemens du Rhin contre ce fléau périodique.

Les uns , connus sous le nom d'*épis du Rhin* , consistent en éperons , barrages et autres ouvrages du même genre : ils sont destinés à prévenir les envahissemens du fleuve sur la rive gauche , à empêcher que des alluvions et atterrissemens ne se forment , à nos dépens , sur les territoires de la rive opposée , et à maintenir les limites que la nature a placées entre les deux Empires.

Les autres travaux consistent en digues et en terrassemens ; c'est une se-conde ligne de défense contre l'invasion du fleuve ; ils protègent les riverains, défendent leurs propriétés , et contribuent plus ou moins directement à la sécurité des communes de l'intérieur.

Pour subvenir aux dépenses que ces travaux exigeaient , une imposition extraordinaire était anciennement perçue dans la ci-devant province d'Alme , et notamment dans la partie de cette province qui forme aujourd'hui le département du Bas-Rhin.

Elle variait chaque année , suivant l'urgence des besoins : en 1786 elle s'élevait à environ quatre cent mille francs , et les communes , tenues à des travaux en nature , fournissaient encore les bois de leurs îles , moyennant un prix très-modique.

La guerre et l'embarras des finances ont interrompu des travaux si utiles , et si impérieusement commandés par la nécessité. Le trésor public cessa de fournir les fonds pour les épis , et les communes du département du Bas-Rhin , abandonnées à elles-mêmes , virent avec une douleur impuissante le Rhin prêt à engloutir leurs propriétés.

Depuis quatre ans le Gouvernement actuel est venu à leurs secours , en comprenant le Bas-Rhin dans la distribution des fonds destinés aux ouvrages d'art. Mais l'imprévoyance des administrations précédentes ayant laissé faire au Rhin des progrès rapides , les dépenses nécessaires pour arrêter ces progrès , augmentèrent en proportion , et les secours déjà insuffisans , le devinrent davantage par les inondations qui signalèrent l'hiver de l'an 10.

A cette époque désastreuse , une partie du département fût ensevelie sous les eaux , les digues furent entièrement rompues , et la fonte des neiges qui a lieu chaque année , dans le cours de l'été , faisait craindre des malheurs plus grands encore , lorsque les habitans demandèrent avec la plus vive instance des moyens prompts et efficaces pour se garantir d'une perte totale.

Des travaux considérables furent , en conséquence , effectués tant aux épis du Rhin qu'aux digues intérieures : le Gouvernement pourvut aux premiers par un fonds spécial de 175,000 fr. , et les communes firent avec empressement des sacrifices volontaires pour pourvoir aux seconds : leur contingent s'est élevé , en l'an 10 et en l'an 11 , à une somme de 164,215 francs.

Mais ces travaux ne seraient pour le département du Bas-Rhin , qu'une surcharge aussi inutile qu'onéreuse , si on ne leur donnait pas la suite et la perfection qui peuvent en garantir la durée.

C'est cette considération qui a fait penser au Gouvernement que la levée d'une contribution de 150,000 fr. devra avoir lieu pendant trois années consécutives , conformément aux offres du conseil du département. C'est l'objet de l'article 1er. du projet.

L'article 3 présente une disposition essentielle et conforme à l'esprit de la loi du 14 floréal an 11 ; les communes du département y sont divisées en trois classes , et chacune ne contribuera au paiement de l'impôt , qu'en proportion de l'intérêt qu'elle a dans l'exécution des travaux.

Ainsi , tous les principes de la plus exacte justice seront observés dans la levée de la contribution qui restera , d'ailleurs , toute entière dans le département même , et dont l'emploi nécessitera l'établissement de vastes atteliers , où un grand nombre d'individus trouvera des moyens de travail et de subsistance.

La loi que je vous présente , citoyens législateurs , porte donc un caractère de sagesse et de prévoyance qui vous déterminera , sans doute , à en voter l'adoption.

Loi. — Art. Ier. Il sera établi une imposition spéciale et extraordinaire , de cent cinquante mille francs , pendant chacune des années 12 , 13 et 14 , par la voie de centimes additionnels , sur la contribution foncière , mobiliaire et personnelle du département du Bas-Rhin , et ce , indépendamment de la somme de cent soixante-quatre mille deux cent quinze francs , à laquelle les communes de ce département ont contribué pour la répartition des digues du Rhin , en l'an 10 et en l'an 11.

II. Le montant de cette imposition sera également employé aux réparations et entretien des digues de bordage du Rhin ; le tout en conséquence des offres faites par le conseil général du département , contenues dans sa délibération du 16 floréal an 11.

III. Les communes du département du Bas-Rhin seront divisées en trois classes.

La première comprendra les communes qui bordent le fleuve.

La seconde comprendra celles de la Haute-Marne.

La troisième comprendra celles de la Montagne.

La première classe contribuera pour trois sixièmes dans ladite somme de cent cinquante mille francs ; la seconde classe contribuera pour deux sixièmes ; et la troisième contribuera pour un sixième.

IV. Les travaux de réparations et d'entretien des digues de bordage du Rhin , seront dirigés par les ingénieurs des ponts et chaussées , sous la surveillance du préfet du département , d'après des devis et détails estimatifs soumis aux mêmes formalités que pour les travaux publics , au compte du Gouvernement. (1)

SERVICE DES PONTS ET CHAUSSÉES DE LA DOIRE , etc.

TITRE IX DE LA LOI DU BUDJET ANNUEL.

De l'approvisionnement du sel , dans les départemens ci-après.

Les départemens de la Doire , de la Sesia , du Pô , du Tanaro , de la Stura et de Marengo , seront approvisionnés de sel par une régie nationale , exclusivement.

Cette régie sera tenue d'avoir dans ses magasins , au moins cent vingt mille quintaux (6,000,000) de kilogrammes , pour assurer un approvisionnement de six mois.

Elle sera tenue , en outre , de faire au moins la moitié de ses approvisionnemens en sels de France.

Elle ne pourra vendre le sel au - delà de 35 centimes le kilogramme.

Les produits de cette régie seront affectés au service de l'administration des ponts et chaussées , et tiendra lieu de la taxe d'entretien des routes dans les départemens dénommés.

---

(1) En se reportant à la page 81 de ce volume , on voit que cette loi renferme absolument les mêmes bases que le projet que nous avons présenté sur les corvées.

Fin du Xme cahier de l'an XII.

DIGUES DU RHIN, POUR LE DÉPARTEMENT DU MONT-TONNERRE.

Exposé fait au Corps Législatif, le 4 ventose de l'an 12, par le cit. Laumont, orateur du Gouvernement, sur la nécessité de réparer ces digues, avec projet de loi, adopté le 12 du même mois.

CITOYENS LÉGISLATEURS, le même besoin de réprimer les invasions du Rhin, et de tranquilliser les habitans riverains sur le sort futur de leurs propriétés, a déterminé le Gouvernement à adopter, pour les arrondissemens de Mayence et de Spire, dans le département du Mont-Tonnerre, des mesures analogues à celles qu'il vous propose pour le Bas-Rhin.

A l'époque de l'organisation des quatre départemens réunis, les digues étaient presqu'entièrement détruites ; on s'occupa, sans délai, de leur restauration, et les travaux s'exécutèrent aux moyens de prestations gratuites, en manœuvres, chevaux, voitures, espèce de corvée que le zèle, la crainte et la nécessité de pourvoir au salut public, avaient fait regarder comme le moyen le plus prompt d'echapper à un danger imminent.

Mais ce mode d'exécution avait beaucoup d'inconvéniens graves, et, entre autres, celui d'enlever des bras à l'agriculture, et de lui faire perdre un tems précieux, de produire des résultats qui n'avaient aucune perfection avec le développement des forces employées, et sur-tout de rendre le poids de cette corvée, plus pesant pour les communes qui, par leur éloignement des dangers, ont réellement un moindre intérêt à la confection des ouvrages, et par conséquent des droits à une cotisation moindre que celles des communes exposées aux premières attaques de ce fleuve.

Les réclamations ont donc été unanimes, et le gouvernement a dû céder au vœu général des communes qui ont vivement sollicité le remplacement de ce mode ruineux par une prestation pécuniaire régulièrement levée, et dont l'emploi surveillé par l'administration, remplirait le but que l'on n'a encore atteint jusqu'à présent, que d'une manière très-imparfaite.

Avant leur réunion à la France, il existait dans tous les bailliages du Palatinat, une caisse des digues, qui s'alimentait du produit de contributions, appelées *impôt des digues*, et qui servait de supplément aux fonds que la finance générale du pays fournissait pour la confection et l'entretien des travaux de bordage du Rhin.

L 1

Ce n'est donc point , citoyens législateurs , une innovation que le Gouvernement vous propose ; ce sera , au contraire , pour une portion des habitans de ces départemens , le retour desiré à un ancien ordre de choses qui était le fondement de leur sécurité.

Mais ce nouveau mode aura encore sur l'ancien , l'avantage de n'être que temporaire , et d'établir une prestation qui cessera avec le danger qui la rend urgente et nécessaire : elle ne doit durer que trois ans ; et , à l'expiration de ce terme , il y a lieu d'espérer qu'elle sera , sinon totalement supprimée , au moins réduite à ce que la prudence exigera pour prévenir , par un entretien annuel , de nouvelles dégradations et de nouveaux malheurs.

Vous pouvez , citoyens législateurs , vous en rapporter , à cet égard , à la sollicitude du Gouvernement , et au desir qu'il partage avec vous d'épargner aux administrés toute la charge inutile et toute dépense qui ne tendrait pas à la conservation de leurs propriétés , dont il est le gardien et le protecteur.

Loi. — Art. Ier. Il sera établi une imposition spéciale et extraordinaire de 5 cent. par fr. des contributions foncière , mobiliaire , personnelle et somptuaire des arrondissemens de Mayence et de Spire , département du Mont-Tonnere , pendant les années 12 , 13 et 14 , pour la réparation et l'entretien des digues du Rhin.

II. Les travaux seront dirigés par les ingénieurs des ponts et chaussées , sous la surveillance du préfet du département d'après des devis les travaux et détails estimatifs , soumis aux mêmes formalités que celles prescrites pour publics au compte du Gouvernement.

NAVIGATION.

Notice sur le canal du Holstein.

La partie de la Basse-Allemagne , située entre l'Elbe et l'Oder , se termine en forme de presqu'île étroite , de plus de quatre-vingt lieues de long , qui portait jadis le nom de Chersonese - Cimbrique. Elle forme aujourd'hui le Holstein , le Sleswick et le Justand , les deux premiers situés au Midi , et le troisième au Nord. A l'est de cette presqu'île est la mer Baltique , à l'ouest la mer du Nord , qu'on nomme aussi de l'Ouest.

Quand l'on veut naviguer d'une de ces mers dans l'autre , il faut aller doubler la pointe la plus septentrionale du Nord Jutland , et faire un grand trajet pour gagner les Belts ou le Sund entre la Zélande , partie du Dannemarck et la Scanie , partie de la Suède.

En tems de paix , ce long trajet n'a que les inconvéniens ordinaires de la navigation , qui , dans ces mers est en général assez mauvaise ; mais en tems de guerre les vaisseaux sont exposés à tous les retards , et aux vexations que leur font souvent éprouver les puissances belligérantes.

On a donc pensé qu'en formant un canal qui coupât la presqu'île , et communiquât de la mer du Nord à la Baltique , on rendrait un véritable service au commerce neutre en tems de guerre , et à celui des états du Dannemarck , en particulier , dans lesquels se trouvent compris le Holstein , le Sleswick et Jutland , ainsi que les îles adjacentes de la mer Baltique.

Plusieurs plans furent proposés , lorsque l'on s'occupa , pour la première fois , de cette grande et utile entreprise.

Le premier fut de conduire le canal du port de Kiel à l'Eider ; le second ; de le tirer du port d'Eekenfon au Nord de Kiel, jusqu'au même terme, le troisième, d'entrelacer différens canaux, si la chose était possible.

Le premier de ces plans fut adopté, et une commission fut nommée pour en surveiller et diriger l'exécution. A la tête de cette commission était M. le prince Charles de Hesse-Cassel, gouverneur général des duchés de Holstein et Selswiek ; MM. Dermers et Peymann, ingénieurs distingués, furent chargés de prendre les nivellemens, et il résulta de leurs travaux, qu'attendu que la mer Baltique n'est élevée que de dix pieds au-dessus de la mer du Nord, on n'avait besoin que de peu d'écluses.

Cet ouvrage que le baron de Rusbeck, dans ses lettres sur l'Allemagne, avait regardé comme impraticable, fut achevé dès 1782. Il y a six écluses. A la première, on a placé sur une table de marbre l'inscription suivante : *Christiani VII, Jussu et Sumptibus, Mare Balticum, Oceano, Commissum, 1782;* et à la dernière écluse, celle-ci : *Christiani VII, Jussu et sumptibus Oceanus Mari Baltico Commissus, 1782.*

Ce canal a six lieues de long, sans compter la partie de l'Eider, qui y est jointe. Des navires de 60 lasts, c'est-à-dire, de 120 tonneaux, et même de plus forts peuvent y naviguer. Il traverse un pays riche en toutes sortes de productions territoriales, mais sur-tout en grains, moutons, bœufs superbes, et excellens chevaux, connus dans le commerce sous le nom de Danois.

Le canal de Holstein, que l'on nomme aussi canal de Kiel, commence au port de cette ville : il passe à Rensbourg, Frederiestadt, et vient se jeter avec l'Eider, dans la mer du Nord, près de Tonninghen.

On voit qu'à l'aide de cette direction, il fait communiquer les deux mers par un chemin très-court, et que, sans égaler en beauté notre canal du Languedoc, il en remplit les fonctions pour cette partie des états du Roi de Dannemarck, dont il favorise le commerce, et même la défense, en cas de besoin, par la facilité qu'il donne pour le transport des objets d'approvisionnement militaire.

On a établi quelques droits sur les marchandises et sur les bâtimens qui le traversent ; la navigation y est aussi assujettie à quelques réglemens dont nous croyons inutile de faire connaître ici les détails ; mais ils ne sont point de nature à grever le commerce, et sont destinés à l'entretien et à l'administration même du canal.

Nous ajouterons à ce que nous venons de dire de cet établissement, que son utilité s'est principalement fait sentir pendant cette guerre.

Les neutres ont profité autant qu'il leur a été possible de ce moyen de communication, et nous voyons par des états authentiques, que 3,833 vaisseaux y ont passé pendant le cours de l'année 1803.

MARINE.
Mode des uniformes pour les Ingénieurs.

Paris, le 26 pluviose an 12.

Le Gouvernement de la République, sur le rapport du ministre de la Marine et des Colonies, le conseil d'état entendu, arrête :

ART. Ier. L'uniforme des ingénieurs hydrographes de la marine sera,

(256)

habit français bleu national, doublure bleue, collet et paremens de velours noir, veste blanche, culotte bleue ou blanche, boutons de cuivre doré portant une ancre entourée de la légende : *ingénieur hydrographe :* chapeau uni, cocarde nationale retenue par une ganse d'or et un petit bouton ; ils porteront une épée.

L'hydrographe en chef aura une broderie double, en or, sur le collet, le parement et les poches, conformément au modèle arrêté. La broderie simple sera de deux centimètres de largeur.

L'hydrographe sous-chef aura une broderie simple sur le collet, le parement et les poches.

Les hydrographes de première classe auront une broderie simple sur le collet et les paremens.

Les hydographes de seconde classe auront une broderie simple sur le collet, et une ganse de soie au chapeau.

Les élèves hydrographes n'auront aucune broderie ; le collet seul sera en velours noir.

II. Le ministre de la Marine et des Colonies est chargé de l'exécution du présent arrêté, qui sera inséré au bulletin des lois.

Le premier *Consul*, signé, *BONAPARTE.*

Par le premier *Consul*,

Le Secrétaire d'Etat, signé, H.-B. MARET.

NAVIGATION.

Formule pour les uniformes des Agens de service.

Saint-Cloud, le 13 vendémiaire an 12.

Le Gouvernement de la République, sur le rapport du ministre de l'intérieur, le conseil d'état entendu, arrête :

ART. Ier. Les agens du service de la navigation porteront l'uniforme ci-après déterminé :

Habit français ou croisé, de drap bleu national, collet de même couleur, doublure pareille, gillet de casimir blanc, pantalon ou culotte de même que l'habit, chapeau à la française, demi-botte et une arme.

II. L'habit sera brodé en argent, d'un dessin représentant un cable entrelacé de feuilles d'eau, suivant le modèle ci-joint.

La broderie sera selon le grade, savoir :

Pour le commissaire général de la navigation de la Seine, deux rangs de broderie au collet, paremens, pattes et tour extérieur des poches, avec broderie simple sur les coutures du pantalon, de sept millimètres de large, et les bottes bordées d'un petit galon à gland d'argent ;

Pour les inspecteurs particuliers, un rang de broderie aux collet et paremens ;

Pour les receveurs et contrôleurs du droit de navigation, un rang de broderie au collet seulement ;

Pour les simples agens , jurés , compteurs et chefs de-service , un galon d'argent au collet , de neuf millimètres ;

Les gardes généraux porteront sur chaque côté du collet deux boutonnières en argent ;

III. Les gardes ordinaires ne seront point tenus à l'habit d'uniforme, mais ils porteront toujours une bandoulière aux termes des anciennes ordonnances ;

IV. Le commissaire général et les inspecteurs porteront à leur chapeau , ganse et petit bouton d'argent ; les autres agens auront bouton de métal blanc , et ganse de même couleur ;

Le bouton aura pour exergue au pourtour : *navigation* , et au milieu , *une ancre croisée avec deux avirons ;*

V. L'arme sera un sabre ou une épée , ceinturon bleu avec plaque au milieu ;

VI. Les gardes généraux et ordinaires porteront une bandoulière écarlate bordée de blanc , au milieu une plaque de métal blanc , avec ces mots : *surveillance sur les ports et rivières.*

Ils pourront avoir, conformément à l'arrêté du parlement, du 23 février 1763, des armes défensives , indépendamment de celles sus-énoncées ;

VII. Le ministre de l'intérieur est chargé de l'exécution du présent arrêté , qui sera inséré au bulletin des lois , et en outre, imprimé et affiché sur les ports des rivières navigables et flottables , et dans les bureaux de recette.

Le premier Consul , signé , B O N A P A R T E.

Par le premier Consul ,

Le Secrétaire d'État , signé , H. B. M A R E T.

ACTE DU GOUVERNEMENT.

Sur les attributions données au ministre des Finances, concernant les Douanes et l'entretien des Routes.

Paris , le 28 ventose an 12.

Le Gouvernement de la République , sur le rapport du ministre des finances , le conseil d'état entendu , arrête :

ART. Ier. L'exécution des lois et des arrêtés du Gouvernement , sur les douanes , est exclusivement attribuée au ministre des finances ; et le directeur général des douanes n'aura de travail qu'avec ce ministre.

Le ministre de l'intérieur soumettra , néanmoins , au Gouvernement , les vues d'amélioration que l'intérêt du commerce intérieur et extérieur lui paraîtra exiger ;

II. La perception de la taxe d'entretien des routes ,

Celle des droits de navigation intérieure ,

Celle des droits et revenus des canaux de navigation et des bacs ,

Celle du demi droit de tonnage et des droits de bassin , et autres droits établis dans les ports de mer.

L'affermage , la police et le contentieux de ces droits et revenus sont attribués au ministre des finances.

III. Le conseiller d'état, directeur général des ponts et chaussées, travaillera avec le ministre des finances, pour ce qui sera relatif à l'affermage, la police et le contentieux des droits et revenus énoncés en l'article précédent.

IV. L'exécution des lois et des arrêtés du Gouvernement, sur les octrois municipaux et de bienfaisance, en tout ce qui concerne l'établissement des octrois et la surveillance de leur perception, est attribuée au ministre des finances.

Tout ce qui concerne le budjet des villes, l'administration des propriétés communales, les dépenses des villes et communes, et la comptabilité continuera de faire partie des attributions du ministre de l'intérieur, et sera réuni à la division administrative.

V. Les ministres de l'intérieur et des finances sont chargés de l'exécution du présent arrêté, qui sera inséré au bulletin des lois.

Le premier Consul, signé, BONAPARTE.

Par le premier Consul,

Le Secrétaire d'État, signé H. B. MARET.

PORT MARITIME.

Le 21 vendémiaire an 12, a été posée la première pierre de reconstruction de l'entrée du vieux bassin du port d'Honfleur, en présence des maire et adjoints des autorités civiles et militaires, et des négocians de cette ville, invités à cette cérémonie, par le citoyen Ménager, ingénieur, chargé de la réparation du port d'Honfleur.

Une pièce d'argent à l'effigie de Bonaparte, que le maire a placée sous cette pierre, attestera à la postérité l'époque de son consulat où la cérémonie a eu lieu.

NAVIGATION.

Acte du Gouvernement, du 27 vendémiaire an 12.

Le Gouvernement de la République, sur le rapport du ministre de l'intérieur, le conseil d'état entendu, arrête :

ART. Ier. Les fleuves de la Charente, de la Seudre, de la Sèvre-Niortaise, et les rivières y affluentes, formeront un seul bassin de navigation, sous le nom de bassin de la Charente, Seudre et Sèvre-Niortaise.

II. Le bassin de la Charente, Seudre et Sèvre-Niortaise, sera divisé en trois arrondissemens, ainsi qu'il suit :

Premier arrondissement, comprenant la Charente, depuis le point navigable jusqu'aux limites de la Charente : chef-lieu, Angoulême.

Deuxième arrondissement, 1°. la Charente, depuis les limites du département de la Charente, jusqu'à la Mer ; 2°. la Boutonne, dans toute son étendue ; 3°. la Seudre, dans toute son étendue : chef-lieu, Saintes.

Troisième et dernier arrondissement : 1°. la Sèvre-Niortaise, depuis le point navigable jusqu'à la mer ; 2°. les rivières du Mignon, de l'Autise et de la Vendée, dans toute leur étendue : chef-lieu, Niort.

III. Les tarifs en vertu desquels devra se faire la perception , et les lieux où les bureaux devront être établis , seront déterminés par des arrêtés spéciaux , pour chaque arrondissement de navigation.

IV. Il y aura pour tout le bassin de la Charente , de la Seudre et de la Sèvre-Niortaise , un inspecteur , dont la résidence sera dans le département de la Charente-Inférieure.

Il lui sera alloué pour tout traitement, frais de bureau, logement, chauffage , frais de voyage, 3 centimes par francs , sur le montant des recettes des trois arrondissemens , sans que ledit traitement puisse cependant excéder 4,000 fr. ;

V. Le ministre de l'intérieur est chargé de l'exécution du présent arrêté, qui sera inséré au bulletin des lois.

Le premier Consul, signé , B O N A P A R T E.

Par le premier Consul ,

Le Secrétaire d'État , signé , H. B. MARET.

Rapport et loi qui accorde dix ans francs d'impôt à ceux qui formeront de nouveaux bâtimens dans les communes de Bressuire et de Châtillon , département des Deux-Sèvres.

Exposé fait au Corps Législatif , relativement à ces deux communes , et loi rendue à ce sujet.

Le citoyen Ségur, orateur du Gouvernement, s'exprime ainsi :

Citoyens Législateurs , le projet de loi que le Gouvernement me charge de vous présenter aujourd'hui , a pour objet de rendre l'existence à deux villes autrefois florissantes , et que la guerre civile a presque totalement détruites. Nous n'avons point ici de question à discuter, de principes à établir , d'avantages et d'inconvéniens à balancer ; l'exposition des faits sera , sans doute , pour vous l'expression suffisante des motifs d'une loi que réclame l'humanité et que dicte la justice.

Lorsque je viens vous proposer des moyens de réparer de grandes pertes , d'adoucir de longs malheurs , d'effacer de douloureux souvenirs , il ne m'est pas permis de douter de votre assentiment ; nous savons par une heureuse expérience que le Gouvernement, en concevant une pensée généreuse , en formant un projet réparateur , en proposant un acte de justice et de bienfaisance , prévient vos desirs, et répond à vos vœux. Tandis que dans toute la France , par un heureux effet des lois que vous avez rendues , on voit depuis quatre ans l'ordre succéder au chaos , l'espérance à la crainte , l'activité à la langueur , quand par-tout on répare les chemins, on construit des routes , on creuse des canaux , on dessèche des marais ; lorsque de toutes parts on voit l'agriculture fleurir , le commerce renaître , l'industrie se développer , les atteliers se peupler , les écoles se former , les temples se relever , et de nobles édifices sortir de leurs décombres , il existe encore quelques cités qui peuvent affliger nos regards, en leur offrant les déplorables traces de nos discordes civiles , et les tristes monumens de cette guerre de la Vendée , qu'alimenta si long-tems le génie du mal , celui du Gouvernement

Britannique, et dont le génie du bien doit et veut faire disparaître enfin les vestiges et les souvenirs. De tous les lieux qui ont été le théâtre de ces troubles sanglans, de toutes les villes du département des Deux-Sèvres, celles qui ont le plus souffert des fureurs des partis, ce sont les villes de Bressuire et de Châtillon. Elles ont été presque totalement détruites, et elles ne présentent que des ruines. Les manufactures de laine de Bressuire occupaient autre fois 3,000 ouvriers : à peine aujourd'hui peut-elle donner asyle aux différens fonctionnaires publics qui doivent y résider. De 400 maisons, 144 seulement ont été relevées : le reste n'est qu'un amas de débris, et ne produit en contribution foncière que 33 francs 98 centimes.

Châtillon possédait aussi plusieurs manufactures : la moitié de cette ville a été saccagée, et ses habitans ruinés, mais non découragés, font déjà d'utiles efforts pour relever leurs bâtimens, rappeler leurs ouvriers, et rendre la vie à leur commune.

Ces deux cités ont à la bienveillance nationale un droit sacré, celui du malheur ; et le Gouvernement invoque en leur faveur la même générosité dont la ville de Lyon a déjà ressenti les effets. Par la loi du 7 nivose an 9, les propriétaires Lyonnais, dont les maisons avaient été démolies pendant le siége, et qui les ont fait ou feront rebâtir, doivent être exempts, pour dix années, de toute contribution foncière sur ces maisons.

Vous trouverez, sans doute, qu'il est juste d'accorder aux infortunés propriétaires de Bressuire et de Châtillon, la même exemption.

Mais il ne suffit pas de faire le bien, on doit le faire avec prudence ; il faut que la loi qui encourage l'activité, aiguillonne l'indolence. Aussi le deuxième article du projet de loi exige des propriétaires qui voudront jouir de l'exception proposée, que leurs bâtimens soient élevés dans l'an 13, de deux mètres au moins au-dessus du sol.

Telles sont, citoyens législateurs, les dispositions et les motifs du projet de loi soumis à votre sanction. Vous y reconnaîtrez certainement cet esprit réparateur, qu'aucune circonstance ne distrait de ses nobles pensées de prospérité partielle ou générale ; de cette sagesse consolatrice qui veut tout calmer, tout relever, qui inspire par-tout une juste reconnaissance ; et de cette humanité éclairée qui ne laisse subsister de ressentimens que dans le cœur des artisans de nos troubles, de ces ennemis orgueilleux et déloyaux qu'irritent sans cesse notre union, notre gloire et notre bonheur.

Loi. — Art. Ier. Les propriétaires des communes de Bressuire et de Châtillon, département des Deux-Sèvres, dont les maisons dans l'intérieur de ces deux villes, ont été démolies ou détruites pendant la guerre civile, et qui les feront rebâtir, seront exempts de toute contribution foncière sur ces maisons pendant dix ans.

II. Pour jouir de cette exemption, chaque propriétaire sera tenu de justifier, avant la fin de l'an 13, que son bâtiment est élevé de deux mètres au moins au-dessus du sol.

SUR L'EXPLOITATION DES MINES.

EXTRAIT du Rapport adressé au Conseil des Mines, par l'Ingénieur en chef chargé de la surveillance des exploitations des Mines dans les départemens de la Dyle, Jemmappes, du Nord et du Pas-de-Calais, résidant à Mons. Le Rapport est daté d'Anzin, le 30 pluviose an 12.

Peut-être êtes-vous déja instruits d'un évènement affligeant qui a malheureusement occasionné la mort de neuf ouvriers de l'établissement d'Anzin ; le chirurgien en a rappelé dix à la vie. Je dois vous prévenir qu'en exagérant les faits, on a donné lieu à une trop grande alarme sous le point de vue de la conservation de ces mines.

Le feu s'est manifesté la nuit du 19 au 20 pluviose, je n'en ai été instruit que le 28, à huit heures du soir, par une lettre du secrétaire général de la Préfecture du département du Nord, à laquelle il avait joint un arrêté du Préfet, en date du 26, qui m'ordonnait de me transporter sur les lieux pour donner les conseils convenables.

Le 29, à midi, j'étais sur les mines ; des mesures propres à arrêter les suites de ces évènemens ont été prises ; et quoique les travaux ne puissent être rétablis qu'avec beaucoup de précaution et de dépenses, le mal produit à cet égard se réduit à l'inflammation et combustion d'une cheminée servant de passage aux ouvriers, et dans le boisage de laquelle on présume que l'incendie a commencé. Comme il y avait communication de cette fosse avec plusieurs autres, il en est résulté que la fumée s'est manifestée à la fois par l'orifice de quatre puits.

On était parvenu, dès le 21, à fermer toutes les communications et à confiner le feu.

Le 22, déjà les ouvriers circulaient dans les travaux.

J'ai conseillé de ne point trop précipiter le débouchement des diverses issues, afin de prévenir de nouveaux malheurs qui résulteraient du libre accès de l'air.

LARGEUR que doivent avoir les jantes des roues des voitures de roulage, à compter du 1er. messidor an 14 de la république.

EXPOSÉ du cit. MIOT, Orateur du Gouvernement, fait au Corps législatif le 30 pluviose an 12, et loi rendue le 7 ventose suivant, à ce sujet.

Citoyens législateurs, vous connaissez les efforts que le Gouvernement à faits depuis quelques années pour le rétablissement des routes en France : long-tems négligées pendant la révolution, détruites presqu'entièrement dans quelques parties, par suite d'un abandon total, elles demandaient de grands sacrifices. Rien n'a été négligé ; mais le mal a été si invétéré, que ces sacrifices et ces efforts n'ont pu le faire disparaître entièrement.

Ainsi, quoique les routes se soient réellement améliorées, elles attendent encore des reconstructions considérables, et ensuite elles exigeront un entretien pour lequel aucune dépense ne devra être ménagée.

Ce serait cependant en vain qu'on espérerait, même en ne se permettant

M m

jamais aucun retranchement sur les fonds affectés à cet entretien, parvenir à un bon systême de routes, si l'on ne remontait aux causes véritables de leur dégradation, et si l'on ne les attaquait dans leur source.

Je vous parlerai d'abord des obstacles naturels qui s'opposent à la solidité et à la durée des routes en France, ensuite de ceux qui naissent de la mauvaise construction et du poids énorme des voitures de roulage ; enfin, des mesures que le Gouvernement croit utiles de mettre en usage pour diminuer ces inconvéniens. Ce dernier article est l'objet et le but du projet de loi qu'il m'a chargé d'avoir l'honneur de vous présenter aujourd'hui.

Les obstacles naturels tiennent à la qualité du sol de la république ; la plus grande partie de son territoire est calcaire, et les pierres que l'on y rencontre habituellement sont peu propres à la construction des chaussées, ou, si on est contraint de les employer, elles cèdent facilement au frottement des roues des voitures ; l'action seule de l'atmosphère agit même sur elles, et tend à les décomposer ; les grès, les granit sont généralement rares, et ce n'est qu'à grands frais et avec beaucoup de peines que l'on parvient à rassembler les matières siliceuses éparses sur la terre, ou réunies en petite quantité dans les carrières. Les environs des grandes routes situées dans les pays de Craie ou de Marne sont déjà épuisés de ces divers matériaux, et il faut, dans certaines localités, les recueillir à de grandes distances.

Plus cette cause naturelle, et dont les effets augmentent chaque jour, produit de difficultés et rend la construction, les réparations et l'entretien des grandes routes dispendieux et pénible, plus il est nécessaire d'arrêter les conséquences d'un roulage destructif que j'ai désigné comme le second et le plus grand obstacle que nous ayons à combattre, et le vice contre lequel l'opinion publique s'élève depuis long-tems.

Les Préfets, les Ingénieurs de tous les Départemens, les simples habitans même des diverses parties de la république accusent unanimement et avec raison les voitures employées au transport des marchandises et celles mises en usage par les Entrepreneurs de messageries, de broyer les matériaux des routes et par le poids énorme dont elles sont surchargées, et par la construction de leurs roues.

L'ancien Gouvernement avait déjà voulu attaquer le mal et y porter quelque remède, par une déclaration de 1724, dans laquelle il reconnaît que les charrettes à deux roues étaient celles qui, par un chargement trop considérable et mal partagé, fatiguaient le plus les routes les mieux réparées ; il fixa le nombre des chevaux qui pourraient être attelés, dans chaque saison de l'année, aux voitures de cette sorte.

Il avait également apperçu que le plus grand défaut de la construction des voitures de roulage tenait au peu de largeur donné aux jantes des roues et aux bandes de fer qui les couvrent, et que c'était à cette construction à laquelle un intérêt mal entendu, et tout à fait contraire à l'intérêt public, attache les Entrepreneurs de roulage par la facilité qu'elle leur donne d'augmenter la charge de leurs voitures, sans augmenter le nombre des chevaux qui les traînent, que l'on devait attribuer la prompte et subite dégradation des chemins. En effet, aucune chaussée, quelque solidement construite que l'on veuille la supposer, ne peut résister à l'effort d'une roue étroite, armée de têtes de clous saillantes, et qui, chargée d'un poids immense rassemblé sur un seul point, sillonne, entame, enfonce les matériaux dont la route se compose, y creuse une profonde ornière, et soulève ensuite, comme un levier, les bords proéminens de cette ornière ; ces atteintes successives finissent par produire, de chaque côté, un bouleversement que le roulier augmente encore au moindre obstacle, en se servant d'une pince de fer pour dégager ses roues toutes les fois qu'elles se trouvent arrêtées.

On crut mettre un terme à ces funestes effets par les dispositions des arrêtés du Conseil, du 20 août 1783 et du 28 décembre de la même année ; le premier fixait encore le nombre des chevaux qu'il serait permis d'atteler aux voitures à roues ordinaires ; le second laissait une entière latitude aux voitures dont les jantes auraient plus de cinq pouces de large ; le Gouvernement donna même alors un assez grand nombre de roues à larges bandes, comme primes d'encouragement.

Enfin, la loi du 29 floréal an 10, limitant le poids des chargemens et ordonnant l'établissement de ponts à bascule, accorde aux voitures dont les roues excéderaient la dimension ordinaire, le droit de porter un poids plus considérable, est venue depuis au secours de ces anciens arrêts, et en a fait revivre la principale disposition.

Mais toutes ces mesures étaient trop indirectes ; des préventions que l'on n'a pu détruire, la cupidité, que l'on aurait encore plus de peine à faire taire, ont jusqu'ici prévenu les résultats que l'on en attendait. Il a donc fallu, sous peine de voir chaque année une partie importante du revenu public se perdre en réparations de routes, anéanties presqu'aussitôt qu'achevées, recourir à des lois expresses qui fixent le poids des voitures ainsi que la largeur des roues, et interdisent absolument l'usage de toutes celles qui ne seraient pas dans les dimensions déterminées.

Le premier objet se trouve suffisamment rempli, comme je l'ai déja dit, par la loi du 29 floréal an 10 ; le moment où elle peut se mettre à exécution, retardé par la nécessité de fabriquer les ponts à bascule, destinés à constater le poids des voitures, approche ; une partie de ces ponts est aujourd'hui terminée ; et leur usage contribuera utilement à mettre en activité la nouvelle législation qui va s'introduire en cette partie.

Le projet de loi qui vous est soumis aujourd'hui n'a donc pour but que de statuer sur le second objet.

La principale des dispositions qu'il contient, fixe le *minimum* de la largeur des jantes, tant pour les voitures à deux roues que pour celles à quatre roues, en raison du nombre de chevaux attelés à la voiture. On ne s'est pas dissimulé que cette base pouvait n'être pas toujours juste, et que quelquefois, suivant les localités et la force des chevaux, le poids du chargement variait dans une proportion différente de celle du nombre des chevaux employés à la traîner ; mais, d'une part, il était difficile d'en trouver une plus convenable, et de l'autre, en faisant dépendre la largeur des roues de cet élément, on tend évidemment à améliorer la race des chevaux employés au roulage ; puisque les facilités que peut obtenir le voiturier, dépendent de la force des chevaux qu'il emploie. Enfin on a considéré que le plus grand inconvénient qui pouvait résulter de ce mode de fixation étant d'obliger à se servir, dans certaines circonstances, de roues plus larges que celles qu'il serait peut-être rigoureusement nécessaire d'exiger, en raison du poids du chargement, on allait encore plus directement vers le but de la loi, qui est d'amener l'usage habituel de celles de la plus grande dimension. Ces motifs, joints à la promptitude et la facilité de l'application de la loi, qui se fera beaucoup plus commodément d'après le nombre de chevaux, qu'elle ne pourrait avoir lieu seulement d'après le chargement, a déterminé à adopter ce mode, et il serait, je le pense, impossible de lui en substituer un autre.

Quant à l'époque où l'exécution de la loi devra avoir lieu, il était important de la déterminer de manière à ce qu'elle ne fût tellement rapprochée qu'il y eut impossibilité de remplacer les roues actuellement en usage, et de consommer celles qui sont fabriquées aujourd'hui, ni tellement éloignée qu'on pût se flatter de l'éluder. Le terme de deux années a paru réunir ces diverses conditions ; mais on a partagé ces deux époques ; une de rigueur, fixée au premier messidor an 14, après laquelle la circulation des voitures dont les roues ne seraient pas conformes aux dimensions prescrites par la loi est interdite, et leur distraction ordonnée ; et l'autre, facultative, si l'on peut s'exprimer ainsi, qui commence au premier messidor an 13, et au-delà de laquelle le Gouvernement aura le droit d'imposer une double taxe d'entretien de routes, au passage des voitures pour lesquelles on n'aura pas adopté l'utile innovation ordonnée par la loi.

Par cette combinaison, on a lieu d'espérer que l'usage des roues à larges bandes s'établira sans secousse fâcheuse ; que le voiturier sera, pour son propre avantage, intéressé à accélérer le moment où il devra s'en servir, sans qu'il soit nécessaire d'en venir, à l'époque de la prohibition absolue, aux défenses rigoureuses que la loi est obligée d'autoriser ou de prescrire.

Les voitures publiques, telles que les diligences, messageries et autres, marchant au trot, lorsqu'elles excèderont le poids de deux cent vingt-deux myriagrammes, ont dû, comme les voitures de roulage, être assujetties aux mêmes règles ; et cette disposition était de toute justice, parce qu'au-delà de ce poids le dégât qu'elles occasionnent est de même nature que celui qu'à charge égale, occasionnerait une voiture de roulage, et s'augmente encore par la rapidité de leur marche ; mais en même tems la loi en excepte toutes les voitures attelées d'un cheval, et toutes celles employées à la culture des terres, au transport des récoltes et à l'exploitation des fermes, toutes les fois cependant, qu'elles n'emprunteront pas les grandes routes.

Ainsi, vous le voyez, citoyens législateurs, et vous vous en convaincrez encore mieux par l'examen du projet de loi, toutes les précautions sont prises, pour que les mesures qu'il consacre et qui sont réclamées depuis long-tems, produisent les heureux effets que la loi doit en espérer, sans être un motif d'alarmes pour le commerce, un sujet de crainte ou de vexation pour les particuliers, et un obstacle aux travaux utiles de l'agriculture.

En le sanctionnant par votre approbation, vous aurez fait un grand pas vers le perfectionnement de l'amélioration d'une des branches les plus essentielles de l'administration publique, vous aurez attaqué et détruit d'anciens préjugés qui avaient jusqu'ici résisté, et vous aurez fondé, en cette partie, une législation dont une longue expérience a déjà démontré chez plusieurs nations les avantages et l'utilité.

ART. Ier. A compter du premier messidor an 14, les roues des voitures employées au roulage, dans toute l'étendue de la république, et attelées de plus d'un cheval, seront construites avec des jantes dont la largeur est déterminée par la présente loi.

La circulation des voitures qui, à cette époque, ne seront pas dans les termes de la loi, est irrévocablement prohibée.

II. Le *minimum* de la largeur des jantes des roues de voitures de roulage est fixé par le tarif suivant :

environ

Voitures à deux ou quatre roues, attelées de deux chevaux	11 cent. 4 po.	1 lig.	
Les mêmes voitures, attelées de trois chevaux . . .	14	5	2
Les voitures à deux roues, attelées de quatre chevaux	17	6	4
Celles à quatre roues, attelées de 4, 5 ou 6 chevaux .	17	6	4
Les voitures à deux roues, attelées de plus de 4 chevaux	25	9	3
Les charriots attelés de plus de six chevaux . . .	22	8	2

III. Les contraventions à la présente loi seront constatées par les préposés à la perception de la taxe d'entretien, et décidées par voie administrative, conformément à la loi du 29 floréal an 10. Les contrevenans seront condamnés à payer 50 fr., à titre de dommages ; la moitié de cette somme appartiendra au saisissant ; ils devront en outre substituer aux roues de leurs voitures, d'autres roues dont les jantes aient la largeur déterminée par le tarif.

IV. Au 4 messidor an 14, toute voiture de roulage dont la circulation est interdite par la présente loi, sera arrêtée à la première barrière, où la contravention sera constatée.

Si cette barrière est aux portes ou dans l'intérieur d'une ville, la voiture et les roues seront brisées, d'après un arrêté pris à cet effet par le sous-Préfet de l'arrondissement, et le voiturier paiera les dommages stipulés dans l'article II de cette loi.

Dans le cas où cette barrière serait isolée, le voiturier pris en contravention pourra consigner les dommages entre les mains du préposé saisissant, et continuer sa route, mais seulement jusqu'à la ville la plus voisine, qui lui sera désignée par un passe-avant délivré par ledit préposé dans cette ville, ses roues seront brisées, conformément à ce qui a été dit ci-dessus.

V. Les voitures à jantes étroites conserveront la faculté de circuler jusqu'au premier messidor an 14; néanmoins elles pourront être assujetties par le Gouvernement, à payer le double de la taxe, et ce, à compter du premier messidor an 13, jusqu'au premier messidor an 14, époque à laquelle elles sont définitivement prohibées par la présente loi.

VI. A compter du premier messidor an 13, toute diligence, messagerie ou autre voiture voyageant au trot, dont le poids excéderait deux cent vingt myriagrammes, sera considérée comme voiture de roulage, et assujettie aux dispositions de la présente loi, quant à la largeur des jantes.

VII. Le Gouvernement modifiera le tarif du poids des voitures et de leurs chargemens, porté dans la loi du 29 floréal an 10, d'après les expériences faites sur les roues à larges jantes ordonnées par la présente loi.

Il réglera la largeur des jantes et le poids des diligences, messageries et autres voitures publiques.

La faculté d'augmenter le poids des chargemens dans des proportions à déterminer par le Gouvernement, sera accordée aux voitures dont les jantes excéderont les largeurs énoncées au tarif ci-dessus.

Le Gouvernement fixera la longueur des essieus , la forme des bandes et celle des clous qui fixent les jantes de voitures de roulage.

VIII. Sont exceptées des dispositions de la présente loi , les voitures employées à la culture des terres , au transport des récoltes et à l'exploitation des fermes; mais le Gouvernement réglera le poids du chargement de ces voitures, pour le cas où elles emprunteront les grandes routes.

IX. Le Gouvernement prendra les mesures nécessaires pour faire verser au trésor public les produits du doublement de taxe prescrit par l'art. V de la présente loi ; ils seront employés à la réparation des routes , de la même manière que le principal de la taxe.

X. Les dispositions de la loi du 29 floréal an 10 , contraires à la présente loi , sont rapportées.

RÉGLEMENT sur l'organisation de la Régie des droits réunis , qui attribue au Ministre des finances la perception des droits de passe , et enjoint au Conseiller d'état chargé des Ponts et Chaussées , de travailler de concert avec lui à ce sujet.

Le Gouvernement de la République , sur le rapport du ministre des finances , le conseil d'état entendu , arrête :

TITRE PREMIER.

ART. Ier. L'organisation et la surveillance des octrois municipaux et de bienfaisance , et du droit de passe sur les routes , et les perceptions provenant des droits réunis , seront dans les attributions du ministre des finances.

II. Le conseiller d'état chargé des ponts et chaussées travaillera avec le ministre des finances , pour l'organisation , l'instruction et le contentieux relatif au droit de passe.

III. En exécution de la loi du 5 ventose dernier , il y aura un directeur général de la régie des droits réunis , et cinq administrateurs.

IV. Le directeur général dirigera et surveillera , sous les ordres du ministre des finances , toutes les opérations relatives aux droits réunis.

Il fera faire la recette de la taxe d'entretien des routes , du droit de navigation intérieure , et des droits et revenus des bacs , bateaux et canaux.

Il dirigera et surveillera tous les agens et préposés à ces recettes.

Il sera chargé , d'après les instructions du ministre des finances , de l'exécution des lois et réglemens sur les octrois municipaux et de bienfaisance.

V. Le directeur général travaillera seul avec le ministre.

VI. Le ministre des finances fera la division du travail entre les cinq administrateurs; l'un d'eux sera uniquement chargé de suivre la comptabilité et le service des caisses.

VII. Chaque administrateur travaillera particulièrement avec le directeur général.

VIII. Les administrateurs se réuniront en conseil d'administration toutes les fois que le directeur général en indiquera.

Ce conseil sera présidé par le directeur général.

IX. Les affaires contentieuses seront rapportées dans ce conseil ; elles seront décidées à la majorité des voix : en cas de partage d'opinion, le directeur général les départagera ; il pourra, lorsqu'il le jugera nécessaire, suspendre l'effet d'une délibération, afin d'en référer au ministre des finances.

X. Il sera établi près du directeur général un secrétariat général, quatre bureaux de correspondance, et un bureau de comptabilité ; toute la correspondance sera adressée au directeur général, qui jouira de la franchise et du contre-seing, conformément à l'arrêté du 27 prairial an 8.

Le secrétariat général sera chargé spécialement des affaires qui auront été réservées au directeur général.

TITRE II.

De l'administration dans les Départemens.

XI. Il sera établi une direction dans chacun des départemens de la république.

XII. Il y aura dans chaque direction, sous les ordres et la surveillance du directeur, des inspecteurs, des contrôleurs, des commis à cheval, des commis sédentaires, et des préposés aux déclarations et aux recettes, dont le nombre et la résidence seront désignés ultérieurement.

TITRE III.

XIII. Les nominations des administrateurs, des directeurs, du secrétaire général et du receveur général seront faite par le premier consul.

Les nominations d'inspecteurs seront faites par le ministre des finances.

Les autres nominations seront faites par le directeur général.

A compter de l'an 14, l'on ne pourra être nommé directeur sans avoir été inspecteur.

TITRE IV.

Des traitemens et remises.

XIV. Les directeurs dans les départemens, jouiront d'un traitement fixe de 3 à 6,000 fr.

Les inspecteurs, de 2,000 à 2,400 fr.

Les traitemens fixes des contrôleurs, des commis à cheval et des commis sédentaires, seront fixés par un arrêté particulier.

XV. Les directeurs, inspecteurs, contrôleurs et commis jouiront en outre d'une remise sur la totalité des produits nets. La quotité de cette remise sera déterminée chaque année par le Gouvernement.

XVI. Au moyen du traitement fixe et des remises ci-dessus, il n'y aura lieu à aucune indemnité pour frais de commis, de loyer, de bureaux, de tournées ou autres.

XVII. Les préposés aux recettes jouiront, pour traitement et indemnité de frais de loyer et de bureau, d'une remise sur le montant de leurs recettes, dont la quotité sera réglée ultérieurement.

TITRE V.

Des principales fonctions des divers Préposés.

XVIII. Le directeur correspondra avec le directeur général à Paris ; il transmettra aux inspecteurs et aux divers préposés, les ordres et instructions qui lui seront adressés par la Régie, et leur donnera d'ailleurs, directement, les ordres que nécessitera le bien du service.

Il fera la recette générale de tous les produits de son département, et en versera le montant, tous les quinze jours, au trésor public, par l'intermédiaire d'un receveur-général établi près la Régie à Paris. Il adressera, au commencement de chaque mois, à la Régie, le bordereau général de ses recettes et de ses dépenses pour le mois précédent.

XIX. Il veillera à ce que la perception soit faite en conformité des lois, et à ce que les différens employés de sa direction s'acquittent avec exactitude de leurs fonctions. Il décernera des contraintes et fera toutes poursuites nécessaires contre les préposés en débet.

Il instruira et défendra sur les instances qui seront portées devant les tribunaux. Il formera, dans le second mois qui suivra chaque trimestre expiré, le compte général de ses recettes et de ses dépenses, et l'adressera à la Régie, avec les pièces justificatives à l'appui.

XX. Les inspecteurs, dans chaque département, correspondront avec le directeur, et se conformeront aux ordres et instructions qu'ils recevront de lui. Ils veilleront à ce que les instructions soient pareillement observées par les divers préposés.

Ils feront, au commencement de chaque trimestre, une tournée générale dans tous les bureaux de leur arrondissement, ils vérifieront et arrêteront les registres des préposés aux déclarations et aux recettes, formeront des comptereaux triples des recettes et des dépenses, dont l'un restera au préposé ; un autre sera adressé directement par l'inspecteur, au directeur général, et il remettra le troisième au directeur avec les pièces de dépense.

XXI. Les préposés aux déclarations et aux recettes recevront les déclarations prescrites par la loi du 5 ventose an 12, et feront la perception des différens droits confiés à la régie ; conformément aux dispositions des lois.

TITRE VI.
Des amendes et confiscations.

XXII. L'administration centrale ne pourra avoir aucune part dans les produits des amendes et confiscations ; ils seront répartis entre le trésor public, les directeurs, inspecteurs, contrôleurs et employés, comme il suit :

Un sixième au trésor public, deux sixièmes au directeur et à l'inspecteur de l'arrondissement, à raison de deux tiers pour le directeur, et d'un tiers pour l'inspecteur ; trois sixièmes aux employés qui auront concouru à la saisie de la contravention, avec deux parts à chaque contrôleur qui aura coopéré à la saisie.

XXIII. Les transactions sur procès seront définitives,

1º. Avec l'approbation du directeur de département, lorsque sur les procès-verbaux de contravention et saisie, les condamnations de confiscation et amendes à obtenir ne s'élèveront pas à plus de 500 francs.

2º. Avec l'approbation du directeur général, lorsque lesdites condamnations s'élèveront de 500 francs à 3,000 francs.

3º. Avec l'approbation du ministre des finances dans les autres cas.

(La suite au supplément.)

Fin du XIme. cahier de l'an XII.

SUPPLÉMENT

AU ONZIÈME CAHIER DE L'AN XII (1804),

DU

RECUEIL POLYTECHNIQUE

DES

PONTS ET CHAUSSÉES,

Canaux de navigation, Ports maritimes, Desséchement des Marais, Manufactures, Arts mécaniques, et des Constructions civiles de France, en général,

OUVRAGE dédié aux Ingénieurs, Cultivateurs, Architectes, Entrepreneurs, Constructeurs, Directeurs de Manufactures, et à tous les amis des Arts et du Commerce.

> Si la force des armes est le premier soutien de l'État, l'Agriculture, le Commerce et la Navigation sont les bases de sa prospérité.
>
> *Hist. du Canal du Midi*, par ANDREOSSY.

Nous croyons devoir réitérer ici les motifs d'utilité publique de l'institution du *Recueil Polytechnique* annoncés au plan général de cet Ouvrage, publié par l'auteur au commencement de l'an 11, observant que depuis quatorze ans on a publié une foule d'ouvrages de sciences et arts, qui, quoique la plupart très-intéressans, sous différens rapports, n'ont cependant jamais présenté au public une utilité aussi réelle que celui que nous lui offrons aujourd'hui, et dont le premier volume contenant dix-huit Cahiers de deux feuilles chacun avec gravures, est achevé, conformément au plan général dont nous venons de parler.

En effet, après une révolution dont les fastes de l'histoire les plus reculés ne nous retracent aucun exemple, il est bien peu de familles qui n'aient à réparer quelque perte ; mais le calme et la tranquillité dont nous jouissons, sont les avant-coureurs de la prospérité nationale.

Mais pour que le commerce et l'agriculture (source de puissances et de ri-

N n

chesses d'un vaste empire comme la France) puissent complètement jouir des grands avantages que leur procure le Gouvernement, et que chacun puisse tirer de son industrie, de ses travaux, et du territoire qu'il habite, le produit qu'il a droit d'en attendre, il faut nécessairement s'occuper, de préférence, des moyens propres à leur donner l'extension, et les développemens dont ils sont susceptibles.

Ces moyens sont, sans contredit, des ports, des canaux de navigation, le desséchement des marais, la formation et l'entretien des routes, les ponts et chaussées, digues et écluses, tant à entretenir qu'à réparer; des rues à ouvrir, des places publiques à former dans les grandes villes; des chemins d'arrivages à réparer ou à pratiquer aux bourgs et villages, pour faciliter leur commerce et l'exploitation du produit de leur territoire et manufactures, travaux qui deviennent utiles au Gouvernement, et feront l'admiration des étrangers, et resteront à la postérité comme témoins immortels de la gloire du peuple français.

Ces importantes vérités ont été tellement senties par le Gouvernement, qu'il fait apporter la plus grande activité dans les immenses travaux projetés et commencés sur tous les points de la France. C'est à cette certitude de prospérité nationale que sont attachées toutes les espérances de bonheur, c'est au génie qu'appartient la puissance de l'État; mais c'est aux arts et aux entreprises commerciales que reste attachée cette habitude des grandes choses, qui perpétue la force et la gloire d'une nation.

Richelieu, pour créer une navigation riche et puissante, après la dévastation occasionnée par trente années de guerre, établit un conseil maritime, forma des sociétés commerçantes, et posa les bases du grand édifice que Colbert acheva cinquante ans après.

Les Sully, les Colbert, les Riquier, les Trudaine, les Déparcieux, les Turgot, les Perronnet, les Demoustier, etc. etc. etc., se sont illustrés tant par leur génie créateur que par leur sage administration et leurs vues philantropiques.

Leurs successeurs, qui se montrent leurs dignes émules, rendront également leur mémoire chère aux Français, en secondant les efforts heureux du Gouvernement pour la restauration du commerce, de l'agriculture et des arts, dans toutes les parties qui leur sont confiées.

Offrir au public un ouvrage d'art exclusivement consacré à des intérêts d'une importance aussi majeure, c'est, à ne pas en douter, s'assurer un accueil favorable.

Le corps des ponts et chaussées, les architectes, les entrepreneurs, constructeurs, manufacturiers, artistes mécaniciens dans l'art des constructions civiles en général, les amateurs des beaux arts, de l'agriculture et du commerce, y trouveront un répertoire exact de toutes leurs sages opérations, un moyen facile et prompt de correspondre, et, si nous pouvons nous exprimer ainsi, un dépôt central de leurs lumières.

Cet ouvrage sera leur domaine et l'écho fidèle de leurs travaux comme de leurs propositions utiles et scientifiques; enfin, il leur sera entièrement consacré pour réunir aux efforts du Gouvernement, ceux qu'ils jugeront propres à seconder ses sages et utiles desseins.

Il deviendra l'un des Ouvrages le plus intéressant dont se composent les bibliothèques des amis des arts; il formera un répertoire d'ouvertures et de conseils salutaires, indispensables aux vrais cultivateurs et aux manufacturiers.

Il continuera de publier et indiquer tous les moyens d'amélioration et de perfection dans l'art de l'agriculture, des ponts et chaussées, des canaux de navigation, des ports maritimes, des manufactures et des constructions civiles en général.

Il ranimera ces parties si essentielles de commerce, en faisant part des nouvelles découvertes, en insérant les annonces et avis y relatifs, publiés par les autorités compétentes. Les arrêtés des administrations du Gouvernement, les idées même des particuliers, qui auront quelques rapports au but de son institution; mais il s'attachera particulièrement au développement des plans et mémoires qui nous seront transmis par les ingénieurs et entrepreneurs des ponts chaussées, et par les savans qui consacrent leurs veilles aux progrès des sciences et arts relatifs à cette partie.

Nous continuerons sur-tout à observer avec une scrupuleuse exactitude, l'engagement que nous avons contracté d'être exclusivement voués au bien général ; déclarant formellement ne vouloir directement, ni indirectement, rendre compte des affaires politiques qui deviennent entièrement étrangères à la nature de notre entreprise et au but que nous nous proposons.

Nous croyons devoir observer que l'existence de cet ouvrage se trouve appuyée d'avance par une autorité bien puissante.

Le ci-devant intendant des ponts et chaussées (1) dit, pages 2 et 3 de son mémoire écrit en 1770, que la partie historique en est assez difficile à connaître, que cette branche d'administration demeura dans l'oubli, même sous M. de Sully, pour qui la charge de Grand-Voyer fut créée en 1599; que ce fut en 1723 que le département des ponts et chaussées fut réuni à celui des finances ; que les détails en furent confiés en 1740 à M. de *Trudaine*, le père ; que ce magistrat sentit bientôt que l'agriculture et le commerce ne fleuriraient dans un état, qu'autant qu'il y aurait des communications faciles de l'intérieur à l'extérieur, qui lient toutes les provinces entre elles, pour échanger leurs productions ; que M. de *Trudaine* a acquis par-là des droits immortels à la reconnaissance de la nation, et qu'il eût été bien à desirer que ce *magistrat eût laissé des mémoires capables de guider ses successeurs, en rappelant une autorité aussi respectable, qui dût, dit-il, être leur plus ferme appui.*

C'est pour satisfaire à ce vœu, que l'auteur de cet ouvrage, qui exerce depuis 25 ans un état analogue à cette partie, s'est empressé d'en tracer le plan, dont des circonstances pénibles ont pendant quelque tems différé l'exécution; mais elle n'en sera aujourd'hui que plus parfaite, et appuyée sur des connaissances plus approfondies. Il a été encouragé par les témoignages les plus flatteurs, de l'approbation de plusieurs personnes dont il ambitionnait particulièrement le suffrage, (2) lorsqu'il leur communiqua le prospectus de cet ouvrage.

Mais pour approfondir les moyens de prospérité générale, et comme nous

(1) *Chaumont de Lamillière* n'aimant pas les hommes à hautes prétentions, trop communs, dit-il, en comparaison de ceux à talens. Cet homme estimable, juste et intègre dans son ministère, que la France vient de perdre après avoir souffert tous les maux que le despotisme du Directoire lui a faits, sera long-tems regretté. Nous avons inséré au deuxième Cahier un extrait de ce mémoire, qui nous a paru digne de l'intérêt général.

(2) Voyez à la fin de cette feuille, l'extrait de quelques lettres.

l'a observé un membre du conseil des ponts et chaussées (1) , que notre but devra être principalement de nous appliquer à tirer de l'oubli les plans utiles qui y sont restés ensevelis , et à donner de la publicité aux nouveaux projets qui nous seront adressés ; nous en rendrons un compte exact, espérant par-là procurer à leurs auteurs de nouvelles idées , et leur faire recueillir les récompenses dues à leur génie. Par ce moyen , notre ouvrage servira de titre imprescriptible à l'inventeur , en fixant l'époque de sa découverte ou celle du commencement de ses travaux.

Concevant d'ailleurs l'importance et l'immensité des travaux de notre plan , indépendamment des profondes connaissances des savants des ponts et chaussées , sur lesquels nous fondons en grande partie notre espoir , comme devant former la principale portion de notre travail , nous avons pensé que , pour réunir les renseignemens que nous espérons recueillir jusques dans les pays étrangers , nous ne devions pas oublier d'y appeler les avis des vrais cultivateurs , manufacturiers , architectes , entrepreneurs et autres artistes des départemens , ces derniers étant plus à portée que personne d'apprécier les avantages des canaux de navigation , routes ponts et chaussées à pratiquer dans les divers endroits qu'ils parcourent , tant pour le desséchement des marais que pour la circulation et transport des produits de leur territoire , des manufactures qu'ils possèdent , et de l'industrie qu'ils exercent. Ils sentiront parfaitement l'utilité des travaux à faire dans cette partie , non-seulement pour tous les objets ci-dessus , mais encore pour garantir les immenses contrées des terreins fertiles , souvent ravagés par des inondations , des grandes eaux , faute de ruisseaux nécessaires à leurs écoulemens , et qui coûteraient peu à exécuter , outre le rapport immense et certain qu'on pourrait en recueillir , suivant le plan que nous avons donné au septième cahier, page 100 de ce volume.

Cet ouvrage ne s'arrêtera pas à des combinaisons chimériques , et nous n'admettrons des idées nouvelles qu'autant qu'elles seront plus utiles que coûteuses au bien général, en suivant pour modèle les observations faites dans notre deuxième cahier de cette année , au sujet des travaux commencés au canal de Lourcq. C'est à cette considération que doivent sur-tout s'attacher les personnes qui voudront nous faire passer des notes, que nous accueillerons favorablement ; car c'est du rapprochement des idées que jaillit la vérité.

Cet ouvrage formera tous les ans un volume plus ou moins étendu, suivant la quantité de matière , format in-4o. , sur beau papier, propre à contenir des planches et gravures au trait seulement, des principaux travaux que l'on sera dans le cas de projeter ou d'exécuter. L'abondance des matériaux précieux qui nous sont parvenus , nous a obligés à former le premier volume de dix-huit cahiers, au lieu de douze , savoir : six de l'an 11 , et douze de l'année suivante que nous avions annoncés.

Nous prions nos lecteurs de nous faire passer les avis et observations qu'ils croiront nous être nécessaires pour la perfection de notre ouvrage , principalement, autant qu'il sera en leur pouvoir, les noms des ingénieurs , architectes , entrepreneurs, constructeurs, manufacturiers, cultivateurs et amateurs, qu'ils sauront s'être distingués dans l'exécution des travaux à eux confiés dans

(1) M. Lebrun , inspecteur général des ponts et chaussées, ainsi qu'un ancien administrateur de cette partie, M. *Hébert d'Hauteclair.*

leurs parties respectives. Enfin, d'y joindre, autant que possible, l'indication du domicile de chaque personne citée, précaution indispensable à l'ordre classique que nous nous *proposons* d'observer dans ce travail.

Nous remercions MM. les ingénieurs, architectes, entrepreneurs, constructeurs, ainsi que MM. les préfets, sous-préfets, sénateurs, conseillers d'état, secrétaires et chefs des bureaux des différentes administrations, et et enfin tous les artistes et amateurs des objets d'art annoncés dans cet ouvrage, des sages avis, observations et renseignemens qu'ils ont bien voulu nous transmettre à ce sujet.

La Souscription de ce volume est de 21 fr. jusqu'au premier fructidor de l'an 12; passé cette époque, elle sera de 25 fr. Il y a des extraits simples et complets de cet Ouvrage, avec gravures, de 5 et 10 fr., joints à l'*Almanach général des Constructions civiles de France*, format *in-12*, de 3 fr., le tout utile et nécessaire à tous les Artistes, Directeurs, Entrepreneurs ou Fournisseurs des objets qui ont rapport aux différentes parties d'arts y annoncées, de même qu'aux Propriétaires des immeubles et aux Gens d'affaires qui ont avec eux des relations relatives aux mêmes objets, comme donnant tous les renseignemens dont chacun d'eux peut journellement avoir besoin.

Nota. Toutes lettres, paquets, avis, demandes et argent doivent être adressés, francs de port, au Directeur du Recueil Polytechnique, rue Barre-du-Bec, n°. 2, au Marais.

EXTRAIT d'une partie des lettres d'approbation dont nous avons parlé page 271.

J'ai reçu, citoyen, le prospectus que vous m'avez adressé; j'y vois avec intérêt le but que l'on se propose, qui ne peut tourner qu'à l'avantage des Sciences et des Arts, par conséquent à la félicité publique. Je ne doute point que la plupart de mes camarades ne secondent vos efforts, en vous transmettant le résultat de leurs travaux et de leurs découvertes. Je souscris volontiers, en vous priant de me compter au nombre de vos abonnés, etc.

J'ai lu, citoyen, le plan d'une feuille périodique que vous proposez de faire sous le titre de, etc. Je serai avec plaisir l'un de vos abonnés; je pourrai même vous prendre deux Numéros. Le moment paraît favorable à votre entreprise; le corps attend avec impatience une organisation; il ne peut l'attendre long-tems en vain; il trouvera sans doute dans votre journal un moyen de plus de faire sentir au Gouvernement l'avantage de cette organisation; et cette organisation terminée, vous aurez sans doute de nouveaux moyens pour réaliser le plan que vous avez conçu. L'un de ses grands avantages me paraît être celui d'offrir aux Ingénieurs un moyen peu dispendieux de se communiquer leurs connaissances et les résultats de leurs expériences. On pourrait même y ajouter l'avantage que chaque Ingénieur pourrait avoir de proposer au corps entier des difficultés qui tiennent à la perfection de l'art, et que l'Ingénieur le plus habile n'est pas toujours à portée de vaincre par sa propre expérience.

Je viens de recevoir, monsieur, le prospectus. C'est servir l'intérêt public et stimuler à la fois les talens, que de publier les travaux du Corps des Ponts et Chaussées. Sa réputation méritée et bien connue de l'étranger, vous assure chez nos voisins de nombreux Souscripteurs, et en France autant de collaborateurs qu'il y a d'Ingénieurs. J'applaudis avec chaleur à votre idée; les chef-d'œuvres existans, les célèbres monumens de nos grands maîtres, les projets non moins savamment conçus, encore en porte-feuille, que des tems malheureux qu'il faut oublier n'ont pu mettre au grand jour, vont devenir des matériaux immenses, qui doivent donner à votre journal une existence brillante. Je vous prie de me compter au nombre de vos abonnés.

J'ai lu avec intérêt, citoyen, le plan d'une feuille périodique sous le titre de, etc. Cet Ouvrage peut devenir très-utile en devenant le dépôt des méthodes et observations relatives aux Arts, et particulièrement aux constructions civiles, ainsi que des projets d'une certaine importance nouvellement exécutés ou à exécuter. Ce sera un point de réunion et de ralliement pour les Ingénieurs et Artistes éloignés de la capitale ou du théâtre des grands travaux, qui leur facilitera le moyen de se communiquer leurs idées, et de se faire part mutuellement, tant des difficultés qu'ils pourront rencontrer dans l'exécution, que du succès de leur méthode, et par conséquent de leurs travaux. Je suis persuadé, citoyen, qu'un grand nombre d'Ingénieurs, Artistes et Amateurs, s'empressera de s'abonner à votre feuille, et vous pouvez me compter du nombre dès ce moment.

J'ai reçu le plan d'une feuille périodique sous le titre de, etc. J'en ai de suite fait faire quatre extraits, et les ai envoyés à mes collaborateurs, les Ingénieurs ordinaires de ce département. Je ne doute pas qu'ils ne s'abonnent pour se procurer cette feuille qui doit être généralement accueillie. Vous pouvez, citoyen, me compter au nombre de vos abonnés.

J'ai reçu, citoyen, le prospectus que vous m'avez adressé. Je vous prie de vouloir bien m'inscrire au nombre de vos abonnés, ainsi que le cit. N., Ingénieur ordinaire du département de, etc. Pour rendre plus utile l'article qui concerne les Ingénieurs, il faudrait, à ce que je crois, ne pas se contenter d'indiquer leurs noms dans le premier numéro de chaque année, il faudrait aussi faire connaître l'époque de leur entrée dans le Corps comme élèves, celle de leurs promotions au grade d'Ingénieurs ordinaires, d'Ingénieurs en chef, etc. Par ce moyen, chaque Ingénieur connaîtra le rang qu'il occupe parmi ses camarades.

Enfin, nous pourrions citer quantité d'autres lettres, dont l'étendue de cette Feuille ne nous permet pas de donner ici le détail qu'elles méritent, qui sont en grand nombre, puisqu'elles forment maintenant, à elles seules, deux volumes particuliers de 500 pag. in-4°. que nous avons fait relier, dont nous proposons de remplir succinctement les intentions qu'elles contiennent.

OBSERVATION.

Nous invitons tous nos Lecteurs à vouloir bien nous faire passer de suite les avis, plans ou mémoires qu'ils jugeront convenables de faire insérer dans la suite de cet Ouvrage, et nous faire savoir en même tems si nous pouvons avoir l'avantage de les compter au nombre de nos Souscripteurs, afin que nous puissions de suite les porter comme tels au tableau synoptique que nous nous disposons en ce moment à mettre sous presse, observant, en outre, que tous ceux auxquels ce supplément est adressé, nous sont déjà désignés comme des amis des Arts et du Commerce, dont les noms seront portés comme tels audit tableau; plusieurs Magistrats des premières autorités de l'Empire français et des pays étrangers en font partie comme souscripteurs.

Suite du réglement sur l'organisation de la régie des droits réunis, commencé page 266 de ce volume.

TITRE VII.

Des cautionnemens.

XXIV. Le cautionnement du receveur général est fixé provisoirement à 100,000 fr. en numéraire.

Les directeurs, employés et préposés aux recettes, fourniront des cautionnemens en numéraire, du douzième du montant des recettes qu'ils auront faites en l'an 13 ; ces cautionnemens seront versés à la caisse d'amortissement.

XXV. Le ministre des finances est chargé de l'exécution du présent arrêté.

N. B. Nous prévenons les auteurs de plans et projets utiles, qui desireront les rendre authentiques, que nous ne donnerons de publicité à leurs noms, professions, etc., qu'autant qu'ils en auraient l'intention, et que dans le cas contraire, ils voudront bien nous en faire part, afin que nous insérions leurs idées, sur l'indice seulement. *Articles communiqués.*

Paris, ou les immenses dispositions des travaux pour les embellissemens de cette grande ville.

Nous avons déja donné dans plusieurs des Cahiers de ce volume, le détail des travaux que le Gouvernement a faits ou ordonnés pour l'embellissement de Paris, la commodité et la facilité du commerce de cette capitale et de ses environs, et l'agrément de ses habitans. Nous croyons faire plaisir à nos lecteurs en leur donnant un apperçu de l'état de quelques-uns de ces travaux.

1°. *Le quai Desaix* se pousse avec activité, le mur est maintenant hors de tout danger, puisqu'il est déja élevé de plus de douze pieds ou quatre mètres au-dessus des eaux ordinaires. Cent cinquante ouvriers au moins continuent journellement cette intéressante construction.

2°. *Le quai Bonaparte.* Les travaux qui ont paru languir pendant quelque tems, viennent d'être repris et se poussent avec toute la célérité possible. Le jeune Lamandé, ingénieur ordinaire de ces travaux, y fait ses différentes expériences pour les travaux de terrasse, qui paraissent assez considérables, et qui ne seront pas le moins coûteux. Il faut que le charriot à roulettes dont il a été question page 48 de ce volume, n'ait pas eu tout le succès qu'on avait lieu d'espérer, ou que l'on n'ait pas réussi cette voiture à sa perfection; elle aurait cependant été d'une grande économie pour ces travaux, si l'on en eut tiré les avantages qu'elle promettait; car les relais à la brouette, et sur-tout lorsque l'on ne sait pas les abréger, deviennent très-coûteux pour le transport en général des terrasses.

3°. *Le pont du Jardin des Plantes* paraît toujours se faire lentement, cela donne lieu de croire que différens projets de changemens au premier plan de ce pont sont en discussion à l'administration des Ponts et Chaussées, et qu'on attend sa résolution définitive pour en pousser les travaux avec activité, ainsi que nous l'avons observé page 201 de ce volume.

4°. *Le pont des Arts.* Ce pont, tant critiqué dans les journaux, pour la forme de sa construction, jouit maintenant de tous les agrémens au milieu de ses critiques, et rapporte des sommes immenses à ses entrepreneurs, par le péage qui se perçoit jour et nuit. Au but d'utilité publique, il joint un motif d'agrément, qui, dans une ville telle que Paris, est une mine fructueuse pour ceux qui savent l'exploiter. Deux jolies cabanes montées tout en fer et garnies en vitrages dessus et par les côtés, viennent d'y être construites, et sont occupées par un jardinier fleuriste à qui elles servent de serres pour y déposer toutes sortes d'arbustes et de fleurs exposés en vente aux passans; il l'a orné encore de deux rangées de superbes orangers dans leurs caisses, dans toute la longueur dudit pont et de chaque côté, le tout moyennant un bail de location d'un prix assez considérable (1) que les entrepreneurs ont obtenu de lui pour le tems de leur privilége. Cette décoration et plusieurs rangs de chaises placées sur le pont, invitent les curieux à venir s'y promener pour jouir en même tems du coup-d'œil de la rivière et de la fraîcheur des soirées. Un glacier napolitain ajoute encore aux agrémens du public, par les rafraîchissemens que l'on peut s'y procurer.

En attendant que nous donnions une description exacte de ce pont, qui a été exécuté d'après les plans et dessins de M. Decessart, nous prévenons nos lecteurs que nous nous disposons à faire graver la scie mécanique qui a servi à receper les pieux dans l'eau pour la fondation des piles, ouvrage réellement ingénieux, dont l'éloge a justement occupé les papiers publics; nous y joindrons le modèle des caissons qui ont été employés pour la construction du pont de Saumur, avec le détail explicatif imprimé, qu'on trouvera dans les cahiers du deuxième volume.

5°. *Le château du Louvre, ou Palais des Sciences et Arts.* Il va enfin être dégagé de la majeure partie des vieilles masures qui masquent son ensemble et entravent la voie publique de ses environs, ainsi que nous l'avons indiqué dans nos premiers cahiers. Le Gouvernement vient d'en ordonner la démolition et le percement de nouvelles rues qui remplaceront les petits défilés ou passages tortueux qui déshonorent l'approche de ce superbe monument.

L'on présume que la démolition atteindra également une partie de vieux bâtimens, côté du nord, près la rue Froidmanteau, où réside un plombier. La vue n'en n'est pas moins choquante, et sa suppression rendrait la place du Louvre régulière jusqu'à la rue de Beauvais.

(1) On dit six mille francs.

6º. *Château des Tuileries*. Ce monument continue à se dégager de tous les côtés, et la construction du grand égoût de la rue Neuve du Manége se poursuit avec activité ; les percées des rues traversières de cette rue Neuve à celle Saint-Honoré, sont entièrement ouvertes.

7º. Des tuyaux de fonte se posent de tous côtés dans les rues, pour conduire, dans tous les quartiers de Paris, les eaux fournies par les pompes à feu des frères Perrier : ce travail avait été commencé en 1785.

A V I S.

M. Decessart, Inspecteur général des Ponts et Chaussées, vient d'ouvrir une souscription pour le Recueil des travaux qu'il a dirigés en France. Ils formeront deux volumes in-4º., avec gravures : prix, 72 francs.

XIIèmé. CAHIER.

NAVIGATION DU LOIR.

Observations sur le cours du Loir, depuis la limite du département de Maine et Loire, entre la Flèche et Durtal, jusqu'à l'embouchure de cette rivière dans la Sarthe, au-dessous de Briolay, annexées au procès-verbal de la visite faite dans l'étendue de ce département, en exécution de l'arrêté du Directoire, en date du 19 ventose an 6, par G. Goury, ingénieur des Ponts et Chaussées, à Angers.

IL importe de faire précéder ces observations de quelques remarques propres à donner une idée de la rivière du Loir, et de sa navigation.

Les sources de cette rivière sont généralement vives ; le bassin est régulier et profond. Lorsque les autres rivières confluentes, telles que la Sarthe et la Mayenne, cessent d'être navigables pendant l'été, le Loir reçoit encore une partie des bateaux de ces deux autres rivières. Les eaux du Loir, comme celles de la Sarthe et de la Mayenne, ne sont retenues que par des digues ou chaussées, très-faibles et très-longues, qui s'élèvent au niveau des moyennes eaux, et forment déversoirs pour les crues de la rivière. Ces digues, placées très-obliquement, éloignées entr'elles d'environ 2 à 3 kilomètres, servent à ménager les eaux pour les différens moulins qui y sont établis. Chacune de ces digues est traversée par deux ou trois ouvertures, dont la plus grande de 4 mètres 5 décimètres à 4 mètres 8 décimètres de largeur, se nomme porte-marinière, autrement appelée, suivant les localités, demi-écluse, pertuis, passe-lit, etc. ; les ouvertures plus petites, nommées portineaux, ne servent qu'à soulager au besoin la chaussée ; les meûniers y tendent des engins et filets pour la pêche. Ces ouvertures sont fermées par des aiguilles ou palettes de bois posées verticalement, à côté et au-devant les unes des autres, dont l'extrémité inférieure s'appuie sur la feuillure d'un seuil, et l'extrémité supérieure contre une poutrelle transversale et mobile sur pivot. Pour ouvrir la porte-marinière, ou le pertuis, les mariniers se placent sur la poutrelle, enlèvent successivement toutes les aiguilles, avec assez de peine et non sans danger ; on tourne ensuite la poutrelle pour la ranger le long d'un des bajoyers, alors le passage est libre pour les bateaux. Les mariniers laissent écouler l'eau pendant quelque tems, afin de diminuer la cataracte ; ensuite ils s'abandonnent au courant pour descendre ; s'ils veulent monter la porte , ils attachent un cable à un fort pieu placé sur une des rives du biez supérieur , et franchissent la cascade au moyen d'un treuil , nommé guindas , fixé à demeure vers la poupe du bateau. Quand le bateau est passé, on retourne la poutrelle transversale , et les meûniers replacent les aiguilles l'une après l'autre. Tel est l'usage du pays , ce sont les mariniers qui ouvrent , et les meûniers qui ferment les portes.

Les chûtes relatives et apparentes de chaque porte varient depuis 40 jusqu'à 80 centimètres , de l'Amont à Laval ; il est même rare qu'elles passent 65 centimètres , ce qui dépend de l'ouverture plus ou moins fréquente desdites portes , et la diversion plus ou moins grande des eaux du biez. Mais il s'en faut de beaucoup que la longueur des bajoyers soit assez grande pour ces chûtes. Cette disproportion rend le passage dangereux lorsque la cascade est forte , parce qu'il y a un moment où la moitié du bateau se trouvant portée sur l'eau du biez supérieur , et l'autre n'étant point soutenue par l'eau qui se précipite trop rapidement , cette dernière moitié est pour ainsi dire en porte à faux. Alors un bateau de 26 à 30 mètres de longueur , appesanti par sa charge , doit tendre à se rompre dans le milieu ; cet effet n'est pas sans exemple. Les bajoyers devraient avoir au moins depuis 8 jusqu'à 12 mètres de longueur , suivant la chûte.

Malgré tant d'inconvéniens auxquels on peut joindre les défauts ordinaires dans la direction des pertuis , leur situation plus ou moins désavantageuse , par rapport aux courans et aux berges de la rivière , la difficulté et la lenteur indispensable des manœuvres , les mariniers qui fréquentent le Loir , sont tellement familiarisés avec ces différens genres de contrariétés , que la navigation y est susceptible d'une amélioration peu dispendieuse ; et les principaux obstacles dont ils se plaignent , consistent dans plusieurs grèves ou bas-fonds , dans la diversion des eaux , occasionnée par des dérivations mal entendues , dans le rétrécissement de quelques portes-marinières et l'exhaussement de leurs seuils. Mais si la navigation réclame d'un côté , l'agriculture souffre de l'autre par le fait même des mariniers , qui abusent sans cesse , et surchargent leurs bateaux , cumulant les trains de bois , formant des afflots pernicieux pour les propriétés riveraines qu'ils inondent et ravagent impunément.

Ces considérations également importantes ont dirigé nos déterminations et motivé les observations suivantes , que nous avons cru devoir annexer au procès-verbal de la visite générale du Loir , servant à régler les hauteurs respectives des seuils de chaque porte-marinière et les niveaux des déversoirs , à désigner les divers obstacles à la navigation et les moyens d'y remédier ; enfin , à présenter les mesures tutélaires que réclame l'intérêt respectable des antiques propriétés riveraines du Loir.

Nous avons fixé la largeur générale des portes-marinières à 4 mètres 7 décimètres , eu égard aux grands bateaux qui naviguent sur le Loir. Il serait encore à desirer qu'il y eut sur chaque digue ou chaussée adjacente à la porte-marinière un portineau de 3 mètres d'ouverture , destiné au passage des petits bateaux , afin de ne point employer pendant l'été une quantité d'eau superflue. Ce portineau servirait en outre à soulager les chaussées dans les grandes crues , en levant tous les appareils : et pour cette fin , comme il y a maintenant des portineaux sur presque toutes les chaussées , il faudrait les élargir , vu qu'ils sont généralement trop étroits , et ne présentent aucune

utilité pour la navigation dans leur état actuel , étant d'ailleurs pour la plupar
mal situés.

En baissant les seuils de plusieurs portes-marinières , ainsi que nous l'avons
proposé dans notre procès-verbal ci-dessus relaté , nous avons eu pour but
principal de répartir les volumes d'eau proportionnellement aux biez , ou
champagnes , et sur-tout eu égard à l'élévation des chantiers et des berges
de la rivière , à la hauteur d'eau requise pour le passage des plus grands
bateaux aux portes marinières. Nous avons encore eu pour but d'obtenir , par
une détermination invariable du niveau de chaque seuil , un point fixe auquel
on pût comparer les hauteurs nécessaires et suffisantes des chaussées et déversoirs , etc. , de manière à concilier , autant que possible , l'avantage et
la facilité de la navigation , avec l'intérêt des propriétaires riverains , sans
opérer des changemens trop subits , et sans occasioner de trop grandes
dépenses ; mais en se rapprochant de la situation actuelle des lieux , en ne
cherchant qu'à corriger les abus nécessaires , et finalement sans rien innover
au commerce habituel de cette rivière ni au systême de sa navigation.

On ne doit pas s'attendre que cette seule détermination des seuils puisse
remplir les vues qui ont motivé une opération aussi importante. L'effet du
baissement des seuils , quant au rabais des eaux dans le biez supérieur , ne
peut avoir lieu dans le tems des basses eaux , que durant l'ouverture des
portes , laquelle est accidentelle et dépendante du plus ou moins de bateaux
qui montent et baissent ; car on ne doit jamais compter sur la bonne volonté
des meûniers , pour lever à-propos les appareils desdites portes.

Il faut donc , si l'on veut obtenir des effets certains , et ce nonobstant
tout réglement comminatoire, il faut que l'écoulement des eaux surabondantes
soit tout-à-fait indépendant des meûniers , des mariniers , et de toutes
manœuvres de circonstance. A cette fin , nous allons déterminer la hauteur
d'eau nécessaire à la navigation pour le passage des portes , qui sont les
uniques points à considérer, la rivière étant généralement très-profonde , à
l'exception des jars ou attérissemens partiels que nous avons constatés , et
qu'il est d'ailleurs indispensable d'enlever , sous toute espèce de rapport.
Après avoir déterminé cette hauteur d'eau , nous proposerons de former sur
chacune des digues adjacentes aux portes-marinières un déversoir , dont nous
fixerons la hauteur et les dimensions , pour l'écoulement naturel du trop
plein.

Les plus grands bateaux de cette rivière , en chargeant même jusqu'à 80
milliers , doivent caler moins d'un mètre d'eau ; supposant qu'il leur faille
un mètre trois décimètres d'eau pour la facilité du passage sur le seuil , que
l'on y ajoute cinq décimètres destinés à fournir l'afflot , ce qui est plus que
suffisant , l'on aura un mètre huit décimètres de hauteur d'eau. Tel est
évidemment le point le plus haut où les mariniers aient besoin de soutenir les
eaux pour la navigation.

Il n'est pas douteux , d'après l'expérience , que les moulins doivent ma-
nœuvrer avec le plus grand avantage , au moyen d'un pareil volume d'eau.
Car , sur cette rivière , la différence réduite de hauteur du seuil des coursiers
de moulin au seuil de la porte-marinière , est de 4 décimètres , quantité
dont le premier seuil est généralement plus élevé que l'autre. Il resterait
donc un mètre quatre décimètres de hauteur d'eau au-dessus du seuil des

coursiers, pour la manœuvre des moulins dans les plus basses eaux. Il serait bien facile de démontrer que cette hauteur, indépendamment de la chûte immédiate qui se trouve ménagée au-devant de chaque roue, est beaucoup au-dessus de celle nécessaire pour produire le plus grand effet, sur-tout si la dépense d'eau était mieux ménagée par le rétrécissement des coursiers, qu'on peut réduire à 8 décimètres de largeur, en ne laissant de vide que l'intervalle requis pour le mouvement de la roue.

Nous sommes également convaincus que les prairies ne pourraient souffrir d'une retenue d'eau d'un mètre huit décimètres au-dessus des seuils des portes-marinières, puisque nous avons généralement trouvé cette hauteur d'eau au-dessus des seuils les plus élevés, sans que les eaux fussent au niveau des plus bas chantiers.

Nous croyons donc pouvoir fixer la hauteur des eaux basses au-dessus des seuils des portes, à un mètre huit décimètres; d'après cela l'on peut former, à l'endroit le plus convenable de la digue adjacente à chaque porte marinière, et sans égard aux vidanges ou cours d'eau intermédiaires, un déversoir parabolique dont la ligne supérieure serait dressée de niveau à un mètre huit décimètres au-dessus de la porte-marinière, déterminée par le procès-verbal de visite. Ces deux niveaux, celui du déversoir et du seuil, serviraient de repaires réciproques. Nous pensons qu'il suffirait de donner à ce déversoir 10 mètres de longueur, pour produire l'effet qu'on se propose, qui est de soulager continuellement les chaussées, de ménager les propriétés riveraines, et modérer les retenues d'eau, dont l'excès ne peut que devenir funeste même à la navigation (1).

DISPOSITION du Gouvernement pour la formation d'une nouvelle ville dans le département de la Vendée.

Au Palais de Saint-Cloud, le 5 prairial en 12.

Napoléon, empereur des Français, sur le rapport du ministre de l'intérieur, décrète ce qui suit :

ART. I. Le chef-lieu du departement de la Vendée sera transféré à la Roche-sur-Yon le premier fructidor prochain.

II. Un ingénieur des ponts et chaussées et un officier du génie militaire seront envoyés à la Roche-sur-Yon.

Ils détermineront sur les lieux l'emplacement de la Préfecture, du Tribunal, de la Prison, de Casernes propres à contenir deux bataillons d'infanterie et les officiers; d'un hôpital militaire pour trois cents lits; d'une manutention des vivres, d'un Magasin de subsistances, et d'un Lycée. Ils traceront l'ouverture et l'alignement des rues, dont le terrain serait concédé, à la charge de bâtir des maisons. Leurs plans et projets seront dressés dans les proportions nécessaires à une ville de douze à quinze mille ames.

Ils reconnaîtront le cours de l'Yon, et détermineront l'espèce de navigation dont cette rivière est susceptible.

Ces opérations seront dirigées et suivies de manière que les mémoires dé-

(1) Nous ajouterons aux observations de M. Goury, que les travaux qu'il indique pourraient être calculés avec ceux de la formation d'un canal pour joindre le Loir avec l'Eure, et établir ainsi une communication entre l'Océan et la Manche, par la Seine et la Loire. On verra dans un des prochains Cahiers, la description de ce canal qui est figuré sur la carte géométrique de la navigation intérieure, que l'on grave en ce moment.

taillés et tous les plans à l'appui soient présentés par le ministre de l'intérieur, au premier travail de messidor prochain.

III. Des routes seront ouvertes entre la Roche-sur-Yon, les Sables d'Olonne, Montaigu et Saint-Hermine, et dirigées de manière que la communication soit établie entre Fontenay, Nantes, les Sables et la Roche-sur-Yon.

IV. Un mémoire et des plans seront dressés pour faire connaître, 1°. les améliorations nécessaires au port des Sables, pour qu'il devienne le port d'entrepôt de toute la Vendée ; 2°. les manufactures qui peuvent être établies à la Roche-sur-Yon, et les encouragemens qu'il convient d'accorder.

V. La construction des bâtimens de la Préfecture, du Tribunal et de la Prison commencera dès cette année.

A cet effet, un fonds de 50,000 fr. est mis à la disposition du ministre de l'intérieur.

VI. La construction des Casernes, de l'Hôpital militaire, de la manutention des vivres et du Magasin des subsistances commencera dès cette année.

A cet effet un fonds de 50,000 fr. est mis à la disposition du ministre de la guerre.

VII. Les travaux pour les communications de la Roche-sur-Yon aux Sables d'Olonne, à Montaigu et à Saint-Hermine, commenceront, sans délai, et seront poursuivis avec activité.

A cet effet un fonds de 300,000 fr. est mis à la disposition du ministre de l'intérieur.

VIII. Les ministres de l'intérieur, de la guerre et du trésor public sont chargés de l'exécution du présent décret.

Signé, *NAPOLÉON.*

Par l'empereur,

Le secrétaire d'État, signé H.-B. MARET.

INDICATION de la division hydrographique des principaux fleuves et rivières de France, d'après M. Moithey, *ingénieur géographe.*

En attendant que nous donnions à nos lecteurs le détail général explicatif des différens projets de canaux de navigation faits et à faire dans l'intérieur de la France, nous donnerons ici celui de sa division hydrographique fait par M. Moithey, qui nous a paru intéresser non-seulement la classe des artistes qui a rapport à cette partie, mais encore tous les amis des arts et du commerce répandus dans tous les départemens de l'empire français.

L'ingénieur Moithey dit, qu'en considérant la France par le cours de ses fleuves et rivières, on verra que la plus grande partie prennent leur origine du milieu ou du bas des montagnes : ces contrées plus ou moins élevées au-dessus de la surface de la terre, les retiennent en même tems qu'elles les donnent.

Le Mont-Saint-Gothard, en Suisse, fournit quatre fleuves, le Rhin, le Rhône, le Danube et le Pô : les deux premiers coulent dans une partie de la France, et les deux autres dans l'Allemagne et l'Italie.

Le Mont-Mezin, dans les Cévennes, donne naissance à la Loire, à l'Egryeux et au Lignon ; la première a son embouchure dans l'Océan, la seconde se jette dans le Rhône, et le troisième tombe dans la Loire.

On voit couler du Mont - Pila , situé dans le Forez , cinq rivières , qui se rendent dans l'Océan et la Méditerranée , par le moyen de la Loire et du Rhône, où ces rivières se jettent.

C'est du Mont-d'Or , en Auvergne , d'où sort la Dordogne , qui se jette dans la Garonne au bec d'Ambez ; de même le Mont - Cancal donne la source des Rivières d'Alagnon et de Cer , dont l'un tombe dans l'Allier , et l'autre dans la Dordogne à Bretenoux.

Les montagnes des Vosges offrent les sources de trois rivières , qui sont , 1°. la Plaine , qui se joint à la Meurthe ; 2°. la Saux , qui se jette dans la Moselle ; 3°. la Pruseh , qui se décharge dans l'Ile.

Les Mont-Joux ou Jura voient naître le Doubs , qui se décharge dans la Saône à Verdun ; et les Monts - Pyrénées fournissent des eaux à la grande province de Guienne et à celle de Gascogne , qui , reunies ensemble , se jettent dans l'Océan , par les embouchures de la Garonne et de l'Adour.

Au Midi de la France sont les Monts - Pyrénées , qui la séparent du royaume d'Espagne. La Montagne-Noire et les Cévennes , dans le Languedoc , sont une branche des Pyrénées , qui en poussent elles mêmes trois en Auvergne , et une autre vers la Bourgogne , qui se joint aux Vosges.

Les Mont-Vosges servent de frontières à la Lorraine , à la Franche-Comté et à l'Alsace ; ils se joignent du côté de l'Orient aux Monts-Joux ou Jura , qui séparent la Franche-Comté de la Suisse ; et du côté de l'Occident il y a une suite de montagne jusqu'au Pas-de-Calais.

La grande chaîne de montagnes depuis les Pyrénées jusqu'aux Alpes , forme un bassin aux rivières qui arrosent les terreins qu'il comprend pour se rendre dans la Méditerranée ; au lieu que les rivières qui coulent à l'Occident de cette chaîne , où elles prennent leurs sources , vont se perdre dans l'Océan. Il suit de là que la France est naturellement divisée par des chaînes de montagnes , par terreins de fleuves et de rivières , entre lesquelles il y a des branches ou rameaux de montagnes moindres qui partent de la grande chaîne , et forment un bassin particulier pour chaque fleuve et ses rivières adjacentes.

On distingue parmi ces chassis de montagnes qui divisent hydrographique-ment la France , d'autres montagnes qui sont plus ou moins élevées les unes que les autres. Le Mont-Saint-Gothard , en Suisse , où le Rhin prend naissance , est élevé de 2,750 toises au-dessus du niveau de la mer ; le Mont de la Fourche , d'où sort le Rhône , près de celui de Saint-Gothard , en a 2,669 ; le Mont-Ventous , en Provence , 1,336 toises de hauteur ; le Mont-Cancal , en Auvergne , 984 toises ; le Mont - d'Or , dans la même province , 1,048 toises d'élévation ; le Mont - Mezin , dans les Cévennes , à 1,027 toises ; et le Mont-Canigou , dans le Roussillon , 1,442 toises.

Bassin de la Seine.

La Seine prend sa source en Bourgogne , près le village de Saint-Seine, se perd dans l'Océan au Hâvre , après un cours de cent soixante lieues de l'Est à l'Ouest.

Les rivières que ce fleuve reçoit à droite depuis sa source jusqu'à son embouchure dans l'Océan , sont : la Brevon , l'Ource , la Barse , l'Aube , la Vouzie , l'Yères , la Marne , la Crould , l'Oise , l'Epte , la Cailly , la Bolbec, la Lezarde. A sa gauche, la Saigne, le Huzain, l'Yonne, le Loing, l'Essonne, l'Orge, la Bièvre, la Mandre, la Vaucouleur, l'Eure, l'Oison, la Rille.

Bassin de la Loire.

La Loire, le plus considérable fleuve de la France, coule du Sud au Nord, jusqu'à Briare, d'où il suit son cours de l'Est à l'Ouest, où il trouve son embouchure dans l'Océan, après deux cent vingt lieues de cours.

La Loire, depuis sa source jusqu'à son embouchure dans l'Océan, reçoit à droite les rivières de Lignon, Lemène, Furand, Coize, Toranche, Losse, Rhin, Lornin, Ardêche, Arroux, Somme, Aron, Nièvre, Nouain, canal de Briare, canal d'Orléans, Cize, Authéon, Mayenne, Erdre. A sa gauche, de Borne, Arron, Ance, Mare, Lignon, Ysabe, Renaison, Besbre, Acolin, Allier, Aubois, Vaumoise, Nord-Yèvre, Loiret, Casson, Beuvron, Cher, Indre, Vienne, Thoué, Layon, Evre, Sevre-Nantoise.

Bassin du Rhône.

Le Rhône prend sa source au pied du Mont de la Fourche, près de celui de Saint-Gothard, en Suisse; il coule de l'Est à l'Ouest, jusqu'à Lyon, d'où il continue son cours du Nord au Sud, jusqu'à son embouchure dans la Méditerranée : son cours est de cent vingt lieues.

Les rivières les plus considérables qui se jettent à droite dans le Rhône, sont; l'Arvière, le Furan, l'Ain, la Saône, le Garon, la Gyer, la Cance, le Day, le Doux, l'Eyrieux, le Vernet, l'Ardêche, la Ceze, la Taye, le Gardon, le canal de Bourdigou, le Rhône-Mort, le Vieux-Rhône. Celles qui se jettent à gauche, sont : l'Arve, le Guiervif, la Bourbre, la Gère, la Vareize, la Galaure, l'Isère, la Drome, le Roubion, la Berre, la Louzon, le Lez, l'Aigue, la Louveze, le Calavon, la Durance, le canal de Craponne.

Bassin de l'Argent.

La chaîne de montagnes qui divise la Provence en deux parties, à-peu-près égales, et qui sert de limites du côté du Midi au Bassin du Rhône, forme un petit bassin aux rivières qui coulent de ces montagnes, pour se rendre dans la Méditerranée, depuis l'embouchure du Rhône jusqu'à Antibes.

Bassin de la Garonne.

La Garonne prend sa source au pied des Monts-Pyrénées : ce fleuve coule d'abord du Sud au Nord, ensuite du Sud-Est au Nord-Est, jusqu'à son embouchure dans l'Océan ; il change son nom au bec d'Ambez, pour prendre celui de Gironde. Son cours est de cent quarante lieues.

Les rivières considérables qui se jettent à droite dans la Garonne, sont : le Ger, le Salat, l'Arize, l'Ariège, le canal de Languedoc, le Lers, le Tarn, la Bourguelone, le Lot, le Drot, la Dordogne. A gauche, celles de l'Aune, la Neste, la Noue, la Louge, la Touche, la Save, la Baise, le Cirou.

BASSINS QUI RENFERMENT LES SIX PETITS FLEUVES DE LA FRANCE.

Bassin de l'Aa.

L'Aa prend sa source sur les frontières d'Artois, dans le Boulonais. Ce fleuve reçoit à droite le canal d'Aire à Saint-Omer, et la Colme qui passe à

Bergues ; il reçoit à gauche l'Hem , et va trouver son embouchure dans la Manche , au-dessous de Gravelines , après un cours de quinze lieues et demie.

Le bassin d'Aa , qui est un des plus petits , comprend une très-petite partie des Pays-Bas , de la Flandre et de l'Artois.

Bassin de la Somme.

La somme prend sa source à trois lieues au-dessus de Saint-Quentin ; son cours est de l'Est à l'Ouest , et parcourt environ quarante cinq lieues. Ce fleuve reçoit à droite le Miz-au-Mont , et la Maye , près de son embouchure dans l'Océan ; il reçoit à gauche une embouchure du canal de Picardie , et au-dessous de l'Aure , qui a reçu les eaux du Dom et du Noyé ; elle prend ensuite la Celle , grossie par les eaux de l'Evaissons. L'Aure se jette dans la Somme , à une lieue et demie au-dessus d'Amiens , et la Celle au-dessous de cette même ville.

Bassin de l'Orne.

Le bassin de l'Orne est renfermé par la chaîne de montagnes qui prend depuis Honfleur jusqu'à Seez , et de-là au Cap de la Hogue.

Bassin de la Vilaine.

La Vilaine prend sa source sur les frontières de la province du Maine : ce fleuve reçoit à droite la Caulache, la Vouyre, l'islet ; le Men , l'Oust, qui prend à droite l'Arre , et à gauche le Lapht. La Vilaine reçoit à gauche la Seiche , la Brue , la Chère , le Don et l'Isac , où plus bas elle trouve son embouchure dans l'Océan , après un cours de quarante-six lieues.

Bassin de la Seez.

La chaîne de montagnes qui prend depuis le Cap de la Hogue , et qui s'étend dans les terres de la Bretagne jusqu'au port de Brest , forme le bassin de la Seez , ainsi nommé de la rivière qu'il renferme. La Seez reçoit à droite la Friouse , et à gauche la Sélune , le Beuvron et l'Ardée. La Seez arrose à gauche Avranches , et se jette dans l'Océan , au golfe de Saint-Michel.

Bassin de la Charente.

La Charente prend naissance sur les frontières de la Xaintonge et du Poitou , que ce fleuve arrose ; il reçoit à droite la Sonnoire , l'Anteine , la Boutonne, qui prend à droite la Belle , et à gauche la Nie et la Gerse.

La Charente reçoit à gauche la Sonette , la Tardoire , grossie par les eaux de la Drome et du Bandiat , continue son cours , reçoit la Touvre , l'Arce , la Seugne et un gros ruisseau, d'où il se jette dans l'océan , après quatre-vingt lieues de cours.

Bassin de l'Adour.

L'Adour , fleuve de Gascogne , qui tire sa source des Monts-Pyrénées, dans la même province , au Pic du Midi , reçoit à droite les rivières de Larros , de Midou , qui a pris les eaux de Lousouze , prend la Douze , où se jette l'Estampon.

Ce fleuve reçoit à gauche le Gabas , le Souts , le Suy de France , et celui de Béarn , prend le gave de Pau , grossi par les eaux des gaves de Barrège , de Cauteres , de Bun et d'Azun , reçoit le gave d'Oléron , où se jettent ceux d'Osson et d'Apt , ensuite le Vert et le Gaison. L'Adour reçoit encore à gauche la Bidouze et la Nive à Bayonne , d'où il se jette à une lieue au-dessous de cette ville, dans l'Océan.

Bassin de l'Aude.

L'Aude prend sa source dans une vallée au-dessous des Monts-Pyrénées, dans le Roussillon ; ce fleuve reçoit à droite l'Orbieu, et à gauche le Rebenty, le Fresquet , l'Orbeil , la Cesse , et se perd dans la Méditerranée , près l'étang de Vendres.

Ce bassin renferme encore le canal de Languedoc , l'Orb , qui a reçu les eaux du Muro et du Jaur ; la Libron et l'Hérault, où se jettent à droite les rivières d'Arre , d'Ergues , de Vie et de Peine. En suivant la côte on trouve le Pezouillet , qui se jette dans la Les , la Cadoule , la Vidourle et la Vistre.

Le Roussillon , qui fait partie du bassin de l'Aude , renferme les rivières d'Agly et de Tet : la première reçoit à droite la Boulsane , et à gauche la Verdouble ; la seconde reçoit à gauche la Caselline. La Teeh ne reçoit aucunes rivières considérables. Toutes ces rivières ont leurs embouchures dans la Méditerranée.

Ports de France, situés sur l'Océan.

Ambleteuse , *Ambletosa* , (département du Pas - de - Calais), est un gros bourg de Picardie , sur la Manche , avec un assez beau port qui peut recevoir des vaisseaux de quarante pièces de canon.

Aurai , *Auraicum* , (département du Morbihan), petite ville et port de France de la Basse-Bretagne ; elle est remarquable par la bataille qui s'y donna le 24 septembre 1364.

Barfleur , *Barofluetum* (département de la Manche), petite ville ou gros bourg maritime de Normandie.

Bayonne , *Baïonna* (département des Landes), forte ville de Gascogne , au pays de Lampourdan , au confluent de la Nive et de l'Odour.

Bordeaux , *Burdigala* , (département de la Gironde) , ville très-ancienne et passablement grande , bien bâtie , fort riche , et très - marchande sur la Garonne , quelques lieues au-dessus de son embouchure dans l'Océan.

Boulogne , *Bolonia* et *Bononia* , (département du Pas - de - Calais), ville épiscopale sur la Manche , capitale du Boulonois ; où il y a un port , mais un assez mauvais mouillage pour de très-petits vaisseaux.

Brest , *Brivates* , (département du Finistère) ; ville considérable de la Basse-Bretagne , et le premier port de France sur l'Océan.

Brouage , *Brouagium* , (département de la Charente), forte ville de la province de Saitonge , avec un port ou plutôt un hâvre , où les vaisseaux sont en sûreté.

Saint - Brieux , *Briconium* (département des Côtes du-Nord) , ville de la Haute-Bretagne , avec un petit port marchand , à une demi lieue de la mer.

Calais , *Calesium vel Caletum* , (département du Pas-de-Calais) , ancienne ville maritime de Picardie , et capitale du pays reconquis , aurait pu devenir considérable , si l'on avait jugé à propos de lui conserver ses priviléges , et si l'on faisait réparer son port , dont la situation est très - heureuse.

D.

Cancalle , *Cancalla* (département d'Ille et Vilaine) , petite ville maritime de la Haute-Bretagne , avec une rade sur la Manche , où les vaisseaux peuvent jeter l'ancre, et être à l'abri des vents.

Cherbourg, *Caesaris - Burgus* (département de la Manche) , ville maritime de Normandie , avec un beau port sur la Manche , près le Cap de la Hogue.

Le Conquet, *Conquestus* (département du Finistère) , est une jolie petite ville de la Basse-Bretagne , sur l'Océan et dans le pays de Cornouaille , au-delà de laquelle on trouve les îles d'Ouessant ; elle a un bon port et une bonne rade , ce qui contribue à sa richesse.

Dieppe, *Deppa* (département de la Seine) , ville maritime et considérable de Normandie , au pays de Caux , avec un port sur la Manche , et un vieux château.

Douarnenez, *Douarnena* (département du Finistère), gros bourg sur la baie du même nom, est encore un petit port assez bon de la Basse-Bretagne.

Dunkerque, *Dunkerka* (département du Nord) , ville maritime du Comté de Flandres , ville aujourd'hui considérable par son commerce et son port sur l'Océan.

Granville , *Grand'svilla* (département de la Manche) , petite ville maritime de la Basse-Normandie , bâtie en partie sur un rocher et partie dans la plaine , avec un petit port construit sous le règne de Charles VII.

Harfleur, *Harflevum* (département de la Seine - Inférieure) , est une ancienne ville de Normandie , sur la rive droite de la Seine , avec un port qui a été comblé , et ses fortifications rasées.

Le Hâvre , *Portus gratiae francis copoles* (département de la Seine-Inférieure) , ville importante au pays de Caux, en Haute-Normandie , située à l'angle saillant que forme le rivage de la mer et celui de la rive Septentrionale de l'embouchure de la Seine , sur un terrein uni , au niveau des plus hautes marées , ayant un bon port.

Honfleur, *Huneflorium* (département de l'Ille et Vilaine) , ville de Normandie , située sur la rive gauche de la Seine , avec un bon port marchand.

La Hogue, *Hoga* , (département de la Manche) , est un gros bourg , avec une bonne rade sur la Manche.

Saint - Malo, *Macloviopolis* (département de l'Ille et Vilaine) , ville maritime de la Haute-Bretagne. Cette ville est bâtie sur un rocher , dans la petite île de Saint - Aaron , qui est jointe à la Terre - Ferme par une chaussée , qui est défendue par un bon château. Son port est assez sûr , mais d'un difficile accès à cause des rochers qui l'environnent , et de son peu de profondeur.

Morlaix, *Mons - Rolaxus* (département du Finistère) , ville maritime de la Bretagne , avec un port qui reçoit les plus gros vaisseaux marchands.

Nantes, *Condivincum vel Nannetes* , département de la Loire-Inférieure) , ville importante de la Haute - Bretagne , sur la rive droite de la Loire ; elle est peuplée, très - riche , et dans une situation fort agréable , ce qui fait qu'on l'appelle Nantes la *Jolie* ; elle a un beau port sur la Loire.

Port-Louis, *Portus-Ludovici* (département du Morbihan) , ville maritime de la Basse - Bretagne , sur la rive gauche, et à l'embouchure de la rivière de Blavet , son ancien nom.

Port de l'Orient (département du Morbihan) , bâti en 1720 , situé dans la même baie , vis-à-vis le Port-Louis.

Rochefort, *Rupifartium* (département de la Charente - Inférieure), jolie ville nouvellement bâtie, et près du pays d'Aunis, à l'entrée de la rivière de la Charente.

La Rochelle, *Rupella* (département de la Charente - Inférieure), belle ville du pays d'Aunis, dont elle est la capitale avec un port sur l'Océan ; elle est médiocrement grande, mais bien bâtie : son port qui est fort commode, y attire un grand commerce maritime, qui fait sa richesse et celles des environs.

Les Sables - d'Olonne, *Orence - Olonenses*, (département de la Vendée), gros bourg et port de mer sur l'Océan.

Saint-Jean de Luz, (département des Basses - Pyrénées), bourg et port de mer sur l'Océan, au confluent de la rivière de Nivelle.

Saint-Valleri et Fécamp, *Fiscamnum* (département de la Seine-Inférieure), sont deux petites villes du pays de Caux, en Normandie : elles ont chacun un port où les vaisseaux marchands abordent, ce qui les rend fort commerçantes.

Tréport (département de la Seine - Inférieure), sur la rivière de Bresle, à l'embouchure de laquelle est son port.

Ports de France situés sur la Méditerranée.

Aiguemortes, *Aquae - Mortuae* (Département du Gard), ville et port du bas Languedoc, à une lieue de la mer Méditerranée.

Antibes, *Antipolis* (département du Var), ville maritime de la Comtée de Provence, fortifiée d'une bonne citadelle, d'un difficile accès par sa hauteur, avec un fort défendu par le Fort-Quarré qui en est éloigné d'un quart de lieue.

Brescout, (département de l'Hérault), n'est qu'un château fortifié du bas Languedoc, situé sur un rocher, dans une petite île du même nom, au golphe de Lyon, près de la côte de la ville d'Agde, qui n'en est distante que d'une lieue. La situation de son port, ou pour mieux dire de sa rade, est belle et en même tems nécessaire à la navigation et au commerce de France.

Cannes, *Canvae*, (département du Var), petite ville maritime de Provence, avec un port et un château.

Cassis (département des Bouches-du-Rhône), est une petite ville maritime de Provence ; elle n'a rien de remarquable que son port.

Le port de Cette, *portus Sancti Ludovici* (département de l'Hérault), Cap de France, de la côte du Languedoc, sur l'étang de Thau, près de celui de Manguelonne et de la petite ville de Frontignan. On a bâti près du Cap une belle ville, et construit un beau port, auquel on a donné le nom de Port-Louis, en 1664 et 1666, du règne de Louis XIV. Il est à cinq lieues de la ville d'Agde, où commence le fameux canal du Languedoc, qui va se rendre dans la Garonne à Toulouse, pour la jonction des deux mers Méditerranée et Océane.

La Ciotat (département des Bouches du Rhône), petite ville maritime et port de Provence, entre Marseille et Toulon, dans l'enclos d'un couvent de Servites ; près cette ville, on voit une fontaine dont l'eau suit exactement le flux et le reflux de la mer.

Collioure ou Colliouvre, *Concolliberis vel Illiberis* (département des Pyrénées-Orientales), est une ancienne petite et forte ville, avec un port très-fréquenté ; elle est située au pied d'une grande montagne, à une demi-lieue du port de Vendres.

Marseille, *Marssilia* (Bouches-du-Rhône), ville maritime, très-ancienne, bien bâtie, riche et très-marchande, avec un très-beau port.

Toulon, *Telo - Martius* (département du Var), ville forte et considérable. Son port qui est un des plus beaux et des plus sûrs qu'il y ait sur la Méditerranée, est le second département de la marine de France. Il est divisé en deux grands bassins.

Saint-Tropez, *Tropetopolis,* département du Var), ville fortifiée, avec une citadelle et un port, où les plus grands vaisseaux peuvent aborder, et y sont en sûreté; elle est située sur le golphe de Grimaud.

Le Port-Vendres, *Veneris-Portus* (département des Pyrénées), à une demi-lieue de Collioure, n'était autrefois qu'un port abandonné, qui ne recevait que des petits bâtimens de pêcheurs; mais aujourd'hui c'est un des ports le plus renommé de la Méditerranée. L'entrée de ce port est défendue par les redoutes de *Mailly* et du *Fanal.*

Enfin, lorsque la nouvelle organisation des divers départemens réunis sera terminée, nous donnerons successivement les détails qui pourront intéresser nos lecteurs sur les ports, fleuves, canaux et rivières existans dans l'intérieur de ces départemens, que nous disposons pour être insérés dans le deuxième volume de cet ouvrage.

INSTITUT NATIONAL.

Notice sur une théorie physico-mathématique des eaux courantes, par R. Prony, directeur de l'école des Ponts et chaussées, lue à la séance publique de l'Institut, du 6 messior an 12.

La partie de la mécanique qui traite du mouvement des fluides, offre toujours, malgré les brillantes découvertes dont elle est enrichie, un vaste sujet de recherches aux géomètres et aux physiciens; on peut même ajouter que ses parties les moins avancées sont celles où on a le plus souvent l'occasion et le besoin de faire des applications utiles.

Les difficultés qu'il faut vaincre pour résoudre les problêmes relatifs à ces applications, tiennent principalement à l'évaluation de certaines résistances qui modifient et détruisent même l'action de la pesanteur, et qu'on ne peut négliger sans s'exposer à commettre des erreurs graves, à arriver à des conséquences entièrement contraires aux observations dans des déterminations d'une grande importance; aussi les ingénieurs instruits desirent-ils, depuis long-tems, une théorie physico-mathématique des fluides, fondée sur le calcul et l'expérience, et je me suis particulièrement attaché à traiter les questions qui les intéressent.

Les phénomènes du mouvement des fluides dont l'examen, en les considérant avec les diverses circonstances physiques qui les accompagnent, est principalement utile dans les arts de construction, sont les actions qu'exercent l'un sur l'autre un corps fluide et un corps solide, lorsque celui-ci est en mouvement, et le premier en repos, ou réciproquement.

Les écoulemens par les orifices, les ajutages, les déversoirs.

Enfin, les mouvemens qui ont lieu dans les tuyaux et les lits naturels ou factices; lorsque les fluides peuvent y parcourir d'assez grandes longueurs pour acquérir, en vertu des résistances dues à la cohésion et à l'espèce de frottement dont ils sont susceptibles, une vîtesse constante.

Ces derniers mouvemens sont ceux que j'ai eu spécialement en vue en m'occupant des recherches physico-mathématiques dont je me propose de donner ici une notice très-sommaire, après avoir parlé, en peu de mots, de ce qui avait déjà été fait sur la même matière.

Les Italiens ont beaucoup écrit sur les eaux courantes, dont ils se sont particulièrement occupés. On trouve, dans leurs ouvrages, des préceptes et des détail de pratiques dont les ingénieurs employés aux travaux hydrauliques peuvent tirer un parti très-utile ; nous tenons aussi d'eux de bonnes expériences sur les écoulemens par des orifices et les ajutages, et même sur le choc des fluides ; mais j'ai vainement cherché, dans leurs vastes collections, une suite d'observations qu'on pût appliquer à la détermination précise et générale du mouvement de l'eau, dans les tuyaux et les canaux découverts d'une grande longueur, en tenant compte de la viscosité du frottement, etc.

Le célèbre Euler a enrichi les recueils des Académies dont il était membre, de plusieurs mémoires où il a traité des sujets plus ou moins analogues aux eaux courantes, parmi lesquels on doit distinguer celui qu'il a inséré dans le volume de 1770, de l'académie de Pétersbourg, où il déduit, d'une théorie générale, les solutions d'un grand nombre de beaux problèmes sur l'espèce particulière de mouvement des fluides qu'il appelle *linéaire*. Il semble y avoir voulu épuiser ce genre de questions, et ces solutions seraient susceptibles de s'appliquer à des tuyaux d'une certaine amplitude, et même à des canaux, s'il n'avait pas toujours raisonné dans l'hypothèse de la fluidité mathématique, sans avoir égard aux résistances qui, dans l'état réel des choses, modifient l'action de la pesanteur.

Les premières déterminations dignes d'attention que je connaisse sur le mouvement de l'eau dans les canaux, en tenant compte de ces résistances, sont celles de feu Chezy, mon prédécesseur dans la direction de l'école des ponts et chaussées, l'un de nos plus habiles ingénieurs, et qu'on peut mettre au petit nombre des hommes supérieurs à leur réputation. Il travaillait avec Perronet, vers 1775, au projet du canal de l'Yvette, et voulut assigner, par l'observation et le calcul, les rapports qui existent entre la pente et la longueur d'un canal, la grandeur et la figure transversale et la vîtesse de l'eau. Il parvint à une formule très-simple, renfermant ces diverses variables et pouvant, par une seule expérience, être rendue applicable à tous les courans. Les ingénieurs des ponts et chaussées en ont fait souvent usage.

Quatre ou cinq ans après, en 1779, M. Dubuat, l'un des correspondans de la classe, qui a eu pour coopérateurs MM. Dobenheim et Benezech, publia la première édition de ses *Principes d'hydraulique*, dont une seconde édition, enrichie d'augmentations considérables, a paru en 1786. Cet ouvrage, fruit de dix ans d'un travail assidu, offre une nombreuse suite d'expériences faites avec le plus grand soin, et qui m'ont été extrêmement utiles ; c'est à cet égard ce que je connais de plus exact et de plus parfait.

Les valeurs analytiques, auxquelles les résultats de Dubuat l'ont conduit, sont beaucoup plus compliquées que celles de Chezy, mais aussi d'un usage plus sûr et plus étendue. Il était réservé à un de nos collègues de rendre, dans l'expression de la loi que suit la résistance, la simplicité compatible avec le degré de généralité dont les applications ont besoin ; je veux parler de M. Coulomb qui lut à la classe, en l'an 8, un fort beau discours sur des *expériences destinées à déterminer la cohérence des fluides et les lois de leurs résistances dans les mouvemens, très-lents ;* mémoire qui fait partie du troisième volume de ceux de la classe ; il y prouve, par le raisonnement, et par le fait, que la résistance, dans les mouvemens qu'il a observés, est proportionnelle à la somme de deux termes, renfermant la première et la seconde puissance de la vitesse respectivement multipliées par des nombres constans dont l'expérience doit donner les valeurs.

M. Girard, ingénieur en chef des ponts et chaussées, chargé de la direction des travaux du canal de l'Ourcq, et auteur de deux mémoires récemment publics sur la théorie des eaux courantes (1), a eu l'heureuse idée d'appliquer la loi de M. Coulomb, aux cas des vitesses dont les eaux qui coulent dans les lits naturels et factices, sont susceptibles. Il a vérifié cette loi sur douze expériences de Chezy et de Dubuat, et a déduit de ce rapprochement une formule qui satisfait aux expériences avec la même précision, à-peu-près que celle de Dubuat, mais qui est beaucoup plus simple.

C'est dans cet état de la science, que, chargé de divers examens relatifs aux canaux, j'ai entrepris de ramener les solutions des principaux problêmes sur le mouvement de l'eau, qui se présentent dans leur construction, à des principes qui offrissent toute la rigueur, et la facilité dans l'application, que comportent nos connaissances actuelles, tant théoriques qu'expérimentales. J'ai en conséquence rassemblé les meilleures expériences publiées jusqu'à ce jour, sur le mouvement de l'eau dans les tuyaux de conduite et les canaux naturels et factices ; le nombre de celles qui m'ont paru propres, vu leur régularité et leur accord, à remplir l'objet que j'avais en vue, est de 82 ; savoir, 51 sur les tuyaux de conduite, et 31 sur les canaux découverts.

Il s'agissait de combiner ces données avec les principes de la physique et de la mécanique, pour en déduire des règles générales ; mais avant de considérer les choses sous ce point de vue, j'ai cru devoir, pour jeter un plus grand jour sur ma théorie, la faire précéder de plusieurs recherches sur certaines questions de la dynamique des corps solides qui ont leurs analogues dans les questions relatives aux fluides. Je me bornerai, quant à cette première partie de mon travail, à dire qu'elle contient quelques résultats nouveaux, ceux entre autres relatifs à la courbure qu'il faut donner à un tuyau ou à un canal, pour qu'il éprouve, de la part d'un système de corpuscules solides, qui y serait renfermé et en mouvement, la plus grande ou la plus petite pression moyenne.

Un des principaux motifs qui m'ont engagé à traiter ces problèmes de dynamique, était de faire valoir les changemens que subissent les résultats de l'analyse, lorsqu'on y introduit les propriétés caractéristiques par lesquelles on distingue les corps solides des corps fluides ; passant ensuite à cette dernière espèce de corps, j'ai d'abord fait une récapitulation raisonnée des données d'expérience qui peuvent servir à l'établissement des bases d'une théorie physico-mathématique du mouvement des fluides incompressibles et pesans, dans les tuyaux de conduite et les canaux découverts. Voici les plus remarquables : une couche fluide reste adhérente à la paroi (qu'on suppose susceptible d'être mouillée), et peut être considérée comme la paroi effective ; des résistances particulières ont lieu vers cette paroi,

---

(1) Nous ajouterons que ce même ingénieur a eu l'idée de faire planter des herbes flambées et autres, avec des branches entrelacées le long des talus dudit canal, dans la forêt de Bondy, pour maintenir les terres des talus de la rigole dudit.

différentes de celles dues tant à son adhésion aux molécules fluides qu'à l'adhésion des molécules fluides entr'elles ; la pression n'a aucune influence, ou n'en a qu'une insensible, sur les unes et sur les autres (ce en quoi les fluides diffèrent considérablement des solides), et quelques expériences de Dubuat semblent conduire à la même conclusion relativement à la matière dont le tuyau est formé ou dans laquelle le lit est creusé ; enfin ces résistances font équilibre à la pesanteur, de telle sorte qu'un filet fluide quelconque acquiert une vitesse constante, pour ce filet, mais variable d'un filet à l'autre ; le *minimum* de ces vitesses a lieu contre le paroi, et le *maximum* à la surface supérieure, dans les canaux découverts, et au filet central dans les tuyaux cilindriques.

Ces données générales, énoncées analytiquement, m'ont d'abord fourni les équations du mouvement des filets ou des couches fluides dans lesquelles les résistances, tant à la paroi qu'entre les couches, étaient exprimées par des valeurs ou fonctions indéterminées des vitesses de ces couches ; mais sans rien prononcer sur les fonctions, on trouve, en combinant les équations, que la vitesse moyenne, celle dont la détermination est la plus importante, ne devient constante qu'en vertu des résistances qui ont lieu à la paroi ; et d'après ce résultat, j'ai introduit, dans l'équation rigoureuse du mouvement du fluide, un terme ou fonction indéterminée de la vitesse moyenne, dont le produit par la surface de la paroi représentait la somme des résistances. Tout consistait alors à trouver une forme ou composition de ce terme, ou de cette fonction, qui convînt aux expériences, et j'ai employé pour y parvenir de manière à donner le plus possible aux faits et le moins possible aux considérations systématiques, des moyens ou des méthodes dont le détail serait déplacé dans cette notice, mais que je mets au nombre des vues nouvelles, par lesquelles mes recherches diffèrent de celles qu'on connaissait déja sur la même matière.

Je ne puis cependant m'empêcher de faire mention des secours que j'ai puisés dans un ouvrage dont le sujet paraît bien étranger à celui que j'avais à traiter, *la Mécanique céleste* de M. Delaplace ; m'étant proposé de déterminer les lois des diverses séries d'observations, de manière que chacune d'elles influât, pour sa part, dans la formation de la loi qui la concernait ; je voulais en même tems faire une égale répartition des anomalies, en plus et en moins, et rendre leur somme totale la plus petite possible ; j'ai employé, pour remplir ces dernières conditions, les excellentes méthodes imaginées par notre savant collègue, pour établir la concordance entre les différentes mesures des degrés terrestres. Le succès de ces moyens a été tel, que j'ai pu représenter par une formule très simple les résultats des cinquante-une expériences sur les tuyaux, faites par plusieurs auteurs et par des procédés variés, sur des diamètres croissans depuis 3 jusqu'à 50 décimètres, et sur des longueurs de 3 mètres à 2300 mètres.

Les vitesses moyennes, dans les tuyaux, étaient connues par les produits effectifs ; mais les expériences sur les canaux découverts n'offraient pas, toutes, cet avantage ; j'ai dû, tant par cette raison, que par l'importance de la question elle même, m'occuper du rapport entre la *vitesse à la surface* et la *vitesse moyenne*. L'examen des phénomènes m'a fait reconnaître qu'il fallait que l'équation par laquelle ce rapport serait exprimé, satisfît, entr'autres conditions, à celle de rendre les deux vitesses nulles ensemble et égales lorsqu'elles sont très-grandes, ou infinies. J'en ai déterminé la forme d'après ces considérations, combinées avec quelques autres phénomènes, et je l'ai comparée avec les dix-sept meilleures expériences de Dubuat, en la disposant de manière à continuer d'opérer la correction des anomalies par les formules de Delaplace. Passant ensuite aux évaluations qui concernent les canaux découverts, correspondantes à celles déjà obtenues sur les tuyaux, j'ai trouvé, en employant trente une expériences, que le mouvement de l'eau, dans les uns et les autres, pouvait s'exprimer avec la même exactitude, par des équations de même forme ; les coëficiens des termes qui renferment le carré de la vitesse, étant, des canaux aux tuyaux, dans le rapport de 16 à 17 environ; on ne pourrait pas les rapprocher davantage sans donner lieu à des anomalies que les expériences ne comportent pas ; j'ai formé des tableaux étendus et détaillés, où l'on apperçoit d'un coup-d'œil les élémens de ces déterminations, et qui sont comme les pièces justificatives de mon travail.

L'utilité pratique de tous les résultats auxquels je suis ainsi parvenu, consiste :

Pour la dérivation, la conduite et la distribution des eaux, par des tuyaux, dans la connaissance des relations qui existent entre les diamètres, les longueurs, les pentes de ces tuyaux, les charges d'eau sur leurs extrémités et les vitesses d'écoulement ;

Pour le calcul de l'effet des machines dans l'évaluation très-importante, et qu'on n'avait point encore, de la perte de force motrice due à la résistance que les tuyaux opposent au mouvement de l'eau ;

Enfin, pour les canaux découverts où l'eau est contenue, soit par des lits factices, soit par des lits naturels, dans les moyens de déduire la vitesse à la surface de la vitesse moyenne, et réciproquement, et dans la connaissance des rapports entre la longueur, la pente, la figure et la grandeur de la section transversale, et la vitesse de l'eau.

On voit, par ce résumé, de quelle utilité peuvent être, pour la formation et l'examen des projets les plus importans, les recherches auxquelles je me suis livré; j'y ai mis tout le soin et toute l'attention dont je suis capable, et je serai amplement dédommagé et récompensé des peines que ces recherches m'ont donné, si on les juge dignes de quelque confiance ; j'ai lieu de l'espérer, puisqu'elles sont fondées sur un nombre considérable d'excellentes expériences rapprochées et combinées de manière que chacune en particulier a sur les conclusions générales toute l'influence qu'elle doit avoir; et comme ces expériences sont comprises entre les limites qui renferment aussi tous les cas de pratique, un résultat conclu par le calcul se trouve toujours comme environné et appuyé des résultats d'observations qui en garantissent la vérité.

Il m'a paru convenable et même nécessaire de faire des tables pour faciliter et abréger les calculs de mes formules ; c'est une des parties pénibles de mon travail, dans laquelle j'ai eu pour coopérateurs M. Gouilly, ingénieur, et MM. Vallée et Vauthier, élèves de l'École des Ponts et Chaussées, qui m'ont donné, en cet et occasion, de nouvelles preuves du zèle et des talens que je leur connaissais déjà. Ces tables seront jointes à l'ouvrage qui s'imprime aux frais du Gouvernement, et dont la publication est très-prochaine.

Fin du XIIme. cahier de l'an XII, formant le XVIII et dernier du 1er. volume.

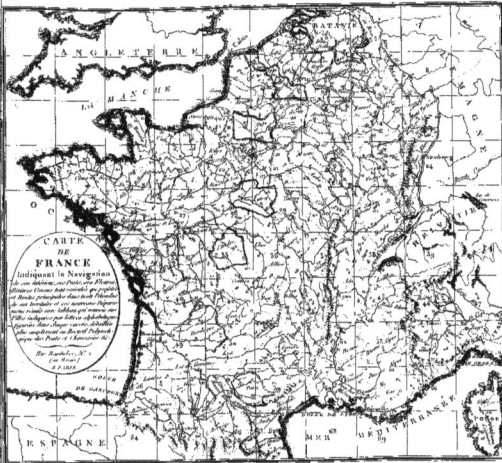

CARTE
DE
FRANCE
indiquant la Navigation

NOMS DES CANAUX.

ANGLETERRE

LA MANCHE

OCÉAN

ESPAGNE

MER MÉDITERRANÉE

GOLFE DE GASCOGNE

TABLE GÉNÉRALE

DES MATIÈRES,

Composant le premier volume du Recueil Polytechnique.

Fin de la Table.

ERRATA du premier volume du Recueil Polytechnique.

Pages.	Lignes.	Lisez.
1.	33.	Sans cessce , sans cesse.
2.	13.	Il n'avait pas mesuré , il n'avait pas proportionné.
4.	11 , 12.	Nous avons également cherché à intéresser au succès de notre entreprise , nous avons également cherché à recueillir , pour le succès de notre entreprise.
7.	24 , 25.	En l'an 9 et 10 , en l'an 9 et l'an 10.
31.	22.	Innaccesible , inaccessibles.
36.	13.	Renomées , renommées.
33.	20.	De chacune de 24 mètres d'ouverture , de 24 mètres d'ouverture chacune.
40.	3.	Nos éloges que ses ouvrages , nos éloges , que etc.
52.	29.	Qu'ils jugeont , qu'ils jugeront.
61.	9.	Embélissemens , embellissemens.
Ibid.	12.	Citoyen Dumoutier , citoyen Desmoutier.
62.	10.	Le coup - d'œil et de la main qui embélit , le coup-d'œil et la main qui embellit.
Ibid.	30.	Corsespondante , correspondante.
63.	7.	Embélissement , embellissemens.
Ibid.	22.	On les laissaient , on les laissait.
Ibid.	27.	Embélissemens , embellissemens.
64.	37.	Rues comme ont les , les rues comme on les.
Ibid.	43.	Caneaux , canaux.
66.	1ère.	Navigation intérieur , intérieure.
Ibid.	37.	Préparée , préparé.
Ibid.	44.	Ou , où.
67.	3.	Elle a donnée , donné.
68.	1ère.	Provinces qui , provinces que.
ibid.	22.	Approfondir , mettez une virgule après le mot approfondir.
70 , à la note.		Pontivry , Pontivy.
73.	43.	Notre surprise qu'il ne se soit pas , notre surprise de ce qu'il ne se soit pas.
76.	15.	Monticules semées , semés.
78.	27.	Elevés , élevé.
80.	36.	Roue dentée , dentelée.
84.	9.	Indécente , indécentes.
	45.	N'a point présidé ce plan , n'ait point présidé à la formation de ce plan.
85.	37 et 38.	Le mémoire ou plutôt lettre , ou plutôt la lettre.

Fin de l'Errata.

AVIS.

L'encouragement donné aux auteurs, instituteurs et propriétaires de cet ouvrage , tant pour le succès de ce premier volume , que par les renseignemens et matériaux intéressans qui leur sont parvenus de toutes parts , les porte à fixer la composition du second volume , de manière à contenir dix cahiers d'impression , de trois feuilles chacun, format grand in-4°. , non compris les gravures.

La souscription pour ce deuxième volume ne sera de 15 fr. que pour ceux qui auront souscrit avant le 1er. vendémiaire an 13 ; passé ce terme elle est fixée à 20 francs.

N. B. Pour satisfaire à l'annonce du tableau Synoptique que nous avons faite dans l'avertissement qui est en tête de ce volume, nous prévenons nos lecteurs que nous le disposons pour être joint à l'un des premiers cahiers de l'an 13.

On peut souscrire particulièrement pour ce tableau, moyennant 2 fr. par chaque feuille d'impression qu'il contiendra.

Fin du premier Volume,

Déposé à la Bibliothèque nationale, par MM. B.... A.... H****. de Vert et A.... D****. de Brest , propriétaires instituteurs de cet ouvrage.

De l'imprimerie du Recueil Polytechnique , rue Barre-du-Bec, n°. 2.

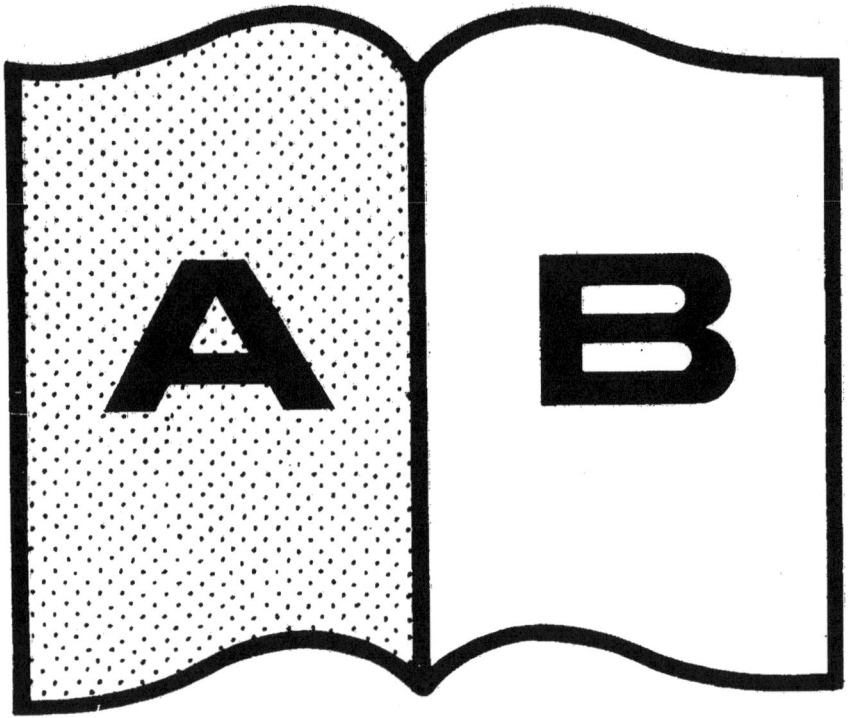

Contraste insuffisant

NF Z 43-120-14